# 轻量级密码学

## 吴文玲 眭晗 张斌 编著

清华大学出版社
北京

## 内 容 简 介

本书系统介绍轻量级密码算法。全书共分5章。第1章介绍轻量级密码算法的应用背景和研究现状。第2章介绍分组密码一般性设计原理和轻量级分组密码研究进展，按照整体结构分类介绍轻量级分组密码。第3章介绍流密码一般性设计原理和轻量级流密码研究进展，以及基于 LFSR 和 NFSR 的流密码、ARX 与随机状态置换类的流密码和小状态流密码。第4章介绍消息鉴别码的共性技术，以及采用分组密码、专用杂凑函数、泛杂凑函数以及直接设计的消息鉴别码。第5章介绍认证加密算法一般性设计原理和研究进展，以及分组密码认证加密工作模式和基于置换、分组密码和流密码的认证加密算法。

本书可作为密码学、网络空间安全、信息安全、计算机和通信专业的研究生和本科高年级学生的相关课程的教材，也可作为相关领域教学、科研和工程技术人员的参考书和工具书。

**图书在版编目（CIP）数据**

轻量级密码学/吴文玲，眭晗，张斌编著．—北京：清华大学出版社，2022.3（2024.1 重印）
（信息安全理论与技术系列丛书）
ISBN 978-7-302-60032-9

Ⅰ.①轻…　Ⅱ.①吴…②眭…③张…　Ⅲ.①密码学　Ⅳ.①TN918.1

中国版本图书馆 CIP 数据核字（2022）第 021632 号

责任编辑：张　民　战晓雷
封面设计：傅瑞学
责任校对：焦丽丽
责任印制：沈　露

出版发行：清华大学出版社
　　　　网　　　址：https://www.tup.com.cn,https://www.wqxuetang.com
　　　　地　　　址：北京清华大学学研大厦 A 座　　　　　　邮　　编：100084
　　　　社 总 机：010-83470000　　　　　　　　　　　　邮　　购：010-62786544
　　　　投稿与读者服务：010-62776969，c-service@tup.tsinghua.edu.cn
　　　　质量反馈：010-62772015，zhiliang@tup.tsinghua.edu.cn
　　　　课件下载：https://www.tup.com.cn,010-83470236
印 装 者：三河市龙大印装有限公司
经　　销：全国新华书店
开　　本：185mm×260mm　　　　印　　张：21　　　　字　　数：510 千字
版　　次：2022 年 5 月第 1 版　　　　　　　　　　　印　　次：2024 年 1 月第 3 次印刷
定　　价：79.90 元

产品编号：089216-01

# 丛书序

　　信息安全已成为国家安全的重要组成部分,也是保障信息社会和信息技术可持续发展的核心基础。信息技术的迅猛发展和深度应用必将带来更多难以解决的信息安全问题,只有掌握了信息安全的科学发展规律,才有可能解决人类社会遇到的各种信息安全问题。但科学规律的掌握非一朝一夕之功,治水、驯火、利用核能曾经都经历了漫长的岁月。

　　无数事实证明,人类是有能力发现规律和认识真理的。今天对信息安全的认识,就经历了一个从保密到保护,又发展到保障的趋于真理的发展过程。信息安全是动态发展的,只有相对安全没有绝对安全,任何人都不能宣称自己对信息安全的认识达到终极。国内外学者已出版了大量的信息安全著作,我和我所领导的团队近 10 年来也出版了一批信息安全著作,目的是不断提升对信息安全的认识水平。我相信有了这些基础和积累,一定能够推出更高质量和更高认识水平的信息安全著作,也必将为推动我国信息安全理论与技术的创新研究做出实质性贡献。

　　本丛书的目标是推出系列具有特色和创新的信息安全理论与技术著作,我们的原则是成熟一本出版一本,不求数量,只求质量。希望每一本书都能提升读者对相关领域的认识水平,也希望每一本书都能成为经典范本。

　　我非常感谢清华大学出版社给我们提供了这样一个大舞台,使我们能够实施我们的计划和理想,我也特别感谢清华大学出版社张民老师的支持和帮助。

　　限于作者的水平,本丛书难免存在不足之处,敬请读者批评指正。

冯登国

2009 年夏于北京

---

　　冯登国,中国科学院院士。长期从事网络与信息安全研究工作,在 *THEOR COMPUT SCI*,*J CRYPTOL*,*IEEE IT* 等国内外重要期刊和会议上发表论文逾 200 篇,主持研制国际和国家标准 20 余项,荣获国家科技进步奖一等奖、国家技术发明奖二等奖等多项奖励。曾任国家高技术研究发展计划(863 计划)信息安全技术主题专家组组长,国家 863 计划信息技术领域专家组成员,国家重点基础研究发展计划(973 计划)项目首席科学家,国家信息化专家咨询委员会委员,教育部高等学校信息安全类专业教学指导委员会副主任委员等。

# 前言

物联网是新一代信息网络技术的高端集成和综合应用,通过传感设备进行信息采集和通信,实现智能化识别、定位、跟踪和管理,形成万物互联的泛在网络。物联网为社会经济发展、人们生产生活带来了广泛而深刻的影响,为我们的衣食住行带来了极大的便利。然而,在享受新技术带来的智能和便利的同时,大量个人隐私数据悄无声息地被复制、共享、传播。在物联网中,用户规模大但防护意识弱,设备数量多但安全等级低,分布范围广但复杂性高,容易被不法分子发现漏洞并利用。近年来,国内外物联网安全事件频发,物联网安防摄像头漏洞、智能家居安全隐患等事件已经给物联网的发展及安全防护敲响了警钟,物联网已经成为信息安全的重灾区。而传统密码算法在安全性、性能和资源需求折中方面往往只面向台式机与服务器环境进行优化,无法满足资源受限环境下的新应用需求,即使将其勉强实现在这样的环境中,其性能往往也不尽如人意。轻量级密码正是在此应用背景下诞生的密码学分支,并迅速成为密码学的研究热点和相关产业应用的关键技术。

我们的轻量级密码研究始于 2006 年的一项研制任务,即如何在低成本、低能耗的受限环境下从密码算法层面保证各类小型计算设备通信的安全性。在随后的十几年中,我们设计了多个轻量级密码算法,发表了几十篇有关轻量级密码的论文。依据对轻量级密码十多年的研究实践,我们挑选了 100 多个最新的轻量级密码算法,梳理了各种轻量级密码算法的设计原理以及它们与相关传统密码算法的继承与发展关系。全书共分 5 章。第 1 章介绍轻量级密码算法的应用背景和研究现状。第 2 章介绍分组密码一般性设计原理和轻量级分组密码研究进展,按照整体结构分类介绍轻量级分组密码。第 3 章介绍流密码一般性设计原理和轻量级流密码研究进展,以及基于 LFSR 和 NFSR 的流密码、ARX 与随机状态置换类的流密码和小状态流密码。第 4 章介绍消息鉴别码的共性技术,以及采用分组密码、专用杂凑函数、泛杂凑函数以及直接设计的消息鉴别码。第 5 章介绍认证加密算法一般性设计原理和研究进展,以及分组密码认证加密工作模式和基于置换、分组密码和流密码的认证加密算法。

中国科学院冯登国院士对本书的写作和出版给予了极大的鼓励和支持,武传坤教授对本书提出了许多宝贵建议,清华大学出版社的张民编审为本书的出版付出了辛勤的劳动,作者在此致以诚挚的谢意。作者在本书的写作中参考了相关方面的许多学术论文和技术报告,在此向这些参考文献的作者表示衷心的感谢。作者受益于中国科学院软件研究所 TCA 实验室举办的密码学系列讨论班,在此感谢参加讨论班的各位同事和学生。本书得到国家自然科学基金项目(61672509)和国家密码发展基金课题(MMJJ20170101)的资助,在此一并表示感谢。

本书是一本轻量级密码学的工具书,可供密码学科研工作者和工程技术开发人员查找各种轻量级密码算法;同时给出每个算法的最新密码分析进展,以方便相关人员开展进一步的安全性分析研究。本书结构既注重整体的统一,同时各章又自成一体,读者不必从头开始阅读本书,可以根据自己的兴趣直接阅读相关章节。本书写作历时 3 年多,作者力求做到叙述简洁易懂,内容尽可能反映最新进展。但限于水平,作者对一些问题的理解和叙述或有不妥之处,诚挚欢迎大家提出宝贵意见。

作　者

2020 年 6 月于北京

# 目录

Contents

# 第 1 章　绪　　论

## 1.1　应用背景

　　物联网是新一代信息网络技术的高端集成和综合应用,通过传感设备进行信息采集和通信,实现智能化识别、定位、跟踪和管理,形成物与物、人与物、人与人互联的泛在网络。物联网为社会经济发展、人们生产生活带来了广泛而深刻的影响,为人们的衣食住行带来了极大的便利。然而,在享受新技术带来的智能和便利的同时,大量个人隐私数据悄无声息地被复制、共享、传播。世界各国都极为重视并大力发展物联网相关产业,我国已将物联网纳入国家战略新兴产业。物联网目前已成为推动经济社会智能化和可持续发展的重要力量,但它也面临严峻的安全风险和挑战。近年来国内外物联网安全事件频发,物联网安防摄像头漏洞、智能家居安全隐患等事件已经给物联网的发展及安全防护敲响了警钟,物联网已经成为信息安全的重灾区。面向传统信息通信系统的安全防护技术并不适用于物联网环境,不能满足物联网应用的需求,严重滞后于物联网相关应用的发展。轻量级密码正是在此应用背景下诞生的密码学分支,并迅速成为密码学的研究热点和相关产业应用的关键技术。

　　轻量级密码的应用场景多种多样,比如 RFID、智能家电、智慧农业、医疗设备、工业控制设备和汽车等。RFID 是使用无线电波识别各种物体的系统,它被广泛应用于物流控制、员工身份卡系统、野生动物追踪、小孩/老人的定位等。RFID 标签是用于 RFID 系统的芯片,包含处理器、存储器和其他组件。RFID 芯片的天线大小根据工作频率而变化,其他部分可以小型化,实际尺寸及数据存储容量与制造工艺密切相关。为了防止窃听者了解与芯片相关联的标识,必须对该信息进行密码保护。但是 RFID 标签中密码功能可用的电路面积有严格限制,而且无源 RFID 标签从无线电波获得功率。因此,RFID 需要硬件面积小和低功耗的密码算法。

　　在即将到来的物联网时代,许多家用电器将会上线,它们在互联网上交换的敏感数据必须被保护。假设空调和烹饪炉具在线,并且有一个服务器处理其控制信号。未经授权的访问可能会篡改控制信号或发出非法指令,导致其异常操作。当家庭拥有家用机器人时,机器人将收集大量数据,包含涉及个人隐私的敏感数据。有些家用电器的使用期限长达十多年,主要依靠可更新的软件来处理信息。多数家用电器配置的是低价位且功能受限的低端处理器,因此,为了保护智能家电的敏感数据,需要面向软件的轻量级密码算法。

　　智慧农业通过传感器监测温度、湿度、光照、土壤水分、风向等数据信息,控制浇水的时间和数量,自动打开和关闭温室窗户。农民期望监控设备可以长时间以低成本运行。为了满足此需求,环境传感器网络正在推广使用。这些传感器具有自主驱动、尺寸小、功耗低等特点,而且数据采集需要大量的传感器,因此需要低成本的轻量级密码保护相关数据。除了监测天气外,观测地壳运动有助于及时预测地震,火山喷发和山体滑坡,这些应用的传感器通常安装在人们无法访问的位置或没有电源可用的位置。防灾数据对于民众的生命和财产安全至关重要,如果数据被篡改,则可能发出错误的警告信息。因此,需要具有认证功能的轻量级密码算法保护敏感数据,比如轻量级消息鉴别码和认证加密算法。

在医院,医生或护士可以将多种类型的传感器连接到患者,测量病人的心电图、血压、脉搏和血糖等,这些传感器通常连接到主机,患者的自由活动会受到一定限制。植入体内的测量仪器允许患者离开医院,在家中和工作场所监测病情,用于定期测量并确定用药时间。医疗植入传感器收集非常敏感的个人数据,涉及个人隐私数据的保护问题。医疗植入设备依靠电池供电,并且需要尽可能小以减轻其对人体的影响,因此,医疗植入设备需要面积小、能耗低的密码算法。此外,随着可穿戴设备的发展,出现了"移动健康"的概念,意味着人们可通过可穿戴设备收集诸如心肺功能等数据,以便及时了解个人健康状态。可穿戴设备还可记录改善健康的活动,诸如朋友圈流行的微信运动可以检测个人健步信息。许多可穿戴设备都自带电池,而且无线传输涉及个人隐私的数据,因此,需要轻量级密码保护数据和个人隐私。

在工业系统中,为了提高效率,工厂在运输、加工和组装等方面已经自动化。通过网络连接机床和机器人以共享制造信息,根据传感器收集的数据进行流程管理。在德国工业 4.0 的智能工厂中,每台机器或设备都具有传感器,根据传感器收集的数据确定其运行状况。在工厂数据管理中,实时数据的完整性很重要。目前,汽车不仅支持车载通信,还支持与其他实体的通信。自动驾驶系统需要处理大量的信息,包括车辆之间的通信以及与交通信号灯和道路标志等基础设施的通信。车载信息系统连接云端,以便获取交通信息和交通拥堵预测等各种服务,为了保护内容信息的完整性,需要高速的密码算法处理数据。车载控制系统从外部雷达和传感器收集数据,并在车辆的电子控制单元之间交换信息。如果车载控制系统发送错误信息或者没有及时发出信息,则可能导致刹车不及时而引起交通事故等严重问题。因此,自动驾驶需要采用低延迟的密码算法对数据进行实时加密,并通过认证防止数据被篡改。

## 1.2　研究现状

轻量级密码算法的"轻量"体现在一些实现性能指标上。对于硬件实现,相关指标主要包含电路面积、功耗、能耗和延迟;对于嵌入式软件实现,主要关注内存和代码量。由于实际应用需求的多样性,轻量级密码算法的设计目标也不尽相同。有些轻量级密码算法是面向硬件的,而有些是面向软件的;有些轻量级密码算法在硬件电路面积和功耗方面寻求轻量化,而有些则将嵌入式软件所需的内存大小作为主要轻量目标;有些轻量级密码算法将低延迟作为主要目标,而有些则将低功耗作为主要目标;有些算法只考虑单个指标的轻量化,而有些算法综合考虑多个指标的轻量化。只要密码算法的某些轻量化指标优于传统密码算法,适应特定的资源受限环境,就可以被认为是轻量级密码算法。

20 世纪八九十年代,为了实际应用需求,工业界设计了一批轻量级密码算法,比如 A5/1、A5/2、Cmea、Oryx、A5-GMR-1、A5-GMR-2、Dsc、SecureMem、Hitag2、Keeloq、Dst40、iClass 和 Crypto-1 等。这些算法早期被秘密使用,用户希望通过算法保密增强其安全性。通过逆向工程等手段,这些算法逐渐被公开并得到了学术界的关注。随后的公开安全性分析显示,工业产品使用的这些轻量级密码算法呈现了出人意料的脆弱性。在 Kerchkoffs 假设下,几乎都可以给出实际攻击。另外,通信协议也推荐了一些轻量级密码算法。GSM 和

3G 移动通信规定的密码算法有 A5/1、A5/2、A5/3、Snow 3G、ZUC 和 KASUMI。蓝牙通信早期采用流密码 E0，后来采用分组密码 AES。现代 WiFi 连接使用 WPA 或 WPA2 进行安全保护，前者使用流密码 RC4，后者采用 AES，以前的标准 WEP 使用 RC4。

标准化机构和各国政府在轻量级密码方面也做了一系列工作。国际标准化组织（ISO）和国际电工技术学会委员会（IEC）负责发布和维护有关信息和通信技术的标准。轻量级密码标准 ISO/IEC 29192 包含 5 个部分，采纳的密码算法有分组密码 PRESENT、CLEFIA 以及流密码 Trivium、Enocoro。ISO/IEC 29167 规定了 RFID 标签"空中接口通信"的密码算法为 AES-128、PRESENT-80 和 Grain-128a。另外，加密算法标准 ISO/IEC 18033 中的一些算法也被认为是轻量级密码算法，比如 ISO/IEC 18033-3 中的分组密码 HIGHT，ISO/IEC 18033-4 中的流密码 Snow 2.0。

2013 年，美国国家安全局（National Security Agency，NSA）发布了两个轻量级分组密码 SIMON 和 SPECK；美国国家标准与技术研究所（National Institute of Standards and Technology，NIST）启动了一个轻量级密码项目，调研现有密码算法标准在资源受限环境下的适应性，以及各个行业应用对轻量级密码标准的需求。NIST 认为，公钥密码现阶段主要是后量子安全的问题，因此轻量级密码项目不考虑公钥密码，重点关注分组密码、认证加密算法、杂凑函数、消息鉴别码和流密码。为此，NIST 分别于 2015 年和 2016 年举办了两次轻量级密码研讨会，征求公众的建议和意见。2017 年 4 月，NIST 发布了轻量级密码标准化进程的白皮书。2018 年 5 月，NIST 发布文件，针对轻量级密码算法标准化流程和评估策略征求意见。2018 年 8 月，NIST 正式启动轻量级密码的征集、评估和标准化工作，旨在推出系列轻量级密码算法，用于现有 NIST 密码算法标准不适用的资源受限环境。NIST 重点考虑两类认证加密算法，一类是面向硬件的认证加密算法，另一类是兼顾软件和硬件性能的认证加密算法和杂凑函数。2019 年 4 月，NIST 公布了征集到的 56 个候选算法。2019 年 8 月，NIST 宣布了进入第二轮的 32 个候选算法。

欧洲早在 2004 年就将轻量级密码作为欧盟委员会第六和第七框架计划 ECRYPT Ⅰ 和 ECRYPT Ⅱ 的主题。NESSIE 计划遴选出了分组密码 AES 和 MISTY1，eSTREAM 计划的最终入选算法包括几个适用于硬件实现的轻量级流密码，比如 Grain v1、Trivium 及 Mickey v2 等。2013 年，日本密码学研究和评估委员会（Cryptography Research and Evaluation Committes，CRYPTREC）成立了轻量级密码工作组，编制轻量级密码技术指南，为需要轻量级加密技术的产品和用户推荐合适的算法。2015 年，俄罗斯发布了密码算法标准 Gost R 34.12—2015，用分组密码 Kuznyechik 代替了 GOST 28147-89 中的 Magma 算法。

过去十几年，学术界和政府机构发布了大量的轻量级密码算法，包括分组密码、流密码、消息鉴别码和认证加密算法。早期的轻量级分组密码算法只关注硬件实现面积，特点是轮函数简单、迭代轮数多，多数算法的软件性能不佳。随着各种应用需求的提出，陆续出现了兼顾硬件实现面积和软件实现性能的轻量级分组密码算法，以及具有低能耗、低延迟、易于侧信道防护的轻量级分组密码算法。纵观近年发布的轻量级分组密码，大多数算法采用传统的分组密码整体结构，主要特点体现在非线性部件、扩散层和密钥扩展算法等方面。多数轻量级分组密码算法采用 4 比特 S 盒或者非线性逻辑运算。扩散层是许多轻量级分组密码算法的亮点。密钥扩展算法是轻量级分组密码算法和传统分组密码算法区别最大的地方，许多轻量级分组密码算法采用了选择密钥扩展算法。轻量级分组密码算法的简况见表1-1。

表 1-1　轻量级分组密码算法的简况

| 序号 | 算　法 | 分组长度/b | 密钥长度/b | 迭代轮数 | 整体结构 | 参考文献 |
|---|---|---|---|---|---|---|
| 1 | TEA/XTEA | 64 | 128 | 64 | ARX | [1] |
| 2 | KASUMI | 64 | 128 | 8 | Feistel | [2] |
| 3 | mCrypton | 64 | 64/96/128 | 12 | SP | [3] |
| 4 | HIGHT | 64 | 128 | 32 | ARX | [4] |
| 5 | SEA | 48/96 | 48/96 | 51/93 | 广义 Feistel | [5] |
| 6 | CLEFIA | 128 | 128/192/256 | 18/22/26 | 广义 Feistel | [6] |
| 7 | DESL/DESXL | 64 | 64/192 | 16 | Feistel | [7] |
| 8 | PRESENT | 64 | 80/128 | 31 | SP | [8] |
| 9 | MIBS | 64 | 64/80 | 32 | Feistel | [9] |
| 10 | KATAN/KTANTAN | 32/48/64 | 80 | 254 | 其他 | [10] |
| 11 | TWIS | 128 | 128 | 10 | 广义 Feistel | [11] |
| 12 | PRINTcipher | 48/96 | 80/160 | 48/96 | SP | [12] |
| 13 | EPCBC | 48/96 | 96 | 32 | SP | [13] |
| 14 | KLEIN | 64 | 64/80/96 | 12/16/20 | SP | [14] |
| 15 | LBlock | 64 | 80 | 32 | 广义 Feistel | [15] |
| 16 | LED | 64 | 64/128 | 8/12 | SP | [16] |
| 17 | Piccolo | 64 | 80/128 | 25/31 | 广义 Feistel | [17] |
| 18 | PRINCE | 64 | 128 | 12 | 其他 | [18] |
| 19 | TWINE | 64 | 80/128 | 36 | 广义 Feistel | [19] |
| 20 | ITUbee | 80 | 80 | 20 | Feistel | [20] |
| 21 | SIMON | 32~128 | 64~256 | 32~72 | Feistel | [21] |
| 22 | SPECK | 32~128 | 64~256 | 22~34 | ARX | [21] |
| 23 | LEA | 128 | 128/192/256 | 24/28/32 | ARX | [22] |
| 24 | PRIDE | 64 | 128 | 20 | 其他 | [23] |
| 25 | Khudra | 64 | 80 | 18 | 广义 Feistel | [24] |
| 26 | Fantomas/Robin | 128 | 128 | 12/16 | SP | [25] |
| 27 | Rectangle | 64 | 80/128 | 25 | SP | [26] |
| 28 | Midori | 64/128 | 128 | 16/20 | SP | [27] |
| 29 | Simeck | 32/48/64 | 64/96/128 | 32/36/44 | Feistel | [28] |
| 30 | Lilliput | 64 | 80 | 30 | 广义 Feistel | [29] |

续表

| 序号 | 算　　法 | 分组长度/b | 密钥长度/b | 迭代轮数 | 整体结构 | 参考文献 |
|---|---|---|---|---|---|---|
| 31 | RoadRunneR | 64 | 80/128 | 10/12 | Feistel | [30] |
| 32 | SKINNY | 64/128 | 64~384 | 32~56 | SP | [31] |
| 33 | SPARX | 64/128 | 128/256 | 8/10 | ARX | [32] |
| 34 | Mysterion | 128/256 | 128/256 | 12/16 | SP | [33] |
| 35 | QARMA | 64/128 | 128/256 | 16/24 | 其他 | [34] |
| 36 | GIFT | 64/128 | 128 | 28/40 | SP | [35] |
| 37 | CHAM | 64/128 | 128/256 | 80/96 | ARX | [36] |
| 38 | uBlock | 128/256 | 128/256 | 16/24 | SP | [37] |
| 39 | CRAFT | 64 | 128 | 32 | SP | [38] |

2008 年,欧盟启动的 eSTREAM 计划遴选了两类流密码,一类是面向高速软件应用的算法,另一类是面向受限硬件环境的算法。最终入选 eSTREAM 计划的流密码算法 Grain v1、Trivium 和 Mickey v2 都是适合硬件实现的轻量级密码算法。WG-7 和 A2U2 算法是专门针对 RFID 标签设计的轻量级流密码算法,Snow 3G 和 ZUC 算法是针对 3GPP 的应用需求而设计的流密码算法。存储通常是密码算法硬件实现中最昂贵的部分,因此,小状态流密码算法成为近几年的研究热点。此类流密码算法采用较小的内部状态与相对复杂的逻辑组合函数,密钥流生成阶段采用依赖初始密钥的状态更新函数,代表算法有 Sprout、Lizard 和 Plantlet。轻量级流密码算法的简况见表 1-2。

**表 1-2　轻量级流密码算法**

| 序号 | 算　　法 | 密钥长度/b | 初始向量长度/b | 初始化迭代轮数 | 整体结构 | 参考文献 |
|---|---|---|---|---|---|---|
| 1 | RC4 | 128 | 64/80/96 | 256 | 随机置换 | [39] |
| 2 | A5/1 | 64 | 22 | 100 | 基于 LFSR | [40] |
| 3 | Snow 2.0 | 128/256 | 128 | 33 | 基于 LFSR | [41] |
| 4 | E0 | 64 | 74 | 200 | 基于 LFSR | [42] |
| 5 | Trivium | 80 | 80 | 1152 | 基于 NFSR | [43] |
| 6 | Snow 3G | 128 | 128 | 32 | 基于 LFSR | [44] |
| 7 | MICKEY 2.0 | 80 | 0~80 | 100 | 基于 NFSR | [45] |
| 8 | Grain v1 | 80 | 64 | 160 | 基于 NFSR | [46] |
| 9 | Enocoro-80 | 64 | 128 | 40 | 基于 NFSR | [47] |
| 10 | F-FCSR-H/16 | 80/128 | 80/128 | 162/258 | 基于 NFSR | [48] |
| 11 | Salsa20 | 128/256 | 48/96 | 12/20 | ARX | [49] |
| 12 | ChaCha | 128/256 | 96 | 20 | ARX | [50] |

| 序号 | 算　法 | 密钥长度/b | 初始向量长度/b | 初始化迭代轮数 | 整体结构 | 参考文献 |
|---|---|---|---|---|---|---|
| 13 | ZUC | 128 | 128 | 33 | 基于 LFSR | [51] |
| 14 | A2U2 | 61 | 32 | 9～126 | 基于 NFSR | [52] |
| 15 | Sprout | 80 | 70 | 320 | 小状态算法 | [53] |
| 16 | Plantlet | 80 | 90 | 320 | 小状态算法 | [54] |
| 17 | Lizard | 120 | 64 | 256 | 小状态算法 | [55] |

　　消息鉴别码(Message Authentication Code,MAC)算法可以分为 4 类:采用分组密码的消息鉴别码算法、采用专用杂凑函数的消息鉴别码算法、采用泛杂凑函数的消息鉴别码算法和直接设计的消息鉴别码算法。前 3 类的轻量化都和底层密码算法或者密码函数密切相关,采用轻量级分组密码或杂凑函数,可以构造轻量级消息鉴别码算法。采用分组密码的消息鉴别码算法一般具有生日界安全的限制。如果采用分组长度较小的轻量级分组密码,则生日界安全将会影响消息鉴别码算法的适用性。因此,近年又出现了一批超越生日界安全的消息鉴别码算法,比如 PMAC＋、3kf9、LightMAC＋等。直接设计的消息鉴别码算法从底层模块直接设计,更加适用于特定的应用环境,比如,SipHash 针对短消息处理的需求,Chaskey 面向 32 位处理器。消息鉴别码算法的简况见表 1-3。

**表 1-3　消息鉴别码算法**

| 类　　别 | 算　法 | 文　献 |
|---|---|---|
| 采用分组密码的消息鉴别码算法 | CBC-MAC | [56] |
|  | CMAC | [57] |
|  | CBCR | [58] |
|  | TrCBC | [59] |
|  | PMAC | [60] |
|  | PMAC＋ | [61] |
|  | f9 | [62] |
|  | 3kf9 | [63] |
|  | LightMAC | [64] |
| 采用专用杂凑函数的消息鉴别码算法 | HMAC | [65] |
|  | NI-MAC | [66] |
|  | MDx-MAC | [67] |
| 采用泛杂凑函数的消息鉴别码算法 | UMAC | [68] |
|  | Badger | [69] |
|  | Poly1305 | [70] |
|  | GMAC | [71] |

续表

| 类　　别 | 算　　法 | 文　　献 |
|---|---|---|
| 直接设计的消息鉴别码算法 | SipHash | [72] |
| | Chaskey | [73] |

在 CAESAR 竞赛和 NIST 轻量级密码标准化项目的推动下，认证加密算法发展迅速，各种新型算法百花齐放。认证加密算法是功能复合型算法，不同设计在保护机密性和完整性方面有着不同的偏好。目前的认证加密算法可以归为两类，一类是分组密码认证加密工作模式，另一类是直接设计的认证加密算法。分组密码认证加密工作模式黑盒调用分组密码，优点是可以方便替换底层分组密码，目前的 ISO/IEC 和 NIST 相关标准收录的认证加密算法都属于此类。直接设计的认证加密算法从底层模块起直接设计，而且分组密码不再是底层模块的唯一选择，基于置换、伪随机函数、压缩函数等构建的认证加密算法被陆续提出。分组密码、流密码和杂凑函数的设计理念在认证加密算法中得到了充分融合。依据算法的主要设计特点，本书将直接设计的认证加密算法划分为基于置换的认证加密算法、基于分组密码的认证加密算法和基于流密码的认证加密算法。认证加密算法的简况见表 1-4。

表 1-4　认证加密算法

| 类　　别 | 算　　法 | 参 考 文 献 |
|---|---|---|
| 分组密码认证加密工作模式 | OCB | [74] |
| | JAMBU | [75] |
| | CLOC 和 SILC | [76] |
| | COLM | [77] |
| | OTR | [78] |
| | COFB | [79] |
| | SUNDAE | [80] |
| | COMET | [81] |
| | mixFeed | [82] |
| 基于置换的认证加密算法 | Ascon | [83] |
| | Ketje | [84] |
| | NORX | [85] |
| | FIDES | [86] |
| | APE | [87] |
| | Gimli | [88] |
| | ACE | [89] |
| | Beetle | [90] |
| | SCHWAEMM | [91] |

续表

| 类　别 | 算　法 | 参 考 文 献 |
|---|---|---|
| 基于置换的认证加密算法 | Xoodyak | [92] |
| | Subterranean | [93] |
| | Minalpher | [94] |
| | Elephant | [95] |
| 基于分组密码的认证加密算法 | ASC-1 | [96] |
| | ALE | [97] |
| | AEGIS | [98] |
| | Saturnin | [99] |
| | Pyjamask | [100] |
| 基于流密码的认证加密算法 | ACORN | [101] |
| | Hummingbird-2 | [102] |
| | Helix | [103] |
| | TinyJAMBU | [104] |

## 1.3　全书结构

本书重点介绍各种轻量级密码算法,梳理轻量级密码算法的设计目标、设计方法和设计理念,对轻量级密码算法的安全性分析只列出最新进展和参考文献,有兴趣的读者可以进一步研究。第 1 章介绍轻量级密码算法的应用背景和研究现状。第 2 章介绍分组密码一般性设计原理和轻量级分组密码研究进展,按照整体结构分类介绍轻量级分组密码。第 3 章介绍流密码一般性设计原理和轻量级流密码研究进展,以及基于 LFSR 和 NFSR 的流密码、ARX 与随机状态置换类的流密码和小状态流密码。第 4 章介绍消息鉴别码的共性技术,以及采用分组密码、专用杂凑函数、泛杂凑函数以及直接设计的消息鉴别码。第 5 章介绍认证加密算法一般性设计原理和研究进展,以及分组密码认证加密工作模式和基于置换、分组密码和流密码的认证加密算法。

# 第 2 章　轻量级分组密码

## 2.1　概述

### 2.1.1　分组密码一般性设计原理

分组密码的设计就是找到一种算法,能在密钥控制下从一个足够大且足够好的置换子集合中简单而迅速地选出一个置换,用来对当前输入的明文进行加密变换。分组密码的设计原则包括安全性和实现性能。安全性的一般性设计原则是香农提出的混乱原则和扩散原则,具体的设计受到各种因素的影响。实现原则因实现方式和应用环境的不同而变化,随着计算机和实现技术的发展而发展。目前流行的分组密码都是迭代型分组密码,如图 2-1 所示,在密钥 $K$ 控制下,明文 $P$ 经过轮变换 $F$ 迭代计算得到密文 $C$。

根据轮变换的整体结构,可以对现有分组密码算法进行分类。整体结构是每个分组密码的重要特征,对于分组密码的迭代轮数选取、软硬件实现性能都有非常大的影响。常用的分组密码整体结构有 Feistel 结构、SP 结构、广义 Feistel 结构、MISTY 结构、Lai-Massey 结构以及由上述结构彼此嵌套形成的细化整体结构[105]。

Feistel 结构(见图 2-2)可以把任何函数(通常称为轮函数)转化为一个置换,它是由 H. Feistel 在设计 Lucifer 分组密码时发明的,并因 DES 的使用而流行。加解密相似是 Feistel 结构的主要优点,设计轮函数时可以不考虑解密的情况。由于 Feistel 结构每轮只处理一半内部状态,因此需要较多轮数的迭代才能保证分组密码的安全性。代表算法有 DES、Camellia 和 GOST 等。

SP 结构(见图 2-3)的 S 是指 Substitution,一般被称为混淆层,主要起混淆的作用,通常由若干并行的 S 盒组成;P 是指 Permutation,一般被称为扩散层,主要起扩散的作用,通常是一个置换或线性变换。SP 结构非常清晰,是直接基于 Shannon 的混淆和扩散原则实现的整体结构。给定 S 层和 P 层的某些密码指标,SP 结构密码算法抵抗差分分析和线性分析的能力相对容易评估。相较于 Feistel 结构,SP 结构扩散速度更快,但是为达到加密和解密的相似性需要合理设计密码部件。代表算法有 AES、ARIA 和 Serpent 等。

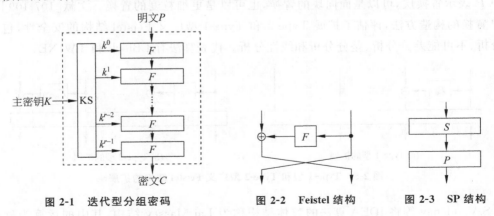

图 2-1　迭代型分组密码　　　　图 2-2　Feistel 结构　　　图 2-3　SP 结构

广义 Feistel 结构将 Feistel 结构的两分支扩展成多分支,使得其不仅保留了 Feistel 结构的加解密相似、轮函数设计灵活等特点,同时具有适宜轻量化且便于并行实现等特点。广义 Feistel 结构具体可以划分为多种类型,包括:

(1) Type-1 型,比如图 2-4(a)所示的 CAST-256 型广义 Feistel 结构,其轮函数的规模是分组长度的 $1/4$。

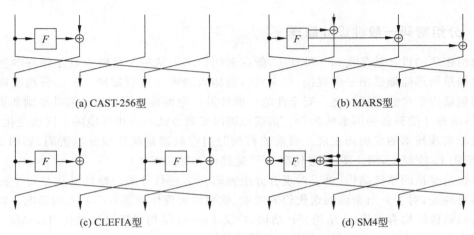

(a) CAST-256型　　　　　　　　　　　　(b) MARS型

(c) CLEFIA型　　　　　　　　　　　　(d) SM4型

**图 2-4　几种广义 Feistel 结构**

(2) Target-Heavy 型,比如图 2-4(b)所示的 MARS 型广义 Feistel 结构,其轮函数的输入长度小于输出长度。

(3) Type-2 型,比如图 2-4(c)所示的 CLEFIA 型广义 Feistel 结构,每次有两个分支进入轮函数,两个轮函数可相同也可不同。

(4) Source-Heavy 型,比如图 2-4(d)所示的 SM4 型广义 Feistel 结构,其轮函数的输入长度大于输出长度。

图 2-4 展示的广义 Feistel 结构都是 4 个分支,置换层都是循环左移一个子块。当广义 Feistel 结构的分支比较多时,文献[106]发现循环左移一个子块不能提供最优的扩散,提出了广义 Feistel 结构的扩展。Type-1 型和 Type-2 型广义 Feistel 结构的扩展如图 2-5 所示,其中 $P$ 表示置换层,可以是面向块的置换,也可以是更细粒度的置换。文献[107-109]研究了 P 置换的构造方法,评估了扩展 Type-2 和 Type-1 型广义 Feistel 结构的安全性,包括积分分析、不可能差分分析、差分分析和线性分析。代表算法有 LBlock 和 TWINE。

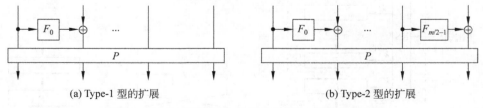

(a) Type-1 型的扩展　　　　　　　　　　　　(b) Type-2 型的扩展

**图 2-5　Type-1 型和 Type-2 型广义 Feistel 结构的扩展**

S.Vaudenay 等将 IDEA 算法的整体结构称为 Lai-Massey 结构,其中的运算为群中加和减,图 2-6 是异或运算的情形。Lai-Massey 结构具有加解密相似、扩散快等优点,但是任意轮的 Lai-Massey 结构都不具备伪随机性。通过对输出做一个简单变换,3 轮变体 Lai-Massey 结构具备伪随机性。Lai-Massey 结构的代表算法有 IDEA 和 FOX。

　　MISTY 结构(图 2-7)是 M.Matsui 借鉴 Feistel 结构的研究成果。合理选取两个分支的长度和轮函数,MISTY 结构可以达到比 Feistel 结构更高的安全界。MISTY 结构的两轮轮函数可以并行实现,缺点是轮函数的设计需要考虑解密操作。MISTY 结构的代表算法有 MISTY1 和 KASUMI。

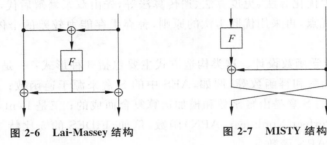

图 2-6　Lai-Massey 结构　　　　　　图 2-7　MISTY 结构

　　上述各种整体结构中的 $F$ 函数通常称为轮函数。现有分组密码算法的轮函数可以分为两类:一类是基于基本运算的轮函数,比较典型的算法是使用模加、循环移位、异或的 ARX 类算法;另一类是基于 S 盒的轮函数。ARX 类算法依赖模加提供非线性,面向字的循环移位和异或操作提供扩散性。模加的输出高权重比特具有较高的非线性,但是较低权重比特保持简单的关系,存在概率为 1 的差分特征和线性逼近,因此,ARX 类密码算法的线性部分必须仔细选择。事实上,到目前为止,ARX 类分组密码算法只有 SPARX 给出了差分分析和线性分析的可证明安全性。

　　基于 S 盒的分组密码算法有很多,例如 DES、AES、SM4 和 PRESENT 等,它们的“混淆”由非线性部件 S 盒实现,“扩散”由线性部件 P 置换实现。S 盒的实现有两种方式,一种采用查找表,另一种采用比特切片。S 盒查找表是软件实现的有效技术,可以用一个操作来提供(接近)最佳的密码性质。然而,查找表实现需要存储所有可能的输出,存储成本增加,而且查找表是泄露信息最多的操作,容易遭受侧信道攻击。基于比特切片的算法使用 S 盒,但是 S 盒不用查找表实现,而是以比特切片方式实现。比特切片的基本思想是:密码算法的软件实现模拟硬件实现的过程,软件实现的一个逻辑指令对应多个硬件逻辑门操作。比特切片方法由 Biham 于 1997 年提出并用于提高 DES 的软件实现性能[110]。20 世纪 90 年代末期,此方法也被用来加速 DES 的密钥穷搜攻击。此后,比特切片方法被广泛应用于密码算法的设计和实现。

　　S 盒主要提供分组密码算法所必需的混淆,但如何全面准确地度量 S 盒的密码强度,如何设计安全有效的 S 盒,是分组密码设计和分析的研究难题。S 盒的设计准则包括非线性度、差分均匀性、代数次数及项数分布、完全性和雪崩效应、扩散特性、可逆性、没有固定点等。值得注意的是,S 盒的某些设计准则之间存有一定的制约关系,在具体设计时需要折中考虑。S 盒是对称密码算法的核心部件之一,针对其构造方式的研究成果非常丰富,下面列出几个经典的设计策略。

（1）随机产生 S 盒，然后从中筛选。S 盒规模越大，随机生成性能良好 S 盒的概率越高；因此，只要拥有足够的时间和计算资源，利用这一方式总能得到满足设计需求的 S 盒。

（2）利用经典密码结构生成。利用经典密码结构以及小规模 S 盒构造大规模 S 盒。利用 Feistel 结构、Lai-Massey 结构、MISTY 结构等针对差分分析和线性分析的可证明安全研究结果，保证生成的 S 盒具有高非线性度、低差分均匀性等密码特性。

（3）按照一定规则构造并测试。基本思想是：利用结构清晰的 S 盒，制定简单的规则，构造满足特定条件的 S 盒。例如，Serpent 使用的 S 盒就是基于 DES 的 S 盒设计的。进一步可以利用智能仿生优化算法、免疫算法、遗传算法等，先由双亲繁殖后代，期望后一代 S 盒继承前一代 S 盒的优点，再采用优胜劣汰的原则，舍弃生存能力较差的个体，获得密码性质良好的实例。

（4）依据特定数学函数设计。这类构造方式主要包括 3 种形式：一是有限域上的指数函数、对数函数、逆函数和幂函数等，例如，AES 中的 S 盒来源于逆函数；二是不同群中函数的复合，例如，E2 的 S 盒是由幂函数和模加运算复合而成的；三是 Bent 函数以及几乎完全非线性（Almost Perfect Nonlinear，APN）函数，例如，FIDES 的 5 比特 S 盒为完全 Bent 函数，6 比特 S 盒为 APN 函数。

基于 S 盒的轮函数通常还有一个线性部件，又称为扩散层或 P 置换。P 置换的安全性设计指标主要是分支数，分支数反映了 P 置换扩散性的好坏，分支数越大，P 置换的扩散效果越好。分支数与差分分析、线性分析密切相关，利用扩散层的分支数，评估活跃 S 盒数目的下界，从而量化分组密码抵抗差分分析和线性分析的能力。扩散层的另一评判指标是实现性能。如果要求加密算法在 8 位处理器上具有较高的软件效率，则扩散层的操作应尽量以字节为单位。考虑到密码算法可能应用于多种平台，扩散层的实现还要具有灵活性。此外，对合（involution）性质也是扩散层的重要特征，实现对合密码部件，加密和解密能够共用一套硬件电路。

近些年，分组密码扩散层的研究成果非常丰富，下面列出 3 种主要设计方法。

（1）利用 MDS 码构造最优扩散层。基于线性变换与线性码的联系，寻找较大分支数的线性变换也就是寻找距离较大的线性码。最大距离可分（Maximum Distance Separable，MDS）码的分支数达到了最大值，其对应的 MDS 矩阵是扩散层构造的较好选择，AES、FOX、CLEFIA 等分组密码都采用了 MDS 扩散层。MDS 矩阵的构造策略随着应用场景的不同在不断更新[111-113]。

（2）利用 MDBL 码构造最优扩散层。还有一类非常流行的扩散层源自最大距离二元线性（Maximum Distance Binary Linear，MDBL）码，MDBL 矩阵的分支数是二元域矩阵所能取到的最大可能值。与 MDS 矩阵相比，MDBL 矩阵的扩散速度略慢，但由于不涉及有限域上的乘法，其硬件实现通常更加轻量化，而且 MDBL 矩阵更加灵活，更易于适应各种平台的优化实现。

（3）利用具有良好数学性质的矩阵构造最优扩散层。利用循环矩阵、柯西矩阵、范德蒙德矩阵等具有良好数学性质的矩阵生成扩散层。基于循环矩阵的构造策略被分组密码算法广泛采用。在循环矩阵中，任意行向量的每个元素都是前一行向量的各个元素依次右移一个位置的结果，从而使硬件实现能够复用乘法电路以节省硬件面积。利用循环矩阵可以非常灵活地在硬件面积和实现延迟之间进行折中。

密钥扩展算法是迭代分组密码的一个重要组成部分,密钥扩展算法的理论设计目标是子密钥统计独立和灵敏性。在实用分组密码的设计中,子密钥统计独立是不可能做到的,设计者只是尽可能使得子密钥趋近统计独立。灵敏性是指密钥更换的有效性,即改变种子密钥的少数几比特,对应的子密钥应该有较大程度的改变。基于分组密码安全性分析的研究进展,可以提炼出一些密钥扩展算法设计需要考虑的因素,比如种子密钥的所有比特对每个子密钥比特的影响应大致相同、从一些子密钥比特获得其他子密钥(或者种子密钥)比特在计算上是"难"的、没有弱密钥、不存在简单关系等。但是上述因素不是密钥扩展算法必须满足的,具体的密钥扩展算法的设计需要综合考虑加密算法。密钥扩展算法的设计应考虑其实现性能和实现成本,尽量使用加密算法的轮函数或关键部件。对于运行在普通计算机等环境的分组密码,密钥扩展算法通常在一个密钥生命周期内只运行一次,将轮密钥存储起来待用;同时考虑到分组密码的安全性,密钥扩展算法一般比较复杂。对于轻量级分组密码,由于运行环境的硬件面积和 RAM 存储容量受到严格限制,另外,相关密钥攻击的可能性降低,因此,轻量级分组密码一般采用比较简单的密钥扩展算法。

## 2.1.2　轻量级分组密码研究进展

轻量级分组密码是针对资源受限环境的密码算法,按照轻量化指标可分为面向软件和面向硬件两类。面向软件的轻量级分组密码主要关注的是 8 位处理器的软件实现,代码量小,存储需求小等,主要算法有 RoadRunneR、ITUbee、PRIDE、SPECK;面向硬件的轻量级分组密码的设计指标包括面积、能耗、延迟等。早期的轻量级分组密码只关注硬件实现面积,其特点是轮函数简单、迭代轮数多。比如,KATAN/KTANTAN 利用流密码的设计思想,用很简单的非线性函数更新状态,硬件实现面积很小,但是软件性能不佳。在无线传感器等低端处理器上,密码算法软件实现成本更低,更加灵活,因此对轻量级密码算法提出了新的设计目标:兼顾硬件实现面积和软件实现性能。为了保证算法的软件性能,此类算法都是面向字的,比如 KLEIN、LBlock、LED、TWINE 和 Piccolo。其中 Piccolo 的硬件实现很有特点,数据通路用 4 比特,只实现一个 S 盒,串行实现扩散层的 MDS 变换。这种实现成本很低,但是时钟数多,导致算法硬件实现的能耗很大。在多数资源受限环境中,能耗有严格的限制,因此低能耗也成为一些轻量级分组密码的设计指标,比如 Midori。另外,自动驾驶等应用的实时性安全需求使得低延迟成为轻量级分组密码的一个设计指标。延迟是最能反映密码算法硬件实现性能的指标,一个时钟周期完成数据处理的轻量级分组密码成为设计的新挑战,典型算法有 PRINCE、MANTIS 和 QARMA。由于密码实现安全越来越受重视,适宜侧信道防护也成为一些密码算法的设计指标,比如 LS-Designs 和 CRAFT。可调分组密码利用一个公开参数调柄实现分组密码的可变性,使得基于分组密码的认证加密算法等密码方案的结构清晰,安全性易于证明,因此,SIKNNY、Qarma、Mantis 和 CRAFT 等算法都 将可调作为一个设计指标。

纵观近年推出的轻量级分组密码,从整体结构来看,轻量级分组密码大多还是采用传统的分组密码整体结构。表 1-1 列出的 39 个轻量级分组密码,其中,7 个算法采用了 Feistel 结构,14 个算法采用了 SP 结构,8 个算法采用了各种广义 Feistel 结构,6 个是 ARX 类算法,4 个算法采用了其他结构。轻量级分组密码的主要特点体现在非线性部件、扩散层和密钥扩展算法几方面。

　　轻量级分组密码一般采用小规模 S 盒,不但具有 S 盒查表的软件实现优势,而且具有很好的硬件实现性能。多数轻量级分组密码采用 4 比特 S 盒,比如 PRESENT、KLEIN、LED、PRINCE、PICARD、MIBS、Piccolo、TWIS、LBlock、TWINE、PRIDE、Midori、SKINNY、MANTIS、ITUbee、QARMA、Khudra 和 GIFT 等。以比特切片方式实现的 S 盒受到一些轻量级分组密码的青睐,比如 Rectangle、PRIDE、LILLIPUT、RoadRunneR、Fantomas/Robin 和 Mysterion。为了保证软件实现速度,基于比特切片的 S 盒通常只选择有限数量的逻辑操作,使得它们易于掩码实现,而且硬件实现面积小。ARX 类算法的模加、循环移位和异或运算非常适宜软件实现,而且也不用或仅用较少的附加寄存器。ARX 类密码算法通常在微处理器上性能好、速度快、代码量小,适用于一些存储资源有限的环境。ARX 类的轻量级分组密码有 HIGHT、LEA、SPECK、XTEA、SPARX 和 CHAM。

　　对于轻量级分组密码,4 比特 S 盒具有硬件实现面积小,易于掩码实现等优势,因此近几年受到特别关注。Saarinen 对所有 4 比特 S 盒进行了等价类划分。同一等价类的 S 盒具有相同的代数特性,而且拥有相等的电路复杂度[114]。进一步,根据 S 盒抵抗差分分析和线性分析的具体能力,Brinkmann 等对 6 比特以下的最优 S 盒进行了更加细致的分类[115]。Canteaut 等精准地刻画了 S 盒中仿射变换对于最大差分/线性概率的影响[116]。张文涛等给出了最优 4 比特 S 盒的新型分类标准[117]。应用环境的多样化使得 S 盒必须具备更多的实现特性。为了抵抗针对 S 盒的侧信道攻击,Carlet 等提出了一种高阶掩码方案,同时给出了构造满足特定准则 S 盒的相应算法[118]。李永强等阐述了 Feistel 结构设计轻量级 S 盒的可行性,给出了具有最佳差分均匀度和非线性度的 4 比特 S 盒构造算法[119]。进一步,Canteaut 等利用平衡 Feistel 结构生成了一批硬件代价低廉的 8 比特 S 盒,并详细分析了 3 轮 MISTY 结构下最优 S 盒的优缺点[120]。Biryukov 等解释了逆向恢复 S 盒设计的技术原理,并基于 Skipjack 算法中 S 盒的线性性质提炼出了一种设计准则,同时推导出有效算法来生成相似度极高的 S 盒[121]。

　　MDS 矩阵、MDBL 矩阵和比特置换是轻量级分组密码经常采用的几类扩散层。从安全性指标分支数来看,MDS 矩阵最佳,比特置换最差;从硬件实现代价来看,比特置换不消耗硬件资源,而一般的 MDS 矩阵硬件实现代价比较大;MDBL 矩阵的扩散性优于比特置换,实现代价一般比 MDS 矩阵小。依据应用需求和特定的设计目标,轻量级分组密码的扩散层采用不同的设计方法。扩散层采用比特置换的算法有 PRESENT、PRINTcipher、LBlock、TWINE、GIFT 和 Khudra 等,比特置换没有硬件成本,但是扩散较慢,因此,采用比特置换的分组密码算法的迭代轮数一般较大。扩散层采用 MDS 矩阵的算法有 KLEIN、LED 和 Piccolo 等,MDS 矩阵扩散效果好,此类算法安全性评估相对容易。MDS 扩散层一般硬件实现代价比较大,在这方面有特色的是 LED 算法,它采用了迭代型 MDS 矩阵。如果考虑能耗、延迟等指标,迭代型 MDS 矩阵的优势不明显;MDBL 矩阵介于 MDS 矩阵和比特置换之间,可以在安全性、实现性能等多个指标之间折中或平衡。采用 MDBL 矩阵的算法有 Prince、MIBS、PRIDE、Midori、SKINNY、MANTIS、ITUbee 和 uBlock,此类算法适应性强,软硬件综合性能好。

　　对于轻量级分组密码,扩散层的设计有诸多亮点。MDS 矩阵的分支数最大,但是硬件实现面积较大,因此,MDS 矩阵并不适合轻量级分组密码。为了解决这一难题,Sajadieh 等提出了迭代扩散层的构造方式[122],在保证最优分支数的前提下,极大地节省了硬件实现面积。迭代型 MDS 扩散层借用线性反馈移位寄存器（Linear Feedback Shift Register，LFSR），如图 2-8 所示，每次只更新一个元素，其余元素则通过移位得到。图中的每个 $L_i$ 选自有限域 $GF(2^n)$，迭代 $s$ 步后的最终状态作为扩散层的输出。假设 $A$ 是 LFSR 的状态转移矩阵，则这种方法构造的扩散层矩阵是 $GF(2^n)$ 上的矩阵 $A^s$。迭代型扩散层只需实现 LFSR 且在不增加额外逻辑控制电路的情形下重用已有的存储，因此硬件实现面积小。吴生宝等人将矩阵元素扩充到多项式环上，利用不同类型的

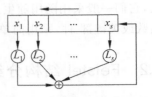

图 2-8　迭代型 MDS 扩散层

LFSR 结构设计轻量级最优扩散层[123]。Augot 等通过分析迭代 MDS 矩阵的穷搜结果，结合 BCH 码相关理论，提出了最优迭代扩散层的直接构造算法[124]。除硬件实现面积之外，延迟也是扩散层设计的一个重要参数。Li 等研究了低延迟迭代型 MDS 矩阵和对合 MDS 矩阵的构造[125,126]。Guo 等通过提取矩阵可逆的充要条件以及分支数等价的划分原则，刻画了逆矩阵的具体形式和基本特征，提出了循环移位异或型最优扩散层的构造算法[127]。

随着轻量级密码算法设计目标的变化，线性扩散层不再一味追求硬件实现面积指标，一些折中安全性和实现代价的构造方法开始出现。准 MDS 矩阵或最优二元域矩阵（MDBL）更容易获得整体安全且性能较优的密码算法，尽管在一定程度上牺牲了扩散速度，但是获得了良好的适应性和灵活性。在多种平台上实现时，它们不仅具有较高的硬件效率，而且拥有出色的软件性能。文献[128]总结了准 MDS 矩阵生成线性扩散层的主要特征，利用强有力的剪枝条件制订了高效的搜索策略，找到了维数不超过 9 且整体实现效率最高的次优扩散层。文献[129]提出了平衡 Feistel 结构生成 MDBL 扩散层的设计策略。通过将 Feistel 结构的轮函数限定为比特置换，构造了一系列软硬件性能俱佳的扩散层。PRIDE 算法扩展了 AES 扩散层的设计理念，提出了易于以比特切片方式实现的构造方法，通过以小规模矩阵组建大规模矩阵的方式，生成了一系列软硬件性能俱佳的次优扩散层。随后，Augot 等借助代数几何的相关结论，构造了易于 SIMD 实现的次优扩散层[130]。由此可见，随着现实需求的不断改变以及代数编码理论与密码学的不断融合，线性扩散层的设计思路越来越广阔。

对于轻量级分组密码，目前流行的密钥扩展算法是直接选取密钥的若干比特作为轮密钥，有学者称其为选择密钥扩展。选择密钥扩展的主要优点是计算轮密钥只需要很少的逻辑运算，而且不需要每轮更新密钥状态。采用选择密钥扩展的算法有 Fantomas、HIGHT、ITUbee、Ktantan、LED、Midori、Mysterion、Piccolo、PRIDE、PRINCE、RoadRunneR、Robin 和 XTEA。密钥扩展算法是轻量级分组密码和传统分组密码区别最大的部分，选择密钥扩展算法不满足轮密钥独立性等特性，因此，此类算法对于差分分析、线性分析的安全性评估需要新的理论支持。是否抵抗相关密钥攻击是设计密钥扩展算法时需要考虑的因素，一些轻量级分组密码声称对相关密钥攻击具有抵抗力，而另一些轻量级分组密码则对相关密钥攻击几乎是脆弱的，例如 Prince 算法，$\alpha$ 反射性导致其具有非常简单的相关密钥区分器。相关密钥安全是一个更保守的选择，无论从算法安全还是密码产品保护角度，相关密钥安全都有一定优势，但是达到相关密钥安全可能需要更多的迭代轮数或更复杂的密钥扩展，导致分组密码实现成本增加。对于密钥在整个生命周期固定的设备，存在相关密钥的概率很小。因此，有些轻量级分组密码明确指出不考虑相关密钥安全，比如 Fantomas、Mysterion、PRIDE 和 Prince。另外一些分组密码将相关密钥安全作为设计目标，比如 EPCBC、

LBlock、SEA、SIMON、SKINNY 和 SPARX。此类算法的密钥扩展相对复杂,考虑到轻量化,它们一般采用随用随生成的方式,不断更新密钥状态并提取轮密钥,复用加密算法的轮函数或关键部件,采用简单的密钥状态更新函数限制额外成本开销。

## 2.2 Feistel 结构分组密码

### 2.2.1 SIMON

SIMON 是一族轻量级分组密码算法,由美国国家安全局(National Security Agency,NSA)于 2013 年发布。SIMON 算法的设计目标是满足各种应用需求的面向硬件的轻量级分组密码,特别强调算法的灵活性。因此,SIMON 算法支持多种分组长度和密钥长度。分组长度涵盖 32、48、64、96 和 128 比特。密钥根据分组长度有不同的选择,最短的密钥长度为 64 比特,最长的密钥长度为 256 比特。

SIMON 算法采用 Feistel 结构,记分组长度为 $2n$、密钥长度为 $mn$ 的算法版本为 SIMON$2n/mn$,其中 $n$ 为 Feistel 结构左右分支的比特长度,也是 SIMON 算法的字长度,$m$ 是密钥包含的字数。表 2-1 列出了各版本 SIMON 算法的参数。

表 2-1　各版本 SIMON 算法的参数

| 分组长度<br>($2n$) | 密钥长度<br>($mn$) | 字长度<br>($n$) | 密钥字数<br>($m$) | 常　　数 | 迭代轮数<br>($r$) |
|---|---|---|---|---|---|
| 32 | 64 | 16 | 4 | $z_0$ | 32 |
| 48 | 72 | 24 | 3 | $z_0$ | 36 |
|  | 96 | 24 | 4 | $z_1$ | 36 |
| 64 | 96 | 32 | 3 | $z_2$ | 42 |
|  | 128 | 32 | 4 | $z_3$ | 44 |
| 96 | 96 | 48 | 2 | $z_2$ | 52 |
|  | 144 | 48 | 3 | $z_3$ | 54 |
| 128 | 128 | 64 | 2 | $z_2$ | 68 |
|  | 192 | 64 | 3 | $z_3$ | 69 |
|  | 256 | 64 | 4 | $z_4$ | 72 |

**1. SIMON 的加密算法**

SIMON 的加密算法由 $r$ 轮迭代运算组成,其轮变换如图 2-9 所示。其中,$x_i$ 表示 $n$ 比特字,$k_i$ 是轮密钥,& 表示按位与运算,$\oplus$ 表示按位异或运算,$S^i$ 表示左循环移位 $i$ 比特。

记 $2n$ 比特的明文 $P = x_1 \parallel x_0$,加密过程如下:

对 $i=0,1,\cdots,r-1$,计算

$$x_{i+2}=(S^1(x_{i+1}) \& S^8(x_{i+1})) \oplus S^2(x_{i+1}) \oplus x_i \oplus k_i$$

$x_{r+1} \parallel x_r = C$ 为 $2n$ 比特的密文。

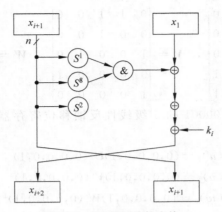

**图 2-9　SIMON 的轮变换**

### 2. SIMON 的密钥扩展算法

对于 SIMON $2n/mn$，种子密钥由 $m$ 个 $n$ 比特字构成，记为 $(k_{m-1}, \cdots, k_1, k_0)$。每一轮的轮密钥通过如下方式从种子密钥中抽取，如图 2-10 所示。

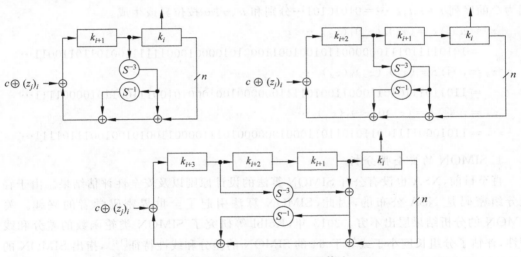

**图 2-10　SIMON 的密钥扩展算法**

对 $i = 0, 1, \cdots, r-m-1$，

$$
k_{i+m} = \begin{cases}
c \oplus (z_j)_i \oplus k_i \oplus (I \oplus S^{-1}) S^{-3} k_{i+1}, & m = 2 \\
c \oplus (z_j)_i \oplus k_i \oplus (I \oplus S^{-1}) S^{-3} k_{i+2}, & m = 3 \\
c \oplus (z_j)_i \oplus k_i \oplus (I \oplus S^{-1})(S^{-3} k_{i+3} \oplus k_{i+1}), & m = 4
\end{cases}
$$

其中，$c = 2^n - 4 = 0\text{xff}\cdots\text{fc}$，$(z_j)_i$ 是序列 $z_j$ 的第 $i$ 比特。

SIMON 的密钥扩展算法使用了 5 个常数序列——$z_0$、$z_1$、$z_2$、$z_3$ 和 $z_4$，以消除轮与轮之间的相似性，分割不同算法版本。$z_0$、$z_1$、$z_2$、$z_3$ 和 $z_4$ 分别由序列 $u$、$v$ 和 $w$ 生成。$u$、$v$ 和 $w$ 的周期都是 31，生成方式如下：

首先定义 $\text{GF}(2)$ 上的 3 个 $5 \times 5$ 矩阵：

$$U = \begin{bmatrix} 0 & 1 & 0 & 0 & 0 \\ 0 & 0 & 1 & 0 & 0 \\ 1 & 0 & 0 & 1 & 0 \\ 0 & 0 & 0 & 0 & 1 \\ 1 & 0 & 0 & 0 & 0 \end{bmatrix}, \quad V = \begin{bmatrix} 0 & 1 & 1 & 0 & 0 \\ 0 & 0 & 1 & 0 & 0 \\ 1 & 0 & 1 & 1 & 0 \\ 0 & 0 & 0 & 0 & 1 \\ 1 & 0 & 0 & 0 & 0 \end{bmatrix}, \quad W = \begin{bmatrix} 0 & 1 & 0 & 0 & 0 \\ 0 & 0 & 1 & 0 & 0 \\ 1 & 0 & 0 & 1 & 0 \\ 0 & 0 & 0 & 0 & 1 \\ 1 & 0 & 0 & 0 & 0 \end{bmatrix}$$

然后利用初始状态为 00001 的 5 级线性反馈移位寄存器生成序列,序列的第 $i$ 比特为

$$(u)_i = (0,0,0,0,1)U^i(0,0,0,0,1)^t$$
$$(v)_i = (0,0,0,0,1)V^i(0,0,0,0,1)^t$$
$$(w)_i = (0,0,0,0,1)W^i(0,0,0,0,1)^t$$

具体如下:

$$u = u_0 u_1 u_2 \cdots = 111110100010010101000011100110$$
$$v = v_0 v_1 v_2 \cdots = 100011101111100100110001011010$$
$$w = w_0 w_1 w_2 \cdots = 100001001011001111100011011010$$

$z_0$ 和 $z_1$ 是周期为 31 的序列,$z_0 = u$,$z_1 = v$。$z_2$、$z_3$ 和 $z_4$ 是周期为 62 的序列,利用周期为 2 的序列 $t = t_0 t_1 t_2 \cdots = 01010101 \cdots$ 分别和 $u$、$v$、$w$ 按位异或生成。

$$z_2 = u \oplus t = (z_2)_0 (z_2)_1 (z_2)_2 \cdots$$
$$= 1010111101110000011010010011000101000010001111111001011011001\cdots$$

$$z_3 = v \oplus t = (z_3)_0 (z_3)_1 (z_3)_2 \cdots$$
$$= 11011011110101100011001011110000000100100010100111001101000011111\cdots$$

$$z_4 = w \oplus t = (z_4)_0 (z_4)_1 (z_4)_2 \cdots$$
$$= 110100011110011010101011000100000001011100001100101001001110111111\cdots$$

**3. SIMON 的安全性分析**

直至目前,NSA 也没有公开 SIMON 算法的设计原则以及安全性评估结果。由于轻量级分组密码是 NSA 公布的,因此,SIMON 算法引起了全世界密码学者的兴趣。关于 SIMON 的分析结果层出不穷。2015 年,Kolbl 等研究了 SIMON 类轮函数的差分和线性特性,评估了分组长度小于或等于 64 的 SIMON 的差分和线性特征[131],指出 SIMON 的参数选取并不是最优的。Kondo 等评估了 SIMON 针对积分分析和不可能差分分析的安全性[132]。进一步,文献[133-136]改进了 SIMON 针对差分分析和线性分析的评估结果。文献[137]利用自动搜索方法评估了 SIMON 类算法抵抗积分分析的安全性,指出不同循环移位参数对 SIMON 类算法安全性的影响。随后,Todo 等提出了比特可分性并将其运用于 SIMON 算法[138]。向泽军等结合比特可分性和混合整数线性规划(Mixed Integer Linear Programming,MILP)给出了 SIMON 算法轮数更多的积分区分器[139]。文献[140]研究了基于三子集比特可分性的自动分析技术,给出了 SIMON64 更有效的积分区分器。文献[141,142]评估了 SIMON 对零相关线性分析的安全性。

## 2.2.2　Simeck

Simeck 是 SIMON 和 SPECK 的结合体。其轮变换和 SIMON 的轮变换类似,区别在

于循环移位数。密钥扩展算法借鉴 SPECK，采用轮变换更新线性反馈移位寄存器。Simeck 的设计目标是比 SIMON 具有更好的硬件实现性能。Simeck $2n/mn$ 是指分组长度为 $2n$，密钥长度为 $mn$ 的算法版本。具体地，Simeck 包含 3 个算法：Simeck 32/64、Simeck 48/96 和 Simeck 64/128，迭代轮数分别为 32、36 和 44。

1. Simeck 的加密算法

Simeck 的加密算法由 $r$ 轮迭代运算组成，其轮变换如图 2-11 所示。

记 $2n$ 比特的明文 $P = L_1 \| R_1$，加密过程如下：

对 $i = 0, 1, \cdots, r-1$，计算

$$L_{i+1} = (L_i \& (L_i \lll 5)) \oplus (L_i \lll 1) \oplus R_i \oplus K_i$$
$$R_{i+1} = L_i$$

$L_r \| R_r = C$ 为 $2n$ 比特的密文。

2. Simeck 的密钥扩展算法

Simeck 的密钥扩展算法利用轮变换生成轮密钥，如图 2-12 所示，$\mathrm{RF}_{C \oplus (z_j)_i}$ 表示以 $C \oplus (z_j)_i$ 为轮密钥的加密轮变换。种子密钥 $K$ 被划分成 4 块并装载为线性反馈移位寄存器的初始状态 $(T_2, T_1, T_0, K_0)$。第 $i$ 轮子密钥通过如下方式生成：

对 $i = 0, 1, \cdots, r-1$，

$$K_{i+1} = T_i$$
$$T_{i+3} = K_i \oplus (T_i \& (T_i \lll 5)) \oplus (T_i \lll 1) \oplus C \oplus (z_j)_i$$

其中，常数 $C = 2^n - 4$，$(z_j)_i$ 是序列 $z_j$ 的第 $i$ 比特。Simeck 32/64 和 Simeck 48/96 采用相同的 $m$ 序列 $z_0$，生成 $z_0$ 的多项式为 $x^5 + x^2 + 1$，初态为 $(1,1,1,1,1)$。$z_0$ 的周期为 31，当轮数大于 31 时，重复使用 $z_0$。Simeck 64/128 采用另一个 $m$ 序列 $z_1$，周期为 61，生成 $z_1$ 的多项式为 $x^6 + x + 1$，初态为 $(1,1,1,1,1,1)$。

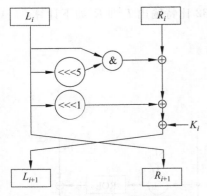

图 2-11　Simeck 的轮变换

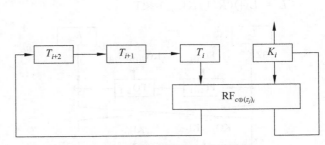

图 2-12　Simeck 的密钥扩展算法

3. Simeck 算法特点和安全性

和 SIMON 相比，Simeck 减少了轮变换中循环移位的个数，采用了更简单的密钥扩展算法，因此，其硬件实现面积和功耗比 SIMON 更轻量。设计者分析评估了 Simeck 针对差分分析、线性分析、代数攻击、中间相遇攻击等分析方法的安全性。文献[143]简单比较了

SIMON 和 Simeck。文献[144]利用动态密钥猜测技术给出了缩减轮 Simeck 的线性分析，对于 3 种规模的 Simeck 分别可以分析到 23、30 和 37 轮。文献[139]结合比特可分性和 MILP 技术，分别给出 Simeck 32、Simeck 48 和 Simeck 64 的 14、17 和 20 轮积分区分器。

### 2.2.3 KASUMI

KASUMI 分组密码是由欧洲标准机构——欧洲电信标准化协会（European Telecommunications Standards Institute，ETSI）的安全算法专家组（Security Algorithm Group of Experts，SAGE）于 1999 年设计的，被用于 3GPP 移动通信的保密算法 f8 和完整性检验算法 f9。KASUMI 算法的设计目标是：安全性有一定的数学基础，硬件实现足够快且可以用不超过 10 000 门实现。针对安全性的设计目标，KASUMI 算法采用了分组密码针对差分分析和线性分析的可证明安全理论。可以证明，KASUMI 中由 4 轮非平衡 MISTY 结构组成的 FI 函数是伪随机置换，并且对于适应性攻击者，4 轮 KASUMI 是伪随机置换，6 轮 KASUMI 是超伪随机置换。为了达到硬件实现性能，KASUMI 的 S 盒和密钥扩展算法都经过精心选择。其中 S 盒可以由很少的组合逻辑实现而不用通过查找表，并且 FI 函数中的 S9 和 S7 运算以及 FO 函数中的前两个轮函数 FI 都可以并行运算，同时非常简单的密钥扩展算法也有利于硬件实现。

1. KASUMI 的加密算法

KASUMI 是分组长度为 64 比特、密钥长度为 128 比特的 8 轮 Feistel 结构密码，如图 2-13 所示。轮函数采用 MISTY 结构，外层是分组 32 比特的 3 轮 MISTY 型，里层是分组 16 比特的 4 轮 MISTY 型。

下面介绍其中的密码部件。

1）FL 函数

FL 函数如图 2-14 所示，输入是 32 比特数据 $I=L\parallel R$ 和 32 比特子密钥 $KL_i=KL_{i,1}\parallel KL_{i,2}$，其中 $L$、$R$、$KL_{i,1}$ 和 $KL_{i,2}$ 都是 16 比特。FL 函数的 32 比特输出 $L'\parallel R'$ 如下计算：

$$R'=R\oplus(L\cap KL_{i,1}\lll 1)$$
$$L'=L\oplus(R'\cup KL_{i,2}\lll 1)$$

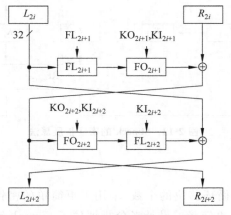

图 2-13　KASUMI 的加密算法

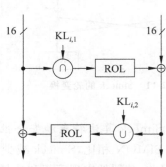

图 2-14　FL 函数

2) FO 函数

FO 函数如图 2-15 所示,输入是 32 比特数据 $L_0 \parallel R_0$、48 比特子密钥 $\mathrm{KO}_i = \mathrm{KO}_{i,1} \parallel \mathrm{KO}_{i,2} \parallel \mathrm{KO}_{i,3}$ 和 48 比特子密钥 $\mathrm{KI}_i = \mathrm{KI}_{i,1} \parallel \mathrm{KI}_{i,2} \parallel \mathrm{KI}_{i,3}$。FO 函数的 32 比特输出 $L_3 \parallel R_3$ 如下计算:

对 $j = 1,2,3$,

$$R_j = \mathrm{FI}_{i,j}(L_{j-1} \oplus \mathrm{KO}_{i,j}, \mathrm{KI}_{i,j}) \oplus R_{j-1}$$
$$L_j = R_{j-1}$$

3) FI 函数

FI 函数如图 2-16 所示,输入是 16 比特数据 $L_0 \parallel R_0$ 和 16 比特子密钥 $\mathrm{KI}_{i,j} = \mathrm{KI}_{i,j,1} \parallel \mathrm{KI}_{i,j,2}$,其中 $\mathrm{KI}_{i,j,1}$ 是 7 比特,$\mathrm{KI}_{i,j,2}$ 是 9 比特。FI 函数的 16 比特输出 $L_4 \parallel R_4$ 如下计算:

$$L_1 = R_0, R_1 = \mathrm{S9}(L_0) \oplus (00 \parallel R_0)$$
$$L_2 = R_1 \oplus \mathrm{KI}_{i,j,2}, R_2 = \mathrm{S7}(L_1) \oplus R_1[2-8] \oplus \mathrm{KI}_{i,j,1}$$
$$L_3 = R_2, R_3 = \mathrm{S9}(L_2) \oplus (00 \parallel R_2)$$
$$L_4 = \mathrm{S7}(L_3) \oplus R_3[2-8], R_4 = R_3$$

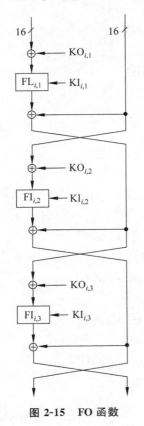

图 2-15　FO 函数

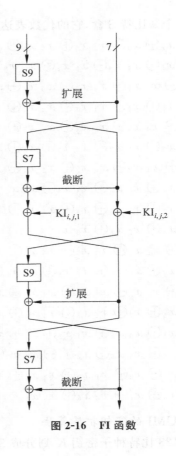

图 2-16　FI 函数

4) S7

S7 是一个 7 比特 S 盒,它的代数表达式如下:

$$y_0 = x_1 x_3 \oplus x_4 \oplus x_0 x_1 x_4 \oplus x_5 \oplus x_2 x_5 \oplus x_3 x_4 x_5 \oplus x_6 \oplus x_0 x_6 \oplus$$

$$x_1 x_6 \oplus x_3 x_6 \oplus x_2 x_4 x_6 \oplus x_1 x_5 x_6 \oplus x_4 x_5 x_6$$

$$y_1 = x_0 x_1 \oplus x_0 x_4 \oplus x_2 x_4 \oplus x_5 \oplus x_1 x_2 x_5 \oplus x_0 x_3 x_5 \oplus x_6 \oplus x_0 x_2 x_6 \oplus$$
$$x_3 x_6 \oplus x_4 x_5 x_6 \oplus 1$$

$$y_2 = x_0 \oplus x_0 x_3 \oplus x_2 x_3 \oplus x_1 x_2 x_4 \oplus x_0 x_3 x_4 \oplus x_1 x_5 \oplus x_0 x_2 x_5 \oplus x_0 x_6 \oplus$$
$$x_0 x_1 x_6 \oplus x_2 x_6 \oplus x_4 x_6 \oplus 1$$

$$y_3 = x_1 \oplus x_0 x_1 x_2 \oplus x_1 x_4 \oplus x_3 x_4 \oplus x_0 x_5 \oplus x_0 x_1 x_5 \oplus x_2 x_3 x_5 \oplus x_1 x_4 x_5 \oplus$$
$$x_2 x_6 \oplus x_1 x_3 x_6$$

$$y_4 = x_0 x_2 \oplus x_3 \oplus x_1 x_3 \oplus x_1 x_4 \oplus x_0 x_1 x_4 \oplus x_3 x_4 \oplus x_0 x_5 \oplus x_1 x_3 x_5 \oplus$$
$$x_0 x_4 x_5 \oplus x_1 x_6 \oplus x_3 x_6 \oplus x_0 x_3 x_6 \oplus x_5 x_6 \oplus 1$$

$$y_5 = x_2 \oplus x_0 x_2 \oplus x_0 x_3 \oplus x_1 x_2 x_3 \oplus x_0 x_2 x_4 \oplus x_0 x_5 \oplus x_2 x_5 \oplus x_4 x_5 \oplus x_1 x_6 \oplus$$
$$x_1 x_2 x_6 \oplus x_0 x_3 x_6 \oplus x_3 x_4 x_6 \oplus x_2 x_5 x_6 \oplus 1$$

$$y_6 = x_1 x_2 \oplus x_0 x_1 x_3 \oplus x_0 x_4 \oplus x_5 \oplus x_3 x_5 \oplus x_6 \oplus x_0 x_1 x_6 \oplus x_2 x_3 x_6 \oplus$$
$$x_1 x_4 x_6 \oplus x_0 x_5 x_6$$

5）S9

S9 是一个 9 比特 S 盒，它的代数表达式如下：

$$y_0 = x_0 x_2 \oplus x_3 \oplus x_2 x_5 \oplus x_5 x_6 \oplus x_0 x_7 \oplus x_1 x_7 \oplus$$
$$x_2 x_7 \oplus x_4 x_8 \oplus x_5 x_8 \oplus x_7 x_8 \oplus 1$$

$$y_1 = x_1 \oplus x_0 x_1 \oplus x_2 x_3 \oplus x_0 x_4 \oplus x_1 x_4 \oplus x_0 x_5 \oplus$$
$$x_3 x_5 \oplus x_6 \oplus x_1 x_6 \oplus x_5 x_8 \oplus 1$$

$$y_2 = x_1 \oplus x_0 x_3 \oplus x_3 x_4 \oplus x_0 x_5 \oplus x_2 x_6 \oplus x_3 x_6 \oplus x_5 x_6 \oplus$$
$$x_4 x_7 \oplus x_5 x_7 \oplus x_6 x_7 \oplus x_8 \oplus x_8 \oplus 1$$

$$y_3 = x_0 \oplus x_1 x_2 \oplus x_0 x_3 \oplus x_2 x_4 \oplus x_5 \oplus x_0 x_6 \oplus x_1 x_6 \oplus$$
$$x_4 x_7 \oplus x_0 x_8 \oplus x_1 x_8 \oplus x_7 x_8$$

$$y_4 = x_0 x_1 \oplus x_1 x_3 \oplus x_4 \oplus x_0 x_5 \oplus x_3 x_6 \oplus x_0 x_7 \oplus x_6 x_7 \oplus$$
$$x_1 x_8 \oplus x_2 x_8 \oplus x_3 x_8$$

$$y_5 = x_2 \oplus x_1 x_4 \oplus x_4 x_5 \oplus x_0 x_6 \oplus x_1 x_6 \oplus x_3 x_7 \oplus x_4 x_7 \oplus$$
$$x_6 x_7 \oplus x_5 x_8 \oplus x_6 x_8 \oplus x_7 x_8 \oplus 1$$

$$y_6 = x_0 \oplus x_2 x_3 \oplus x_1 x_5 \oplus x_2 x_5 \oplus x_4 x_6 \oplus x_3 x_6 \oplus x_4 x_6 \oplus$$
$$x_5 x_6 \oplus x_7 \oplus x_1 x_8 \oplus x_3 x_8 \oplus x_5 x_8 \oplus x_7 x_8$$

$$y_7 = x_0 x_1 \oplus x_0 x_2 \oplus x_1 x_2 \oplus x_3 \oplus x_0 x_3 \oplus x_2 x_3 \oplus x_4 x_5 \oplus$$
$$x_2 x_6 \oplus x_3 x_6 \oplus x_2 x_7 \oplus x_5 x_7 \oplus x_8 \oplus 1$$

$$y_8 = x_0 x_1 \oplus x_2 \oplus x_1 x_2 \oplus x_3 x_4 \oplus x_1 x_5 \oplus x_2 x_5 \oplus x_1 x_6 \oplus$$
$$x_4 x_6 \oplus x_7 \oplus x_2 x_8 \oplus x_3 x_8$$

2. KASUMI 的密钥扩展算法

首先将 128 比特种子密钥 $K$ 划分成 8 个 16 比特字，即

$$K = K_1 \parallel K_2 \parallel K_3 \parallel K_4 \parallel K_5 \parallel K_6 \parallel K_7 \parallel K_8$$

然后生成另一组 8 个 16 比特字 $K_1'$、$K_2'$、$K_3'$、$K_4'$、$K_5'$、$K_6'$、$K_7'$ 和 $K_8'$：

$$K_j' = K_j \oplus C_j, \quad 1 \leqslant j \leqslant 8$$

其中，$C_j$ 为 16 比特常数，$C_1 = 0x0123$，$C_2 = 0x4567$，$C_3 = 0x89AB$，$C_4 = 0xCDEF$，$C_5 = 0xFEDC$，$C_6 = 0xBA98$，$C_7 = 0x7654$，$C_8 = 0x3210$。

轮子密钥 $KO_{i,j}$、$KI_{i,j}$ 和 $KL_{i,j}$ 的生成方式如表 2-2 所示。

表 2-2　KASUMI 的轮子密钥生成方式

| $i$ | $KL_{i,1}$ | $KL_{i,2}$ | $KO_{i,1}$ | $KO_{i,2}$ | $KO_{i,3}$ | $KI_{i,1}$ | $KI_{i,2}$ | $KI_{i,3}$ |
|---|---|---|---|---|---|---|---|---|
| 1 | $K_1 \lll 1$ | $K_3'$ | $K_2 \lll 5$ | $K_6 \lll 8$ | $K_7 \lll 13$ | $K_5'$ | $K_4'$ | $K_8'$ |
| 2 | $K_2 \lll 1$ | $K_4'$ | $K_3 \lll 5$ | $K_7 \lll 8$ | $K_8 \lll 13$ | $K_6'$ | $K_5'$ | $K_1'$ |
| 3 | $K_3 \lll 1$ | $K_5'$ | $K_4 \lll 5$ | $K_8 \lll 8$ | $K_1 \lll 13$ | $K_7'$ | $K_6'$ | $K_2'$ |
| 4 | $K_4 \lll 1$ | $K_6'$ | $K_5 \lll 5$ | $K_1 \lll 8$ | $K_2 \lll 13$ | $K_8'$ | $K_7'$ | $K_3'$ |
| 5 | $K_5 \lll 1$ | $K_7'$ | $K_6 \lll 5$ | $K_2 \lll 8$ | $K_3 \lll 13$ | $K_1'$ | $K_8'$ | $K_4'$ |
| 6 | $K_6 \lll 1$ | $K_8'$ | $K_7 \lll 5$ | $K_3 \lll 8$ | $K_4 \lll 13$ | $K_2'$ | $K_1'$ | $K_5'$ |
| 7 | $K_7 \lll 1$ | $K_1'$ | $K_8 \lll 5$ | $K_4 \lll 8$ | $K_5 \lll 13$ | $K_3'$ | $K_2'$ | $K_6'$ |
| 8 | $K_8 \lll 1$ | $K_2'$ | $K_1 \lll 5$ | $K_5 \lll 8$ | $K_6 \lll 13$ | $K_4'$ | $K_3'$ | $K_7'$ |

### 3. KASUMI 的安全性分析

目前对 KASUMI 最有效的分析是相关密钥攻击。文献[145]构造了 7 轮 KASUMI 的相关密钥区分器，进一步给出了 KASUMI 的实际攻击，攻击需要 4 个相关密钥，数据和时间复杂度分别为 $2^{26}$ 和 $2^{32}$，存储复杂度为 $2^{30}$ B。文献[146]给出全轮 KASUMI 的相关密钥矩阵攻击，从理论上破译了 KASUMI 算法。文献[147]利用可分性给出了 6 轮 KASUMI 的积分分析。文献[148]将 KASUMI 的不可能差分分析推进到 7 轮。为了适宜 GSM 和 3GPP 的应用，SAGE 对 MISTY 算法进行了修改，设计了 KASUMI 算法。为了使得硬件实现简单且密钥设置时间短，KASUMI 的密钥扩展算法非常简单，导致它在相关密钥攻击下不安全。和 MISTY 相比，KASUMI 算法的相关密钥安全性降低。

## 2.2.4　DESL/DESXL

DESL 是对 DES 算法的轻量化改造，两者的区别仅在于 S 盒，DESL 使用一个 S 盒代替 DES 的 8 个不同的 S 盒，以降低硬件实现面积。DESL 的分组长度和密钥长度都为 64 比特，密钥中有 8 比特校验位，实际密钥长度只有 56 比特。对于有更高安全需求的应用，设计者同时提出了 DESXL 算法。

### 1. DESL 的加密算法

DESL 的加密算法由前期白化、16 轮迭代运算和后期白化组成。

（1）前期白化。对于 64 比特明文 $P$，首先通过初始置换 IP 获得 $X_0$，记 $X_0 = IP(P) = L_0 \parallel R_0$，这里 $L_0$ 是 $X_0$ 的左 32 比特，$R_0$ 是 $X_0$ 的右 32 比特。

（2）迭代运算。

对 $i = 1, 2, \cdots, 16$，计算

$$L_i = R_{i-1}$$

$$R_i = L_{i-1} \oplus F(R_{i-1}, RK_i)$$

其中，$F$ 是轮函数，$RK_i$ 是 48 比特轮密钥。

（3）后期白化。对 $R_{16} \parallel L_{16}$ 应用初始置换 IP 的逆置换 $\text{IP}^{-1}$ 获得密文 $C$，即 $C = \text{IP}^1(R_{16} \parallel L_{16})$ 为 64 比特的密文。

DSEL 的基本模块定义如下。

（1）初始置换 IP 及其逆置换 $\text{IP}^{-1}$。

| IP | | | | | | | |
|----|----|----|----|----|----|----|----|
| 58 | 50 | 42 | 34 | 26 | 18 | 10 | 2 |
| 60 | 52 | 44 | 36 | 28 | 20 | 12 | 4 |
| 62 | 54 | 46 | 38 | 30 | 22 | 14 | 6 |
| 64 | 56 | 48 | 40 | 32 | 24 | 16 | 8 |
| 57 | 49 | 41 | 33 | 25 | 17 | 9 | 1 |
| 59 | 51 | 43 | 35 | 27 | 19 | 11 | 3 |
| 61 | 53 | 45 | 37 | 29 | 21 | 13 | 5 |
| 63 | 55 | 47 | 39 | 31 | 23 | 15 | 7 |

| $\text{IP}^{-1}$ | | | | | | | |
|----|----|----|----|----|----|----|----|
| 40 | 8 | 48 | 16 | 56 | 24 | 64 | 32 |
| 39 | 7 | 47 | 15 | 55 | 23 | 63 | 31 |
| 38 | 6 | 46 | 14 | 54 | 22 | 62 | 30 |
| 37 | 5 | 45 | 13 | 53 | 21 | 61 | 29 |
| 36 | 4 | 44 | 12 | 52 | 20 | 60 | 28 |
| 35 | 3 | 43 | 11 | 51 | 19 | 59 | 27 |
| 34 | 2 | 42 | 10 | 50 | 18 | 58 | 26 |
| 33 | 1 | 41 | 9 | 49 | 17 | 57 | 25 |

这意味着：$x$ 的第 58 比特是 $\text{IP}(x)$ 的第 1 比特，$x$ 的第 50 比特是 $\text{IP}(x)$ 的第 2 比特，等等。

（2）轮函数 $F$。

函数 $F(R_{i-1}, \text{RK}_i)$ 的第一个输入是 32 比特，第二个输入是 48 比特，输出是 32 比特。

$$F : \{0,1\}^{32} \times \{0,1\}^{48} \rightarrow \{0,1\}^{32}$$
$$(X, \text{RK}_i) \rightarrow B(S(E(X) \oplus \text{RK}_i))$$

$E$、$S$ 和 $B$ 的具体定义如下。

① 扩展函数 $E$ 将 32 比特输入扩展到 48 比特。

| E | | | | | |
|----|----|----|----|----|----|
| 32 | 1 | 2 | 3 | 4 | 5 |
| 4 | 5 | 6 | 7 | 8 | 9 |
| 8 | 9 | 10 | 11 | 12 | 13 |
| 12 | 13 | 14 | 15 | 16 | 17 |
| 16 | 17 | 18 | 19 | 20 | 21 |
| 20 | 21 | 22 | 23 | 24 | 25 |
| 24 | 25 | 26 | 27 | 28 | 29 |
| 28 | 29 | 30 | 31 | 32 | 1 |

② 非线性层 $S$ 由 8 个 $6 \times 4$ 的 $S$ 盒并置而成。$S$ 盒被表示为一个 $4 \times 16$ 矩阵。给定一个长度为 6 的比特串，比如 $B_j = b_1 b_2 b_3 b_4 b_5 b_6$，按下列办法计算 $S(B_j)$：用两个比特 $b_1 b_6$ 对应的整数 $r(0 \leqslant r \leqslant 3)$ 来确定 $S$ 的行，用 4 个比特 $b_2 b_3 b_4 b_5$ 对应的整数 $c(0 \leqslant c \leqslant 15)$ 来确定 $S$ 的列，$S(B_j)$ 的取值就是第 $r$ 行第 $c$ 列所对应数值的二进制表示。

| S | | | | | | | | | | | | | | | |
|----|----|----|----|----|----|----|----|----|----|----|----|----|----|----|----|
| 14 | 5 | 7 | 2 | 11 | 8 | 1 | 15 | 0 | 10 | 9 | 4 | 6 | 13 | 12 | 3 |
| 5 | 0 | 8 | 15 | 14 | 3 | 2 | 12 | 11 | 7 | 6 | 9 | 13 | 4 | 1 | 10 |
| 4 | 9 | 2 | 14 | 8 | 7 | 13 | 0 | 10 | 12 | 15 | 1 | 5 | 11 | 3 | 6 |
| 9 | 6 | 5 | 5 | 3 | 8 | 4 | 11 | 7 | 1 | 12 | 2 | 0 | 14 | 10 | 13 |

③ 比特置换 $B$：

| B | | | |
|---|---|---|---|
| 16 | 7 | 20 | 21 |
| 29 | 12 | 28 | 17 |
| 1 | 15 | 23 | 26 |
| 5 | 18 | 31 | 10 |
| 2 | 8 | 24 | 14 |
| 32 | 27 | 3 | 9 |
| 19 | 13 | 30 | 6 |
| 22 | 11 | 4 | 25 |

**2. DESL 的密钥扩展算法**

DESL 的密钥扩展算法步骤如下：

（1）删除 64 比特密钥 $K$ 的 8 个校验位，得到 56 比特密钥 $K^*$，然后进行比特置换 PC1，记 PC1$(K^*)=C_0 \parallel D_0$。

| PC1 | | | | | | |
|---|---|---|---|---|---|---|
| 57 | 49 | 41 | 33 | 25 | 17 | 9 |
| 1 | 58 | 50 | 42 | 34 | 26 | 18 |
| 10 | 2 | 59 | 51 | 43 | 35 | 27 |
| 19 | 11 | 3 | 60 | 52 | 44 | 36 |
| 63 | 55 | 47 | 39 | 31 | 23 | 15 |
| 7 | 62 | 54 | 46 | 38 | 30 | 22 |
| 14 | 6 | 61 | 53 | 45 | 37 | 29 |
| 21 | 13 | 5 | 28 | 20 | 12 | 4 |

（2）对 $i=1,2,\cdots,16$，计算

$$C_i = C_{i-1} \lll l$$
$$D_i = D_{i-1} \lll l$$
$$RK_i = PC2(C_i \parallel D_i)$$

其中，当 $i=1,2,9,16$ 时，$l=1$；当 $i=3,4,5,6,7,8,10,11,12,13,14,15$ 时，$l=2$。PC2 是另一个比特置换。

| PC2 | | | | | |
|---|---|---|---|---|---|
| 14 | 17 | 11 | 24 | 1 | 5 |
| 3 | 28 | 15 | 6 | 21 | 10 |
| 23 | 19 | 12 | 4 | 26 | 8 |
| 16 | 7 | 27 | 20 | 13 | 2 |
| 41 | 52 | 31 | 37 | 47 | 55 |
| 30 | 40 | 51 | 45 | 33 | 48 |
| 44 | 49 | 39 | 56 | 34 | 53 |
| 46 | 42 | 50 | 36 | 29 | 32 |

### 3. DESXL 及其安全性分析

DESXL 需要两个 64 比特的白化密钥 $K_1$ 和 $K_2$ 以及 64 比特密钥 $K$。对 64 比特明文 $X$ 的加密过程如下定义：

$$\mathrm{DESXL}_{K,K_1,K_2}(X) = K_2 \oplus \mathrm{DESL}_K(X \oplus K_1)$$

DESXL 的密钥长度为 192 比特，由于时间存储折中攻击，DESXL 仅提供 120 比特的安全性。利用自动搜索技术，Biryukov 等人分析评估了 DES 类算法的相关密钥差分特征[149]。利用 MILP 技术，孙思维等人给出了 DESL 更有效的差分特征和相关密钥差分特征[150]。

### 2.2.5 MIBS

MIBS 的整体结构为 Feistel-SP，轮函数的扩散层采用最优二元域矩阵。MIBS 的分组长度为 64 比特，密钥长度为 64 比特或 80 比特，迭代轮数为 32。

#### 1. MIBS 的加密算法

MIBS 的加密算法由 32 轮迭代运算组成。首先将 64 比特明文记为 $P = L_0 \| R_0$，这里 $L_0$ 是 $P$ 的左 32 比特，$R_0$ 是 $P$ 的右 32 比特。

对 $i = 1, 2, \cdots, 32$，计算

$$L_i = R_{i-1}$$
$$R_i = L_{i-1} \oplus F(R_{i-1} \oplus K_i)$$

其中，$F$ 是轮函数，$K_i$ 是 32 比特轮密钥。

最后，输出密文 $C = L_{32} \| R_{32}$。

（1）轮函数 $F$。

轮函数 $F$ 采用 SP 结构，32 比特输入首先被划分成 8 个 4 比特字，分别进入 4 比特 S 盒做非线性变换，然后再对 8 个 4 比特字做线性变换 $M$。

（2）S 盒。

MIBS 采用了 mCRYPTON 中的一个 S 盒，具体如表 2-3 所示。

表 2-3  MIBS 的 S 盒

| $x$ | 0 | 1 | 2 | 3 | 4 | 5 | 6 | 7 | 8 | 9 | A | B | C | D | E | F |
|---|---|---|---|---|---|---|---|---|---|---|---|---|---|---|---|---|
| $S(x)$ | 4 | F | 3 | 8 | D | A | C | 0 | B | 5 | 7 | E | 2 | 6 | 1 | 9 |

（3）线性变换 $M$。

$M: (F_2^4)^8 \rightarrow (F_2^4)^8$

$(y_8, y_7, \cdots, y_1) \mapsto (y_8', y_7', \cdots, y_1')$

$$y_1' = y_1 \oplus y_2 \oplus y_4 \oplus y_5 \oplus y_7 \oplus y_8$$
$$y_2' = y_2 \oplus y_3 \oplus y_4 \oplus y_5 \oplus y_6 \oplus y_7$$
$$y_3' = y_1 \oplus y_2 \oplus y_3 \oplus y_5 \oplus y_6 \oplus y_8$$
$$y_4' = y_2 \oplus y_3 \oplus y_4 \oplus y_7 \oplus y_8$$
$$y_5' = y_1 \oplus y_3 \oplus y_4 \oplus y_5 \oplus y_8$$
$$y_6' = y_1 \oplus y_2 \oplus y_4 \oplus y_5 \oplus y_6$$
$$y_7' = y_1 \oplus y_2 \oplus y_3 \oplus y_6 \oplus y_7$$

$$y_8' = y_1 \oplus y_3 \oplus y_4 \oplus y_6 \oplus y_7 \oplus y_8$$

**2. MIBS 的密钥扩展算法**

1）64 比特密钥的情况

将 64 比特密钥 $K = k_{63}k_{62}\cdots k_0$ 装载到 64 比特的寄存器,对 $i = 1, 2, \cdots, 32$,按如下方式更新寄存器并生成 32 比特轮密钥:

（1）$K \ggg 15$。

（2）$[k_{63}k_{62}k_{61}k_{60}] = S[k_{63}k_{62}k_{61}k_{60}]$。

（3）$[k_{15}k_{14}k_{13}k_{12}k_{11}] = [k_{15}k_{14}k_{13}k_{12}k_{11}] \oplus [i]_2$。

（4）取寄存器最左边的高 32 比特作为轮密钥 $K_i$。

其中 $S$ 是加密算法中的 4 比特 S 盒。

2）80 比特密钥的情况

将 80 比特密钥 $K = k_{79}k_{78}\cdots k_0$ 装载到 80 比特的寄存器,对 $i = 1, 2, \cdots, 32$,按如下方式更新寄存器并生成 32 比特轮密钥:

（1）$K \ggg 19$。

（2）$[k_{79}k_{78}k_{77}k_{76}] = S[k_{79}k_{78}k_{77}k_{76}]$,$[k_{75}k_{74}k_{73}k_{72}] = S[k_{75}k_{74}k_{73}k_{72}]$。

（3）$[k_{18}k_{17}k_{16}k_{15}k_{14}] = [k_{18}k_{17}k_{16}k_{15}k_{14}] \oplus [i]_2$。

（4）取寄存器最左边的高 32 比特作为轮密钥 $K_i$。

**3. MIBS 的安全性分析**

文献[151]利用 MILP 自动搜索技术,给出了 MIBS 的活动 S 盒个数更紧的界。文献[152]提出了不可能差分区分器的自动分析方法,并给出了 MIBS 更有效的不可能差分区分器。文献[153,154]分别评估了 MIBS 对相关密钥矩阵攻击和积分分析的安全性。

### 2.2.6 ITUbee

ITUbee 是一个面向软件的轻量级分组密码,其设计目标是在 8 位处理器上的软件实现能耗低、代码量小和存储资源需求少等特点。为了轻量化的设计目标,ITUbee 没有密钥扩展算法,轮密钥是种子密钥的左 40 比特或者右 40 比特。ITUbee 的分组长度和密钥长度都为 80 比特,迭代轮数为 20。

**1. ITUbee 的加密算法**

ITUbee 加密算法的整体结构为 Feistel 结构,加密算法由前期白化、20 轮迭代运算和后期白化组成。记 80 比特明文 $P = P_L \| P_R$,80 比特密钥 $K = K_L \| K_R$,加密过程如下:

（1）前期白化。

$$P_L \oplus K_L = L_0, P_R \oplus K_R = R_0$$

（2）迭代运算。

对 $i = 1, 2, \cdots, 20$,计算

$$L_i = F(L(F(L_{i-1}) \oplus RK_i \oplus RC_i))R_{i-1}$$

$$R_i = L_{i-1}$$

（3）后期白化。

$$R_{20} \oplus K_R = C_L, L_{20} \oplus K_L = C_R$$

$C_L \parallel C_R = C$ 为 80 比特密文。

ITUbee 的基本模块定义如下：

（1）函数 $F$。

$F$ 是 $\{0,1\}^{40}$ 上的非线性变换，采用 SPS 结构。

$F: \{0,1\}^{40} \rightarrow \{0,1\}^{40}$

$\qquad X \mapsto F(X) = S(L(S(X)))$

（2）函数 $S$。

函数 $S$ 是利用 AES 的 S 盒构造的 $\{0,1\}^{40}$ 上的非线性变换。

$S: (\{0,1\}^8)^5 \rightarrow (\{0,1\}^8)^5$

$\qquad (X_0, X_1, X_2, X_3, X_4) \mapsto (Y_0, Y_1, Y_2, Y_3, Y_4)$

$\qquad Y_0 = S(X_0), Y_1 = S(X_1), Y_2 = S(X_2), Y_3 = S(X_3), Y_4 = S(X_4)$

其中 $S$ 是 AES 的 S 盒。

（3）线性变换 $L$。

$L$ 是 $\{0,1\}^{40}$ 上的线性变换。

$L: (\{0,1\}^8)^5 \rightarrow (\{0,1\}^8)^5$

$\qquad (Y_0, Y_1, Y_2, Y_3, Y_4) \mapsto (Z_0, Z_1, Z_2, Z_3, Z_4)$

$\qquad Z_0 = Y_0 \oplus Y_1 \oplus Y_4$

$\qquad Z_1 = Y_0 \oplus Y_1 \oplus Y_2$

$\qquad Z_2 = Y_1 \oplus Y_2 \oplus Y_3$

$\qquad Z_3 = Y_2 \oplus Y_3 \oplus Y_4$

$\qquad Z_4 = Y_0 \oplus Y_3 \oplus Y_4$

（4）轮常数。

$RC_i$ 是 16 比特轮常数，异或到状态的最右 16 比特。ITUbee 的轮常数如表 2-4 所示。

表 2-4  ITUbee 的轮常数

| $i$ | $RC_i$ | $i$ | $RC_i$ | $i$ | $RC_i$ | $i$ | $RC_i$ |
| --- | --- | --- | --- | --- | --- | --- | --- |
| 1 | 0x1428 | 6 | 0x0F23 | 11 | 0x0A1E | 16 | 0x0519 |
| 2 | 0x1327 | 7 | 0x0E22 | 12 | 0x091D | 17 | 0x0418 |
| 3 | 0x1226 | 8 | 0x0D21 | 13 | 0x081C | 18 | 0x0317 |
| 4 | 0x1126 | 9 | 0x0C20 | 14 | 0x071B | 19 | 0x0216 |
| 5 | 0x1024 | 10 | 0x0B1f | 15 | 0x061A | 20 | 0x0115 |

（5）轮密钥。

当 $i$ 为奇数时，$RK_i = K_R$；当 $i$ 为偶数时，$RK_i = K_L$。

### 2. ITUbee 的安全性

关于 ITUbee 的安全性分析很少，文献[155]利用密钥扩展和轮常数的弱点，给出弱密钥下 10 轮 ITUbee 的反射区分器、8 轮 ITUbee 的相关密钥差分区分器以及密钥恢复。

## 2.2.7　RoadRunneR

RoadRunneR 是面向 8 位处理器的轻量级分组密码。对于低成本的 CPU,通常只有几千字节(KB)的存储空间,而且其他算法和系统也需要占用存储空间。因此 RoadRunneR 的设计目标是存储空间需求小,具体指标是不超过 1KB。RoadRunneR 的分组长度为 64 比特,密钥支持 80 和 128 比特,整体结构是 Feistel 结构,迭代轮数分别为 10 和 12。轮函数为 4 轮 SP 结构,采用 LS 设计策略,利用基本的比特操作实现非线性函数,也就是所谓的位片(bit-sliced)S 盒。

### 1. RoadRunneR 的加密算法

加密算法由 $r$ 轮迭代运算组成,RoadRunneR-80 的迭代轮数 $r=10$,RoadRunneR-128 的迭代轮数 $r=12$。记 64 比特的明文 $P=P_L \| P_R$,加密过程如下:

(1) 前期白化:

$$P_L \oplus \text{WK}_0 = L_0, \quad P_R = R_0$$

(2) 迭代运算。

对 $i=1,2,\cdots,r$,计算

$$L_i = F(L_{i-1}, \text{RK}_{i-1}, C_{i-1}) \oplus R_{i-1}$$

$$R_i = L_{i-1}$$

(3) 后期白化并输出密文:$(R_r \oplus \text{WK}_1) \| L_r = C$ 为 64 比特密文。

RoadRunneR 的基本模块定义如下。

(1) 轮函数 $F$。

轮函数 $F$ 是 4 轮 SP 结构,输入是 32 比特中间状态 $X$、96 比特轮密钥 $\text{RK}_i$ 和 8 比特轮常数 $C_i$,$\text{RK}_i$ 被划分为 3 个 32 比特子密钥($\text{RK}_i^0$、$\text{RK}_i^1$ 和 $\text{RK}_i^2$)。

$$F: \{0,1\}^{32} \times \{0,1\}^{96} \times \{0,1\}^8 \to \{0,1\}^{32}$$

$$(X, \text{RK}_i, C_i) \to S(L \circ S(L \circ S(L \circ S(X) \oplus \text{RK}_i^0) \oplus \text{RK}_i^1 \oplus C_i) \oplus \text{RK}_i^2)$$

(2) 非线性变换 $S$。

$S$ 是 $\{0,1\}^{32}$ 上的非线性变换,用 $(X_0, X_1, X_2, X_3)$ 和 $(Y_0, Y_1, Y_2, Y_3)$ 分别表示 $S$ 的输入和输出,则有

$$T_0 = X_3$$
$$X_3 = X_3 \& X_2$$
$$Y_3 = X_3 \oplus X_1$$
$$X_1 = X_1 | X_2$$
$$Y_1 = X_1 \oplus X_0$$
$$X_0 = X_0 \& Y_3$$
$$Y_0 = X_0 \oplus T_0$$
$$T_0 = T_0 \& Y_1$$
$$Y_2 = X_2 \oplus T_0$$

其中,$\&$、$|$ 和 $\oplus$ 分别表示按位与、按位或和按位异或,$T_0$ 是 8 比特临时变量。

上面表述的是 $S$ 在 8 位处理器的比特切片实现。下面给出 $S$ 的另一种表示方式:

$$S = E_2 \circ G \circ E_1$$

$E_1$ 是 $\{0,1\}^{32}$ 上的比特置换，将输入状态的第 $i$ 比特移动到第 $E(i)$ 比特，具体表示如下：

| $E_1$ | | | | | | | |
|---|---|---|---|---|---|---|---|
| 0 | 8 | 16 | 24 | 1 | 9 | 17 | 25 |
| 2 | 10 | 18 | 26 | 3 | 11 | 19 | 27 |
| 4 | 12 | 20 | 28 | 5 | 13 | 21 | 29 |
| 6 | 14 | 22 | 30 | 7 | 15 | 23 | 31 |

$G$ 是 $\{0,1\}^{32}$ 上的非线性置换，由 8 个 4 比特 S 盒并置来实现，其中的 4 比特 S 盒如表 2-5 所示。

表 2-5　RoadRunneR 的 S 盒

| $x$ | 0 | 1 | 2 | 3 | 4 | 5 | 6 | 7 | 8 | 9 | A | B | C | D | E | F |
|---|---|---|---|---|---|---|---|---|---|---|---|---|---|---|---|---|
| $S(x)$ | 0 | 8 | 6 | D | 5 | F | 7 | C | 4 | E | 2 | 3 | 9 | 1 | B | A |

$E_2$ 是 $\{0,1\}^{32}$ 上的比特置换，将输入状态的第 $i$ 比特移动到第 $E_2(i)$ 比特，具体如下：

| $E_2$ | | | | | | | |
|---|---|---|---|---|---|---|---|
| 0 | 4 | 8 | 12 | 16 | 20 | 24 | 28 |
| 1 | 5 | 9 | 13 | 17 | 21 | 25 | 29 |
| 2 | 6 | 10 | 14 | 18 | 22 | 26 | 30 |
| 3 | 7 | 11 | 15 | 19 | 23 | 27 | 31 |

（3）线性变换 $L$。

$L: (\{0,1\}^8)^4 \rightarrow (\{0,1\}^8)^4$

$(Y_0, Y_1, Y_2, Y_3) \mapsto (Z_0, Z_1, Z_2, Z_3)$

$Z_0 = Y_0 \oplus (Y_0 \lll 1) \oplus (Y_0 \lll 2)$

$Z_1 = Y_1 \oplus (Y_1 \lll 1) \oplus (Y_1 \lll 2)$

$Z_2 = Y_2 \oplus (Y_2 \lll 1) \oplus (Y_2 \lll 2)$

$Z_3 = Y_3 \oplus (Y_3 \lll 1) \oplus (Y_3 \lll 2)$

（4）轮常数。

$C_i = [r-i]_8$，整数 $r-i$ 的 8 比特二进制表示异或到状态的最右字节。

**2. RoadRunneR 密钥扩展算法**

取种子密钥 $K$ 的最右 32 比特作为前期白化密钥 $WK_0$，然后对种子密钥 $K$ 循环右移 32 比特并取最右 32 比特作为 $RK_0^0$，依此类推。具体如下：

对于 RoadRunneR-80，种子密钥 $K$ 被划分为 5 个 16 比特字 $A \parallel B \parallel C \parallel D \parallel E$，则白化密钥 $WK_0 = A \parallel B$。

轮密钥如下：

$RK_0 = RK_5 = (C \parallel D, E \parallel A, B \parallel C)$

$RK_1 = RK_6 = (D \parallel E, A \parallel B, C \parallel D)$

$RK_2 = RK_7 = (E \parallel A, B \parallel C, D \parallel E)$

$RK_3 = RK_8 = (A \parallel B, C \parallel D, E \parallel A)$

$RK_4 = RK_9 = (B \parallel C, D \parallel E, A \parallel B)$

白化密钥 $WK_1 = C \parallel D$。

对于 RoadRunneR-128，种子密钥 $K$ 被划分为 4 个 32 比特字 $A \parallel B \parallel C \parallel D$，则白化密钥 $WK_0 = A$。

轮密钥如下：

$RK_0 = RK_4 = RK_8 = (B, C, D)$

$RK_1 = RK_5 = RK_9 = (A, B, C)$

$RK_2 = RK_6 = RK_{10} = (D, A, B)$

$RK_3 = RK_7 = RK_{11} = (C, D, A)$

白化密钥 $WK_1 = B$。

**3. RoadRunneR 的安全性分析**

差分特征概率的计算通常有一定的假设，和实际的差分特征概率有一定的出入。文献[156]探讨了此类问题，给出了 RoadRunneR 更有效的差分特征。文献[157]构造了 5 轮截断差分特征，进一步给出了不带白化密钥的 7 轮 RoadRunneR-128 的安全性分析。文献[158]结合可分性和自动分析技术，给出了 4 轮 RoadRunneR 的积分区分器。

## 2.3　SP 结构分组密码

### 2.3.1　PRESENT

PRESENT 发布于 2007 年，2012 年被纳入 ISO/IEC 轻量级分组密码标准。PRESENT 在轻量级密码算法中占据了重要的地位，在设计之初，它一度被认为是最杰出的超轻量级密码算法。PRESENT 的整体结构将简单性原则体现得淋漓尽致，非线性层使用 4 比特 S 盒，线性层的操作仅为比特置换。设计者指出硬件实现 PRESENT-80 仅需 1570GE，与 Trivium 和 Grain 等流密码相比，也具有相当强的竞争力。PRESENT 的分组长度为 64 比特，密钥长度为 80 或 128 比特，整体结构为 SP 结构，迭代轮数为 31。

**1. PRESENT 加密算法**

PRESENT 加密算法的输入为 64 比特明文、80 比特或者 128 比特密钥，输出为 64 比特密文，整个加密过程一共 31 轮。每一轮包括 3 个基本的步骤：轮密钥加（AddRoundKey）、非线性替换（SubCell）以及比特置换（PermBit），如图 2-17 所示。其中，经过 31 轮的轮变换之后，轮密钥 $K_{32}$ 用于后期白化过程。

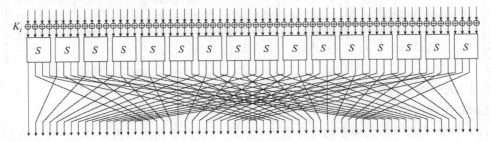

**图 2-17　PRESENT 的轮变换**

PRESENT 加密算法可以用伪代码描述如下：

```
GenerateRoundKey()
State ← Plaintext
for i =1 to 31 do
    AddRoundKey(State,K_i)
    SubCell(State)
    PermBit(State)
end for
Ciphertext← AddRoundKey(State,K_32)
```

PRESENT 的基本模块定义如下：

（1）轮密钥加 AddRoundKey。

AddRoundKey 简单地将轮密钥按位异或到状态。其中，轮密钥的长度是 64 比特，状态长度也是 64 比特。给定一个轮密钥 $K_i = k_{63}^i k_{62}^i \cdots k_0^i, 1 \leqslant i \leqslant 32$，假定当前状态记为 $b_{63} b_{62} \cdots b_0$，那么，轮密钥加的操作为

$$b_j \leftarrow b_j \bigoplus k_j^i, \quad 0 \leqslant j \leqslant 63$$

（2）非线性替换 SubCell。

64 比特状态 $b_{63} b_{62} \cdots b_0$ 被划分为 16 个半字节 $w_{15} \parallel w_{14} \parallel \cdots \parallel w_0$，满足 $w_i = b_{4i+3} b_{4i+2} b_{4i+1} b_{4i}, 0 \leqslant i \leqslant 15$。SubCell 对状态的每个 4 比特做 S 盒变换：

$$w_i \leftarrow S(w_i), \quad 0 \leqslant i \leqslant 15$$

PRESENT 的 S 盒如表 2-6 所示。

表 2-6　PRESENT 的 S 盒

| $x$ | 0 | 1 | 2 | 3 | 4 | 5 | 6 | 7 | 8 | 9 | A | B | C | D | E | F |
|---|---|---|---|---|---|---|---|---|---|---|---|---|---|---|---|---|
| $S(x)$ | C | 5 | 6 | B | 9 | 0 | A | D | 3 | E | F | 8 | 4 | 7 | 1 | 2 |

（3）比特置换 PermBit。

比特置换 PermBit 将状态中处于位置 $j$ 的比特换到位置 $B(j)$：

$$b_{B(j)} \leftarrow b_j, \quad j = 0, 1, \cdots, 63$$

具体的比特置换 $B$ 如下：

| B | | | | | | | | | | | | | | | |
|---|---|---|---|---|---|---|---|---|---|---|---|---|---|---|---|
| 0 | 16 | 32 | 48 | 1 | 17 | 33 | 49 | 2 | 18 | 34 | 50 | 3 | 19 | 35 | 51 |
| 4 | 20 | 36 | 52 | 5 | 21 | 37 | 53 | 6 | 22 | 38 | 54 | 7 | 23 | 39 | 55 |
| 8 | 24 | 40 | 56 | 9 | 25 | 41 | 57 | 10 | 26 | 42 | 58 | 11 | 27 | 43 | 59 |
| 12 | 28 | 44 | 60 | 13 | 29 | 45 | 61 | 14 | 30 | 46 | 62 | 15 | 31 | 47 | 63 |

2. PRESENT 的密钥扩展算法

1）80 比特密钥的情况

首先将种子密钥装载到密钥寄存器 $K$，将 80 比特的密钥表示为 $k_{79} k_{78} \cdots k_0$。在加密的第 $i$ 轮，取当前密钥寄存器 $K$ 的最左边 64 比特作为相应的轮密钥。提取轮密钥 $K_i$ 后，密

钥寄存器 $K = k_{79}k_{78}\cdots k_0$ 按如下方式更新:

(1) $[k_{79}k_{78}\cdots k_1 k_0] = [k_{18}k_{17}\cdots k_{20}k_{19}]$。

(2) $[k_{79}k_{78}k_{77}k_{76}] = S[k_{79}k_{78}k_{77}k_{76}]$。

(3) $[k_{19}k_{18}k_{17}k_{16}k_{15}] = [k_{19}k_{18}k_{17}k_{16}k_{15}] \oplus i$。

其中 $S$ 是加密算法中的 4 比特 S 盒。

2) 128 比特密钥的情况

首先将种子密钥装载到密钥寄存器 $K$,将 128 比特的密钥表示为 $k_{127}k_{126}\cdots k_0$。在加密的第 $i$ 轮,取当前密钥寄存器 $K$ 的最左边 64 比特作为相应的轮密钥。提取轮密钥 $K_i$ 后,密钥寄存器 $K = k_{127}k_{126}\cdots k_0$ 按如下方式更新:

(1) $[k_{127}k_{126}\cdots k_0] = [k_{66}k_{65}\cdots k_{68}k_{67}]$。

(2) $[k_{127}k_{126}k_{125}k_{124}] = S[k_{127}k_{126}k_{125}k_{124}]$,$[k_{123}k_{122}k_{121}k_{120}] = S[k_{123}k_{122}k_{121}k_{120}]$。

(3) $[k_{66}k_{65}k_{64}k_{63}k_{62}] = [k_{66}k_{65}k_{64}k_{63}k_{62}] \oplus i$。

3. PRESENT 的算法特点及安全性

设计者将 PRESENT 的安全性和硬件实现性能放在同等重要的地位,在保证安全性的前提下,追求最优的硬件实现面积和功耗。非线性层采用 4 比特 S 盒,线性层仅使用比特置换操作,基本不占用多余的面积,因此,与其他轻量级分组密码和较为流行的流密码相比,PRESENT 的硬件实现面积和吞吐量非常具有吸引力。但是,不可否认,由于线性层的操作过于简单,不能提供足够的扩散性,使得整个算法的轮数较多。随着分析的深入,31 轮迭代也不能提供足够的安全冗余。文献[159-161]分析了 PRESENT 对线性分析的安全性,可以给出 26 轮 PRESENT 的线性分析。文献[162]指出对于弱密钥存在 28 轮的有效线性逼近。早期对于 PRESENT 的安全性分析表明线性分析优于差分分析,直到文献[163]将多维线性区分器转化为截断差分,给出了 26 轮 PRESENT 的截断差分分析。孙思维等研究了 S 盒差分性质的不等式刻画方法,结合 MILP(Mixed-Integer Linear Programming,混合整数线性规划)技术评估了 PRESENT 对差分分析和相关密钥差分分析的安全性[164]。文献[139,140]利用自动搜索技术给出了 9 轮 PRESENT 的积分区分器。结合 26 轮截断差分分析,文献[165]给出了全轮 PRESENT 的已知密钥区分器,因此,在基于 PRESENT 类置换设计认证加密码算法或者杂凑函数时需进一步评估其安全性。

## 2.3.2 mCrypton

mCrypton 是 Crypton 算法的轻量版,遵循 Crypton 的整体架构,但是对每个部件进行了重新设计和简化,从而使得算法的硬件实现更加紧凑。

1. 记号与参数

mCrypton 的分组长度为 64 比特,密钥长度为 64 比特、96 比特或 128 比特,整体结构为 SP 结构,迭代轮数为 12。mCrypton 的 64 比特明文、中间状态、密文都被看成 16 个半字节的链接,同时被表示成 $4\times 4$ 的半字节阵列。比如对于 64 比特数据 $A = a_0 \parallel a_1 \parallel \cdots \parallel a_{15}$,其中 $a_i$ 是 4 比特,将其表示成如下形式:

$$A = \begin{bmatrix} a_0 & a_1 & a_2 & a_3 \\ a_4 & a_5 & a_6 & a_7 \\ a_8 & a_9 & a_{10} & a_{11} \\ a_{12} & a_{13} & a_{14} & a_{15} \end{bmatrix} = \begin{bmatrix} A_r[0] \\ A_r[1] \\ A_r[2] \\ A_r[3] \end{bmatrix} = (A_c[0]A_c[1]A_c[2]A_c[3])$$

这里 $A_r[i]$ 和 $A_c[i]$ 分别表示 $A$ 的第 $i$ 行和第 $i$ 列。$A^T$ 表示 $A$ 的转置。

2. mCrypton 的加密算法

对于 64 比特明文，mCrypton 的加密算法首先做前期白化；然后进行 12 轮变换，每轮变换包含非线性替换 $\gamma$、线性变换 $\pi$、行列转置 $\tau$ 和轮密钥加 $\sigma$；最后进行末尾变换并输出 64 比特密文。

mCrypton 的加密算法可以用伪代码描述如下：

```
Enc(P, RK_0, ⋯, RK_12):
A ← σ(P, RK_0)
for i = 1 to 12 do
        γ(A)
        π(A)
        τ(A)
        σ(A, RK_i)
end for
A ← τ(A)
A ← π(A)
Ciphertext ← τ(A)
```

mCrypton 算法的基本模块定义如下。

（1）非线性替换 $\gamma$。

非线性替换 $\gamma$ 由 16 个 4 比特 S 盒并置而成，对输入的每个 4 比特做非线性变换：

$$\begin{bmatrix} a_0 & a_1 & a_2 & a_3 \\ a_4 & a_5 & a_6 & a_7 \\ a_8 & a_9 & a_{10} & a_{11} \\ a_{12} & a_{13} & a_{14} & a_{15} \end{bmatrix} \xrightarrow{\gamma} \begin{bmatrix} S_0(a_0) & S_1(a_1) & S_2(a_2) & S_3(a_3) \\ S_1(a_4) & S_2(a_5) & S_3(a_6) & S_0(a_7) \\ S_2(a_8) & S_3(a_9) & S_0(a_{10}) & S_1(a_{11}) \\ S_3(a_{12}) & S_0(a_{13}) & S_1(a_{14}) & S_2(a_{15}) \end{bmatrix}$$

其中 $S_0$、$S_1$、$S_2$ 和 $S_3$ 都是 4 比特 S 盒，具体如表 2-7 所示。

表 2-7　mCrypton 的 S 盒

| $x$ | 0 | 1 | 2 | 3 | 4 | 5 | 6 | 7 | 8 | 9 | A | B | C | D | E | F |
|---|---|---|---|---|---|---|---|---|---|---|---|---|---|---|---|---|
| $S_0(x)$ | 4 | F | 3 | 8 | D | A | C | 0 | B | 5 | 7 | E | 2 | 6 | 1 | 9 |
| $S_1(x)$ | 1 | C | 7 | A | 6 | D | 5 | 3 | F | B | 2 | 0 | 8 | 4 | 9 | E |
| $S_2(x)$ | 7 | E | C | 2 | 0 | 9 | D | A | 3 | F | 5 | 8 | 6 | 4 | B | 1 |
| $S_3(x)$ | B | 0 | A | 7 | D | 6 | 4 | 2 | C | E | 3 | 9 | 1 | 5 | F | 8 |

（2）线性变换 $\pi$。

$\pi$ 对状态 $A$ 的第 $i$ 列做变换 $\pi_i(i=0,1,2,3)$：

$$\pi(A)=(\pi_0(A_c[0])\quad \pi_1(A_c[1])\quad \pi_2(A_c[2])\quad \pi_3(A_c[3]))$$

$\pi_i$ 是 16 比特的线性变换，具体定义为

$$\pi_i:(a_0,a_1,a_2,a_3)^T \rightarrow (b_0,b_1,b_2,b_3)^T$$
$$b_j=\bigoplus_{k=0}^{3}(m_{(i+j+k)\bmod 4}\cdot a_k)$$

这里 $m_0=1110,m_1=1101,m_2=1011,m_3=0111$。

（3）行列转置 $\tau$。

$\tau$ 将状态 $A$ 的 $(i,j)$ 位置的元素移动到 $(j,i)$ 位置，等价于行列转置。

（4）轮密钥加 $\sigma$。

$\sigma$ 简单地将 64 比特轮密钥 $RK_i$ 按位异或到状态 $A$。

### 3. mCrypton 的解密算法

对于 64 比特密文，mCrypton 的解密算法首先做前期白化；然后进行 12 轮变换，每轮变换包含非线性逆替换 $\gamma^{-1}$、线性变换 $\pi$、行列转置 $\tau$ 和轮密钥加 $\sigma$；最后进行末尾变换并输出 64 比特明文。令 $DK_i$ 为解密算法的轮密钥，mCrypton 的解密算法可以用伪代码描述为

```
Dec(C, DK₀, …, DK₁₂):
A ← σ(C, DK₀)
for i=1 to 12 do
  γ⁻¹(A)
  π(A)
  τ(A)
  σ(A, DKᵢ)
end for
A ← τ(A)
A ← π(A)
Plaintext ← τ(A)
```

其中，线性变换 $\pi$、行列转置 $\tau$ 和轮密钥加 $\sigma$ 同 mCrypton 的加密算法，非线性逆替换 $\gamma^{-1}$ 如下定义：

$$\begin{bmatrix} a_0 & a_1 & a_2 & a_3 \\ a_4 & a_5 & a_6 & a_7 \\ a_8 & a_9 & a_{10} & a_{11} \\ a_{12} & a_{13} & a_{14} & a_{15} \end{bmatrix} \xrightarrow{\gamma^{-1}} \begin{bmatrix} S_2(a_0) & S_3(a_1) & S_0(a_2) & S_1(a_3) \\ S_3(a_4) & S_0(a_5) & S_1(a_6) & S_2(a_7) \\ S_0(a_8) & S_1(a_9) & S_2(a_{10}) & S_3(a_{11}) \\ S_1(a_{12}) & S_2(a_{13}) & S_2(a_{14}) & S_3(a_{15}) \end{bmatrix}$$

解密轮密钥 $DK_i$ 和加密轮密钥 $RK_i$ 有如下关系：

$$DK_{12-i}=\tau\circ\pi\circ\tau(RK_i),\quad i=0,1,\cdots,12$$

### 4. mCrypton 的密钥扩展算法

mCrypton 的密钥扩展算法由两个阶段组成：

（1）通过非线性变换生成轮密钥。

（2）利用简单的循环移位等操作更新密钥状态。

令种子密钥 $K = (K[0], K[1], \cdots, K[t-1])$，$K[i]$ 长度为 16 比特，对应密钥长度为 64、96 或 128 比特，$t = 4, 6, 8$。$C[i]$ 是第 $i$ 个轮常数，$C[i] = 0\mathrm{x}c_i c_i c_i c_i$，其中 $c_i$ 对应有限域 $\mathrm{GF}(2^4)$ 的 $x^i$，$\mathrm{GF}(2^4)$ 的不可约多项式为 $x^4 + x + 1$。

令 $U = (U[0], U[1], \cdots, U[t-1])$ 和 $V = (V[0], V[1], \cdots, V[t-1])$ 分别是加密密钥和解密密钥扩展的寄存器。$M_0 = 0\mathrm{xf000}$，$M_1 = 0\mathrm{x0f00}$，$M_2 = 0\mathrm{x00f0}$，$M_3 = 0\mathrm{x000f}$，它们是 4 个掩码，$M_i$ 从状态中提取第 $i$ 个半字节。$S$ 是 16 比特上的非线性操作，对 $a = (a_0, a_1, a_2, a_3)$，$S(a) = (S_0(a_0), S_0(a_1), S_0(a_2), S_0(a_3))$。$\phi_i = \tau \circ \pi_i \circ t$，$0 \leqslant i \leqslant 3$。

### 1) 64 比特密钥的情况

（1）加密轮密钥。

首先将种子密钥 $K = (K[0], K[1], K[2], K[3])$ 装载到密钥寄存器 $U = (U[0], U[1], U[2], U[3])$，然后生成加密轮密钥 $\mathrm{RK}_i$ 并更新密钥寄存器 $U$。

对 $i = 0, 1, \cdots, 12$，计算

$$T \leftarrow S(U[0]) \oplus C[i]$$
$$T_j \leftarrow T \cdot M_j, \quad j = 0, 1, 2, 3$$
$$\mathrm{RK}_i \leftarrow (U[1] \oplus T_0, U[2] \oplus T_1, U[3] \oplus T_2, U[0] \oplus T_3)$$
$$U \leftarrow (U[1], U[2], U[3], U[0] \lll 3)$$

（2）解密轮密钥。

首先初始化密钥寄存器 $V = (V[0], V[1], V[2], V[3])$：

$$V \leftarrow (K[0] \lll 9, K[1] \lll 9, K[2] \lll 9, K[3] \lll 9)$$

然后按如下方式生成解密轮密钥 $\mathrm{DK}_i$。

对 $i = 0, 1, \cdots, 12$，计算

$$T \leftarrow S(V[0]) \oplus C[12 - i]$$
$$T_j \leftarrow T \cdot M_j, \quad j = 0, 1, 2, 3$$
$$\mathrm{DK}_i \leftarrow (\phi_0(V[1] \oplus T_0), \phi_1(V[2] \oplus T_1), \phi_2(V[3] \oplus T_2), \phi_3(V[0] \oplus T_3))$$
$$V \leftarrow (V[3] \lll 13, V[0], V[1], V[2])$$

### 2) 96 比特密钥的情况

（1）加密轮密钥。

首先将种子密钥 $K = (K[0], K[1], \cdots, K[5])$ 装载到密钥寄存器 $U = (U[0], U[1], \cdots, U[5])$，然后生成加密轮密钥 $\mathrm{RK}_i$ 并更新密钥寄存器 $U$。

对 $i = 0, 1, \cdots, 12$，计算

$$T \leftarrow S(U[0]) \oplus C[i]$$
$$T_j \leftarrow T \times M_j, \quad j = 0, 1, 2, 3$$
$$\mathrm{RK}_i \leftarrow (U[1] \oplus T_0, U[2] \oplus T_1, U[3] \oplus T_2, U[4] \oplus T_3)$$
$$U \leftarrow (U[5], U[0] \lll 3, U[1], U[2], U[3] \lll 8, U[4])$$

（2）解密轮密钥。

首先初始化密钥寄存器 $V = (V[0], V[1], \cdots, V[5])$：

$$V \leftarrow (K[0] \lll 6, K[1] \lll 6, K[2] \lll 6, K[3] \lll 6,$$
$$K[4] \lll 6, K[5] \lll 6)$$

然后按如下方式生成解密轮密钥 $\mathrm{DK}_i$。

对 $i=0,1,\cdots,12$, 计算

$T \leftarrow S(V[0]) \oplus C[12-i]$

$T_j \leftarrow T \cdot M_j, \quad j=0,1,2,3$

$\mathrm{DK}_i \leftarrow (\phi_0(V[1] \oplus T_0), \phi_1(V[2] \oplus T_1), \phi_2(V[3] \oplus T_2), \phi_3(V[4] \oplus T_3))$

$V \leftarrow (V[1] \lll 13, V[2], V[3], V[4] \lll 8, V[5], V[0])$

3) 128 比特密钥的情况

(1) 加密轮密钥。

首先将种子密钥 $K=(K[0], K[1], \cdots, K[7])$ 装载到密钥寄存器 $U=(U[0], U[1], \cdots, U[7])$, 然后生成加密轮密钥 $\mathrm{RK}_i$ 并更新密钥寄存器 $U$。

对 $i=0,1,\cdots,12$, 计算

$T \leftarrow S(U[0]) \oplus C[i]$

$T_j \leftarrow T \cdot M_j, \quad j=0,1,2,3$

$\mathrm{RK}_i \leftarrow (U[1] \oplus T_0, U[2] \oplus T_1, U[3] \oplus T_2, U[4] \oplus T_3)$

$U \leftarrow (U[5], U[6], U[7], U[0] \lll 3, U[1], U[2], U[3], U[4] \lll 8)$

(2) 解密轮密钥。

首先初始化密钥寄存器 $V=(V[0], V[1], \cdots, V[7])$:

$V \leftarrow (K[4] \lll 3, K[5] \lll 14, K[6] \lll 3, K[7] \lll 14,$
$\qquad K[0] \lll 14, K[1] \lll 3, K[2] \lll 14, K[3] \lll 3)$

然后按如下方式生成解密轮密钥 $\mathrm{DK}_i$:

对 $i=0,1,\cdots,12$, 计算

$T \leftarrow S(V[0]) \oplus C[12-i]$

$T_j \leftarrow T \cdot M_j, \quad j=0,1,2,3$

$\mathrm{DK}_i \leftarrow (\phi_0(V[1] \oplus T_0), \phi_1(V[2] \oplus T_1), \phi_2(V[3] \oplus T_2), \phi_3(V[4] \oplus T_3))$

$V \leftarrow (V[3] \lll 13, V[4], V[5], V[6], V[7] \lll 8, V[0], V[1], V[2])$

5. 算法特点和安全性分析

在 SP 结构的算法中, mCrypton 的加解密相似性好, 轮变换中的线性变换 $\pi$、行列转置 $\tau$ 和轮密钥加 $\sigma$ 都是自逆的。线性变换 $\pi$ 是一类比较有特点的扩散变换, mCrypton 延续了 Crypton 的密码部件设计理念。在安全性方面, 文献[166]评估了 mCrypton 对相关密钥攻击的安全性, 给出了 8 轮 mCrypton 的相关密钥矩阵攻击。文献[167,168]分析和评估了 mCrypton 对中间相遇攻击的安全性, 给出了 8 轮 mCrypton-96 和 9 轮 mCrypton-128 的分析。文献[169,170]给出了全轮 mCrypton 的双系攻击。

### 2.3.3　PRINTcipher

利用集成电路印刷(IC-printing)技术能够以非常低的成本生产电路, 其常见应用是制造廉价的 RFID 标签。PRINTcipher 算法的设计目的是利用集成电路印刷技术的特性, 推动轻量级分组密码的研究。PRINTcipher 算法的主要特点如下:

(1) 使用了 3 比特 S 盒, 硬件实现面积比 4 比特 S 盒更低。

(2) 采用相同的轮密钥, 没有密钥扩展算法, 轮密钥直接取自种子密钥。

(3) 线性层使用比特置换。

（4）使用密钥相关置换，提高了有效密钥长度。

PRINTcipher 的分组长度 $n$ 为 48 或 96 比特，密钥长度为 $5n/3$，对应的算法分别记为 PRINTcipher-48 和 PRINTcipher-96。PRINTcipher-48 的迭代轮数 $r=48$，密钥长度为 80 比特，如图 2-18 所示；PRINTcipher-96 的迭代轮数 $r=96$，密钥长度为 160 比特。

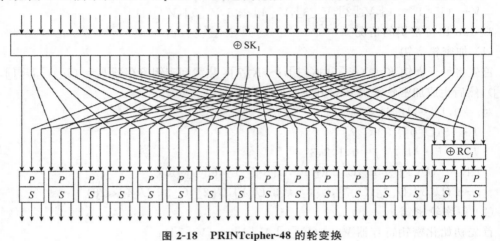

**图 2-18　PRINTcipher-48 的轮变换**

### 1. PRINTcipher 的加密算法

首先将 $n$ 比特明文 $b_{n-1}b_{n-2}\cdots b_0$ 装载到加密状态 State，加密状态 State 表示为 $m=n/3$ 个 3 比特字的链接：

$$\text{State}=w_{m-1}\parallel w_{m-2}\parallel\cdots\parallel w_0,\quad m=16\text{ 或 }32$$

$5n/3$ 比特密钥 $K$ 表示为 $\text{SK}_1\parallel\text{SK}_2$，$\text{SK}_1$ 为 $n$ 比特，$\text{SK}_2$ 为 $2n/3$ 比特。然后进行 $r$ 轮迭代变换，每轮变换包括密钥加（AddKey）、比特置换（PermBit）、常数加（AddCon）、密钥相关置换（KeyPerm）和非线性替换（SubCell）。最后输出 $n$ 比特密文。

PRINTcipher 的加密算法可以用伪代码描述如下：

```
State ← Plaintext
for i =1 to r do
    AddKey(State, SK₁)
    PermBit (State)
    AddCon(State, RC₁)
    KeyPerm(State)
    SubCell (State)
end for
Ciphertext ← State
```

PRINTcipher 算法的基本模块定义如下。

（1）密钥加 AddKey。

密钥加 AddKey 简单地将 $n$ 比特密钥 $\text{SK}_1$ 异或到状态。每轮子密钥都是 $\text{SK}_1$，$\text{SK}_1$ 是密钥 $K$ 的高位 $n$ 比特。

（2）比特置换 PermBit。

比特置换 PermBit 将状态中处于位置 $j$ 的比特换位到位置 $B(j)$：

$$b_{B(j)} \leftarrow b_j, \quad j = 0, 1, \cdots, n-1$$

$$B(j) = \begin{cases} 3j \bmod (n-1), & 0 \leqslant j \leqslant n-2 \\ n-1, & \text{else} \end{cases}$$

（3）常数加 AddCon。

常数加 AddCon 简单地将轮常数 $RC_i$ 异或到状态的低位比特。$RC_i$ 是 $t$ 比特常数，$t = \lceil \log_2 r \rceil$。对 PRINTcipher-48，$RC_i$ 是 6 比特；对 PRINTcipher-96，$RC_i$ 是 7 比特。$RC_i$ 是 $t$ 比特线性反馈移位寄存器(LFSR)的状态 $rc_{t-1} \parallel rc_{t-2} \parallel \cdots \parallel rc_0$，LFSR 的初始状态为全 0，每轮变换之前更新 LFSR，状态更新函数定义如下：

$$(rc_{t-1} \parallel rc_{t-2} \parallel \cdots \parallel rc_0) \rightarrow (rc_{t-2} \parallel rc_{t-3} \parallel \cdots \parallel rc_0 \parallel rc_{t-1} \oplus rc_{t-2} \oplus 1)$$

（4）密钥相关置换 KeyPerm。

KeyPerm 对状态的每个 3 比特做比特置换，比特置换和密钥 $SK_2$ 有关，每轮相同。$SK_2$ 为 $2n/3$ 比特，将其看成 $n/3$ 个 2 比特的链接，每个 2 比特控制状态中相应 3 比特的置换选取。

令 $SK_2 = k_{\frac{2n}{3}-1} k_{\frac{2n}{3}-2} \parallel \cdots \parallel k_{2i+1} k_{2i} \parallel \cdots \parallel k_1 k_0$，$State = w_{\frac{n}{3}-1} \parallel \cdots \parallel w_i \parallel \cdots \parallel w_0$，对 $i = 0, 1, \cdots, \frac{n}{3}-1$，依据 $k_{2i+1} k_{2i}$ 按表 2-8 对 $w_i = x_2 x_1 x_0$ 做比特置换 $p$。

表 2-8　$w_i$ 的比特置换

| $k_{2i+1} k_{2i}$ | $w_i$ 的比特置换技术 |
| --- | --- |
| 00 | $x_2 x_1 x_0$ |
| 01 | $x_1 x_2 x_0$ |
| 10 | $x_2 x_0 x_1$ |
| 11 | $x_0 x_1 x_2$ |

（5）非线性替换 SubCell。

SubCell 对状态的每个 3 比特做 S 盒变换：

$$w_i \leftarrow S(w_i), \quad i = 0, 1, \cdots, \frac{n}{3}-1$$

PRINTcipher 的 S 盒如表 2-8 所示。

表 2-9　PRINTcipher 的 S 盒

| $x$ | 0 | 1 | 2 | 3 | 4 | 5 | 6 | 7 |
| --- | --- | --- | --- | --- | --- | --- | --- | --- |
| $S(x)$ | 0 | 1 | 3 | 6 | 7 | 4 | 5 | 2 |

**2. PRINTcipher 的安全性分析**

为了提高算法的实现效率，设计者期望 PRINTcipher 算法的每轮变换是相同的。由于每轮密钥一样，对于 PRINTcipher-48 仅需要 48 比特密钥；为了提高有效密钥长度，

PRINTcipher 采用了密钥相关置换,而且该置换不增加硬件实现成本而且适用于集成电路印刷技术。鉴于算法的应用场景,设计者没有考虑 PRINTcipher 算法针对相关密钥攻击和侧信道攻击的安全性,而考虑了算法对差分分析、线性分析等典型分析方法的安全性。文献[171]提出了不变子空间攻击,对于部分密钥,不变子空间攻击可以破译全轮 PRINTcipher 算法,而且仅需几个选择明文。文献[172]基于混合整数线性规划(MILP)给出了搜索弱密钥类的方法,指出 PRINTcipher-48 算法存在更多类弱密钥。文献[173-175]评估了 PRINTcipher 算法针对线性分析和代数攻击的安全性,给出了比设计者更好的分析结果。

### 2.3.4   EPCBC

电子产品代码(Electronic Product Code,EPC)是物品的唯一标识符,EPC 长度为 96 比特。EPCBC 是专为 EPC 加密设计的轻量级分组密码算法,分组长度为 48 比特或者 96 比特,密钥长度均为 96 比特,分别记为 EPCBC-48 和 EPCBC-96,迭代轮数均为 32。EPCBC 采用 PRESENT 类的加密框架,密钥扩展算法的设计考虑了相关密钥类攻击。

1. PR-$n$

PR-$n$ 是分组长度为 $n$ 比特的 PRESENT 类算法。对于迭代轮数为 $r$ 的 PR-$n$,加密算法可以用伪码描述如下:

```
GenerateRoundKey()
State ← Plaintext
for i = 0 to r - 1 do
  State← State ⊕ Kᵢ
  State← sBoxLayer (State)
  State ← pLayer (State)
end for
Ciphertext← State ⊕ Kᵣ
```

其中 sBoxLayer 和 pLayer 如下定义:

sBoxLayer:利用 PRESENT 的 4 比特 S 盒,对状态的每个 4 比特做 S 盒变换。

pLayer:将状态中处于位置 $j$ 的比特换位到位置 $B(j)$:

$$B(j)=\begin{cases} j \times \dfrac{n}{4} \bmod (n-1), & j \in \{0,1,\cdots,n-2\} \\ n-1, & j=n-1 \end{cases}$$

2. EPCBC-48

EPCBC-48 的加密算法采用 32 轮 PR-48。

EPCBC-48 的密钥扩展算法如下:首先将 96 比特密钥表示成左右 48 比特 LK∥RK,并装载到密钥状态。然后取密钥状态的左 48 比特作为第一个轮密钥,即 $K_0$=LK。最后对密钥状态进行 8 轮变体 Feistel 变换,每轮非线性函数由 4 轮 PR-48 组成,PR-48 每轮变换后输出轮密钥,因此密钥扩展算法一共生成 8×4+1=33 个轮密钥。其伪代码描述如下:

```
LK ‖ RK ← K
K₀ ← LK
for i = 0 to 7 do
    temp ← LK ⊕ RK
    for j = 0 to 3 do
        RK ← sBoxLayer (RK)
        RK ← pLayer (RK)
        RK ← RK ⊕ (4i + j)
        K₍₄ᵢ₊ⱼ₊₁₎ ← RK
    end for
    LK ← RK
    RK ← temp
end for
```

### 3. EPCBC-96

EPCBC-96 的加密算法采用 32 轮 PR-96。

EPCBC-96 的密钥扩展算法如下：首先将 96 比特密钥装载到密钥状态。然后取密钥状态的 96 比特作为第一个轮密钥，即 $K_0 = K$。最后对密钥状态进行 32 轮 PR-96，每轮迭代后输出一个轮密钥。其伪代码描述如下：

```
SK ← K
K₀ ← SK
for i = 0 to 31 do
    SK ← sBoxLayer (SK)
    SK ← pLayer(SK)
    SK ← SK ⊕ i
    K₍ᵢ₊₁₎ ← SK
end for
```

### 4. EPCBC 的安全性分析

文献[176]研究了 PRESENT 类密码的线性壳，并给出了全轮 EPCBC-96 和 20 轮 EPCBC-48 的分析，结果表明，EPCBC 的安全性没有达到设计目标。文献[177-179]利用自动分析技术评估了 EPCBC 算法针对差分分析、相关密钥差分攻击和代数攻击的安全性。

## 2.3.5 KLEIN

KLEIN 的分组长度为 64 比特，密钥长度可选择 64、80 和 96 比特，相应的算法记为 KLEIN-64、KLEIN-80 和 KLEIN-96，迭代轮数分别为 12、16 和 20。KLEIN 算法采用 SP 结构，每轮变换包含 4 个基本操作：轮密钥加、字替换、字移位和列混合。除了列混合是基于字节的操作外，其余运算都是基于半字节的操作。最后一轮的列混合之后还有一个密钥加操作。为了达到资源受限环境下软件实现的高效性，KLEIN 算法尽可能采用了面向字节的处理模式。在算法的非线性层，KLEIN 采用了具有自反性质的 4 比特 S 盒，使得算法仅需要付出一个 S 盒的代价即可实现加解密。在扩散层，KLEIN 将 AES 的 MixColumns 函数变形为算法中的 MixNibbles 函数，同时与面向字节的循环左移函数 RotateNibbles 相结合。KLEIN 的密钥扩展算法比较复杂，目的是保证 KLEIN 对于相关密钥攻击的安全性。

### 1. KLEIN 的加密算法

KLEIN 的加密算法如下：首先将 64 比特明文装载到加密状态 State。然后进行 $r$ 轮变换，每轮变换包含轮密钥加（AddRoundKey）、字替换（SubNibbles）、字移位（RotateNibbles）和列混合（MixNibbles）。最后进行密钥加并输出 64 比特密文。

KLEIN 的加密算法可以用伪代码描述如下：

```
GenerateRoundKey()
State ← Plaintext
for i=1 to r do
    AddRoundKey(State, RK_i)
    SubNibbles(State)
    RotateNibbles(State)
    MixNibbles(State)
end for
Ciphertext ← AddRoundKey(State, RK_{r+1})
```

KLEIN 的加密算法的基本模块定义如下：

（1）轮密钥加 AddRoundKey。

轮密钥加 AddRoundKey 简单地将 64 比特轮密钥 $RK_i$ 按位异或到状态 State。

（2）字替换 SubNibbles。

字替换 SubNibbles 对状态 State$=w_0 \parallel w_1 \parallel \cdots \parallel w_{15}$ 的每个 4 比特做 S 盒变换：

$w_i \leftarrow S(w_i), \forall i \in \{0, \cdots, 15\}$

KLEIN 的 S 盒如表 2-10 所示。

表 2-10　KLEIN 的 S 盒

| $x$ | 0 | 1 | 2 | 3 | 4 | 5 | 6 | 7 | 8 | 9 | A | B | C | D | E | F |
|---|---|---|---|---|---|---|---|---|---|---|---|---|---|---|---|---|
| $S(x)$ | 7 | 4 | A | 9 | 1 | F | B | 0 | C | 3 | 2 | 6 | 8 | E | D | 5 |

（3）字移位 RotateNibbles。

字移位 RotateNibbles 将状态 State 循环左移 16 比特，等价于将处于位置 $i$ 的字换位到位置 $P(i)$：

$$w_{P(i)} \leftarrow w_i, \quad \forall i \in \{0, \cdots, 15\}$$

KLEIN 的字移位如表 2-11 所示。

表 2-11　KLEIN 的字移位

| $i$ | 0 | 1 | 2 | 3 | 4 | 5 | 6 | 7 | 8 | 9 | 10 | 11 | 12 | 13 | 14 | 15 |
|---|---|---|---|---|---|---|---|---|---|---|---|---|---|---|---|---|
| $P(i)$ | 12 | 13 | 14 | 15 | 0 | 1 | 2 | 3 | 4 | 5 | 6 | 7 | 8 | 9 | 10 | 11 |

（4）列混合 MixNibbles。

列混合 MixNibbles 是面向字节的操作，将状态 State 看成 8 个字节，对左 4 个字节和右 4 个字节分别做列混合操作。KLEIN 的列混合操作和 AES 的列混合操作完全相同，列混合操作使用的 MC 矩阵及其逆矩阵 $\mathrm{MC}^{-1}$ 如下：

$$\mathrm{MC} = \begin{bmatrix} 2 & 3 & 1 & 1 \\ 1 & 2 & 3 & 1 \\ 1 & 1 & 2 & 3 \\ 3 & 1 & 1 & 2 \end{bmatrix}, \quad \mathrm{MC}^{-1} = \begin{bmatrix} 0E & 0B & 0D & 09 \\ 09 & 0E & 0B & 0D \\ 0D & 09 & 0E & 0B \\ 0B & 0D & 09 & 0E \end{bmatrix}$$

**2. KLEIN 的密钥扩展算法**

将种子密钥 $K$ 表示成 $t$ 字节的链接 $\mathrm{rk}_1 \parallel \mathrm{rk}_2 \parallel \cdots \parallel \mathrm{rk}_t$，并装载到密钥状态，对 KLEIN-64、KLEIN-80 和 KLEIN-96，$t$ 分别为 8、10 和 12。在加密的第 $i$ 轮，取当前寄存器最左边的 64 比特作为轮密钥 $\mathrm{RK}_i$，然后按如下方式更新密钥寄存器 $\mathrm{rk}_1 \parallel \mathrm{rk}_2 \parallel \cdots \parallel \mathrm{rk}_t$：

（1）左右两半分别循环左移一字节：

$$\mathrm{rk}_1 \parallel \mathrm{rk}_2 \parallel \cdots \parallel \mathrm{rk}_{t/2} \leftarrow (\mathrm{rk}_1 \parallel \mathrm{rk}_2 \parallel \cdots \parallel \mathrm{rk}_{t/2}) \lll 8$$
$$\mathrm{rk}_{t/2+1} \parallel \mathrm{rk}_{t/2+2} \parallel \cdots \parallel \mathrm{rk}_t \leftarrow (\mathrm{rk}_{t/2+1} \parallel \mathrm{rk}_{t/2+2} \parallel \cdots \parallel \mathrm{rk}_t) \lll 8$$

（2）做一轮 Feistel 变换，轮函数为恒等变换：

$$\mathrm{Tem} \leftarrow (\mathrm{rk}_1 \parallel \mathrm{rk}_2 \parallel \cdots \parallel \mathrm{rk}_{t/2}) \oplus (\mathrm{rk}_{t/2+2} \parallel \cdots \parallel \mathrm{rk}_t)$$
$$\mathrm{rk}_1 \parallel \mathrm{rk}_2 \parallel \cdots \parallel \mathrm{rk}_{t/2} \leftarrow \mathrm{rk}_{t/2+1} \parallel \mathrm{rk}_{t/2+2} \parallel \cdots \parallel \mathrm{rk}_t$$
$$\mathrm{rk}_{t/2+1} \parallel \mathrm{rk}_{t/2+2} \parallel \cdots \parallel \mathrm{rk}_t \leftarrow \mathrm{Tem}$$

（3）对左半边的第三字节异或轮常数 $i$：

$$(\mathrm{rk}_1 \parallel \mathrm{rk}_2 \parallel \cdots \parallel \mathrm{rk}_{t/2}) \leftarrow (\mathrm{rk}_1 \parallel \mathrm{rk}_2 \parallel (\mathrm{rk}_3 \oplus i) \parallel \cdots \parallel \mathrm{rk}_{t/2})$$

（4）利用加密算法的 S 盒对右半边的第二字节和第三字节做字替换：

$$\mathrm{rk}_{t/2+1} \parallel \mathrm{rk}_{t/2+2} \parallel \mathrm{rk}_{t/2+3} \parallel \cdots \parallel \mathrm{rk}_t \leftarrow \mathrm{rk}_{t/2+1} \parallel S(\mathrm{rk}_{t/2+2}) \parallel S(\mathrm{rk}_{t/2+3}) \parallel \cdots \parallel \mathrm{rk}_t$$

**3. KLEIN 的安全性分析**

KLEIN 算法发布以后，陆续有第三方安全性分析结果公开发表。2011 年，Aumasson 等基于截断差分给出了 8 轮 KLEIN-64 的实际密钥恢复攻击（仅需要 235 个选择明文）[180]。同年，Yu 等也基于截断差分给出了 KLEIN-64 的差分分析[181]。文献[182]分析评估了 KLEIN 对双系攻击的安全性。2014 年，文献[183]利用 AES 列变换的特殊代数性质，结合 KLEIN 的 4 比特 S 盒在扩散中存在进位不足的缺陷，给出了全轮 KLEIN-64 的差分攻击。

### 2.3.6　LED

LED 的整体结构类似 AES，列变换采用迭代型 MDS 矩阵，适宜轻量化硬件实现。LED 算法没有密钥扩展算法，轮密钥直接取自种子密钥比特。LED 的硬件实现面积较小，尤其是在密钥固定的情况下，硬连线密钥实现时面积仅需要几百门。LED 的分组长度为 64 比特，密钥长度为 64 和 128 比特，记为 LED-64 和 LED-128，迭代轮数分别为 8 和 12。

**1. 记号**

LED 的 64 比特明文、中间状态、密文都被看成 16 个半字节的链接，同时表示成 $4 \times 4$ 的半字节阵列。比如对于 64 比特明文 $m = m_0 \parallel m_1 \parallel \cdots \parallel m_{15}$，其中 $m_i$ 是 4 比特，将其

排列成矩阵：

$$m = \begin{bmatrix} m_0 & m_1 & m_2 & m_3 \\ m_4 & m_5 & m_6 & m_7 \\ m_8 & m_9 & m_{10} & m_{11} \\ m_{12} & m_{13} & m_{14} & m_{15} \end{bmatrix}$$

每个 $m_i$ 可以表示为有限域 $GF(2^4)$ 的元素，其中多项式为 $x^4+x+1$。

对于 LED-64，64 比特密钥 $K = k_0 \| k_1 \| \cdots \| k_{15}$，其中 $k_i$ 是 4 比特，将其排列成矩阵：

$$K = \begin{bmatrix} k_0 & k_1 & k_2 & k_3 \\ k_4 & k_5 & k_6 & k_7 \\ k_8 & k_9 & k_{10} & k_{11} \\ k_{12} & k_{13} & k_{14} & k_{15} \end{bmatrix}$$

对于 LED-128，128 比特密钥 $K = K_0 \| K_1 = k_0 \| k_1 \| \cdots \| k_{15} \| k_{16} \| \cdots \| k_{30} \| k_{31}$，将其排列成矩阵：

$$K_0 = \begin{bmatrix} k_0 & k_1 & k_2 & k_3 \\ k_4 & k_5 & k_6 & k_7 \\ k_8 & k_9 & k_{10} & k_{11} \\ k_{12} & k_{13} & k_{14} & k_{15} \end{bmatrix}, \quad K_1 = \begin{bmatrix} k_{16} & k_{17} & k_{18} & k_{19} \\ k_{20} & k_{21} & k_{22} & k_{23} \\ k_{24} & k_{25} & k_{26} & k_{27} \\ k_{28} & k_{29} & k_{30} & k_{31} \end{bmatrix}$$

2. LED 的加密算法

首先将 64 比特明文装载到加密状态 State。然后进行 $r$ 轮迭代变换，轮变换由轮密钥加（AddRoundKey）和步变换（STEP）组成；最后异或轮密钥 $SK^r$ 并输出 64 比特密文。

LED 的加密算法可以用伪代码描述如下：

```
State← Plaintext
for i = 0 to r - 1 do
  AddRoundKey(State, SK^i)
  STEP(State)
end for
Ciphertext← AddRoundKey (State, SK^r)
```

对于 LED-64，$r=8$，轮密钥等同种子密钥 $K$，即 $SK^i = K$，$i = 0, 1, \cdots, 8$。

对于 LED-128，$r=12$，轮密钥交替使用 $K_0$ 和 $K_1$，即 $SK^i = K_{i \bmod 2}$，$i = 0, \cdots, 12$。

LED 算法如图 2-19 所示。

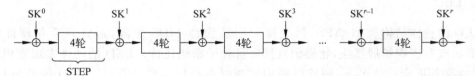

**图 2-19　LED 算法**

LED 的加密算法的基本模块定义如下。

（1）轮密钥加 AddRoundKey。

轮密钥加 AddRoundKey 简单地将 64 比特轮密钥 $SK^i$ 异或到状态。

（2）步变换 SETP。

步变换 STEP 是轮函数的 4 次迭代。轮函数如图 2-20 所示，包括 4 个基本步骤：常数加（AddConstant）、字替换（SubCell）、行移位（ShiftRow）、列混合（MixColumn）。

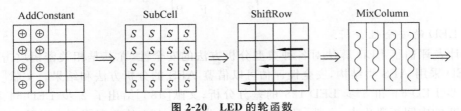

图 2-20　LED 的轮函数

① 常数加 AddConstant。

常数加 AddConstant 简单对给一个状态异或如下形式的常数：

$$\begin{bmatrix} 0 \oplus (ks_7 \| ks_6 \| ks_5 \| ks_4) & (rc_5 \| rc_4 \| rc_3) & 0 & 0 \\ 1 \oplus (ks_7 \| ks_6 \| ks_5 \| ks_4) & (rc_2 \| rc_1 \| rc_0) & 0 & 0 \\ 2 \oplus (ks_3 \| ks_2 \| ks_1 \| ks_0) & (rc_5 \| rc_4 \| rc_3) & 0 & 0 \\ 3 \oplus (ks_3 \| ks_2 \| ks_1 \| ks_0) & (rc_2 \| rc_1 \| rc_0) & 0 & 0 \end{bmatrix}$$

其中$(ks_7, ks_6, ks_5, ks_4, ks_3, ks_2, ks_1, ks_0)$是密钥长度的比特表示；轮常数$(rc_5, rc_4, rc_3, rc_2, rc_1, rc_0)$是 6 比特线性反馈移位寄存器的状态，LFSR 的初始状态为全 0，每次常数加变换之前更新 LFSR，状态更新函数定义如下：

$$(rc_5, rc_4, rc_3, rc_2, rc_1, rc_0) \rightarrow (rc_4, rc_3, rc_2, rc_1, rc_0, rc_5, rc_4 \oplus 1)$$

轮常数对应的$(rc_5, rc_4, rc_3, rc_2, rc_1, rc_0)$值如表 2-12 所示。

表 2-12　轮常数对应的$(rc_5, rc_4, rc_3, rc_2, rc_1, rc_0)$值

| 轮 数 | $(rc_5, rc_4, rc_3, rc_2, rc_1, rc_0)$ |
|---|---|
| 1～16 | 01,03,07,0F,1F,3E,3D,3B,37,2F,1E,3C,39,33,27,0E |
| 17～32 | 1D,3A,35,2B,16,2C,18,30,21,02,05,0B,17,2E,1C,38 |
| 33～48 | 31,23,06,0D,1B,36,2D,1A,34,29,12,24,08,11,22,04 |

② 字替换 SubCell。

字替换 SubCell 对状态中的每个 4 比特做 S 盒变换。LED 的 S 盒如表 2-13 所示。

表 2-13　LED 的 S 盒

| $x$ | 0 | 1 | 2 | 3 | 4 | 5 | 6 | 7 | 8 | 9 | A | B | C | D | E | F |
|---|---|---|---|---|---|---|---|---|---|---|---|---|---|---|---|---|
| $S(x)$ | C | 5 | 6 | B | 9 | 0 | A | D | 3 | E | F | 8 | 4 | 7 | 1 | 2 |

③ 行移位 ShiftRow。

行移位 ShiftRow 对状态的每一行按不同的位移量循环移位。第 0 行保持不变，第 1 行循环左移 1 个字，第 2 行循环左移 2 个字，第 3 行循环左移 3 个字。

④ 列混合 MixColumn。

列混合 MixColumn 对一个状态逐列进行线性变换，线性变换的矩阵表示如下：

$$M = \begin{bmatrix} 4 & 1 & 2 & 2 \\ 8 & 6 & 5 & 6 \\ B & E & A & 9 \\ 2 & 2 & F & B \end{bmatrix}$$

**3. LED 的安全性分析**

设计者评估了 LED 算法对各种典型分析方法的安全性,尤其是相关密钥攻击的安全性。LED 采用 AES 类结构,安全性评估可以借鉴 AES 的分析方法和结果。文献[184]给出了 4 步 LED-64 和 8 步 LED-128 的差分分析;文献[185]给出了 2 步 LED-64 和 4 步 LED-128 的中间相遇攻击;文献[186]给出了 6 步 LED-128 的单密钥攻击以及 5 步 LED-64 和 10 步 LED-128 的选择密钥差分区分器;文献[187]给出了 8 步 LED-128 的密钥恢复攻击;文献[188]给出了 2 步 LED-64 的已知明文攻击和 3 步 LED-64 的相关密钥攻击。

## 2.3.7 Fantomas/Robin

掩码是一种有效的侧信道防护措施,因此有效掩码成为一些密码算法设计的新指标。Fantomas/Robin 的设计目标是面向软件实现,而且易于侧信道防护。它们基于一种称为 LS-designs 的算法框架。LS-designs 算法的策略是简化非线性部件 S,线性部件 L 可以适当复杂,综合考虑使得 LS-designs 算法易于掩码实现。利用比特切片方式实现非线性部件 S 以降低掩码的代价,线性部件 L 通常基于查表实现。

**1. LS-designs 算法框架**

LS-designs 算法将密码内部状态看成 $s \times l$ 的比特阵列 $X[*, *]$,$X[i, *]$ 表示第 $i$ 个 $l$ 比特行,$X[*, j]$ 表示第 $j$ 个 $s$ 比特列。非线性部件 S 是对每列作 $s$ 比特 S 盒,线性部件 L 是对每行做 $l$ 比特 L 盒。

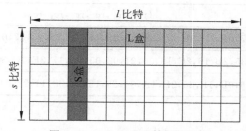

**图 2-21 LS-designs 算法框架**

令 $P$ 为 $n(=sl)$ 比特明文,$K$ 为 $n$ 比特密钥,迭代轮数为 $N_r$ 的 LS-designs 加密算法可用伪代码描述如下:

```
LS -design_(W_r) (P,K):
    X ← P ⊕ K
    for 0 ≤ r < N_r do
        for 0 ≤ j < l do
            X [*, j] = S (X [*, j])
        end for
```

```
for 0≤ i <s do
    X [i , * ] =L (X [i , * ])
  end for
  X← X ⊕ K ⊕ C (r)
end for
return X
```

其中 $C(r)$ 是轮常数。

### 2. Robin

Robin 是 LS-designs 算法框架的一个实例。分组长度和密钥长度都为 128 比特，$s=8$，$l=16$，迭代轮数 $N_r=16$。

Robin 的 S 盒采用 3 轮平衡 Feistel 结构生成，轮函数为一个 4 比特 S 盒，16 比特 L 盒是一个对合的线性变换，轮常数为 $C(r)=[L(r)00\cdots0]$。

### 3. Fantomas

Fantomas 是 LS-designs 算法框架的另一个实例。分组长度和密钥长度都为 128 比特，$s=8$，$l=16$，迭代轮数 $N_r=12$。

8 比特 S 盒采用 3 轮非平衡 Feistel 结构生成，轮函数用到了 3 比特 S 盒和 5 比特 S 盒，16 比特 L 盒是一个非对合的线性变换，轮常数与 Robin 的轮常数相同。

### 4. 安全性分析

Fantomas/Robin 基于 LS-designs 算法框架，部件选取的原则是尽量降低与门的个数，使得算法易于掩码实现。为了提高算法的解密性能，Robin 的 S 盒和 L 盒都是对合的。利用 Robin 的部件对合、轮密钥为种子密钥、轮常数稀疏等特性，Leander 等给出了 Robin 的不变子空间攻击，指出 Robin 存在弱密钥[189]。

## 2.3.8　Rectangle

Rectangle 的主要设计思想是：采用比特切片技术设计适合多个软硬件平台的轻量级分组密码。Rectangle 的分组长度为 64 比特，密钥长度为 80 和 128 比特（分别记作 Rectangle-80 和 Rectangle-128）。Rectangle 的整体结构为 SP 结构，迭代轮数为 25。

### 1. 记号

将 64 比特的明文、中间状态、密文统称为密码状态。令 $W=w_{63}\cdots w_1w_0$ 表示一个密码状态，用一个 $4\times16$ 的比特矩阵表示 $W$，将前 16 个比特 $w_{15}\cdots w_1w_0$ 放在第 1 行，将接下来的 16 个比特放在第 2 行，依此类推。类似地，64 比特的轮密钥也用一个 $4\times16$ 的比特矩阵表示。为了描述方便，以下用矩阵形式表示 Rectangle 的密码状态。

$$\begin{bmatrix} w_{15} & \cdots & w_1 & w_0 \\ w_{31} & \cdots & w_{17} & w_{16} \\ w_{47} & \cdots & w_{33} & w_{32} \\ w_{63} & \cdots & w_{49} & w_{48} \end{bmatrix} \quad \begin{bmatrix} a_{0,15} & \cdots & a_{0,1} & a_{0,0} \\ a_{1,15} & \cdots & a_{1,1} & a_{1,0} \\ a_{2,15} & \cdots & a_{2,1} & a_{2,0} \\ a_{3,15} & \cdots & a_{3,1} & a_{3,0} \end{bmatrix}$$

**2. Rectangle 的加密算法**

对于 64 比特明文, Rectangler 的加密算法首先进行 25 轮变换, 每轮变换包含轮密钥加 (AddRoundKey)、列替换 (SubColumn) 和行移位 (ShiftRow)。最后异或轮密钥 $K_{25}$ 并输出 64 比特密文。

Rectangle 的加密算法可以用伪代码描述如下:

```
GenerateRoundKey()
State ← Plaintext
for i = 0 to 24 do
    AddRoundKey(State, K_i)
    SubColum(State)
    ShiftRow(State)
end for
Ciphertext←AddRoundKey(State, K_25)
```

Rectangle 的加密算法的基本模块定义如下。

（1）轮密钥加 AddRoundKey。

轮密钥加 AddRoundKey 将 64 比特的轮密钥逐比特异或到 64 比特的密码状态。

（2）列替换 SubColumn。

列替换 SubColumn 对每一列的 4 比特做 S 盒替换。其中 S 盒如表 2-14 所示。

表 2-14　Rectangle 的 S 盒

| $x$ | 0 | 1 | 2 | 3 | 4 | 5 | 6 | 7 | 8 | 9 | A | B | C | D | E | F |
|---|---|---|---|---|---|---|---|---|---|---|---|---|---|---|---|---|
| $S(x)$ | 6 | 5 | C | A | 1 | E | 7 | 9 | B | 0 | 3 | D | 8 | F | 4 | 2 |

（3）行移位 ShiftRow。

行移位 ShiftRow 对每一行的 16 比特做左循环移位。第 0 行保持不动, 第 1 行左循环移动 1 位, 第 2 行左循环移动 12 位, 第 3 行左循环移动 13 位。

$$(a_{0,15} \quad \cdots \quad a_{0,1} \quad a_{0,0}) \xrightarrow{\lll 0} (a_{0,15} \quad \cdots \quad a_{0,1} \quad a_{0,0})$$

$$(a_{1,15} \quad \cdots \quad a_{1,1} \quad a_{1,0}) \xrightarrow{\lll 1} (a_{1,14} \quad \cdots \quad a_{1,0} \quad a_{1,15})$$

$$(a_{2,15} \quad \cdots \quad a_{2,1} \quad a_{2,0}) \xrightarrow{\lll 12} (a_{2,3} \quad \cdots \quad a_{2,5} \quad a_{2,4})$$

$$(a_{3,15} \quad \cdots \quad a_{3,1} \quad a_{3,0}) \xrightarrow{\lll 13} (a_{3,2} \quad \cdots \quad a_{3,4} \quad a_{3,3})$$

**3. Rectangle 的密钥扩展算法**

1）80 比特密钥的情况

令 $V = v_{79} \cdots v_1 v_0$ 表示 80 比特的种子密钥, 将 $V$ 表示为如下的 5×16 的比特矩阵:

$$\begin{bmatrix} v_{15} & \cdots & v_1 & v_0 \\ v_{31} & \cdots & v_{17} & v_{16} \\ v_{47} & \cdots & v_{33} & v_{32} \\ v_{63} & \cdots & v_{49} & v_{48} \\ v_{79} & \cdots & v_{65} & v_{64} \end{bmatrix} \quad \begin{bmatrix} k_{0,15} & \cdots & k_{0,1} & k_{0,0} \\ k_{1,15} & \cdots & k_{1,1} & k_{1,0} \\ k_{2,15} & \cdots & k_{2,1} & k_{2,0} \\ k_{3,15} & \cdots & k_{3,1} & k_{3,0} \\ k_{4,15} & \cdots & k_{4,1} & k_{4,0} \end{bmatrix}$$

令 $\mathrm{Row}_i = k_{i,15}\cdots k_{i,1}k_{i,0}$ 表示第 $i$ 行，$0 \leqslant i \leqslant 4$，$\mathrm{Row}_i$ 可以看作一个 16 比特的字。在第 $r(r=0,1,\cdots,24)$ 轮，64 比特的轮密钥 $K_r$ 由密钥状态前 4 行的当前值组成，即 $K_r = \mathrm{Row}_3 \parallel \mathrm{Row}_2 \parallel \mathrm{Row}_1 \parallel \mathrm{Row}_0$。提取轮密钥 $K_r$ 之后，密钥状态做以下更新：

(1) 对密钥状态最右边 4 列的前 4 比特做 S 盒操作（这个 S 盒与加密算法中的 S 盒相同），即

$$k_{3,j}k_{2,j}k_{1,j}k_{0,j} \leftarrow S(k_{3,j}k_{2,j}k_{1,j}k_{0,j}), j = 0,1,2,3$$

(2) 进行一轮 5 分支广义 Feistel 变换，如下：

$\mathrm{Row}_0' \leftarrow (\mathrm{Row}_0 \lll 8) \oplus \mathrm{Row}_i$

$\mathrm{Row}_1' \leftarrow \mathrm{Row}_2$

$\mathrm{Row}_2' \leftarrow \mathrm{Row}_3$

$\mathrm{Row}_3' \leftarrow (\mathrm{Row}_3 \lll 12) \oplus \mathrm{Row}_4$

$\mathrm{Row}_4' \leftarrow \mathrm{Row}_0$

(3) 密钥状态第一行的 5 比特 $k_{0,4}k_{0,3}k_{0,2}k_{0,1}k_{0,0}$ 异或 5 比特的轮常数 $RC[r](r=0,1,\cdots,24)$。

(4) 从更新的密钥状态中提取 $K_{25}$。轮常数 $RC[r](r=0,1,\cdots,24)$ 由一个 5 比特 LFSR 生成。用 $(\mathrm{rs}_4,\mathrm{rs}_3,\mathrm{rs}_2,\mathrm{rs}_1,\mathrm{rs}_0)$ 表示 LFSR 的状态，在每一次更新时，将状态左移一位，并将 $\mathrm{rs}_0$ 更新为 $\mathrm{rs}_4 \oplus \mathrm{rs}_2$，初始值 $RC[0]$ 为 0x1。

轮常数的十六进制表示如表 2-15 所示。

表 2-15　轮常数的十六进制表示

| $i$ | 0 | 1 | 2 | 3 | 4 | 5 | 6 | 7 | 8 | 9 | 10 | 11 | 12 |
|---|---|---|---|---|---|---|---|---|---|---|---|---|---|
| $RC[i]$ | 01 | 02 | 04 | 09 | 12 | 05 | 0B | 16 | 0C | 19 | 13 | 07 | 0F |
| $i$ | 13 | 14 | 15 | 16 | 17 | 18 | 19 | 20 | 21 | 22 | 23 | 24 | |
| $RC[i]$ | 1F | 1E | 1C | 18 | 11 | 03 | 20 | 0D | 1B | 17 | 0E | 1D | |

2）128 比特密钥的情况

将 128 比特的种子密钥用一个 $4 \times 32$ 的比特矩阵表示。令 $\mathrm{Row}_i = k_{i,31}\cdots k_{i,1}k_{i,0}$ 表示第 $i$ 行，$0 \leqslant i \leqslant 3$，$\mathrm{Row}_i$ 可以看作一个 32 比特的字。在第 $r(r=0,1,\cdots,24)$ 轮，64 比特的轮密钥 $K_r$ 由密钥状态右边 16 列的当前值组成。提取出轮密钥 $K_r$ 之后，密钥状态做以下更新：

(1) 对密钥状态最右边的 8 列做 S 盒操作（这个 S 盒与加密算法中的 S 盒相同）：

$$k_{3,j}k_{2,j}k_{1,j}k_{0,j} \leftarrow S(k_{3,j}k_{2,j}k_{1,j}k_{0,j}), \quad j = 0,1,\cdots,7$$

（2）进行一轮 4 分支广义 Feistel 变换，如下：

$Row_0' \leftarrow (Row_0 \lll 8) \oplus Row_1$

$Row_1' \leftarrow Row_2$

$Row_2' \leftarrow (Row_2 \lll 16) \oplus Row_3$

$Row_3' \leftarrow Row_0$

（3）密钥状态第一行的 5 比特 $k_{0,4}k_{0,3}k_{0,2}k_{0,1}k_{0,0}$ 异或 5 比特的轮常数 $RC[r]$（$r = 0$，$1, \cdots, 24$）。轮常数与 80 比特密钥扩展算法中使用的轮常数相同。

最后，从更新的密钥状态中提取 $K_{25}$。

**4. Rectangle 的安全性分析**

设计者评估了 Rectangle 对差分分析、不可能差分分析、线性分析、积分分析和统计饱和攻击的安全性。2015 年，文献[190]提出了对 Rectangle 的 19 轮相关密钥区分器，设计者随后对 Rectangle 算法进行了修改。文献[191]评估了 Rectangle 对零相关线性分析的安全性。文献[192]基于可分性构造了一个 8 轮 Rectangle 高阶积分区分器。随后，文献[139，140]结合可分性和 MILP 自动分析技术，给出 9 轮 Rectangle 积分区分器。

### 2.3.9　Midori

Midori 的主要设计目标是低能耗的轻量级分组密码。设计者实验对比了各种设计方法的能量消耗，比如基于轮实现和展开实现、SP 结构和 Feistel 结构、简单轮函数和复杂轮函数、非线性部件和扩散层的顺序等。密码算法的能耗和硬件实现面积以及速度密切相关，具体实现时可以在硬件实现面积和速度之间折中，优化能耗指标。Midori 的另一个设计目标是以很少的额外代价同时实现加密和解密功能。

Midori 的分组长度为 64 和 128 比特，记为 Midori-64 和 Midori-128，密钥长度都为 128 比特，整体结构是 AES 类的 SP 结构，Midori-64 的迭代轮数为 16，Midori1-28 的迭代轮数为 20。

**1. Midori 的加密算法**

Midori 加密过程的 $n$ 比特状态有如下两种等价表示：

$$State = s_0 \parallel s_1 \parallel \cdots \parallel s_{15} = \begin{bmatrix} s_0 & s_4 & s_8 & s_{12} \\ s_1 & s_5 & s_9 & s_{13} \\ s_2 & s_6 & s_{10} & s_{14} \\ s_3 & s_7 & s_{11} & s_{15} \end{bmatrix}$$

其中，$s_i \in \{0,1\}^m$。对于 Midori-64，$m = 4$；对于 Midori-128，$m = 8$。

Midori 加密算法首先对 $n$ 比特明文异或白化密钥，并装载到加密状态 State。然后进行 $r-1$ 轮迭代变换，轮变换由字替换 SubCell、字换位 ShuffleCell、列变换 MixColumn 和轮密钥加 KeyAdd 组成。最后进行字替换，异或白化密钥并输出 64 比特密文。

Midori 的加密算法可以用伪代码描述如下：

```
Enc(r) (P,WK, RK0,···, RKr-2):
State←KeyAdd (P,WK)
for i=0 to r-2 do
   State←SubCell (State)
   State←ShuffleCell (State)
   State←MixColumn(State)
   State←KeyAdd (State, RKi)
end for
State←SubCell (State)
C←KeyAdd (State,WK)
```

其中，Midori-64 的 $r$ 为 16，Midori-128 的 $r$ 为 20。

（1）字替换 SubCell。

字替换 SubCell 由 16 个 S 盒并置而成。Midori-64 使用 4 比特 S 盒 $\text{Sb}_0$ 和 $\text{Sb}_1$，如表 2-16 所示。

表 2-16  Midori-64 的 S 盒

| $x$ | 0 | 1 | 2 | 3 | 4 | 5 | 6 | 7 | 8 | 9 | A | B | C | D | E | F |
|---|---|---|---|---|---|---|---|---|---|---|---|---|---|---|---|---|
| $\text{Sb}_0(x)$ | C | A | D | 3 | E | B | F | 7 | 8 | 9 | 1 | 5 | 0 | 2 | 4 | 6 |
| $\text{Sb}_1(x)$ | 1 | 0 | 5 | 3 | E | 2 | F | 7 | D | A | 9 | B | C | 8 | 4 | 6 |

Midori-128 使用 4 个 8 比特 S 盒 $\text{SSb}_0$、$\text{SSb}_1$、$\text{SSb}_2$ 和 $\text{SSb}_3$，它们的构造方式如图 2-22 所示。首先对 8 比特输入做比特置换 $p_i$，然后是两个 4 比特 S 盒 $\text{Sb}_1$ 的并置，最后是比特置换 $p_i$ 的逆操作。其中 $p_0=[4,1,6,3,0,5,2,7]$，$p_1=[1,6,7,0,5,2,3,4]$，$p_2=[2,3,4,1,6,7,0,5]$，$p_3=[7,4,1,2,3,0,5,6]$。

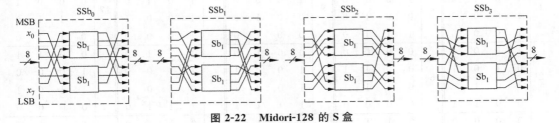

图 2-22  Midori-128 的 S 盒

（2）字换位 ShuffleCell

字换位 ShuffleCell 对状态做如下变换：

$$\begin{bmatrix} s_0 & s_4 & s_8 & s_{12} \\ s_1 & s_5 & s_9 & s_{13} \\ s_2 & s_6 & s_{10} & s_{14} \\ s_3 & s_7 & s_{11} & s_{15} \end{bmatrix} \rightarrow \begin{bmatrix} s_0 & s_{14} & s_9 & s_7 \\ s_{10} & s_4 & s_3 & s_{13} \\ s_5 & s_{11} & s_{12} & s_2 \\ s_{15} & s_1 & s_6 & s_8 \end{bmatrix}$$

（3）列变换 MixColumn

列变换 MixColumn 将一个状态逐列进行线性变换，线性变换的矩阵表示如下：

$$M = \begin{bmatrix} 0 & 1 & 1 & 1 \\ 1 & 0 & 1 & 1 \\ 1 & 1 & 0 & 1 \\ 1 & 1 & 1 & 0 \end{bmatrix}$$

（4）轮密钥加 KeyAdd。

轮密钥加 KeyAdd 简单地将 $n$ 比特轮密钥 $RK_i$ 按位和状态进行异或运算。

**2. Midori 的密钥扩展算法**

对 Midori-64,128 比特密钥 $K$ 被分成左右 64 比特,$K = K_0 \| K_1$;白化密钥和轮密钥通过如下计算生成:

$$WK = K_0 \oplus K_1$$
$$RK_i = K_{(i \bmod 2)} \oplus \alpha_i, 0 \leqslant i \leqslant 14$$

对 Midori-128,$K$ 为 128 比特密钥,白化密钥和轮密钥通过如下计算生成:

$$WK = K$$
$$RK_i = K \oplus \beta_i, \quad 0 \leqslant i \leqslant 18$$

其中,对于 $i = 0, 1, \cdots, 14$,常数 $\alpha_i = \beta_i$。常数 $\beta_i$ 被表示成 $4 \times 4$ 的比特阵列,异或到每个密钥字节或者半字节的最低位。常数 $\beta_i$ 具体如表 2-17 所示。

表 2-17　常数 $\beta_i$

| $i$ | $\beta_i$ | | | | $i$ | $\beta_i$ | | | | $i$ | $\beta_i$ | | | | $i$ | $\beta_i$ | | | | $i$ | $\beta_i$ | | | |
|---|---|---|---|---|---|---|---|---|---|---|---|---|---|---|---|---|---|---|---|---|---|---|---|---|
| 0 | 0 | 0 | 1 | 0 | 4 | 0 | 0 | 0 | 1 | 8 | 1 | 0 | 1 | 0 | 12 | 0 | 0 | 0 | 0 | 16 | 0 | 1 | 0 | 0 |
|  | 0 | 1 | 0 | 0 |  | 0 | 0 | 1 | 1 |  | 0 | 1 | 0 | 0 |  | 1 | 0 | 0 | 0 |  | 0 | 1 | 0 | 1 |
|  | 0 | 0 | 1 | 1 |  | 0 | 0 | 0 | 1 |  | 0 | 0 | 0 | 0 |  | 0 | 0 | 0 | 0 |  | 0 | 0 | 1 | 0 |
|  | 1 | 1 | 1 | 1 |  | 1 | 0 | 0 | 1 |  | 1 | 0 | 0 | 1 |  | 1 | 1 | 1 | 0 |  | 1 | 0 | 0 | 0 |
| 1 | 0 | 1 | 1 | 0 | 5 | 1 | 0 | 0 | 0 | 9 | 1 | 0 | 0 | 0 | 13 | 0 | 1 | 1 | 1 | 17 | 0 | 0 | 1 | 0 |
|  | 1 | 0 | 1 | 0 |  | 0 | 1 | 0 | 0 |  | 0 | 1 | 0 | 0 |  | 1 | 0 | 0 | 0 |  | 0 | 0 | 0 | 1 |
|  | 1 | 0 | 0 | 0 |  | 1 | 0 | 0 | 0 |  | 1 | 0 | 1 | 0 |  | 1 | 1 | 1 | 1 |  | 1 | 0 | 1 | 0 |
|  | 1 | 0 | 0 | 0 |  | 1 | 1 | 1 | 0 |  | 1 | 1 | 1 | 0 |  | 1 | 1 | 1 | 1 |  | 1 | 1 | 1 | 0 |
| 2 | 1 | 0 | 0 | 0 | 6 | 0 | 0 | 0 | 0 | 10 | 0 | 0 | 1 | 0 | 14 | 1 | 1 | 1 | 1 | 18 | 0 | 0 | 1 | 1 |
|  | 0 | 1 | 0 | 0 |  | 1 | 0 | 0 | 1 |  | 0 | 1 | 0 | 0 |  | 1 | 0 | 0 | 0 |  | 1 | 0 | 0 | 0 |
|  | 1 | 0 | 0 | 0 |  | 1 | 0 | 0 | 0 |  | 1 | 0 | 0 | 0 |  | 1 | 1 | 1 | 1 |  | 0 | 0 | 0 | 0 |
|  | 0 | 0 | 1 | 1 |  | 0 | 0 | 0 | 0 |  | 0 | 0 | 0 | 0 |  | 1 | 1 | 1 | 1 |  | 0 | 0 | 0 | 0 |
| 3 | 0 | 0 | 0 | 0 | 7 | 0 | 1 | 1 | 1 | 11 | 0 | 0 | 1 | 1 | 15 | 0 | 1 | 1 | 0 |  |  |  |  |  |
|  | 1 | 0 | 0 | 0 |  | 0 | 0 | 1 | 1 |  | 1 | 0 | 0 | 0 |  | 1 | 1 | 0 | 0 |  |  |  |  |  |
|  | 1 | 1 | 0 | 0 |  | 1 | 0 | 0 | 1 |  | 1 | 0 | 0 | 0 |  | 1 | 1 | 1 | 1 |  |  |  |  |  |
|  | 0 | 0 | 1 | 1 |  | 0 | 1 | 0 | 0 |  | 1 | 0 | 0 | 0 |  | 1 | 0 | 0 | 1 |  |  |  |  |  |

**3. Midori 的安全性分析**

为了降低硬件实现面积,从而达到低功耗的设计目标,Midori 采用简单密钥扩展算法,种子密钥直接用作轮密钥;另外,精心选取密码部件,将轻量化、对合等特性均考虑在内。同时实现加密和解密时,利用选择器实现不对合的行变换。近几年陆续有学者给出 Midori 的分析成果。文献[193]给出 10 轮 Midori-128 的不可能差分分析;文献[194]利用自动分析技术给出 7 轮 Midori 的不可能差分区分器。文献[195]给出 12 轮 Midori-64 的差分枚举中间相遇攻击。文献[196]指出,对于部分弱密钥,全轮 Midori-64 存在不变子空间攻击;文献[197]对于部分弱密钥给出全轮 Midori-64 的非线性不变攻击。文献[198]结合积分分析,给出 10 轮 Midori-64 更有效的非线性不变攻击。文献[199]提出了扩展非线性不变攻击和轮常数的设计准则。

### 2.3.10 SKINNY

SKINNY 是一簇可调分组密码,其设计目标包括:具有可以和 SIMON 比拟的硬件/软件性能,而且提供针对差分分析和线性分析的可证明安全性;在单密钥、相关密钥/调柄下都可以提供足够的安全界;具有灵活的分组/密钥/调柄长度,适应大多数资源受限环境的应用;针对侧信道防护具有有效 TI 实现。SKINNY 的设计理念是关注整体安全性的最优,不强调局部最优或阶段性最优。

**1. 记号和参数**

SKINNY 的分组长度 $n$ 为 64 和 128 比特,调柄密钥(Tweakey)长度为 $n$、$2n$ 和 $3n$ 比特,加密算法的整体结构是 SP 结构。各分组长度和调柄密钥长度对应的迭代轮数如表 2-18 所示。

表 2-18　各分组长度、调柄密钥长度对应的迭代轮数

| 分组长度 | 迭代轮数 | | |
| --- | --- | --- | --- |
| | 调柄密钥长度为 $n$ | 调柄密钥长度为 $2n$ | 调柄密钥长度为 $3n$ |
| 64 | 32 | 36 | 40 |
| 128 | 40 | 48 | 56 |

SKINNY 加密和解密过程的 $n$ 比特状态有如下两种等价表示:

$$\text{State} = s_0 \parallel s_1 \parallel \cdots \parallel s_{15} = \begin{bmatrix} s_0 & s_1 & s_2 & s_3 \\ s_4 & s_5 & s_6 & s_7 \\ s_8 & s_9 & s_{10} & s_{11} \\ s_{12} & s_{13} & s_{14} & s_{15} \end{bmatrix}$$

其中,$s_i \in \{0,1\}^m$。对于 SKINNY-64,$m=4$;对于 SKINNY-128,$m=8$。

**2. SKINNY 的加密算法**

SKINNY 的加密算法由 $r$ 轮迭代变换组成。轮变换如图 2-23 所示,每轮变换由字替换 SC、常数加 AC、轮密钥加 ART、行移位 ShiftRow 和列混合 MixColumn 组成。最后输出 $n$ 比特密文。

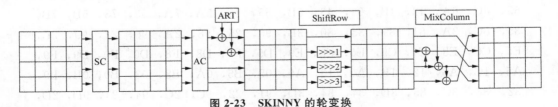

图 2-23　SKINNY 的轮变换

1) 字替换 SC。

字替换 SC 由 16 个相同的 S 盒并置而成,对状态中的每个 $n/16$ 比特字做非线性变换。当 $n=64$ 时,S 盒为 4 比特的 $S_4$,如表 2-19 所示。$S_4$ 可以用查表方式实现,也可以用基本逻辑运算实现,如图 2-24(a)所示,$S_4$ 可以用 4 个 NOR 和 4 个 XOR 实现。

表 2-19　SKINNY 的 4 比特 S 盒

| $x$ | 0 | 1 | 2 | 3 | 4 | 5 | 6 | 7 | 8 | 9 | A | B | C | D | E | F |
|---|---|---|---|---|---|---|---|---|---|---|---|---|---|---|---|---|
| $S_4(x)$ | C | 6 | 9 | 0 | 1 | A | 2 | B | 3 | 8 | 5 | D | 4 | E | 7 | F |

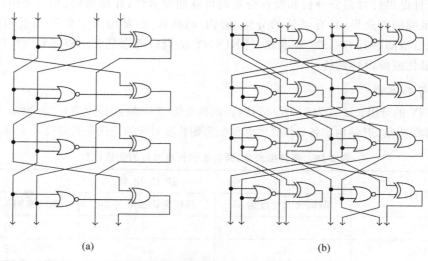

(a)　　　　　　　　　　　　　(b)

图 2-24　SKINNY 的 S 盒流程图

假定 $(x_3,x_2,x_1,x_0)$ 是 $S_4$ 的 4 比特输入,则 $S_4$ 可以通过 4 次迭代如下变换实现:
$$(x_3,x_2,x_1,x_0) \rightarrow (x_2,x_1,x_0 \oplus \overline{(x_3 \vee x_2)},x_3)$$
最后循环右移 1 比特,即为 $S_4$ 的 4 比特输出。

当 $n=128$ 时,S 盒为 8 比特的 $S_8$,其构造方式和 $S_4$ 类似,如图 2-25(b)所示。假定 $(x_7,x_6,x_5,x_4,x_3,x_2,x_1,x_0)$ 是 $S_8$ 的 8 比特输入,则 $S_8$ 可以通过 4 次迭代如下两个变换实现:
$$(x_7,x_6,x_5,x_4,x_3,x_2,x_1,x_0) \rightarrow (x_7,x_6,x_5,x_4 \oplus \overline{(x_6 \vee x_7)},x_3,x_2,x_1,x_0 \oplus \overline{(x_3 \vee x_2)})$$
$$(x_7,x_6,x_5,x_4,x_3,x_2,x_1,x_0) \rightarrow (x_2,x_1,x_7,x_6,x_4,x_0,x_3,x_5)$$
最后一轮的第二个变换不同,仅交换 $x_2$ 和 $x_1$。

$S_8$ 也可以用查表的方式(十六进制)实现:

65, 4C, 6A, 42, 4B, 63, 43, 6B, 55, 75, 5A, 7A, 53, 73, 5B, 7B,
35, 8C, 3A, 81, 89, 33, 80, 3B, 95, 25, 98, 2A, 90, 23, 99, 2B,
E5, CC, E8, C1, C9, E0, C0, E9, D5, F5, D8, F8, D0, F0, D9, F9,
A5, 1C, A8, 12, 1B, A0, 13, A9, 05, B5, 0A, B8, 03, B0, 0B, B9,
32, 88, 3C, 85, 8D, 34, 84, 3D, 91, 22, 9C, 2C, 94, 24, 9D, 2D,

62，4A，6C，45，4D，64，44，6D，52，72，5C，7C，54，74，5D，7D，
A1，1A，AC，15，1D，A4，14，AD，02，B1，0C，BC，04，B4，0D，BD，
E1，C8，EC，C5，CD，E4，C4，ED，D1，F1，DC，FC，D4，F4，DD，FD，
36，8E，38，82，8B，30，83，39，96，26，9A，28，93，20，9B，29，
66，4E，68，41，49，60，40，69，56，76，58，78，50，70，59，79，
A6，1E，AA，11，19，A3，10，AB，06，B6，08，BA，00，B3，09，BB，
E6，CE，EA，C2，CB，E3，C3，EB，D6，F6，DA，FA，D3，F3，DB，FB，
31，8A，3E，86，8F，37，87，3F，92，21，9E，2E，97，27，9F，2F，
61，48，6E，46，4F，67，47，6F，51，71，5E，7E，57，77，5F，7F，
A2，18，AE，16，1F，A7，17，AF，01，B2，0E，BE，07，B7，0F，BF，
E2，CA，EE，C6，CF，E7，C7，EF，D2，F2，DE，FE，D7，F7，DF，FF

（2）常数加 AC。

常数加 AC 简单地对一个状态异或如下形式的常数：

$$\begin{bmatrix} c_0 & 0 & 0 & 0 \\ c_1 & 0 & 0 & 0 \\ c_2 & 0 & 0 & 0 \\ 0 & 0 & 0 & 0 \end{bmatrix}$$

其中 $c_2 = 0\mathrm{x}2$，$c_0$ 和 $c_1$ 由一个 6 级线性反馈移位寄存器生成，状态表示为 $(\mathrm{rc}_5, \mathrm{rc}_4, \mathrm{rc}_3, \mathrm{rc}_2, \mathrm{rc}_1, \mathrm{rc}_0)$，状态更新函数定义如下：

$$(\mathrm{rc}_5, \mathrm{rc}_4, \mathrm{rc}_3, \mathrm{rc}_2, \mathrm{rc}_1, \mathrm{rc}_0) \rightarrow (\mathrm{rc}_4, \mathrm{rc}_3, \mathrm{rc}_2, \mathrm{rc}_1, \mathrm{rc}_0, \mathrm{rc}_5 \oplus \mathrm{rc}_4 \oplus 1)$$

初始状态为全 0，每次轮变换之前更新 LFSR，然后依据状态比特生成 $c_0$ 和 $c_1$。当分组长度 $n=64$ 时，$(c_0, c_1) = (\mathrm{rc}_3 \| \mathrm{rc}_2 \| \mathrm{rc}_1 \| \mathrm{rc}_0, 0 \| 0 \| \mathrm{rc}_5 \| \mathrm{rc}_4)$；当分组长度 $n=128$ 时，$(c_0, c_1) = (0 \| 0 \| 0 \| 0 \| \mathrm{rc}_3 \| \mathrm{rc}_2 \| \mathrm{rc}_1 \| \mathrm{rc}_0, 0 \| 0 \| 0 \| 0 \| 0 \| 0 \| \mathrm{rc}_5 \| \mathrm{rc}_4)$。

轮常数对应的 $(\mathrm{rc}_5, \mathrm{rc}_4, \mathrm{rc}_3, \mathrm{rc}_2, \mathrm{rc}_1, \mathrm{rc}_0)$ 值如表 2-20 所示。

表 2-20　轮常数对应的 $(\mathrm{rc}_5, \mathrm{rc}_4, \mathrm{rc}_3, \mathrm{rc}_2, \mathrm{rc}_1, \mathrm{rc}_0)$ 值

| 轮　数 | $(\mathrm{rc}_5, \mathrm{rc}_4, \mathrm{rc}_3, \mathrm{rc}_2, \mathrm{rc}_1, \mathrm{rc}_0)$ |
| --- | --- |
| 1～16 | 01,03,07,0F,1F,3E,3D,3B,37,2F,1E,3C,39,33,27,0E |
| 17～32 | 1D,3A,35,2B,16,2C,18,30,21,02,05,0B,17,2E,1C,38 |
| 33～48 | 31,23,06,0D,1B,36,2D,1A,34,29,12,24,08,11,22,04 |
| 49～62 | 09,13,26,0C,19,32,25,0A,15,2A,14,28,10,20 |

（3）轮密钥加 ART。

轮密钥加 ART 简单地将 $n/2$ 比特轮密钥按位异或到状态的第 0 行和第 1 行。

（4）行移位 ShiftRow。

行移位 ShiftRow 对状态的每一行按不同的位移量循环移位。第 0 行不移位（保持不变），第一行循环左移 1 个字，第二行循环左移 2 个字，第三行循环左移 3 个字。

（5）列混合 MixColumn。

列混合 MixColumn 将一个状态逐列进行线性变换，线性变换的矩阵表示如下：

$$M = \begin{bmatrix} 1 & 0 & 1 & 1 \\ 1 & 0 & 0 & 0 \\ 0 & 1 & 1 & 0 \\ 1 & 0 & 1 & 0 \end{bmatrix}$$

### 3. SKINNY 的密钥扩展算法

SKINNY 的密钥扩展算法的输入是 $t$ 比特调柄密钥 $tk = tk_0 \parallel tk_1 \parallel \cdots \parallel tk_{16z-1}$，其中 $z = t/n$，$tk_i$ 是 $n/16$ 比特。将调柄密钥按行装载到状态，对于 $0 \leqslant i \leqslant 15$：

- 当 $t = n$ 时，$TK1_i = tk_i$。
- 当 $t = 2n$ 时，$TK1_i = tk_i$，$TK2_i = tk_{16+i}$。
- 当 $t = 3n$ 时，$TK1_i = tk_i$，$TK2_i = tk_{16+i}$，$TK3_i = tk_{32+i}$。

选取状态的第 0 行和第 1 行生成轮密钥，然后更新状态，依次产生所有轮密钥。轮密钥 SK 由状态生成的具体方式如下：

- 当 $t = n$ 时，轮密钥 $SK = TK1_0 \parallel TK1_1 \parallel \cdots \parallel TK1_7$。
- 当 $t = 2n$ 时，轮密钥 $SK = (TK1_0 \parallel \cdots \parallel TK1_7) \oplus (TK2_0 \parallel TK2_1 \parallel \cdots \parallel TK2_7)$。
- 当 $t = 3n$ 时，轮密钥 $SK = (TK1_0 \parallel TK1_1 \parallel \cdots \parallel TK1_7) \oplus (TK2_0 \parallel TK2_1 \parallel \cdots \parallel TK2_7) \oplus (TK3_0 \parallel TK3_1 \parallel \cdots \parallel TK3_7)$。

状态更新的方式如下：

对状态 TK1 做向量置换 $P_T = [9,15,8,13,10,14,12,11,0,1,2,3,4,5,6,7]$：

$$TK1_i \leftarrow TK1_{P_T(i)}, \quad 0 \leqslant i \leqslant 15$$

如果 $t = 2n$ 或 $t = 3n$，同时对 TK2 和 TK3 做 $P_T$ 变换；然后对 TK2 和 TK3 的第 0 行和第 1 行的 8 个字用 LFSR 更新，注意 TK1 不需要 LFSR 更新。LFSR 的更新函数见表 2-21 所示。

表 2-21　LFSR 的更新函数

| TK | $n/16$ | LFSR 的更新函数 |
|---|---|---|
| TK2 | 4 | $(x_3 \parallel x_2 \parallel x_1 \parallel x_0) \rightarrow (x_2 \parallel x_1 \parallel x_0 \parallel x_3 \oplus x_2)$ |
| | 8 | $(x_7 \parallel x_6 \parallel x_5 \parallel x_4 \parallel x_3 \parallel x_2 \parallel x_1 \parallel x_0) \rightarrow (x_6 \parallel x_5 \parallel x_4 \parallel x_3 \parallel x_2 \parallel x_1 \parallel x_0 \parallel x_7 \oplus x_5)$ |
| TK3 | 4 | $(x_3 \parallel x_2 \parallel x_1 \parallel x_0) \rightarrow (x_3 \oplus x_0 \parallel x_3 \parallel x_2 \parallel x_1)$ |
| | 8 | $(x_7 \parallel x_6 \parallel x_5 \parallel x_4 \parallel x_3 \parallel x_2 \parallel x_1 \parallel x_0) \rightarrow (x_0 \oplus x_6 \parallel x_7 \parallel x_6 \parallel x_5 \parallel x_4 \parallel x_3 \parallel x_2 \parallel x_1)$ |

### 4. MANTIS

MANTIS 是 SKINNY 设计者给出的一个低延迟的示例算法。MANTIS 的结构类似于 PRINCE，创新点是增加了调柄。它的设计参照了 Midori，借用了 Midori 的 S 盒以及扩散层。因为 MANTIS 的设计目标是低延迟，迭代轮数不能太多，所以扩散层没有采用 SKINNY 的稀疏矩阵，而是采用了分支数为 4 的扩散层。

### 5. SKINNY 的安全性分析

SKINNY 是带调柄的可调分组密码，采用 TWEANEY 框架[200]的密钥扩展算法，密钥和调柄的长度可以灵活选取。为了轻量化，设计策略是只保留对算法安全性至关重要的组件,删除任何不必要的操作。设计者试图达到性能和安全性的最佳平衡,希望实现以下目标:改动 SKINNY 任何操作或组件都将导致密码算法变弱。但是后续研究表明,SKINNY 算法还有改进的空间。由于采用差分分支数为 2 的 S 盒,为了避免单比特差分路径,设计者认为扩散层不能采用比特置换,但是 GIFT 算法突破了此观点,结合 S 盒的差分分布表设计了比特置换线性层。文献[201]分析了 SKINNY 对不可能差分分析的安全性,利用 11 轮不可能差分区分器,给出了 18 轮 SKINNY-$n/n$、20 轮 SKINNY-$n/2n$ 和 22 轮 SKINNY-$n/3n$ 的不可能差分分析。文献[202]在相关调柄密钥模型下,分别给出了 18 轮 SKINNY-$n/n$、22 轮 SKINNY-$n/2n$ 和 27 轮 SKINNY-$n/3n$ 的不可能差分分析和矩阵攻击。文献[203]给出了 21 轮 SKINNY-64/128 的相关密钥不可能差分分析,并在假设 48 比特调柄密钥可公开的情况下将 SKINNY-64/128 的分析推进到 23 轮。文献[204]给出了全轮 SKINNY 的非平衡双系攻击。文献[205]利用 CP 自动分析技术,评估了 SKINNY 对中间相遇攻击的安全性。文献[206]在相关调柄密钥模型下,分别给出了 19 轮 SKINNY-$n/n$ 和 23 轮 SKINNY-$n/2n$ 的不可能差分分析,同时给出了 14 轮 SKINNY-64/64 和 18 轮 SKINNY-64/18 的零相关线性攻击。对具有线性调柄密钥扩展算法的分组密码,文献[207]考察了调柄对零相关线性攻击的影响,进一步给出了 20 轮 SKINNY-64/128 和 23 轮 SKINNY-64/192 的零相关线性攻击。文献[208]利用 BCT(Boomerang Connectivity Table,飞去来器连接表)技术,给出了 SKINNY 更加有效的飞去来器区分器。文献[209]基于 7 轮积分区分器,给出了 16 轮 SKINNY-128/128 的密钥恢复攻击。

## 2.3.11　GIFT

GIFT 延续了 PRESENT 的设计策略,被称为小型 PRESENT。GIFT 的设计目标是弥补 PRESENT 在安全性方面的弱点,尤其是线性壳;同时在实现性能方面更有效,硬件实现面积更小,速度更快。为了尽可能达到轻量化设计极限,GIFT 没有采用 PRESENT 的 S 盒,而是选取了硬件实现面积更小的 S 盒,放宽了密码特性的一些指标限制。其 S 盒的差分均匀性指标达到最优,通过精心设计比特置换达到安全性目标,比特置换的选取考虑了 S 盒的差分分布表和线性近似表。GIFT 的每轮变换只对状态的一半比特异或轮密钥,减小了基于轮实现的硬件实现面积。与 PRESENT 相比,GIFT 的密钥扩展算法更加简单、轻量。

GIFT 有两个版本,密钥长度都为 128 比特,分组长度 $n$ 为 64 和 128 比特,分别记为 GIFT-64 和 GIFT-128。GIFT 是迭代型的 SP 结构算法,GIFT-64 的迭代轮数 $r=28$,GIFT-128 的迭代轮数 $r=40$。

### 1. GIFT 的加密算法

首先将 $n$ 比特明文 $b_{n-1}b_{n-2}\cdots b_0$ 装载到加密状态 State,加密状态 State 表示为 $m$ 个 4 比特字的链接,State$=w_{m-1} \parallel w_{m-2} \parallel \cdots \parallel w_0$,$m=16$ 或 32。然后进行 $r$ 轮迭代变换,每轮变换由字替换 SubCell、比特置换 PermBit 和轮密钥加 AddRoundKey 组成。最后输出 $n$ 比特密文。

GIFT 的加密算法可以用伪代码描述如下:

```
GenerateRoundKey()
State ← Plaintext
for i =1 to r do
    SubCell(State)
    PermBit (State)
    AddRoundKey (State,RK_i)
end for
Ciphertext← State
```

GIFT 的轮变换如图 2-25 所示。

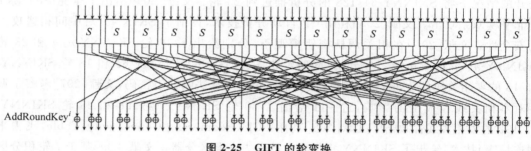

图 2-25　GIFT 的轮变换

（1）字替换 SubCell。

GIFT-64 和 GIFT-128 使用相同的 4 比特 S 盒,字替换 SubCell 对状态的每个 4 比特做 S 盒变换:

$$w_i \leftarrow S(w_i), \quad \forall i \in \{0,1,\cdots,m-1\}$$

GIFT 的加密算法的 S 盒如表 2-22 所示。

表 2-22　GIFT 的 S 盒

| $x$ | 0 | 1 | 2 | 3 | 4 | 5 | 6 | 7 | 8 | 9 | A | B | C | D | E | F |
|---|---|---|---|---|---|---|---|---|---|---|---|---|---|---|---|---|
| $S(x)$ | 1 | A | 4 | C | 6 | F | 3 | 9 | 2 | D | B | 7 | 5 | 0 | 8 | E |

（2）比特置换 PermBit

比特置换 PermBit 将状态中处于位置 $j$ 的比特换位到位置 $B(j)$:

$$b_{B(j)} \leftarrow b_j, \quad j=0,1,\cdots,n-1$$

具体的置换 $B$ 如下:

| GIFT-64 的比特置换 $B$ | | | | | | | | | | | | | | | |
|---|---|---|---|---|---|---|---|---|---|---|---|---|---|---|---|
| 0 | 17 | 34 | 51 | 48 | 1 | 18 | 35 | 32 | 49 | 2 | 19 | 16 | 33 | 50 | 3 |
| 4 | 21 | 38 | 55 | 52 | 5 | 22 | 39 | 36 | 53 | 6 | 23 | 20 | 37 | 54 | 7 |
| 8 | 25 | 42 | 59 | 56 | 9 | 26 | 43 | 40 | 57 | 10 | 27 | 24 | 41 | 58 | 11 |
| 12 | 29 | 46 | 63 | 60 | 13 | 30 | 47 | 44 | 61 | 14 | 31 | 28 | 45 | 62 | 15 |

| GIFT-128 的比特置换 $B$ | | | | | | | | | | | | | | | |
|---|---|---|---|---|---|---|---|---|---|---|---|---|---|---|---|
| 0 | 33 | 66 | 99 | 96 | 1 | 34 | 67 | 64 | 97 | 2 | 35 | 32 | 65 | 98 | 3 |
| 4 | 37 | 70 | 103 | 100 | 5 | 38 | 71 | 68 | 101 | 6 | 39 | 36 | 69 | 102 | 7 |
| 8 | 41 | 74 | 107 | 104 | 9 | 42 | 75 | 72 | 105 | 10 | 43 | 40 | 73 | 106 | 11 |
| 12 | 45 | 78 | 111 | 108 | 13 | 46 | 79 | 76 | 109 | 14 | 47 | 44 | 77 | 110 | 15 |
| 16 | 49 | 82 | 115 | 112 | 17 | 50 | 83 | 80 | 113 | 18 | 51 | 48 | 81 | 114 | 19 |
| 20 | 53 | 86 | 119 | 116 | 21 | 54 | 87 | 84 | 117 | 22 | 55 | 52 | 85 | 118 | 23 |
| 24 | 57 | 90 | 123 | 120 | 25 | 58 | 91 | 88 | 121 | 26 | 59 | 56 | 89 | 122 | 27 |
| 28 | 61 | 94 | 127 | 124 | 29 | 62 | 95 | 92 | 125 | 30 | 63 | 60 | 93 | 126 | 31 |

(3) 轮密钥加 AddRoundKey。

轮密钥加 AddRoundKey 包含轮密钥加和轮常数加两步操作。

(1) 轮密钥加：轮密钥 $RK_i$ 为 $n/2$ 比特，被划分成两个 $m$ 比特字：

$$RK_i = U \parallel V = u_{m-1}u_{m-2}\cdots u_0 \parallel v_{m-1}v_{m-2}\cdots v_0$$

对 GIFT-64，$m=16$，$U$ 和 $V$ 分别异或到状态的 $\{b_{4i+1}\}$ 和 $\{b_{4i}\}$：

$$b_{4i+1} \leftarrow b_{4i+1} \oplus u_i, \quad b_{4i} \leftarrow b_{4i} \oplus v_i, \quad \forall i \in \{0,1,\cdots,15\}$$

对 GIFT-128，$m=32$，$U$ 和 $V$ 分别异或到状态的 $\{b_{4i+2}\}$ 和 $\{b_{4i+1}\}$：

$$b_{4i+2} \leftarrow b_{4i+2} \oplus u_i, \quad b_{4i+1} \leftarrow b_{4i+1} \oplus v_i, \quad \forall i \in \{0,1,\cdots,31\}$$

（2）轮常数加。对 GIFT-64 和 GIFT-128，将 1 比特"1"和 6 比特轮常数 $C = c_5 c_4 c_3 c_2 c_1 c_0$ 分别异或到状态的第 $n-1$、23、19、15、11、7、3 比特：

$$b_{n-1} \leftarrow b_{n-1} \oplus 1$$
$$b_{23} \leftarrow b_{23} \oplus c_5$$
$$b_{19} \leftarrow b_{19} \oplus c_4$$
$$b_{15} \leftarrow b_{15} \oplus c_3$$
$$b_{11} \leftarrow b_{11} \oplus c_2$$
$$b_7 \leftarrow b_7 \oplus c_1$$
$$b_3 \leftarrow b_3 \oplus c_0$$

**2. GIFT 的密钥扩展算法**

首先将 128 比特密钥 $K$ 表示成 8 个 16 比特的链接 $k_7 \parallel k_6 \parallel \cdots \parallel k_0$，并装载到密钥状态。在加密的第 $i$ 轮，从当前密钥状态中提取轮密钥。

对于 GIFT-64，提取密钥状态的两个 16 比特字作为轮密钥 $RK_i = U \parallel V$：

$$U \leftarrow k_1, \quad V \leftarrow k_0$$

对于 GIFT-128，提取密钥状态的 4 个 16 比特字作为轮密钥 $RK_i = U \parallel V$：

$$U \leftarrow k_5 \parallel k_4, \quad V \leftarrow k_1 \parallel k_0$$

提取轮密钥 $RK_i$ 后，对密钥状态 $K = k_7 \parallel k_6 \parallel \cdots \parallel k_0$ 按如下方式更新：

$$k_7 \parallel k_6 \parallel \cdots \parallel k_1 \parallel k_0 \leftarrow k_1 \ggg 2 \parallel k_0 \ggg 12 \parallel \cdots \parallel k_3 \parallel k_2$$

轮常数 $C = c_5 c_4 c_3 c_2 c_1 c_0$ 由一个 6 比特线性反馈移位寄存器（LFSR）生成，初始状态 $(c_5, c_4, c_3, c_2, c_1, c_0)$ 的 6 比特都为 0，每次轮变换之前更新 LFSR，状态更新函数定义如下：

$$(c_5, c_4, c_3, c_2, c_1, c_0) \rightarrow (c_4, c_3, c_2, c_1, c_0, c_5 \oplus c_4 \oplus 1)$$

轮常数对应的 $C = c_5 c_4 c_3 c_2 c_1 c_0$ 值如表 2-23 所示。

表 2-23　轮常数对应的 $C = c_5 c_4 c_3 c_2 c_1 c_0$ 值

| 轮 数 | $C = c_5 c_4 c_3 c_2 c_1 c_0$ |
|---|---|
| 1~16 | 01,03,07,0F,1F,3E,3D,3B,37,2F,1E,3C,39,33,27,0E |
| 17~32 | 1D,3A,35,2B,16,2C,18,30,21,02,05,0B,17,2E,1C,38 |
| 33~48 | 31,23,06,0D,1B,36,2D,1A,34,29,12,24,08,11,22,04 |

### 3. GIFT 算法特点及安全性

GIFT 设计者将 PRESENT 的结构定义为 SbP(Substitution-bit Permutation)结构，SbP 结构是扩散层仅使用比特置换的 SP 结构。一个 $m/n$-SbP 密码是指分组长度为 $n$ 比特、替换层采用 $m$ 比特 S 盒的 SbP 结构密码。GIFT 的设计策略是硬件实现面积优先，然后尽可能提高安全性。GIFT-64、Rectangle 和 PRESENT 都是 4/64-SbP 密码。GIFT 采用了更轻量的 S 盒，不要求 S 盒的差分分支数为 3，因此，为了避免单比特差分特征，GIFT 的线性层需要结合 S 盒的差分分布表精心设计。PRESENT 和 GIFT-64 的全扩散轮数为 3，达到了 4/64-SbP 密码的最佳情况。Rectangle 的线性层更便于软件实现，但是 Rectangle 的全扩散轮数为 4。设计者利用 MILP 技术评估了 GIFT 对差分分析和线性分析的安全性，利用可分性评估了 GIFT 对积分分析的安全性，同时评估了 GIFT 对不可能差分分析、中间相遇攻击、不变子空间攻击、代数攻击的安全性。

## 2.3.12　Mysterion

LS-designs 算法框架便于掩码实现，但是其实例算法 Robin 存在不变子空间攻击。Journault 等人研究了 LS-designs 算法框架对不变子空间攻击的安全性，进一步在线性操作和非线性操作之间寻找平衡，提出了 XLS-designs 算法框架，并设计了 Mysterion。

### 1. XLS-designs 算法框架

XLS-designs 将 $n(=bsl)$ 比特内部状态看成 $b$ 个 $s \times l$ 比特阵列，$s$ 是 S 盒的规模，L 盒是一个 MDS 矩阵，$l$ 是 MDS 矩阵的规模。XLS-designs 的整体结构是迭代型的 SP 结构，轮变换包含 4 个操作：S 盒、L 盒、列移位 ShiftColumn、轮密钥和常数加。XLS-designs 的内部状态被表示为 $X[*,*,*]$；对于 $1 \leqslant i < b, X[i,*,*]$ 是第 $i$ 个 $sl$ 比特块；对于 $1 \leqslant j < s, X[i,j,*]$ 是 $X[i,*,*]$ 的第 $j$ 个 $l$ 比特行；对于 $1 \leqslant k < l, X[i,*,k]$ 是 $X[i,*,*]$ 的第 $k$ 个 $s$ 比特列。

令 $P$ 为 $n$ 比特明文，$K$ 为 $n$ 比特密钥，迭代轮数为 $N_r$ 的 XLS-designs 加密算法可用伪代码描述如下：

```
XLS -design_{W_r} (P,K):
    X ← P ⊕ K
    for 0 ≤ r < N_r do
        for 0 ≤ i < b do
            for 0 ≤ k < l do
```

```
              X[i,*,k]=S[X[i,*,k]]
          end for
      end for
      for 0 ≤ i < b do
          X[i,*,*]=L[X[i,*,*]]
      end for
      for 0 ≤ j < s do
          X[*,j,*] = ShiftColumn[X[*,j,*]]
      end for
      X← X ⊕ K ⊕ C(r)
  end for
  return X
```

其中，$C(r)$是轮常数。

**2. Mysterion-128**

Mysterion-128 是 XLS-designs 算法框架的一个实例。其分组长度和密钥长度都为 128 比特，$b=4$，$s=4$，$l=8$，迭代轮数 $N_r=12$。

(1) S 盒。

Mysterion-128 的 S 盒定义如下：

$S:\{0,1\}^4 \to \{0,1\}^4$

$(x_0,x_1,x_2,x_3) \mapsto (y_0,y_1,y_2,y_3)$

$y_0 = x_0 \,\&\, x_1$

$y_0 = y_0 \oplus x_2$

$y_2 = x_1 \,|\, x_2$

$y_2 = y_2 \oplus x_3$

$y_3 = y_0 \,\&\, x_3$

$y_3 = y_3 \oplus x_0$

$y_1 = y_2 \,\&\, x_0$

$y_1 = y_1 \oplus x_1$

(2) L 盒。

Mysterion-128 的 L 盒定义如下。

$L:\{GF(2^4)\}^8 \to \{GF(2^4)\}^8$ 对每个比特块的 8 个半字节做 $MDS$ 线性变换，其对应的矩阵表示如下：

$$M = \begin{bmatrix}
1 & \alpha^3 & \alpha^4 & \alpha^{12} & \alpha^8 & \alpha^{12} & \alpha^4 & \alpha^3 \\
\alpha^3 & \alpha^{13} & \alpha^4 & \alpha & 1 & \alpha^2 & \alpha^2 & \alpha^{12} \\
\alpha^{12} & \alpha^{14} & \alpha^{12} & \alpha^{14} & \alpha^2 & \alpha^7 & \alpha^5 & \alpha^8 \\
\alpha^8 & 1 & \alpha^5 & \alpha^{14} & \alpha^7 & \alpha & \alpha^2 & \alpha^3 \\
\alpha^3 & \alpha^{14} & \alpha^9 & \alpha^{10} & \alpha^{10} & \alpha^9 & \alpha^{14} & \alpha^3 \\
\alpha^3 & \alpha^2 & \alpha & \alpha^7 & \alpha^{14} & \alpha^5 & 1 & \alpha^5 \\
\alpha^8 & \alpha^5 & \alpha^7 & \alpha^2 & \alpha^{14} & \alpha^{12} & \alpha^{14} & \alpha^{12} \\
\alpha^{12} & \alpha^2 & \alpha^2 & 1 & \alpha & \alpha^4 & \alpha^{13} & \alpha^3
\end{bmatrix}$$

$\boldsymbol{M}$ 是一个迭代型的 MDS 矩阵,可以通过迭代 8 次矩阵 Mix 实现,即 $\boldsymbol{M} = (\text{Mix})^8$。Mix 矩阵如下:

$$
\text{Mix} =
\begin{bmatrix}
0 & 1 & 0 & 0 & 0 & 0 & 0 & 0 \\
0 & 0 & 1 & 0 & 0 & 0 & 0 & 0 \\
0 & 0 & 0 & 1 & 0 & 0 & 0 & 0 \\
0 & 0 & 0 & 0 & 1 & 0 & 0 & 0 \\
0 & 0 & 0 & 0 & 0 & 1 & 0 & 0 \\
0 & 0 & 0 & 0 & 0 & 0 & 1 & 0 \\
0 & 0 & 0 & 0 & 0 & 0 & 0 & 1 \\
1 & \alpha^3 & \alpha^4 & \alpha^{12} & \alpha^8 & \alpha^{12} & \alpha^4 & \alpha^3
\end{bmatrix}
$$

其中,生成 MDS 矩阵时选取的 8 次多项式为

$$p(x) = x^8 + \alpha^3 x^7 + \alpha^4 x^6 + \alpha^{12} x^5 + \alpha^8 x^4 + \alpha^{12} x^3 + \alpha^4 x^2 + \alpha^3 x^1 + 1$$

$$\text{GF}(2^4) \cong F_2[\alpha]/(\alpha^4 + \alpha + 1)$$

(3) 列移位 ShiftColumn。

列移位 ShiftColumn 将每块的前两列保持不变,将每块的第 3 列和第 4 列循环左移 1 块,将每块的第 5 列和第 6 列循环左移 2 块,将每块的第 7 列和第 8 列循环左移 3 块。

令 $t = 8i + k$ 表示第 $i$ 块第 $k$ 列的位置,$0 \leqslant i < b$,$0 \leqslant k < l$,$t = 0, \cdots, 31$,则 Mysterion-128 的列移位变换可以表示为

$$
\begin{bmatrix}
0 & 8 & 16 & 24 \\
1 & 9 & 17 & 25 \\
2 & 10 & 18 & 26 \\
3 & 11 & 19 & 27 \\
4 & 12 & 20 & 28 \\
5 & 13 & 21 & 29 \\
6 & 14 & 22 & 30 \\
7 & 15 & 23 & 31
\end{bmatrix}
\rightarrow
\begin{bmatrix}
0 & 8 & 16 & 24 \\
1 & 9 & 17 & 25 \\
26 & 2 & 10 & 18 \\
27 & 3 & 11 & 19 \\
20 & 28 & 4 & 12 \\
21 & 29 & 5 & 13 \\
14 & 22 & 30 & 6 \\
15 & 23 & 31 & 7
\end{bmatrix}
$$

3. Mysterion-256

Mysterion-256 是 XLS-designs 算法框架的另一个实例。其分组长度和密钥长度都为 256 比特,$b = 8$,$s = 4$,$l = 8$,迭代轮数 $N_r = 16$。Mysterion-256 的 S 盒、L 盒都与 Mysterion-128 相同,区别在于列移位变换。Mysterion-256 列移位变换保持每块的第 1 列不变,每块的第 2 列循环左移 1 块,每块的第 3 列循环左移 2 块……每块的第 8 列循环左移 7 块。

令 $t = 8i + k$ 表示第 $i$ 块第 $k$ 列的位置,$0 \leqslant i < b$,$0 \leqslant k < l$,$t = 0, \cdots, 63$,则 Mysterion-256 的列移位变换可以表示为

$$\begin{bmatrix} 0 & 8 & 16 & 24 & 32 & 40 & 48 & 56 \\ 1 & 9 & 17 & 25 & 33 & 41 & 49 & 57 \\ 2 & 10 & 18 & 26 & 34 & 42 & 50 & 58 \\ 3 & 11 & 19 & 27 & 35 & 43 & 51 & 59 \\ 4 & 12 & 20 & 28 & 36 & 44 & 52 & 60 \\ 5 & 13 & 21 & 29 & 37 & 45 & 53 & 61 \\ 6 & 14 & 22 & 30 & 38 & 46 & 54 & 62 \\ 7 & 15 & 23 & 31 & 39 & 47 & 55 & 63 \end{bmatrix} \rightarrow \begin{bmatrix} 0 & 8 & 16 & 24 & 32 & 40 & 48 & 56 \\ 57 & 1 & 9 & 17 & 25 & 33 & 41 & 49 \\ 50 & 58 & 2 & 10 & 18 & 26 & 34 & 42 \\ 43 & 51 & 59 & 3 & 11 & 19 & 27 & 35 \\ 36 & 44 & 52 & 60 & 4 & 12 & 20 & 28 \\ 29 & 37 & 45 & 53 & 61 & 5 & 13 & 21 \\ 22 & 30 & 38 & 46 & 54 & 62 & 6 & 14 \\ 15 & 23 & 31 & 39 & 47 & 55 & 63 & 7 \end{bmatrix}$$

**4. Mysterion 的安全性和实现**

Mysterion 的设计者指出,可以通过修改轮常数提高 Robin 算法对不变子空间攻击的安全性,但是 Mysterion 采用的轮常数和 Robin 的轮常数类似,都是稀疏型的。算法设计者通过采用更复杂的 MDS 线性变换提高了算法安全性,但是实现性能有所损失。S 盒采用比特切片实现,处理 32 比特字或 64 比特字;L 盒处理的每块是 32 比特,而且顺序不一样,因此存在比特重组的问题。

## 2.3.13 uBlock

uBlock 是 2018 年举办的首届全国密码算法设计竞赛的获奖分组密码算法之一。uBlock 算法适用于各种软硬件平台,充分考虑了微处理器的计算资源,可以利用 SSE、AVX2 和 NEON 等指令集高效实现。其硬件实现简单而有效,既可以高速实现,满足高性能环境的应用需求;也可以轻量化实现,满足资源受限环境的安全需求。

uBlock 是一族分组密码算法,分组长度和密钥长度支持 128 和 256 比特,分别记为 uBlock128/128、uBlock128/256 和 uBlock256/256,迭代轮数 $r$ 分别为 16、24 和 24。

**1. uBlock 的加密算法**

uBlock 的加密算法由 $r$ 轮迭代变换组成,输入 $n$ 比特明文 $P$ 和轮密钥 $\mathrm{RK}^0, \mathrm{RK}^1, \cdots,$ $\mathrm{RK}^r$,输出 $n$ 比特密文 $C$。uBlock 的加密算法可用伪代码描述如下:

```
uBlock.Enc(P, RK⁰, RK¹, ···, RKʳ)
X₀ ‖ X₁ ← P
for i = 0 to r−1 do
    RK₀ⁱ ‖ RK₁ⁱ ← RKⁱ
    X₀ ← Sₙ(X₀ ⊕ RK₀ⁱ)
    X₁ ← Sₙ(X₁ ⊕ RK₁ⁱ)
    X₁ ← X₁ ⊕ X₀
    X₀ ← X₀ ⊕ (X₁ <<< 4)
                       32
    X₁ ← X₁ ⊕ (X₀ <<< 8)
                       32
    X₀ ← X₀ ⊕ (X₁ <<< 8)
                       32
    X₁ ← X₁ ⊕ (X₀ <<< 20)
                        32
    X₀ ← X₀ ⊕ X₁
```

$$X_0 \leftarrow \mathrm{PL}_n(X_0)$$
$$X_1 \leftarrow \mathrm{PR}_n(X_1)$$
end for
$$C \leftarrow \mathrm{RK}^r \oplus (X_0 \| X_1)$$

uBlock 的轮变换如图 2-26 所示。

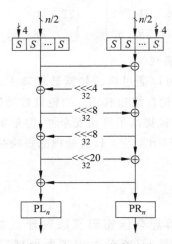

图 2-26　uBlock 的轮变换

uBlock 的加密算法的基本模块定义如下。

（1）$S_n$。

$S_n$ 由 4 比特 S 盒并置而成，定义如下：

$$S_n : (\{0,1\}^4)^{n/8} \rightarrow (\{0,1\}^4)^{n/8}$$

$$(x_0, x_1, \cdots, x_{n/8-1}) \rightarrow (s(x_0), s(x_1), \cdots, s(x_{n/8-1}))$$

4 比特 S 盒如表 2-24 所示。

表 2-24　uBlock 的 S 盒

| $x$ | 0 | 1 | 2 | 3 | 4 | 5 | 6 | 7 | 8 | 9 | A | B | C | D | E | F |
|---|---|---|---|---|---|---|---|---|---|---|---|---|---|---|---|---|
| $s(x)$ | 7 | 4 | 9 | C | B | A | D | 8 | F | E | 1 | 6 | 0 | 3 | 2 | 5 |

（2）$\mathrm{PL}_n$ 和 $\mathrm{PR}_n$。

$\mathrm{PL}_n$ 和 $\mathrm{PR}_n$ 都是面向字节的向量置换，具体见表 2-25。比如 $\mathrm{PL}_{128}$ 的表达式为

$$\mathrm{PL}_{128} : (\{0,1\}^8)^8 \rightarrow (\{0,1\}^8)^8$$

$$(y_0, y_1, y_2, \cdots, y_6, y_7) \rightarrow (z_0, z_1, z_2, \cdots, z_6, z_7)$$

$$z_0 = y_1, \quad z_1 = y_3, \quad z_2 = y_4, \quad z_3 = y_6,$$

$$z_4 = y_0, \quad z_5 = y_2, \quad z_6 = y_7, \quad z_7 = y_5$$

表 2-25　$\text{PL}_n$ 和 $\text{PR}_n$

| $\text{PL}_{128}$ | $\{1,3,4,6,0,2,7,5\}$ |
|---|---|
| $\text{PR}_{128}$ | $\{2,7,5,0,1,6,4,3\}$ |
| $\text{PL}_{256}$ | $\{2,7,8,13,3,6,9,12,1,4,15,10,14,11,5,0\}$ |
| $\text{PR}_{256}$ | $\{6,11,1,12,9,4,2,15,7,0,13,10,14,3,8,5\}$ |

### 2. uBlock 的解密算法

uBlock 的解密算法由 $r$ 轮迭代变换组成,输入 $n$ 比特密文 $C$ 和轮密钥 $\text{RK}^r, \text{RK}^{r-1}$, $\cdots, \text{RK}^0$,输出 $n$ 比特明文 $P$。uBlock 的解密算法可用伪代码描述如下:

```
uBlock.Dec(C, RK^r, RK^{r-1}, ⋯, RK^0)
Y_0 ‖ Y_1 ← C
for i = r to 1 do
    RK_0^i ‖ RK_1^i ← RK^i
    Y_0 ← Y_0 ⊕ RK_0^i
    Y_0 ← Y_0 ⊕ RK_1^i
    Y_0 ← PL_n^{-1}(Y_0)
    Y_1 ← PR_n^{-1}(Y_0)
    Y_0 ← Y_0 ⊕ Y_1
    Y_1 ← Y_1 ⊕ (Y_0 <<<_{32} 20)
    Y_0 ← Y_0 ⊕ (Y_1 <<<_{32} 8)
    Y_1 ← Y_1 ⊕ (Y_0 <<<_{32} 8)
    Y_0 ← Y_0 ⊕ (Y_1 <<<_{32} 4)
    Y_1 ← Y_1 ⊕ Y_0
    Y_0 ← S_n^{-1}(Y_0)
    Y_1 ← S_n^{-1}(Y_0)
end for
P ← RK^0 ⊕ (Y_0 ‖ Y_1)
```

其中 $S_n^{-1}$、$\text{PL}_n^{-1}$ 和 $\text{PR}_n^{-1}$ 分别是 $S_n$、$\text{PL}_n$ 和 $\text{PR}_n$ 的逆,具体见表 2-26 和表 2-27。

表 2-26　S 盒的逆

| $x$ | 0 | 1 | 2 | 3 | 4 | 5 | 6 | 7 | 8 | 9 | A | B | C | D | E | F |
|---|---|---|---|---|---|---|---|---|---|---|---|---|---|---|---|---|
| $s^{-1}(x)$ | C | A | E | D | 1 | F | B | 0 | 7 | 2 | 5 | 4 | 3 | 6 | 9 | 8 |

表 2-27　$\text{PL}_n^{-1}$ 和 $\text{PR}_n^{-1}$

| $\text{PL}_{128}^{-1}$ | $\{4,0,5,1,2,7,3,6\}$ |
|---|---|
| $\text{PR}_{128}^{-1}$ | $\{3,4,0,7,6,2,5,1\}$ |
| $\text{PL}_{256}^{-1}$ | $\{15,8,0,4,9,14,5,1,2,6,11,13,7,3,12,10\}$ |
| $\text{PR}_{256}^{-1}$ | $\{9,2,6,13,5,15,0,8,14,4,11,1,3,10,12,7\}$ |

### 3. uBlock 的密钥扩展算法

将密钥 $K$ 放置在 $k$ 比特寄存器中,取寄存器的左 $n$ 比特作为轮密钥 $RK_0$。然后,对 $i=1,2,\cdots,r$,更新寄存器并取寄存器的左 $n$ 比特作为轮密钥 $RK_i$。

寄存器更新方式如下:

$$
\begin{aligned}
&K_0 \| K_1 \| K_2 \| K_3 \leftarrow K \\
&K_0 \| K_1 \leftarrow PK_t(K_0 \| K_1) \\
&K_2 \leftarrow K_2 \oplus S_k(K_0 \oplus RC_i) \\
&K_3 \leftarrow K_3 \oplus T_k(K_1) \\
&K \leftarrow K_2 \| K_3 \| K_1 \| K_0
\end{aligned}
$$

其中,$S_k$ 是 $k/16$ 个 4 比特 S 盒的并置,$T_k$ 是对 $K_1$ 的每半字节 $\otimes 2$,有限域 $GF(2^4)$ 的不可约多项式 $m(x)=x^4+x+1$;$RC_i$ 为 32 比特常数,作用在 $K_0$ 的左 32 比特。$PK_t$ 有 3 种情况,$t=1,2,3$,$PK_1$、$PK_2$ 和 $PK_3$ 分别用于 uBlock128/128、uBlock128/256 和 uBlock256/256 的密钥扩展算法。$PK_1$ 是 16 个半字节的向量置换,$PK_2$ 和 $PK_3$ 是 32 个半字节的向量置换,具体见表 2-28。

**表 2-28　$PK_t$**

| $PK_1$ | {6,0,8,13,1,15,5,10,4,9,12,2,11,3,7,14} |
|---|---|
| $PK_2$ | {10,5,15,0,2,7,8,13,14,6,4,12,1,3,11,9,24,25,26,27,28,29,30,31,16,17,18,19,20,21,22,23} |
| $PK_3$ | {10,5,15,0,2,7,8,13,1,14,4,12,9,11,3,6,24,25,26,27,28,29,30,31,16,17,18,19,20,21,22,23} |

密钥状态更新函数如图 2-27 所示。

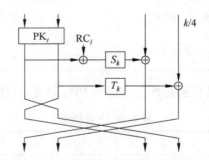

**图 2-27　uBlock 的密钥状态更新函数**

$RC_i$ 是 32 比特常数,由 8 级线性反馈移位寄存器(LFSR)生成,初始状态为 $c_0=c_3=c_6=c_7=0$,$c_1=c_2=c_4=c_5=1$。对 $i \geqslant 8$,$c_i=c_{i-2} \oplus c_{i-3} \oplus c_{i-7} \oplus c_{i-8}$。令

$$
a_i = c_i \bar{c}_{i+1} c_{i+2} c_{i+3} c_{i+4} c_{i+5} c_{i+6} c_{i+7}
$$

$$
a'_i = c_i \bar{c}_{i+1} c_{i+2} \bar{c}_{i+3} c_{i+4} \bar{c}_{i+4} c_{i+6} c_{i+7}
$$

$$
a''_i = c_i c_{i+1} c_{i+2} \bar{c}_{i+3} c_{i+4} c_{i+4} c_{i+6} \bar{c}_{i+7}
$$

$$a_i''' = c_i c_{i+1} c_{i+2} c_{i+3} c_{i+4} \overline{c}_{i+4} c_{i+6} \overline{c}_{i+7}$$

则 $RC_i = a_i \parallel a_i' \parallel a_i'' \parallel a_i'''$。

常数 $RC_i (i = 1, 2, \cdots, 24)$ 的十六进制表示如表 2-29 所示。

**表 2-29　$RC_i$ 的十六进制表示**

| $RC_i$ | 十六进制表示 | $RC_i$ | 十六进制表示 | $RC_i$ | 十六进制表示 |
|---|---|---|---|---|---|
| $RC_1$ | 988CC9DD | $RC_9$ | 392D687C | $RC_{17}$ | 8296D3C7 |
| $RC_2$ | F0E4A1B5 | $RC_{10}$ | B3A7E2F6 | $RC_{18}$ | C5D19480 |
| $RC_3$ | 21357064 | $RC_{11}$ | A7B3F6E2 | $RC_{19}$ | 4A5E1B0F |
| $RC_4$ | 8397D2C6 | $RC_{12}$ | 8E9ADFCB | $RC_{20}$ | 55410410 |
| $RC_5$ | C7D39682 | $RC_{13}$ | DCC88D99 | $RC_{21}$ | 6B7F3A2E |
| $RC_6$ | 4F5B1E0A | $RC_{14}$ | 786C293D | $RC_{22}$ | 17034652 |
| $RC_7$ | 5E4A0F1B | $RC_{15}$ | 30246175 | $RC_{23}$ | EFFBBEAA |
| $RC_8$ | 7C682D39 | $RC_{16}$ | A1B5F0E4 | $RC_{24}$ | 1F0B4E5A |

**4. uBlock 算法特点及安全性**

uBlock 算法有以下特点：整体结构面向 SSE/AVX 指令集，软件速度快；可并行，模块化，硬件实现灵活；不同参数的算法基于同一框架，便于算法扩展；采用 S 盒和分支数的理念，针对典型分析方法具有可证明安全性；线性部件的设计方法通用、有效，可以构造任意偶数维最优二元域扩散层；密钥扩展算法采用随用随生成的方式生成轮密钥，不增加存储负担。

uBlock 算法结构简单，安全性分析评估相对容易，可利用自动分析技术评估其对差分分析、线性分析、积分分析、不可能差分分析、中间相遇攻击等分析方法的安全性。目前的评估结果显示 uBlock 算法针对现有分析方法具有足够的安全冗余。

## 2.3.14　CRAFT

CRAFT 的设计目标是易于实现差分故障攻击的防护，以很少的额外代价同时实现加密和解密。CRAFT 没有密钥扩展算法，每个密码部件都是对合的。CRAFT 是一个可调分组密码算法，分组长度为 64 比特，密钥长度为 128 比特，调柄长度为 64 比特，整体结构是 AES 类的 SP 结构，迭代轮数为 32。

**1. CRAFT 的加密算法**

CRAFT 的 64 比特中间状态被看成 16 个半字节的链接，同时表示成 $4 \times 4$ 的半字节阵列。CRAFT 的加密算法由 32 轮迭代变换组成，如图 2-28 所示。其中，前 31 轮的轮变换由列变换 MC、轮常数加 ARC、轮密钥加 ATK、字换位 PN 和字替换 SB 组成；最后一轮的轮变换仅包含列变换、轮常数加和轮密钥加。

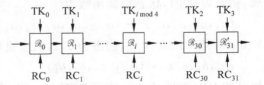

**图 2-28　CRAFT 的加密算法**

CRAFT 的加密算法可以用伪代码描述如下：

```
Enc_(32) (P, TK_0, TK_1, TK_2, TK_3):
State← P
for i =0 to 30 do
    State ← MC (State)
    State← ARC (State, RC_i)
    State ← ATK (State, TK_{i mod 4})
    State ← PN (State)
    State← SB(State)
end for
State← MC (State)
State← ARC (State, RC_31)
C← ATK (State, TK_3)
```

CRAFT 的加密算法的基本模块定义如下。

（1）字替换 SC。

字替换 SC 由 16 个 4 比特 S 盒并置而成，CRAFT 采用了 Midori-64 的 4 比特 S 盒。

（2）列变换 MC。

列变换 MC 将状态逐列进行线性变换，线性变换的矩阵表示如下：

$$M = \begin{bmatrix} 1 & 0 & 1 & 1 \\ 0 & 1 & 0 & 1 \\ 0 & 0 & 1 & 0 \\ 0 & 0 & 0 & 1 \end{bmatrix}$$

（3）字换位 PN。

字换位 PN 对一个状态做以下向量置换：

$$PN = \{15,12,13,14,10,9,8,11,6,5,4,7,1,2,3,0\}$$

（4）轮常数加 ARC。

轮常数加 ARC 简单地对一个状态异或如下形式的常数：

$$\begin{bmatrix} 0 & 0 & 0 & 0 \\ a & b & 0 & 0 \\ 0 & 0 & 0 & 0 \\ 0 & 0 & 0 & 0 \end{bmatrix}$$

其中，$a=(a_3,a_2,a_1,a_0)$，$b=(0,b_2,b_1,b_0)$，$a$ 由一个 4 级线性反馈移位寄存器（LFSR）生成，初态为 0001，状态更新函数为

$$(a_3,a_2,a_1,a_0) \rightarrow (a_1 \oplus a_0, a_3, a_2, a_1)$$

$b$ 由一 3 级 LFSR 生成，初态为 001，状态更新函数为

$$(b_2,b_1,b_0) \rightarrow (b_1 \oplus b_0, b_2, b_1)$$

轮常数 $RC_i$ 对应的 $(ab)$ 的十六进制表示如表 2-30 所示。

表 2-30  轮常数 $\mathbf{RC}_i$ 对应的 $(ab)$ 的十六进制表示

| 轮　数 | (ab) |
|--------|------|
| 1～15 | 11,84,42,25,96,C7,63,B1,54,A2,D5,E6,F7,73,31,14 |
| 16～31 | 82,45,26,97,C3,61,B4,52,A5,D6,E7,F3,71,34,12,85 |

(5) 轮密钥加。

AKT 简单地将 64 比特轮密钥 $\mathrm{TK}_{i \bmod 4}$ 按位和状态进行异或运算。

$\mathrm{TK}_0$、$\mathrm{TK}_1$、$\mathrm{TK}_2$ 和 $\mathrm{TK}_3$ 由 128 比特密钥 $K$ 和 64 比特调柄 $T$ 生成。128 比特密钥 $K$ 被分成左右 64 比特：$K = K_0 \parallel K_1$，则有

$$\mathrm{TK}_0 = K_0 \oplus T, \quad \mathrm{TK}_1 = K_1 \oplus T, \quad \mathrm{TK}_2 = K_0 \oplus Q(T), \quad \mathrm{TK}_3 = K_1 \oplus Q(T)$$

其中，$Q$ 是面向 16 个半字节的向量置换：

$$Q = \{12,10,15,5,14,8,9,2,11,3,7,4,6,0,1,13\}$$

**2. CRAFT 的安全性分析**

CRAFT 的设计者评估了该算法针对差分分析、线性分析、不可能差分分析、零相关线性分析、积分分析和不变子空间攻击等分析方法的安全性。2019 年，文献[210]分析了 CRAFT 对差分分析和零相关线性分析的安全性，得到了轮数更多的有效差分、相关调柄零相关区分器和相关调柄积分区分器。文献[211]给出了全轮 CRAFT 的相关密钥差分分析。

## 2.4  广义 Feistel 结构分组密码

### 2.4.1  CLEFIA

CLEFIA 由索尼公司的 T.Shirai 等人设计，早期应用于索尼产品的版权保护和认证，2015 年被纳入 ISO/IEC 轻量级分组密码标准。CLEFIA 的分组长度为 128 比特，密钥长度为 128、192 和 256 比特，整体结构是一种广义 Feistel 结构，主要特点是轮函数使用了两个不同的扩散变换。

**1. CLEFIA 的加密算法**

CLEFIA 的加密结构如图 2-29 所示。其中，$r$ 是轮数，当密钥长度为 128、192 和 256 比特时，对应的轮数分别为 18、22 和 26。加密中用到了 $2r$ 个 32 比特子密钥（$\mathrm{RK}_0$，$\mathrm{RK}_1$，$\cdots$，$\mathrm{RK}_{2r-1}$）和 4 个 32 比特白化子密钥（$\mathrm{WK}_0$，$\mathrm{WK}_1$，$\mathrm{WK}_2$，$\mathrm{WK}_3$）。用 $(X_0^i, X_1^i, X_2^i, X_3^i)$ 表示第 $i+1$ 轮输入的 4 个 32 比特。加密过程分为 3 个步骤：

(1) 前期白化。

将 128 比特明文分成 4 个 32 比特 $P = (P_0, P_1, P_2, P_3)$，与两个白化子密钥异或，即

$$(X_0^0, X_1^0, X_2^0, X_3^0) = (P_0, P_1 \oplus WK_0, P_2, P_3 \oplus WK_1)$$

(2) $r$ 轮迭代变换。

其伪代码描述如下：

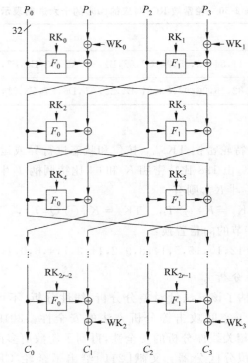

图 2-29　CLEFIA 加密结构

```
for  i =1  to  r-1
    X_0^i = X_1^{i-1} ⊕ F_0(X_0^{i-1}, RK_{2i-2})
    X_1^i = X_2^{i-1}
    X_2^i = X_3^{i-1} ⊕ F_1(X_2^{i-1}, RK_{2i-1})
    X_3^i = X_0^{i-1}
end for
```

为了使加密算法和解密算法相似,第 $r$ 轮变换和前面的变换略有不同:

```
X_0^r = X_0^{r-1}
X_1^r = X_1^{r-1} ⊕ F_0(X_0^{r-1}, RK_{2r-2})
X_2^r = X_2^{r-1}
X_3^r = X_3^{r-1} ⊕ F_1(X_2^{r-1}, RK_{2r-1})
```

(3) 后期白化。

将 128 比特 $(X_0^r, X_1^r, X_2^r, X_3^r)$ 与两个白化子密钥异或,得到密文,即

$$(C_0, C_1, C_2, C_3) = (X_0^r, X_1^r \oplus WK_2, X_2^r, X_3^r \oplus WK_3)$$

两个函数 $F_0$ 和 $F_1$ 的描述如图 2-30 和图 2-31 所示,它们都用到了两个 8 比特 S 盒 $S_0$ 和 $S_1$。$F_0$ 和 $F_1$ 的差别仅在于 S 盒的使用顺序和扩散变换的不同,这里仅给出 $F_0$ 的描述。

$F_0$ 描述如下。将 32 比特输入 $x$ 和 32 比特子密钥 $k$ 分别划分成 4 个 1 字节,即

$$x=(x_0, x_1, x_2, x_3), \quad k=(k_0, k_1, k_2, k_3)$$

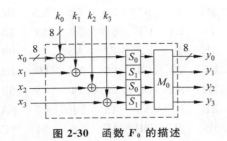

图 2-30　函数 $F_0$ 的描述

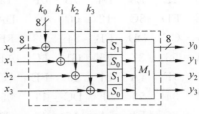

图 2-31　函数 $F_1$ 的描述

首先将输入 $x$ 和子密钥 $k$ 逐比特异或。然后进入 4 个 S 盒,即

$$S(x \oplus k) = (S_0(x_0 \oplus k_0), S_1(x_1 \oplus k_1), S_0(x_2 \oplus k_2), S_1(x_3 \oplus k_3))$$

最后是一个由矩阵 $M_0$ 确定的扩散变换,定义如下:

$$(v_0, v_1, v_2, v_3)^{\mathrm{T}} = M_i \cdot (u_0, u_1, u_2, u_3)^{\mathrm{T}}, \quad i = 0, 1$$

其中,

$$M_0 = \begin{bmatrix} 01 & 02 & 04 & 06 \\ 02 & 01 & 06 & 04 \\ 04 & 06 & 01 & 02 \\ 06 & 04 & 02 & 01 \end{bmatrix}, \quad M_1 = \begin{bmatrix} 01 & 08 & 02 & 0A \\ 08 & 01 & 0A & 02 \\ 02 & 0A & 01 & 08 \\ 0A & 02 & 08 & 01 \end{bmatrix}$$

T 表示向量的转置,矩阵与向量的乘积是域 $GF(2^8)$ 上的运算,对应的多项式为 $z^8 + z^4 + z^3 + z^2 + 1$。扩散变换的输出即为 $F_0$ 函数的输出。

8 比特 S 盒 $S_0$ 由 4 个 4 比特 S 盒 $SS_0$、$SS_1$、$SS_2$ 和 $SS_3$ 生成,具体如下:

$$S: \{0,1\}^8 \rightarrow \{0,1\}^8, \quad x \rightarrow y$$

$$x_0 \parallel x_1 \leftarrow x$$

$$t_0 \leftarrow SS_0(x_0), \quad t_1 \leftarrow SS_1(x_1)$$

$$u_0 \leftarrow t_0 \oplus 2 \cdot t_1, \quad u_1 \leftarrow 2 \cdot t_0 \oplus t_1$$

$$y_0 \leftarrow SS_2(u_0), \quad y_1 \leftarrow SS_3(u_1)$$

$$y \leftarrow y_0 \parallel y_1$$

其中,乘法($2 \cdot$)是有限域 $GF(2^4)$ 上的运算,对应的多项式为 $z^4 + z + 1$。

CLEFIA 的 4 比特 S 盒如表 2-31 所示。

表 2-31　CLEFIA 的 4 比特 S 盒

| $x$ | 0 | 1 | 2 | 3 | 4 | 5 | 6 | 7 | 8 | 9 | A | B | C | D | E | F |
|---|---|---|---|---|---|---|---|---|---|---|---|---|---|---|---|---|
| $SS_0(x)$ | E | 6 | C | A | 8 | 7 | 2 | F | B | 1 | 4 | 0 | 5 | 9 | D | 3 |
| $SS_1(x)$ | 6 | 4 | 0 | D | 2 | B | A | 3 | 9 | C | E | F | 8 | 7 | 5 | 1 |
| $SS_2(x)$ | B | 8 | 5 | E | A | 6 | 4 | C | F | 7 | 2 | 3 | 1 | 0 | D | 9 |
| $SS_3(x)$ | A | 2 | 6 | D | 3 | 4 | 5 | E | 0 | 7 | 8 | 9 | B | F | C | 1 |

也可以通过查表实现 $S_0$(十六进制):

| 57 | 49 | D1 | C6 | 2F | 33 | 74 | FB | 95 | 6D | 82 | EA | 0E | B0 | A8 | 1C |
|---|---|---|---|---|---|---|---|---|---|---|---|---|---|---|---|
| 28 | D0 | 4B | 92 | 5C | EE | 85 | B1 | C4 | 0A | 76 | 3D | 63 | F9 | 17 | AF |
| BF | A1 | 19 | 65 | F7 | 7A | 32 | 20 | 06 | CE | E4 | 83 | 9D | 5B | 4C | D8 |

| 42 | 5D | 2E | E8 | D4 | 9B | 0F | 13 | 3C | 89 | 67 | C0 | 71 | AA | B6 | F5 |
| A4 | BE | FD | 8C | 12 | 00 | 97 | DA | 78 | E1 | CF | 6B | 39 | 43 | 55 | 26 |
| 30 | 98 | CC | DD | EB | 54 | B3 | 8F | 4E | 16 | FA | 22 | A5 | 77 | 09 | 61 |
| D6 | 2A | 53 | 37 | 45 | C1 | 6C | AE | EF | 70 | 08 | 99 | 8B | 1D | F2 | B4 |
| E9 | C7 | 9F | 4A | 31 | 25 | FE | 7C | D3 | A2 | BD | 56 | 14 | 88 | 60 | 0B |
| CD | E2 | 34 | 50 | 9E | DC | 11 | 05 | 2B | B7 | A9 | 48 | FF | 66 | 8A | 73 |
| 03 | 75 | 86 | F1 | 6A | A7 | 40 | C2 | B9 | 2C | DB | 1F | 58 | 94 | 3E | ED |
| FC | 1B | A0 | 04 | B8 | 8D | E6 | 59 | 62 | 93 | 35 | 7E | CA | 21 | DF | 47 |
| 15 | F3 | BA | 7F | A6 | 69 | C8 | 4D | 87 | 3B | 9C | 01 | E0 | DE | 24 | 52 |
| 7B | 0C | 68 | 1E | 80 | B2 | 5A | E7 | AD | D5 | 23 | F4 | 46 | 3F | 91 | C9 |
| 6E | 84 | 72 | BB | 0D | 18 | D9 | 96 | F0 | 5F | 41 | AC | 27 | C5 | E3 | 3A |
| 81 | 6F | 07 | A3 | 79 | F6 | 2D | 38 | 1A | 44 | 5E | B5 | D2 | EC | CB | 90 |
| 9A | 36 | E5 | 29 | C3 | 4F | AB | 64 | 51 | F8 | 10 | D7 | BC | 02 | 7D | 8E |

8 比特 S 盒 $S_1$ 基于有限域 $GF(2^8)$ 上的逆函数,具体如下:

$$S_1: \{0,1\}^8 \rightarrow \{0,1\}^8, \quad x \rightarrow y$$

其中

$$y = \begin{cases} g(f(x)^{-1}), & f(x) \neq 0 \\ g(0), & f(x) = 0 \end{cases}$$

$f$ 和 $g$ 都是 $\{0,1\}^8$ 上的仿射变换,具体如下:

$$f: \{0,1\}^8 \rightarrow \{0,1\}^8$$
$$(x_0,x_1,x_2,x_3,x_4,x_5,x_6,x_7) \rightarrow (y_0,y_1,y_2,y_3,y_4,y_5,y_6,y_7)$$

$$
\begin{bmatrix} y_0 \\ y_1 \\ y_2 \\ y_3 \\ y_4 \\ y_5 \\ y_6 \\ y_7 \end{bmatrix}
=
\begin{bmatrix}
0 & 0 & 0 & 1 & 1 & 0 & 0 & 0 \\
0 & 1 & 0 & 1 & 0 & 0 & 0 & 1 \\
0 & 0 & 0 & 0 & 0 & 0 & 0 & 1 \\
0 & 0 & 0 & 0 & 0 & 1 & 1 & 0 \\
0 & 1 & 1 & 0 & 0 & 1 & 0 & 1 \\
0 & 1 & 0 & 1 & 1 & 1 & 0 & 0 \\
0 & 1 & 1 & 0 & 0 & 0 & 0 & 0 \\
1 & 0 & 0 & 0 & 0 & 0 & 0 & 1
\end{bmatrix}
\begin{bmatrix} x_0 \\ x_1 \\ x_2 \\ x_3 \\ x_4 \\ x_5 \\ x_6 \\ x_7 \end{bmatrix}
+
\begin{bmatrix} 0 \\ 0 \\ 0 \\ 1 \\ 1 \\ 1 \\ 1 \\ 0 \end{bmatrix}
$$

$$g: \{0,1\}^8 \rightarrow \{0,1\}^8$$
$$(x_0,x_1,x_2,x_3,x_4,x_5,x_6,x_7) \rightarrow (y_0,y_1,y_2,y_3,y_4,y_5,y_6,y_7)$$

$$
\begin{bmatrix} y_0 \\ y_1 \\ y_2 \\ y_3 \\ y_4 \\ y_5 \\ y_6 \\ y_7 \end{bmatrix}
=
\begin{bmatrix}
0 & 0 & 0 & 0 & 1 & 0 & 1 & 0 \\
0 & 1 & 0 & 0 & 0 & 0 & 0 & 1 \\
0 & 1 & 0 & 1 & 1 & 0 & 0 & 0 \\
0 & 0 & 1 & 0 & 0 & 0 & 0 & 0 \\
0 & 0 & 1 & 1 & 0 & 0 & 0 & 0 \\
0 & 0 & 0 & 0 & 0 & 0 & 0 & 0 \\
1 & 0 & 0 & 1 & 0 & 0 & 0 & 0 \\
0 & 1 & 0 & 0 & 0 & 1 & 0 & 0
\end{bmatrix}
\begin{bmatrix} x_0 \\ x_1 \\ x_2 \\ x_3 \\ x_4 \\ x_5 \\ x_6 \\ x_7 \end{bmatrix}
+
\begin{bmatrix} 0 \\ 1 \\ 1 \\ 0 \\ 1 \\ 0 \\ 0 \\ 1 \end{bmatrix}
$$

也可以通过查表实现 $S_1$(十六进制):

| | | | | | | | | | | | | | | | |
|---|---|---|---|---|---|---|---|---|---|---|---|---|---|---|---|
| 6C | DA | C3 | E9 | 4E | 9D | 0A | 3D | B8 | 36 | B4 | 38 | 13 | 34 | 0C | D9 |
| BF | 74 | 94 | 8F | B7 | 9C | E5 | DC | 9E | 07 | 49 | 4F | 98 | 2C | B0 | 93 |
| 12 | EB | CD | B3 | 92 | E7 | 41 | 60 | E3 | 21 | 27 | 3B | E6 | 19 | D2 | 0E |
| 91 | 11 | C7 | 3F | 2A | 8E | A1 | BC | 2B | C8 | C5 | 0F | 5B | F3 | 87 | 8B |
| FB | F5 | DE | 20 | C6 | A7 | 84 | CE | D8 | 65 | 51 | C9 | A4 | EF | 43 | 53 |
| 25 | 5D | 9B | 31 | E8 | 3E | 0D | D7 | 80 | FF | 69 | 8A | BA | 0B | 73 | 5C |
| 6E | 54 | 15 | 62 | F6 | 35 | 30 | 52 | A3 | 16 | D3 | 28 | 32 | FA | AA | 5E |
| CF | EA | ED | 78 | 33 | 58 | 09 | 7B | 63 | C0 | C1 | 46 | 1E | DF | A9 | 99 |
| 55 | 04 | C4 | 86 | 39 | 77 | 82 | EC | 40 | 18 | 90 | 97 | 59 | DD | 83 | 1F |
| 9A | 37 | 06 | 24 | 64 | 7C | A5 | 56 | 48 | 08 | 85 | D0 | 61 | 26 | CA | 6F |
| 7E | 6A | B6 | 71 | A0 | 70 | 05 | D1 | 45 | 8C | 23 | 1C | F0 | EE | 89 | AD |
| 7A | 4B | C2 | 2F | DB | 5A | 4D | 76 | 67 | 17 | 2D | F4 | CB | B1 | 4A | A8 |
| B5 | 22 | 47 | 3A | D5 | 10 | 4C | 72 | CC | 00 | F9 | E0 | FD | E2 | FE | AE |
| F8 | 5F | AB | F1 | 1B | 42 | 81 | D6 | BE | 44 | 29 | A6 | 57 | B9 | AF | F2 |
| D4 | 75 | 66 | BB | 68 | 9F | 50 | 02 | 01 | 3C | 7F | 8D | 1A | 88 | BD | AC |
| F7 | E4 | 79 | 96 | A2 | FC | 6D | B2 | 6B | 03 | E1 | 2E | 7D | 14 | 95 | 1D |

**2. CLEFIA 的解密算法**

CLEFIA 的解密过程和加密过程类似。注意,解密算法的整体结构与加密算法的整体结构是不同的,但非常类似。

**3. CLEFIA 的密钥扩展算法**

令 $\mathrm{GFN}_{d,r}$ 表示一类广义 Feistel 结构(Generalized Feistel Network),它包含 $d$ 个 32 比特的分支和 $r$ 轮迭代,轮函数采用上述的两个函数 $F_0$ 和 $F_1$。$\mathrm{GFN}_{4,r}$ 和 $\mathrm{GFN}_{8,r}$ 具体如下:

$$\mathrm{GFN}_{4,r}: \begin{cases} \{\{0,1\}^{32}\}^{2r} \times \{\{0,1\}^{32}\}^4 \to \{\{0,1\}^{32}\}^4 \\ (\mathrm{RK}_0,\mathrm{RK}_1,\cdots,\mathrm{RK}_{2r-1},X_0,X_1,\cdots,X_3) \mapsto (Y_0,Y_1\cdots,Y_3) \end{cases}$$

```
T_0 ‖ T_1 ‖ T_2 ‖ T_3 ← X_0 ‖ X_1 ‖ X_2 ‖ X_3
for i = 0 to r - 1 do
    T_1 ← T_1 ⊕ F_0 (RK_{2i}, T_0)
    T_3 ← T_3 ⊕ F_1 (RK_{2i+1}, T_2)
    T_0 ‖ T_1 ‖ T_2 ‖ T_3 ← T_1 ‖ T_2 ‖ T_3 ‖ T_0
end for
Y_0 ‖ Y_1 ‖ Y_2 ‖ Y_3 ← T_3 ‖ T_0 ‖ T_1 ‖ T_2
```

$$\mathrm{GFN}_{8,r}: \begin{cases} \{\{0,1\}^{32}\}^{4r} \times \{\{0,1\}^{32}\}^8 \to \{\{0,1\}^{32}\}^8 \\ (\mathrm{RK}_0,\mathrm{RK}_1,\cdots,\mathrm{RK}_{4r-1},X_0,X_1,\cdots,X_7) \mapsto (Y_0,Y_1\cdots,Y_7) \end{cases}$$

```
T_0 ‖ T_1 ‖ ⋯ ‖ T_7 ← X_0 ‖ X_1 ‖ ⋯ ‖ X_7
for i = 0 to r - 1 do
```

```
T₁ ← T₁ ⊕ F₀(RK₄ᵢ, T₀)
T₃ ← T₃ ⊕ F₁(RK₄ᵢ₊₁, T₂)
T₅ ← T₅ ⊕ F₀(RK₄ᵢ₊₂, T₄)
T₇ ← T₇ ⊕ F₁(RK₄ᵢ₊₃, T₆)
T₀ ‖ T₁ ‖ ⋯ ‖ T₆ ‖ T₇ ← T₁ ‖ T₂ ‖ ⋯ ‖ T₇ ‖ T₀
end for
Y₀ ‖ Y₁ ‖ Y₃ ‖ ⋯ ‖ Y₇ ← T₇ ‖ T₀ ‖ T₁ ‖ ⋯ ‖ T₆
```

定义 $\sum$：$\{0,1\}^{128} \to \{0,1\}^{128}$ 函数为

$$X \to \sum(X) = Y, \quad Y = X[7-63] \| X[121-127] \| X[0-6] \| X[64-120]$$

其中，$X[a-b]$ 表示 $X$ 的第 $a$ 到第 $b$ 比特，第 0 比特为最高位。

CLEFIA 的密钥扩展算法包含两部分：首先由种子密钥 $K$ 生成 $L$；然后由 $K$ 和 $L$ 扩展得到子密钥 $\mathrm{WK}_i(0 \leqslant i < 4)$ 和 $\mathrm{RK}_j(0 \leqslant j < 2r)$。

当密钥长度为 128 比特时：将 $K = K_0 \| K_1 \| K_2 \| K_3$ 作为 $\mathrm{GFN}_{4,12}$ 的输入，生成 128 比特 $L$，其中子密钥为 24 个 32 比特的常数 $\mathrm{CON}_i^{128}(0 \leqslant i < 24)$。然后由 $L$ 和 $K$ 生成子密钥 $\mathrm{WK}_i(0 \leqslant i < 4)$ 和 $\mathrm{RK}_j(0 \leqslant j < 36)$，其中用到了 36 个 32 比特的常数 $\mathrm{CON}_i^{128}$ $(24 \leqslant i < 60)$。伪代码描述如下：

```
L ← GFN₄,₁₂(CON₀¹²⁸, CON₁¹²⁸, ⋯, CON₂₃¹²⁸, K₀, K₁, ⋯, K₃)
WK₀ ‖ WK₁ ‖ WK₂ ‖ WK₃ ← K
for i = 0 to 8 do
  T ← L ⊕ (CON₂₄₊₄ᵢ¹²⁸ ‖ CON₂₄₊₄ᵢ¹²⁸ ‖ CON₂₄₊₄ᵢ₊₂¹²⁸ ‖ CON₂₄₊₄ᵢ₊₃¹²⁸)
  L ← ∑(L)
  T ← T ⊕ K,  i odd
  RK₄ᵢ ‖ RK₄ᵢ₊₁ ‖ RK₄ᵢ₊₂ ‖ RK₄ᵢ₊₃ ← T
end for
```

当密钥长度为 192 比特时，将密钥 $K = K_0 \| K_1 \| K_2 \| K_3 \| K_4 \| K_5$ 扩展为两个 128 比特串 $K_L$ 和 $K_R$。将 $K_L \| K_R$ 作为 $\mathrm{GFN}_{8,10}$ 的输入，生成两个 128 比特串 $L_L$ 和 $L_R$，子密钥为 40 个 32 比特的常数 $\mathrm{CON}_i^{192}(0 \leqslant i < 40)$。然后生成子密钥 $\mathrm{WK}_i(0 \leqslant i < 4)$ 和 $\mathrm{RK}_j(0 \leqslant j < 44)$，其中用到了 44 个 32 比特的常数 $\mathrm{CON}_i^{192}(40 \leqslant i < 84)$。

当密钥长度为 256 比特时，步骤和密钥长度为 192 的算法步骤相似，不同处在于用到了 92 个 32 比特的常数 $\mathrm{CON}_i^{256}(0 \leqslant i < 92)$。

下面给出密钥长度为 192 和 256 的密钥扩展算法的伪代码描述，用 $k$ 表示密钥长度，$k = 192$ 或 $k = 256$。

```
if k = 192:   K_L ← K₀ ‖ K₁ ‖ K₂ ‖ K₃,   K_R ← K₄ ‖ K₅ ‖ K̄₀ ‖ K̄₁
if k = 256:   K_L ← K₀ ‖ K₁ ‖ K₂ ‖ K₃,   K_R ← K₄ ‖ K₅ ‖ K₆ ‖ K₇
K_L0 ‖ K_L1 ‖ K_L2 ‖ K_L3 ← K_L, K_R0 ‖ K_R1 ‖ K_R2 ‖ K_R3 ← K_R
L_L ‖ L_R ← GFN₈,₁₀(CON₀ᵏ, CON₁ᵏ, ⋯, CON₃₉ᵏ, K_L0, K_L1, ⋯, K_L3, K_R0, K_R1, ⋯, K_R3)
WK₀ ‖ WK₁ ‖ WK₂ ‖ WK₃ ← K_L ⊕ K_R
```

```
for  i = 0  to  10(if  k = 192),  or  12  (if  k = 256)  do
  if  (i mod 4) = 0  or  1
    T ← L_L ⊕ (CON^k_{40+4i} ‖ CON^k_{40+4i+1} ‖ CON^k_{40+4i+2} ‖ CON^k_{40+4i+3})
    L_L ← ∑ (L_L)
    T ← T ⊕ K_R,  i  odd
  else
    T ← L_R ⊕ (CON^k_{40+4i} ‖ CON^k_{40+4i+1} ‖ CON^k_{40+4i+2} ‖ CON^k_{40+4i+3})
    L_R ← ∑ (L_R)
    T ← T ⊕ K_L,  i  odd
  RK_{4i} ‖ RK_{4i+1} ‖ RK_{4i+2} ‖ RK_{4i+3} ← T
end  for
```

3 种密钥长度的密钥扩展算法分别需要 60、84 和 92 个 32 比特常数。对于 $k = 128$，192,256，常数 $CON^k_i$ 按如下方式生成：

```
CO_1 ← 0xB7E1
CO_2 ← 0x243 F
T_0 ← IV^k
for  i = 0  to  l^{(k)} - 1  do
  CON^k_{2i} ← (T_i ⊕ CO_1) ‖ (T̄_i <<< 1)
  CON^k_{2i+1} ← (T̄_i ⊕ CO_2) ‖ (T_i <<< 8)
  T_{i+1} ← T_i · 0x0002^{-1}
end  for
```

其中，$IV^{128} = 0x428A$，$l^{128} = 30$，$IV^{192} = 0x7137$，$l^{192} = 42$，$IV^{256} = 0xB5C0$，$l^{256} = 46$，乘法是有限域 $GF(2^{16})$ 上的运算，对应的多项式为 $z^{16} + z^{15} + z^{13} + z^{11} + z^5 + z^4 + 1$。

### 4. CLEFIA 的安全性分析

作为国际轻量级分组密码标准，CLEFIA 得到了广泛关注，密码学者评估了 CLEFIA 对各种分析方法的安全性。文献[212-215]评估了 CLEFIA 对不可能差分分析的安全性。文献[216,217]评估了 CLEFIA 对不太可能差分分析的安全性。文献[218,219]评估了 CLEFIA 对积分分析的安全性。文献[220]结合可分性和 SMT 自动分析技术，给出了 10 轮 CLEFIA 的积分区分器。文献[221,222]评估了 CLEFIA 对零相关线性分析的安全性。文献[223]评估了 CLEFIA 对截断差分分析的安全性。目前的分析结果显示 CLEFIA 具有足够的安全冗余。

## 2.4.2　LBlock

LBlock 的设计背景是：早期的轻量级分组密码仅考虑算法的硬件实现面积，软件实现性能不能满足无线传感器等应用需求。LBlock 的设计目标是：算法具有优良的硬件实现效率，同时在 8 位处理器上有很好的软件实现性能。针对双系攻击的出现，LBlock 的设计者修改了密钥扩展算法，并且依据近几年分析评估结果减少了 S 盒的个数。LBlock 的分组长度为 64 比特，密钥长度为 80 比特，加密算法的整体结构是变体 Feistel 结构，迭代轮数为

32。该算法的设计思想是混合使用不同字长的向量置换。

**1. LBlock 的加密算法**

LBlock 的加密算法由 32 轮迭代运算组成,其轮变换如图 2-32 所示。记 64 比特的明文 $P = X_1 \| X_0$,加密过程如下:

对 $i = 2, 3, \cdots, 33$,计算

$$X_i = F(X_{i-1} \oplus K_{i-1}) \oplus (X_{i-2} \lll 8)$$

$X_{32} \| X_{33} = C$ 为 64 比特的密文。

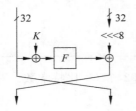 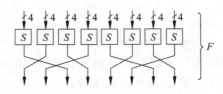

图 2-32　LBlock 的轮变换

LBlock 的算法基本模块定义如下。

1) 轮函数 $F$

$F$ 的定义如下:

$$F: \{0,1\}^{32} \to \{0,1\}^{32}$$
$$X \to U = L \circ S(X)$$

$S$ 和 $L$ 的定义见下面的说明。

2) 函数 $S$

$S$ 由 8 个相同的 4 比特 S 盒并置而成,定义如下:

$$S: \{0,1\}^{32} \to \{0,1\}^{32}$$
$$Y = Y_7 \| Y_6 \| Y_5 \| Y_4 \| Y_3 \| Y_2 \| Y_1 \| Y_0 \to Z$$
$$= Z_7 \| Z_6 \| Z_5 \| Z_4 \| Z_3 \| Z_2 \| Z_1 \| Z_0$$

$Z_7 = s(Y_7)$, $Z_6 = s(Y_6)$, $Z_5 = s(Y_5)$, $Z_4 = s(Y_4)$,
$Z_3 = s(Y_3)$, $Z_2 = s(Y_2)$, $Z_1 = s(Y_1)$, $Z_0 = s(Y_0)$

4 比特 S 盒如表 2-32 所示。

表 2-32　LBlock 的 S 盒

| $x$ | 0 | 1 | 2 | 3 | 4 | 5 | 6 | 7 | 8 | 9 | A | B | C | D | E | F |
|---|---|---|---|---|---|---|---|---|---|---|---|---|---|---|---|---|
| $s(x)$ | E | 9 | F | 0 | D | 4 | A | B | 1 | 2 | 8 | 3 | 7 | 6 | C | 5 |

3) 函数 $L$

$L$ 是 8 个 4 比特字的向量置换,定义如下:

$$L: \{0,1\}^{32} \to \{0,1\}^{32}$$
$$Z = Z_7 \| Z_6 \| Z_5 \| Z_4 \| Z_3 \| Z_2 \| Z_1 \| Z_0 \to U$$
$$= U_7 \| U_6 \| U_5 \| U_4 \| U_3 \| U_2 \| U_1 \| U_0$$

$U_7 = Z_6$, $U_6 = Z_4$, $U_5 = Z_7$, $U_4 = Z_5$,

$$U_3 = Z_2, \quad U_2 = Z_0, \quad U_1 = Z_3, \quad U_0 = Z_1$$

**2. LBlock 的解密算法**

LBlock 的解密算法是加密算法的逆,由 32 轮迭代运算组成。对 64 比特的密文 $C = X_{32} \parallel X_{33}$,解密过程如下:

对 $j = 31,30,\cdots,1,0$,计算

$$X_j = (F(X_{j+1} \oplus K_{j+1}) \oplus X_{j+2}) \ggg 8$$

$X_1 \parallel X_0 = P$ 为 64 比特的明文。

**3. LBlock 的密钥扩展算法**

将密钥 $K = k_{79}k_{78}\cdots k_0$ 放置在 80 比特寄存器中,取寄存器最左边的 32 比特作为轮密钥 $K_1$,然后,对 $i = 1,2,\cdots 31$,更新寄存器并取寄存器最左边的 32 比特作为轮密钥 $K_{i+1}$。

寄存器更新方式如下:

$$K \leftarrow K \lll 24$$
$$K \leftarrow k_{79}k_{78}\cdots k_0$$
$$k_{55}k_{54}k_{53}k_{52} \leftarrow k_{55}k_{54}k_{53}k_{52} \oplus s[k_{79}k_{78}k_{77}k_{76}]$$
$$k_{31}k_{30}k_{29}k_{28} \leftarrow k_{31}k_{30}k_{29}k_{28} \oplus s[k_{75}k_{74}k_{73}k_{72}]$$
$$k_{67}k_{66}k_{65}k_{64} \leftarrow k_{67}k_{66}k_{65}k_{64} \oplus k_{71}k_{70}k_{69}k_{68}$$
$$k_{51}k_{50}k_{49}k_{48} \leftarrow k_{51}k_{50}k_{49}k_{48} \oplus k_{11}k_{10}k_9k_8$$
$$k_{54}k_{53}k_{52}k_{51}k_{50} \leftarrow k_{54}k_{53}k_{52}k_{51}k_{50} \oplus [i]_5$$

其中,$s$ 是加密算法中的 4 比特 S 盒,$[i]_5$ 是整数 $i$ 的 5 比特表示。

**4. LBlock 的安全性分析**

LBlock 自 2011 年发布以来,经受住了各种攻击的考验。文献[224,225]评估了 LBlock 对不可能差分分析的安全性,给出了 22 轮 LBlock 的不可能差分分析。文献[226]给出了 22 轮 LBlock 的积分分析。文献[227,228]评估了 LBlock 对零相关线性分析的安全性,给出了 23 轮 LBlock 的零相关线性分析。文献[229]给出了 17 轮和 18 轮 LBlock 的差分分析和飞去来器攻击。文献[230]构造了 16 轮 LBlock 的相关密钥飞去来器区分器,给出了 22 轮 LBlock 的密钥恢复攻击。文献[231,232]评估了 LBlock 对相关密钥不可能差分分析的安全性,利用 16 轮 LBlock 的相关密钥不可能差分,给出了 23 轮 LBlock 的密钥恢复攻击。文献[205,233]评估了 LBlock 对中间相遇攻击的安全性。文献[205]利用 CP 自动分析技术构造了 11 轮 LBlock 的区分器,并给出了 21 轮 LBlock 的中间相遇攻击。文献[139,140,158]结合可分性和自动分析技术评估了 LBlock 对积分分析的安全性。文献[158]构造了 17 轮 LBlock 的积分区分器。

## 2.4.3 Piccolo

Piccolo 采用改进的 4 分支广义 Feistel 结构,利用字节向量置换代替 4 分支广义 Feistel 结构的块循环移位。Piccolo 的分组长度为 64 比特,密钥长度为 80 和 128 比特,记为 Piccolo-80 和 Piccolo-128,Piccolo-80 的迭代轮数为 25,Piccolo-128 的迭代轮数为 31。

### 1. Piccolo 的加密算法

Piccolo 的加密算法由前期白化、$r-1$ 轮迭代运算、第 $r$ 轮变换和后期白化组成,如图 2-33 所示。输入 64 比特明文 $P$、白化密钥 $WK_0, WK_1, \cdots, WK_3$ 和轮密钥 $RK_0, RK_1, \cdots, RK_{2r-1}$,输出 64 比特密文 $C$。Piccolo 的加密算法 $E_r$ 如下:

$E_r(P, WK_0, WK_1, \cdots, WK_3, RK_0, RK_1, \cdots, RK_{2r-1}):$

$P_0 \parallel P_1 \parallel P_2 \parallel P_3 \leftarrow P$

$X_0 \leftarrow P_0 \oplus WK_0, \quad X_1 \leftarrow P_1$

$X_2 \leftarrow P_2 \oplus WK_1, \quad X_3 \leftarrow P_3$

for $i = 0$ to $r-2$ do

$\quad X_1 \leftarrow X_1 \oplus F(X_0) \oplus RK_{2i}$

$\quad X_3 \leftarrow X_3 \oplus F(X_2) \oplus RK_{2i+1}$

$\quad X_0 \parallel X_1 \parallel X_2 \parallel X_3 \leftarrow RP(X_0 \parallel X_1 \parallel X_2 \parallel X_3)$

end for

$X_1 \leftarrow X_1 \oplus F(X_0) \oplus RK_{2i-2}, \quad X_3 \leftarrow X_3 \oplus F(X_2) \oplus RK_{2i-1}$

$X_0 \leftarrow X_0 \oplus WK_2, X_2 \leftarrow X_2 \oplus WK_3$

$C \leftarrow X_0 \parallel X_1 \parallel X_2 \parallel X_3$

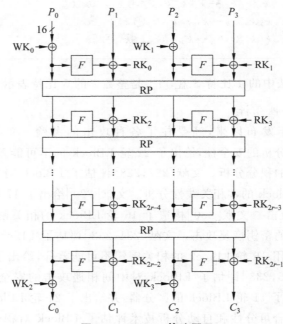

**图 2-33　Piccolo 算法图示**

Piccolo 加密算法的基本模块定义如下。

1) 轮函数 $F$

$F$ 采用 SPS 结构,定义如下:

$F: \{0,1\}^{16} \rightarrow \{0,1\}^{16}$

$\quad X \rightarrow S \circ M \circ S(X)$

2）混淆层 $S$

$S$ 由 4 个相同的 4 比特 S 盒并置而成，定义如下：

$$S: (\{0,1\}^4)^4 \to (\{0,1\}^4)^4$$

$$(x_0,x_1,x_2,x_3) \to (s(x_0),s(x_1),s(x_2),s(x_3))$$

Piccolo 的 S 盒如表 2-33 所示。

表 2-33　Piccolo 的 S 盒

| $x$ | 0 | 1 | 2 | 3 | 4 | 5 | 6 | 7 | 8 | 9 | A | B | C | D | E | F |
|---|---|---|---|---|---|---|---|---|---|---|---|---|---|---|---|---|
| $s(x)$ | E | 4 | B | 2 | 3 | 8 | 0 | 9 | 1 | A | 7 | F | 6 | C | 5 | D |

3）扩散层 $M$

$M$ 的定义如下：

$$M: (\{0,1\}^4)^4 \to (\{0,1\}^4)^4$$

$$(x_0,x_1,x_2,x_3)^{\mathrm{T}} \to M \cdot (x_0,x_1,x_2,x_3)^{\mathrm{T}}$$

其中，

$$M = \begin{bmatrix} 2 & 3 & 1 & 1 \\ 1 & 2 & 3 & 1 \\ 1 & 1 & 2 & 3 \\ 3 & 1 & 1 & 2 \end{bmatrix}$$

其中扩散矩阵和向量的乘法定义在有限域 $\mathrm{GF}(2^4)$ 上，对应的不可约多项式为 $x^4+x+1$。

4）向量置换 RP

RP 是 8 个字节的位置变换，定义如下：

$$\mathrm{RP}: (\{0,1\}^8)^8 \to (\{0,1\}^8)^8$$

$$(x_0,x_1,x_2,x_3,x_4,x_5,x_6,x_7) \to (x_2,x_7,x_4,x_1,x_6,x_3,x_0,x_5)$$

## 2. Piccolo 的解密算法

Piccolo 的解密算法是加密算法的逆，在不同轮密钥顺序下调用加密算法 $E_r$。对 64 比特的密文 $C$，解密过程 $E_r^{-1}$ 如下：

$$
\begin{aligned}
&E_r^{-1}(C,\mathrm{WK}_0,\mathrm{WK}_1,\cdots,\mathrm{WK}_3,\mathrm{RK}_0,\mathrm{RK}_1,\cdots,\mathrm{RK}_{2r-1}): \\
&\mathrm{WK}_0' \leftarrow \mathrm{WK}_2, \quad \mathrm{WK}_1' \leftarrow \mathrm{WK}_3 \\
&\mathrm{WK}_2' \leftarrow \mathrm{WK}_0, \quad \mathrm{WK}_3' \leftarrow \mathrm{WK}_1 \\
&\text{fo } i=0 \text{ to } r-1 \text{ do} \\
&\quad \mathrm{RK}_{2r}' \| \mathrm{RK}_{2i+1}' \leftarrow \begin{cases} \mathrm{RK}_{2r-2i-2} \| \mathrm{RK}_{2r-2i-1}, & i \bmod 2 = 0 \\ \mathrm{RK}_{2r-2i-1} \| \mathrm{RK}_{2r-2i-2}, & i \bmod 2 = 1 \end{cases} \\
&\text{end for} \\
&P \leftarrow E_r(C,\mathrm{WK}_0',\mathrm{WK}_1',\cdots,\mathrm{WK}_3',\mathrm{RK}_0',\cdots,\mathrm{RK}_{2r-1}')
\end{aligned}
$$

## 3. Piccolo 的密钥扩展算法

1）Piccolo-80 的密钥扩展算法 $\mathrm{KS}_{25}^{80}$

首先将 80 比特密钥 $K$ 划分成 5 个 16 比特子密钥 $K_0 \| K_1 \| K_2 \| K_3 \| K_4$，然后以

如下方式输出白化密钥 $WK_0, WK_1, \cdots, WK_3$ 以及轮密钥 $RK_0, RK_1, \cdots, RK_{49}$：

```
KS₂₅⁸⁰(K):
WK₀ ← K₀ᴸ ‖ K₁ᴿ, WK₁ ← K₁ᴸ ‖ K₀ᴿ, WK₂ ← K₄ᴸ ‖ K₃ᴿ, WK₃ ← K₃ᴸ ‖ K₄ᴿ
for i ← 0 to 24 do
                                        ⎧ (K₂,K₃),  i mod 5 = 0,2
(RK₂ᵢ, RK₂ᵢ₊₁) ← (CON₂ᵢ⁸⁰, CON₂ᵢ₊₁⁸⁰) ⊕ ⎨ (K₀,K₁),  i mod 5 = 1,4
                                        ⎩ (K₄,K₄),  i mod 5 = 3
end for
```

其中，$K_i^L$ 和 $K_i^R$ 分别表示 $K_i$ 的左右 8 比特，$K_i = K_i^L \parallel K_i^R$，$K_i^R$ 是 $K_i$ 的低位比特。

2）Piccolo-128 的密钥扩展算法 $KS_{31}^{128}$

首先将 128 比特密钥 $K$ 划分成 8 个 16 比特子密钥 $K_0 \parallel K_1 \parallel \cdots \parallel K_7$，然后以如下方式输出白化密钥 $WK_0, WK_1, \cdots, WK_3$ 以及轮密钥 $RK_0, RK_1, \cdots, RK_{61}$：

```
KS₃₁¹²⁸(K):
WK₀ ← K₀ᴸ ‖ K₀ᴿ, WK₁ ← K₁ᴸ ‖ K₀ᴿ, WK₂ ← K₄ᴸ ‖ K₇ᴿ, WK₃ ← K₇ᴸ ‖ K₄ᴿ
for i ← 0 to 61 do
  if (i+2) mod 8 = 0  then
    (K₀,K₁,K₂,K₃,K₄,K₅,K₆,K₇) ← (K₂,K₁,K₆,K₇,K₀,K₃,K₄,K₅)
  RKᵢ ← K₍ᵢ₊₂₎ mod 8 ⊕ CONᵢ¹²⁸
end for
```

密钥扩展算法需要的常数 $CON_i^{80}$ 和 $CON_i^{128}$ 的长度都是 16 比特，生成方式如下：

$$(CON_{2i}^{80} \parallel CON_{2i+1}^{80}) \leftarrow (c_{i+1} \parallel c_0 \parallel c_{i+1} \parallel 00 \parallel c_{i+1} \parallel c_0 \parallel c_{i+1}) \oplus \text{0F1E2D3C}$$

$$(CON_{2i}^{128} \parallel CON_{2i+1}^{128}) \leftarrow (c_{i+1} \parallel c_0 \parallel c_{i+1} \parallel 00 \parallel c_{i+1} \parallel c_0 \parallel c_{i+1}) \oplus \text{6547A98B}$$

其中，$c_i$ 是 $i$ 的 5 比特表示，例如 $c_{11} = 01011$。

4. Piccolo 的算法特点和安全性

Piccolo 采用细粒度的向量置换以提高算法的扩散性，特殊选取的向量置换 RP 使得数据解密可以调用加密算法，额外实现解密算法的成本很低。Piccolo 的 S 盒可以用 4 轮 GFN 结构实现，其密钥扩展算法属于选择密钥扩展算法。Piccolo 算法自 2011 年发布以来，经受住了各种攻击的考验。Isobe 等利用密钥扩展算法的特性分析了 Piccolo 算法对中间相遇攻击的安全性[185]。文献[234,235]分析评估了 Piccolo 对双系攻击的安全性。文献[236]给出了 14 轮 Piccolo-80 和 21 轮 Piccolo-128 的相关密钥不可能差分分析。文献[237]分析评估了 Piccolo 对多维零相关线性分析的安全性。文献[238]探索了密钥扩展算法中轮常数的设计准则，揭示了 Piccolo-128 算法的部件设计准则以及安全漏洞。

## 2.4.4　TWINE

TWINE 的整体结构采用变体的 16 分支 TYPE-Ⅱ型广义 Feistel 结构，每个分支为 4 比特子块，利用子块位置的变换代替 16 分支广义 Feistel 结构的子块循环移位。TWINE 的分组长度为 64 比特，密钥长度为 80 或 128 比特，记为 TWINE-80 和 TWINE-128，它们的迭代轮数都是 36。

## 1. TWINE 的加密算法

TWINE 的加密算法是 36 轮迭代运算，其轮变换如图 2-34 所示，最后一轮没有子块置换。输入 64 比特明文 $P$ 和轮密钥 $RK^1, RK^2, \cdots, RK^{36}$，输出 64 比特密文 $C$。TWINE 的加密算法的伪代码描述如下：

```
TWINE.Enc(P, RK¹, RK², ···, RK³⁶):
X₀¹ ‖ X₁¹ ‖ ··· ‖ X₁₅¹ ← P
for  i = 1  to  35  do
    RK₀ⁱ ‖ RK₁ⁱ ‖ ··· ‖ RK₇ⁱ ← RKⁱ
    for  j = 0  to  7  do
        X₂ⱼ₊₁ⁱ ← S(X₂ⱼⁱ ⊕ RKⱼⁱ) ⊕ X₂ⱼ₊₁ⁱ
    end  for
    for  h = 0  to  15  do
        X_RP(h)^(i+1) ← Xₕⁱ
    end  for
end  for
for  j = 1  to  7  do
X₂ⱼ₊₁³⁶ ← S(X₂ⱼ³⁶ ⊕ RKⱼⁱ) ⊕ X₂ⱼ₊₁³⁶
end  for
C ← X₀³⁶ ‖ X₁³⁶ ‖ ··· ‖ X₁₅³⁶
```

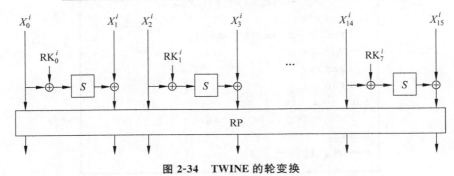

图 2-34  TWINE 的轮变换

（1）S 盒。

S 盒是有限域 $GF(2^4)$ 上逆运算的仿射变换，$y = S(x) = f((x \oplus 1)^{-1})$，其中 $f(\cdot)$ 是仿射函数，定义如下：

$$f: \{0,1\}^4 \rightarrow \{0,1\}^4$$
$$(x_0, x_1, x_2, x_3) \rightarrow (y_0, y_1, y_2, y_3)$$
$$y_0 = x_2 \oplus x_3, \quad y_2 = x_0,$$
$$y_1 = x_0 \oplus x_3, \quad y_3 = x_1$$

TWINE 的 S 盒如表 2-34 所示。

表 2-34　TWINE 的 S 盒

| $x$ | 0 | 1 | 2 | 3 | 4 | 5 | 6 | 7 | 8 | 9 | A | B | C | D | E | F |
|---|---|---|---|---|---|---|---|---|---|---|---|---|---|---|---|---|
| $s(x)$ | C | 0 | F | A | 2 | B | 9 | 5 | 8 | 3 | D | 7 | 1 | E | 6 | 4 |

（2）向量置换 RP。

向量置换 RP 是 16 个子块的位置变换，具体如表 2-35 所示。

表 2-35　TWINE 的向量置换

| $h$ | 0 | 1 | 2 | 3 | 4 | 5 | 6 | 7 | 8 | 9 | 10 | 11 | 12 | 13 | 14 | 15 |
|---|---|---|---|---|---|---|---|---|---|---|---|---|---|---|---|---|
| RP($h$) | 5 | 0 | 1 | 4 | 7 | 12 | 3 | 8 | 13 | 6 | 9 | 2 | 15 | 10 | 11 | 14 |

## 2. TWINE 的解密算法

TWINE 的解密算法是加密算法的逆，输入 64 比特的密文 $C$ 和轮密钥 $\mathrm{RK}^1, \mathrm{RK}^2, \cdots,$ $\mathrm{RK}^{36}$，输出 64 比特明文 $P$。TWINE 的解密算法的伪代码描述如下：

```
TWINE.Dec(C, RK¹, RK², ···, RK³⁶):
X₀³⁶ ‖ X₁³⁶ ‖ ··· ‖ X₁₅³⁶ ← C
for i = 36 to 2 do
    RK₀ⁱ ‖ RK₁ⁱ ‖ ··· ‖ RK₇ⁱ ← RKⁱ
    for j = 0 to 7 do
        X₂ⱼ₊₁ⁱ ← S(X₂ⱼⁱ ⊕ RKⱼⁱ) ⊕ X₂ⱼ₊₁ⁱ
    end for
    for h = 0 to 15 do
        X_{RP⁻¹(h)}ⁱ ← Xₕⁱ
    end for
end for
for j = 1 to 7 do
    X₂ⱼ₊₁¹ ← S(X₂ⱼ¹ ⊕ RKⱼ¹) ⊕ X₂ⱼ₊₁¹
end for
P ← X₀¹ ‖ X₁¹ ‖ ··· ‖ X₁₅¹
```

其中 $\mathrm{RP}^{-1}$ 是向量置换 RP 的逆，具体如表 2-36 所示。

表 2-36　逆向量置换 $\mathrm{RP}^{-1}$

| $h$ | 0 | 1 | 2 | 3 | 4 | 5 | 6 | 7 | 8 | 9 | 10 | 11 | 12 | 13 | 14 | 15 |
|---|---|---|---|---|---|---|---|---|---|---|---|---|---|---|---|---|
| $\mathrm{RP}^{-1}(h)$ | 1 | 2 | 11 | 6 | 3 | 0 | 9 | 4 | 7 | 10 | 13 | 14 | 5 | 8 | 15 | 12 |

## 3. TWINE 的密钥扩展算法

### 1）TWINE-80 的密钥扩展算法 KeyS-80

首先将 80 比特密钥 $K$ 划分成 20 个 4 比特子密钥 $\mathrm{WK}_0 \parallel \mathrm{WK}_1 \parallel \cdots \parallel \mathrm{WK}_{19}$，然后以如下方式输出轮密钥 $\mathrm{RK}^1, \mathrm{RK}^2, \cdots, \mathrm{RK}^{36}$：

```
TWINE.KeyS-80(K):
WK₀||WK₁|| ··· ||WK₁₉←K
for i= 1 to 35 do
  RKⁱ←WK₁||WK₃||WK₄||WK₆||WK₁₃||WK₁₄||WK₁₅||WK₁₆
  WK₁←WK₁⊕S(WK₀),  WK₄←WK₄⊕S(WK₁₆)
  WK₇←WK₇⊕0||CONⁱ_L,  WK₁₉←WK₁₉⊕0||CONⁱ_R
  WK₀||WK₁||WK₂||WK₃←(WK₀||WK₁||WK₂||WK₃)<<<4
  WK₀||WK₁||···||WK₁₉←(WK₀||WK₁||···||WK₁₉)<<<16
end for
RK³⁶←WK₁||WK₃||WK₄||WK₆||WK₁₃||WK₁₄||WK₁₅||WK₁₆
RK←RK¹||RK²||···||RK³⁶
```

### 2）TWINE-128 的密钥扩展算法 KeyS-128

首先将 128 比特密钥 K 划分成 32 个 4 比特子密钥 $WK_0 \| WK_1 \| \cdots \| WK_{31}$，然后以如下方式输出轮密钥 $RK^1, RK^2, \cdots, RK^{36}$：

```
TWINE.KeyS-128(K):
WK₀||WK₁|| ··· ||WK₃₁←K
for i=1 to 35 do
  RKⁱ←WK₂||WK₃||WK₁₂||WK₁₅||WK₁₇||WK₁₈||WK₂₈||WK₃₁
  WK₁←WK₁⊕S(WK₀),  WK₄←WK₄⊕S(WK₁₆),
  WK₂₃←WK₂₃⊕S(WK₃₀)
  WK₇←WK₇⊕0||CONⁱ_L,  WK₁₉←WK₁₉⊕0||CONⁱ_R
  WK₀||WK₁||WK₂||WK₃←(WK₀||WK₁||WK₂||WK₃)<<<4
  WK₀||WK₁||···||WK₃₁←(WK₀||WK₁||···||WK₃₁)<<<16
end for
RK³⁶←WK₂||WK₃||WK₁₂||WK₁₅||WK₁₇||WK₁₈||WK₂₈||WK₃₁
RK←RK¹||RK²||···||RK³⁶
```

密钥扩展算法需要 6 比特常数 $CON^i = CON^i_L \| CON^i_R, i = 1, 2, \cdots, 35$，具体如表 2-37 所示。

**表 2-37　6 比特常数 $CON^i$**

| $i$ | $CON^i$ | $i$ | $CON^i$ | $i$ | $CON^i$ | $i$ | $CON^i$ |
|---|---|---|---|---|---|---|---|
| 1 | 01 | 10 | 18 | 19 | 0F | 28 | 0E |
| 2 | 02 | 11 | 30 | 20 | 1E | 29 | 1C |
| 3 | 04 | 12 | 23 | 21 | 3C | 30 | 38 |
| 4 | 08 | 13 | 05 | 22 | 3B | 31 | 33 |
| 5 | 10 | 14 | 0A | 23 | 35 | 32 | 25 |
| 6 | 20 | 15 | 14 | 24 | 29 | 33 | 09 |
| 7 | 03 | 16 | 28 | 25 | 11 | 34 | 12 |
| 8 | 06 | 17 | 13 | 26 | 22 | 35 | 24 |
| 9 | 0C | 18 | 26 | 27 | 07 | | |

#### 4. TWINE 的安全性分析

TWINE 自 2011 年发布以来,经受住了各种攻击的考验。文献[239]给出了 23 轮 TWINE-80 和 24 轮 TWINE-128 的不可能差分分析。文献[240]给出了 23 轮 TWINE-80 和 25 轮 TWINE-128 的多维零相关线性分析。文献[241]分析评估了 TWINE 对差分分析和中间相遇攻击的安全性,给出了 25 轮 TWINE-128 的截断差分分析、不可能差分分析和中间相遇攻击。文献[242]给出了面向字的分组密码的积分区分器的搜索算法,进一步评估了 TWINE 对积分分析的安全性。文献[109]从结构出发改进了 TWINE 的积分分析。文献[205]利用基于 CP 的自动分析技术,给出了 20 轮 TWINE-80 的中间相遇攻击。

### 2.4.5　Khudra

Khudra 是面向 FPGA 的轻量级分组密码,分组长度为 64 比特,密钥长度为 80 比特,整体结构是一种广义 Feistel 结构。该算法的主要特点是轮函数也采用 4 分支的广义 Feistel 构。

#### 1. Khudra 的加密算法

Khudra 的加密算法结构如图 2-35 所示,迭代轮数为 18。加密中用到了 36 个 16 比特的轮密钥($RK_0$, $RK_1$, $\cdots$, $RK_{35}$)和 4 个 16 比特的白化子密钥($WK_0$, $WK_1$, $WK_2$, $WK_3$)。用($X_0^i$, $X_1^i$, $X_2^i$, $X_3^i$)表示第 $i+1$ 轮输入的 4 个 16 比特。

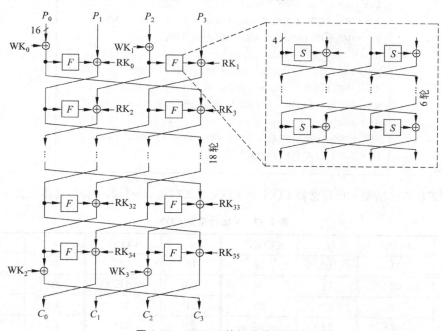

图 2-35　Khudra 的加密算法结构

加密过程分为 3 个步骤:

(1) 前期白化。

将 64 比特明文划分成 4 个 16 比特:$P=(P_0, P_1, P_2, P_3)$,与两个白化子密钥异或,即
$(X_0^0, X_1^0, X_2^0, X_3^0) = (P_0 \oplus WK_0, P_1, P_2 \oplus WK_1, P_3)$

(2) 18 轮迭代变换。

其伪代码描述如下:

```
for  i =1   to   18  do
    X_0^i ← F (X_0^{i-1}) ⊕ X_1^{i-1} ⊕ RK_{2i-2}
    X_1^i ← X_2^{i-1}
    X_2^i ← F (X_2^{i-1}) ⊕ X_3^{i-1} ⊕ RK_{2i-1}
    X_3^i ← X_0^{i-1}
end for
```

（3）后期白化。

将 64 比特 $(X_0^{18}, X_1^{18}, X_2^{18}, X_3^{18})$ 与两个白化子密钥异或,得到密文,即

$$(C_0, C_1, C_2, C_3) = (X_0^{18}, X_1^{18} \oplus WK_3, X_2^{18}, X_3^{18} \oplus WK_2)$$

函数 $F$ 采用 4 分支广义 Feistel 结构,迭代 6 轮,其中的轮函数是 PRESENT 的 4 比特 S 盒。

**2. Khudra 的密钥扩展算法**

将 80 比特密钥划分成 5 个 16 比特: $K = K_0 \| K_1 \| K_2 \| K_3 \| K_4$,白化子密钥 $(WK_0, WK_1, WK_2, WK_3)$ 和轮密钥 $(RK_0, RK_1, \cdots, RK_{35})$ 用如下方式生成:

```
KeyScheduling (K_0, K_1, K_2, K_3, K_4)
    WK_0 ← K_0,  WK_1 ← K_1,  WK_2 ← K_2,  WK_3 ← K_3
    for  i = 0  to   35  do
        RC_i ← {0 || [i]_6 || 00 || [i]_6 || 0}
        RK_i ← K_{i mod 5} ⊕ RC_i
    end for
```

其中,$RC_i$ 是 16 比特常数,$[i]_6$ 是 $i$ 的 6 比特表示。

## 2.4.6　Lilliput

广义 Feistel 结构(GFN)一般由非线性层和置换层组成,而且置换层通常是循环移位。扩展广义 Feistel 结构(Extended Generalized Feistel Network,EGFN)由非线性层、线性层和置换层组成,置换层是更一般的向量变换。Berger 等人研究了 EGFN 的矩阵表示以及 EGFN 对几种典型分析方法的安全性,设计了 Lilliput 算法。Lilliput 的分组长度为 64 比特,密钥长度为 80 比特,迭代轮数为 30,其加密算法整体结构是一种扩展广义 Feistel 结构。

**1. Lilliput 的加密算法**

Lilliput 的加密算法由 30 轮迭代运算组成,轮变换记为 $F$,最后一轮的轮变换记为 $F_{30}$。加密算法用到 30 个 32 比特轮密钥 $(RK_0, RK_1, RK_2, \cdots, RK_{29})$。记 64 比特明文 $P = X_0$,加密过程如下:

对 $i = 1, 2, \cdots, 29$,计算

$\quad X_i = F (X_{i-1}, RK_{i-1})$

$\quad C = F_{30}(X_{29}, RK_{29})$ 为 $n$ 比特密文。

Lilliput 的加密算法的基本模块如下定义:

（1）轮变换 $F$。

轮变换 $F$ 如图 2-36 所示。$F$ 的定义如下:

$$F: \{0,1\}^{64} \times \{0,1\}^{32} \to \{0,1\}^{64}$$

$$X \to U = L \circ A \circ G(X, RK_i)$$

其中,函数 $G$ 是非线性变换, $A$ 是 16 个半字节的线性变换, $L$ 是 16 个半字节的向量置换,具体定义见下面的内容。

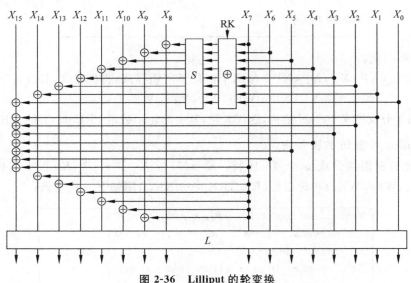

图 2-36　Lilliput 的轮变换

(2) 非线性层 $G$。

非线性层 $G$ 是基于 16 分支的广义 Feistel 结构设计的非线性变换,定义如下:

$$G: \{0,1\}^{64} \times \{0,1\}^{32} \to \{0,1\}^{64}$$

$$(X, RK_i) \to Y$$

$$X = X_L \parallel X_R = (x_{15}, x_{14}, \cdots, x_8, x_7, x_6, \cdots, x_0)$$

$$Y_R = X_R$$

$$Z = X_R \oplus RK_i = (z_7, z_6, \cdots, z_0)$$

$$y_8 = x_8 \oplus s(z_7), \quad y_9 = x_9 \oplus s(z_6),$$

$$y_{10} = x_{10} \oplus s(z_5), \quad y_{11} = x_{11} \oplus s(z_4),$$

$$y_{12} = x_{12} \oplus s(z_3), \quad y_{13} = x_{13} \oplus s(z_2),$$

$$y_{14} = x_{14} \oplus s(z_1), \quad y_{15} = x_{15} \oplus s(z_0),$$

$$Y_L = (y_{15}, y_{14}, \cdots, y_8)$$

$$Y = Y_L \parallel Y_R$$

其中, $s$ 为 4 比特 S 盒,具体如表 2-38 所示。

表 2-38　Lilliput 的 S 盒

| $x$ | 0 | 1 | 2 | 3 | 4 | 5 | 6 | 7 | 8 | 9 | A | B | C | D | E | F |
|---|---|---|---|---|---|---|---|---|---|---|---|---|---|---|---|---|
| $s(x)$ | 4 | 8 | 7 | 1 | 9 | 3 | 2 | E | 0 | B | 6 | F | A | 5 | D | C |

（3）线性层 $A$。

线性层 $A$ 是 16 个半字节的线性变换，定义如下：

$$A: (\{0,1\}^4)^{16} \to (\{0,1\}^4)^{16}$$

$$(x_{15}, x_{14}, \cdots, x_0) \to (y_{15}, y_{14}, \cdots, y_0)$$

$$y_{15} = x_{15} \oplus x_7 \oplus x_6 \oplus x_5 \oplus x_4 \oplus x_3 \oplus x_2 \oplus x_1,$$

$$y_{14} = x_{14} \oplus x_7, \quad y_{13} = x_{13} \oplus x_7, \quad y_{12} = x_{12} \oplus x_7,$$

$$y_{11} = x_{11} \oplus x_7, \quad y_{10} = x_{10} \oplus x_7, \quad y_9 = x_9 \oplus x_7,$$

$$y_8 = x_8, \quad y_7 = x_7, \quad y_6 = x_6,$$

$$y_5 = x_5, \quad y_4 = x_4, \quad y_3 = x_3,$$

$$y_2 = x_2, \quad y_1 = x_1, \quad y_0 = x_0.$$

（4）置换层 $L$。

置换层 $L$ 是 16 个半字节的向量置换，定义如下：

$$L: (\{0,1\}^4)^{16} \to (\{0,1\}^4)^{16}$$

$$X = (x_0, x_1, \cdots, x_{15}) \to Y = (y_0, y_1, \cdots, y_{15})$$

$$y_0 = x_{14}, \quad y_1 = x_{11}, \quad y_2 = x_{12}, \quad y_3 = x_{10},$$

$$y_4 = x_8, \quad y_5 = x_9, \quad y_6 = x_{13}, \quad y_7 = x_{15},$$

$$y_8 = x_3, \quad y_9 = x_1, \quad y_{10} = x_4, \quad y_{11} = x_5,$$

$$y_{12} = x_6, \quad y_{13} = x_0, \quad y_{14} = x_2, \quad y_{15} = x_7.$$

Lilliput 的置换 $L$ 及其逆置换 $L^{-1}$ 如表 2-39 所示。

**表 2-39　Lilliput 的置换 L 及其逆置换 $L^{-1}$**

| $i$ | 0 | 1 | 2 | 3 | 4 | 5 | 6 | 7 | 8 | 9 | 10 | 11 | 12 | 13 | 14 | 15 |
|---|---|---|---|---|---|---|---|---|---|---|---|---|---|---|---|---|
| $L(i)$ | 13 | 9 | 14 | 8 | 10 | 11 | 12 | 15 | 4 | 5 | 3 | 1 | 2 | 6 | 0 | 7 |
| $L^{-1}(i)$ | 14 | 11 | 12 | 10 | 8 | 9 | 13 | 15 | 3 | 1 | 4 | 5 | 6 | 0 | 2 | 7 |

**2. Lilliput 的密钥扩展算法**

将 80 比特密钥 $K = K_{19} \| K_{18} \| \cdots \| K_0$ 放在 80 比特寄存器中，$K_j$ 为 4 比特。对 $i = 0, 1, \cdots, 29$，执行如下步骤。

（1）生成轮密钥。

首先选择寄存器中的 8 个半字节组成 32 比特 $K_{18} \| K_{16} \| K_{13} \| K_{10} \| K_9 \| K_6 \| K_3 \| K_1 = k_{31} k_{30} \cdots k_0$。然后利用 S 盒做非线性变换，可以比特切片方式实现 S 盒。最后异或轮常数得到轮密钥。具体如下：

```
for j = 0 to 7 do
    k_j k_{j+8} k_{16+j} k_{24+j} ← S(k_j k_{j+8} k_{16+j} k_{24+j})
end for
k_{31} k_{30} k_{29} k_{28} k_{27} ← k_{31} k_{30} k_{29} k_{28} k_{27} ⊕ i
RK_i ← k_{31} k_{30} ⋯ k_1 k_0
```

（2）更新寄存器状态。

将 20 个半字节的状态分割成 4 个面向半字节的 5 级线性反馈移位寄存 $l_0$、$l_1$、$l_2$ 和 $l_3$。

其中，$l_0$ 作用于 $K_0$ 到 $K_4$，$l_1$ 作用于 $K_5$ 到 $K_9$，依此类推。具体如下：

对 $l_0$，$K_0 \leftarrow K_0 \oplus (K_4 \ggg 1)$，$K_1 \leftarrow K_1 \oplus (K_2 \ggg 3)$。

对 $l_1$，$K_6 \leftarrow K_6 \oplus (K_7 \lll 3)$，$K_9 \leftarrow K_9 \oplus (K_8 \lll 1)$。

对 $l_2$，$K_{11} \leftarrow K_{11} \oplus (K_{12} \ggg 1)$，$K_{13} \leftarrow K_{13} \oplus (K_{12} \ggg 3)$。

对 $l_3$，$K_{16} \leftarrow K_{16} \oplus (K_{15} \lll 3) \oplus (K_{17} \lll 1)$。

然后，将每个 5 级线性反馈移位寄存器的 20 比特状态循环左移 4 比特。

### 3. Lilliput 的安全性

文献[243,244]给出了 Lilliput 活跃 S 盒的更紧界，利用可分性评估了 Lilliput 对积分分析的安全性，构造了 13 轮区分器，给出了 17 轮 Lilliput 的密钥恢复攻击。文献[194]给出了 9 轮 Lilliput 的不可能差分区分器。

## 2.4.7 SEA

SEA 是一个面向低端嵌入式系统的轻量级分组密码，低端嵌入式系统的指令集仅包含 AND、OR、XOR、字循环、模加。SEA 的设计目标有两个：一是代码量和存储资源需求小；二是具有灵活性，使得 SEA 算法在 8 位、32 位处理器等多种平台都具有良好的性能。因此，SEA 是一族带参数的算法，用 $\text{SEA}_{n,b}$ 表示，具有多种分组长度和密钥长度，整体结构是 Feistel 类结构，迭代轮数可变。

### 1. 记号和基本操作

对 $\text{SEA}_{n,b}$，$n$ 表示分组长度，$b$ 表示处理器的字长，$n_b = n/2b$ 表示 Feistel 结构的每个分支包含的字的个数，$n_r$ 是迭代轮数。$\text{SEA}_{n,b}$ 限定 $n$ 是 $6b$ 的倍数，比如，对 8 位处理器，$b=8$，分组长度可以是 48 和 96 等，相应的算法表示为 $\text{SEA}_{48,8}$ 和 $\text{SEA}_{96,8}$。令 $x \in \{0,1\}^{n/2}$，$x = x_{n_b-1} \parallel x_{n_b-2} \parallel \cdots \parallel x_0$，每个 $x_i$ 是 $b$ 比特。

（1）非线性变换 $S$。

$\text{SEA}_{n,b}$ 采用 3 比特 S 盒 $S_3$，$S_3 = \{0,5,6,7,4,3,1,2\}$。

在 $b$ 比特处理器上的实现方式如下：

$S: (\{0,1\}^b)^{n_b} \rightarrow (\{0,1\}^b)^{n_b}$

$\quad x \rightarrow y = S(x)$

$\quad y_{3i} = (x_{3i+2} \wedge x_{3i+1}) \oplus x_{3i}$

$\quad y_{3i+1} = (x_{3i+2} \wedge x_{3i}) \oplus x_{3i+1}$

$\quad y_{3i+2} = (x_{3i} \vee x_{3i+1}) \oplus x_{3i+2}, \quad 0 \leqslant i \leqslant \dfrac{n_b}{3} - 1$

（2）字循环 $R$。

字循环 $R$ 是 $b$ 比特字的向量置换，定义如下：

$R: (\{0,1\}^b)^{n_b} \rightarrow (\{0,1\}^b)^{n_b}$

$\quad x \rightarrow y = R(x)$

$\quad y = x \lll b$

（3）比特循环 $r$。

比特循环 $r$ 是每个 $b$ 比特字的内部置换，定义如下：

$$r: (\{0,1\}^b)^{n_b} \rightarrow (\{0,1\}^b)^{n_b}$$
$$x \rightarrow y = r(x)$$
$$y_{3i} = x_{3i} \ggg 1$$
$$y_{3i+1} = x_{3i+1}$$
$$y_{3i+2} = x_{3i+2} \lll 1, \quad 0 \leqslant i \leqslant \frac{n_b}{3} - 1$$

（4）模加十。

模加十对应 $b$ 比特字的模加运算，定义如下：

$$+: (\{0,1\}^b)^{n_b} \times (\{0,1\}^b)^{n_b} \rightarrow (\{0,1\}^b)^{n_b}$$
$$(x,y) \rightarrow z = x + y$$
$$z_i = (x_i + y_i) \bmod 2^b, \quad 0 \leqslant i < n_b$$

（5）加密轮变换 $F_E$。

加密轮变换 $F_E$ 定义如下：

$$F_E: \{0,1\}^{n/2} \times \{0,1\}^{n/2} \times \{0,1\}^{n/2} \rightarrow \{0,1\}^{n/2} \times \{0,1\}^{n/2}$$
$$(L_i, R_i, K_i) \rightarrow (L_{i+1}, R_{i+1})$$
$$R_{i+1} = R(L_i) \oplus r(S(R_i + K_i))$$
$$L_{i+1} = R_i$$

（6）解密轮变换 $F_D$。

解密轮变换 $F_D$ 定义如下：

$$F_D: \{0,1\}^{n/2} \times \{0,1\}^{n/2} \times \{0,1\}^{n/2} \rightarrow \{0,1\}^{n/2} \times \{0,1\}^{n/2}$$
$$(L_i, R_i, K_i) \rightarrow (L_{i+1}, R_{i+1})$$
$$R_{i+1} = R^{-1}(L_i \oplus r(S(R_i + K_i)))$$
$$L_{i+1} = R_i$$

（7）轮密钥生成函数 $\text{SEA}_{n,b}$。

轮密钥生成函数 $\text{SEA}_{n,b}$ 的轮密钥采用迭代方式生成，迭代函数如下：

$$F_K: \{0,1\}^{n/2} \times \{0,1\}^{n/2} \times \{0,1\}^{n/2} \rightarrow \{0,1\}^{n/2} \times \{0,1\}^{n/2}$$
$$(KL_i, KR_i, C_i) \rightarrow (KL_{i+1}, KR_{i+1})$$
$$KR_{i+1} = KL_i \oplus R(r(S(KR_i + C_i)))$$
$$KL_{i+1} = KR_i$$

其中，$C_i$ 为常数，最低 $b$ 比特为 $i$ 的二进制表示，其他比特为 0。

**2. SEA 的加密算法**

$\text{SEA}_{n,b}$ 的加密算法可用伪代码描述如下：

```
SEA_{n,b} (P,K):
initialization:
L_0 ‖ R_0 = P
KL_0 ‖ KR_0 = K
key scheduling:
for i = 1 to ⌊n_r/2⌋ do
```

$$(KL_i, KR_i) = F_K(KL_{i-1}, KR_{i-1}, C(i))$$

```
end for
switch  KL⌊n_r/2⌋, KR⌊n_r/2⌋
```

$$\text{for } i = \left\lceil \frac{n_r}{2} \right\rceil \text{ to } n_r - 1 \text{ do}$$

$$(KL_i, KR_i) = F_K(KL_{i-1}, KR_{i-1}, C(r-i))$$

```
end for
encryption:
```

$$\text{for } i = 1 \text{ to } \left\lceil \frac{n_r}{2} \right\rceil \text{ do}$$

$$(L_i, R_i) = F_E(L_{i-1}, R_{i-1}, KR_{i-1})$$

```
end for
```

$$\text{for } i = \left\lceil \frac{n_r}{2} \right\rceil + 1 \text{ to } n_r \text{ do}$$

$$(L_i, R_i) = F_E(L_{i-1}, R_{i-1}, KL_{i-1})$$

```
end for
```
$$C = R_{n_r} \parallel L_{n_r}$$
```
switch  KL_{n_r-1}, KR_{n_r-1}
```

**3. SEA 算法的特点及其安全性**

SEA 算法有两点特别之处，一个是密钥扩展算法，另一个是加密轮变换中的 $R$ 变换。密钥扩展算法使得 SEA 加密算法和解密算法的轮密钥完全一致。如果 SEA 算法采用 Feistel 结构，则加密算法和解密算法完全等同，因此 SEA 的轮变换增加了 $R$ 变换。SEA 假定处理器大小 $b \geqslant 8$。SEA 算法的设计者分析了该算法对差分分析、线性分析等典型分析方法的安全性，建议迭代轮数 $n_r$ 不小于 $\frac{3n}{4} + 2 \cdot \left( n_b + \left\lfloor \frac{b}{2} \right\rfloor \right)$。SEA 算法的迭代轮数必须是奇数，如果 $\frac{3n}{4} + 2 \cdot \left( n_b + \left\lfloor \frac{b}{2} \right\rfloor \right)$ 是偶数，建议加 1。

## 2.4.8 TWIS

TWIS 的整体结构为变体 Feistel 结构，分组长度和密钥长度都是 128 比特，迭代轮数为 10，轮变换由两层变体 Feistel 结构组成，如图 2-37 所示。

**1. TWIS 的加密算法**

加密算法由前期白化、10 轮迭代运算和后期白化组成。记 128 比特的明文 $P = P_0 \parallel P_1 \parallel P_2 \parallel P_3$，加密过程如下：

（1）前期白化。

$T_0 \leftarrow P_0 \oplus RK_0$

$T_1 \leftarrow P_1$

$T_2 \leftarrow P_2$

$T_3 \leftarrow P_3 \oplus RK_1$

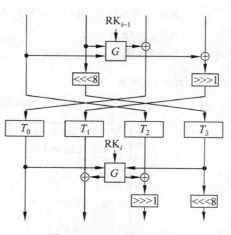

**图 2-37 TWIS 的轮变换**

（2）迭代运算。

对 $i = 1,2,\cdots,10$，计算

$Z_0 \parallel Z_1 \leftarrow G(\mathrm{RK}_{i-1}, T_0, T_1)$

$T_2 \leftarrow Z_0 \oplus T_2, \quad T_3 \leftarrow Z_1 \oplus T_3$

$T_1 \leftarrow T_1 \lll 8, \quad T_3 \leftarrow T_3 \ggg 1$

$T_0 \parallel T_1 \parallel T_2 \parallel T_3 \leftarrow T_2 \parallel T_3 \parallel T_0 \parallel T_1$

$Z_0 \parallel Z_1 \leftarrow G(\mathrm{RK}_i, T_0, T_3)$

$T_1 \leftarrow Z_0 \oplus T_1, \quad T_2 \leftarrow Z_1 \oplus T_2$

$T_2 \leftarrow T_2 \ggg 1, \quad T_3 \leftarrow T_3 \lll 8$

（3）后期白化。

$C_0 \leftarrow T_0 \oplus \mathrm{RK}_2, \quad C_1 \leftarrow T_1, \quad C_2 \leftarrow T, \quad C_3 \leftarrow T_3 \oplus \mathrm{RK}_3$

最后输出 128 比特密文 $C = C_0 \parallel C_1 \parallel C_2 \parallel C_3$。

TWIS 的加密算法的基本模块定义如下。

（1）轮函数 $G$。

轮函数 $G$ 采用 MISTY 结构设计，输入 64 比特数据 $X_0 \parallel X_1$ 和 32 比特子密钥 RK，输出 64 比特数据。$G$ 的定义如下：

$G: \{0,1\}^{32} \times \{0,1\}^{64} \rightarrow \{0,1\}^{64}$

$\quad (\mathrm{RK}, X_0 \parallel X_1) \rightarrow Y_0 \parallel Y_1$

$\quad Y_0 = X_1$

$\quad Y_1 = F(\mathrm{RK}, X_0) \oplus X_1$

（2）函数 $F$。

函数 $F$ 的输入是 32 比特数据 $X$ 和 32 比特子密钥 RK，输出是 32 比特数据 $Y$。$F$ 的定义如下：

$F: \{0,1\}^{32} \times \{0,1\}^{32} \rightarrow \{0,1\}^{32}, (\mathrm{RK}, X) \rightarrow Y$

$\quad X_0 \parallel X_1 \parallel X_2 \parallel X_3 \leftarrow \mathrm{RK} \oplus X$

$\quad X_0 \leftarrow S(X_0 \cdot 0\mathrm{x}3\mathrm{F})$

$\quad X_1 \leftarrow S(X_1 \cdot 0\mathrm{x}3\mathrm{F})$

$\quad X_2 \leftarrow S(X_2 \cdot 0\mathrm{x}3\mathrm{F})$

$\quad X_3 \leftarrow S(X_3 \cdot 0\mathrm{x}3\mathrm{F})$

$\quad Y_0 \parallel Y_1 \parallel Y_2 \parallel Y_3 \leftarrow X_2 \parallel X_3 \parallel X_0 \parallel X_1$

（3）S 盒。

TWIS 使用一个 $6 \times 8$ 的 S 盒，6 比特输入，8 比特输出，具体如表 2-40 所示。

表 2-40　TWIS 的 S 盒

| 输入的高位 2 比特 | 输入的低位 4 比特 | | | | | | | | | | | | | | | |
|---|---|---|---|---|---|---|---|---|---|---|---|---|---|---|---|---|
| | 0 | 1 | 2 | 3 | 4 | 5 | 6 | 7 | 8 | 9 | A | B | C | D | E | F |
| 0 | 90 | 49 | D1 | C6 | 2F | 33 | 74 | FB | 95 | 6D | 82 | EA | 0E | B0 | A8 | 1C |
| 1 | 28 | D0 | 4B | 92 | 5C | EE | 85 | B1 | C4 | 0A | 76 | 3D | 63 | F9 | 17 | AF |
| 2 | BF | BF | 19 | 65 | F7 | 7A | 32 | 20 | 16 | CE | E4 | 83 | 9D | 5B | 4C | D8 |
| 3 | EE | 99 | 2E | F8 | D4 | 9B | 0F | 13 | 29 | 89 | 67 | CD | 71 | DD | B6 | F4 |

**2. TWIS 的密钥扩展算法**

令 $K$ 是 128 比特种子密钥,首先将其划分成 16 个字节 $K_1 \parallel K_2 \parallel \cdots \parallel K_{16}$。加密算法需要 11 个 32 比特子密钥 $RK_i, i=0,1,\cdots,10$,它们的生成方式如下。

对 $i=1,2,\cdots,11$,计算

$$K = K \lll 3$$
$$K_i \leftarrow S(K_i \cdot 0x3F)$$
$$K_{15} \leftarrow S(K_{15} \cdot 0x3F)$$
$$K_{16} \leftarrow K_{16} \oplus [i]_2$$
$$RK_{i-1} \leftarrow \boldsymbol{M} \cdot (K_{13}, K_{14}, K_{15}, K_{16})^T$$

其中,$[i]_2$ 是 $i$ 的 2 比特表示,$\boldsymbol{M}$ 是 $4 \times 4$ 矩阵,具体如下:

$$\boldsymbol{M} = \begin{bmatrix} 01 & 02 & 04 & 06 \\ 02 & 01 & 06 & 04 \\ 04 & 06 & 01 & 02 \\ 06 & 04 & 02 & 01 \end{bmatrix}$$

**3. TWIS 的安全性**

TWIS 算法借鉴了 CLEFIA 的设计思想,TWIS 的设计者声称它的安全性与 CLEFIA 相当,有很好的统计特性和雪崩特性,能抵抗分组密码的典型分析方法。苏波展等证明了 TWIS 存在结构性问题,任意多轮迭代都能找到概率为 1 的差分特征[245]。

# 2.5 ARX 类分组密码

## 2.5.1 SPECK

SPECK 和 SIMON 算法由 NSA 同时发布,SPECK 算法的设计目标是面向软件的轻量级分组密码,同时关注算法的灵活性。SPECK 算法支持多种分组长度和密钥长度,分组涵盖 32、48、64、96 和 128 比特,密钥长度根据分组长度有不同的选择,最短的密钥长度为 64 比特,最长的密钥长度为 256 比特。记分组长度为 $2n$、密钥长度为 $mn$ 的算法版本为 SPECK $2n/mn$,其中 $n$ 是 SPECK 算法的字长度,$m$ 是密钥字数。表 2-41 给出了不同版本的 SPECK 算法的参数。

**表 2-41　不同版本的 SPECK 算法的参数**

| 分组长度<br>($2n$) | 密钥长度<br>($mn$) | 字长度<br>($n$) | 密钥字数<br>($m$) | 循环移位<br>数一($\alpha$) | 循环移位<br>数二($\beta$) | 轮数<br>($r$) |
|---|---|---|---|---|---|---|
| 32 | 64 | 16 | 4 | 7 | 2 | 22 |
| 48 | 72 | 24 | 3 | 8 | 3 | 22 |
|  | 96 | 24 | 4 | 8 | 3 | 23 |
| 64 | 96 | 32 | 3 | 8 | 3 | 26 |
|  | 128 | 32 | 4 | 8 | 3 | 27 |

续表

| 分组长度 (2n) | 密钥长度 (mn) | 字长度 (n) | 密钥字数 (m) | 循环移位数一(α) | 循环移位数二(β) | 轮数 (r) |
|---|---|---|---|---|---|---|
| 96 | 96 | 48 | 2 | 8 | 3 | 28 |
| | 144 | 48 | 3 | 8 | 3 | 29 |
| 128 | 128 | 64 | 2 | 8 | 3 | 32 |
| | 192 | 64 | 3 | 8 | 3 | 33 |
| | 256 | 64 | 4 | 8 | 3 | 34 |

**1. SPECK 的加密算法**

SPECK 加密算法由 $r$ 轮迭代运算组成,轮变换如图 2-38 所示。其中,$x_i$ 表示 $n$ 比特字,$k_i$ 是轮子密钥,$+$ 表示模 $2^n$ 加,$\oplus$ 表示按位异或运算,$S^i$ 表示左循环移位 $i$ 比特,$S^{-i}$ 表示右循环移位 $i$ 比特。

记 $2n$ 比特的明文 $P = x_1 \parallel x_0$,加密过程如下:

对 $i = 0, 1, \cdots, r-1$,计算

$$x_{2i+3} = (S^{-\alpha}(x_{2i+1}) + x_{2i}) \oplus k_i$$
$$x_{2i+2} = S^{\beta}(x_{2i}) \oplus k_{2i+3}$$

$x_{2r+1} \parallel x_{2r} = C$ 为 $2n$ 比特的密文。

**2. SPECK 的密钥扩展算法**

SPECK 的密钥扩展算法利用加密算法的轮变换生成轮密钥,如图 2-39 所示,$R_i$ 表示以 $i$ 为轮密钥的加密轮变换。

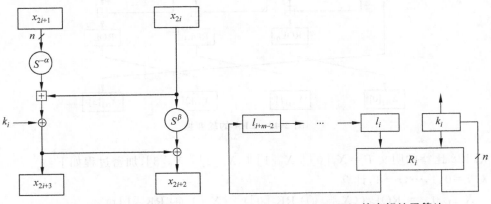

图 2-38　SPECK 的轮变换　　　　　　　图 2-39　SPECK 的密钥扩展算法

对于 SPECK $2n/mn$,种子密钥由 $m$ 个 $n$ 比特的字构成,记为$(l_{m-2}, \cdots, l_0, k_0)$。第 $i$ 轮子密钥通过如下方式生成:

对 $i = 0, 1, \cdots, r - 2$,计算

$$l_{i+m-1} = (S^{-\alpha}(l_i) + k_i) \oplus i$$
$$k_{i+1} = S^{\beta}(k_i) \oplus l_{i+m-1}$$

### 3. SPECK 的安全性分析

自从 SPECK 算法公布以来,其安全性分析主要集中在差分分析和线性分析上。文献[246]提出对 ARX 类算法的差分特征搜索算法,并用于 SPECK 类算法的安全性分析。文献[247]分析了 SPECK 算法对差分分析的安全性。文献[248]在密钥恢复阶段使用了一些技巧,提高了差分分析的攻击轮数。文献[249]提出了一种多起始点的搜索技术并运用于SPECK 算法,得到了缩减轮 SPECK 的最佳线性迹,并给出了 SPECK 算法对线性分析的安全性评估。文献[250]进一步提高了线性分析对 SPECK 算法的攻击轮数。文献[251]利用深度学习算法改进了对 SPECK32/64 的攻击。

## 2.5.2　LEA

LEA 是一个面向软件的轻量级分组密码,其设计目标是在通用软件平台上提供快速加密。2017 年,LEA 被提交给 ISO/IEC 作为轻量分组密码的候选标准。LEA 是面向 32 比特字的 ARX 类算法,分组长度为 128 比特,密钥长度为 128、192 和 256 比特,分别记为LEA-128、LEA-192 和 LEA-256,迭代轮数分别为 24、28 和 32。

### 1. LEA 的加密算法

加密算法由 $r$ 轮迭代运算组成,轮变换如图 2-40 所示。其中 $X_i[j]$ 表示 32 比特的字,$RK_i[j]$ 是轮密钥,$+$ 表示模 $2^{32}$ 加,$ROR_i$ 表示循环右移 $i$ 比特,$ROL_i$ 表示循环左移 $i$ 比特。

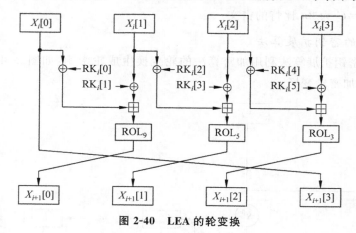

**图 2-40　LEA 的轮变换**

记 128 比特的明文 $P = X_0[0] \parallel X_0[1] \parallel X_0[2] \parallel X_0[3]$,加密过程如下:
对 $i = 0, 1, \cdots, r-1$,计算

$$X_{i+1}[0] = ROL_9((X_i[0] \oplus RK_i[0]) + (X_i[1] \oplus RK_i[1]))$$
$$X_{i+1}[1] = ROR_5((X_i[1] \oplus RK_i[2]) + (X_i[2] \oplus RK_i[3]))$$
$$X_{i+1}[2] = ROR_3((X_i[2] \oplus RK_i[4]) + (X_i[3] \oplus RK_i[5]))$$
$$X_{i+1}[3] = X_i[0]$$

$X_r[0] \parallel X_r[1] \parallel X_r[2] \parallel X_r[3] = C$ 为 128 比特密文。

### 2. LEA 的密钥扩展算法

LEA 的密钥扩展算法需要 8 个 32 比特常数,具体如下:

$\delta[0]=0\mathrm{xC3EFE9DB}$

$\delta[1]=0\mathrm{x44626B02}$

$\delta[2]=0\mathrm{x79E27C8A}$

$\delta[3]=0\mathrm{x78DF30EC}$

$\delta[4]=0\mathrm{x715EA49E}$

$\delta[5]=0\mathrm{xC785DA0A}$

$\delta[6]=0\mathrm{xE04EF22A}$

$\delta[7]=0\mathrm{xE5C40957}$

当密钥长度为 128 比特时，$K=K[0]\parallel K[1]\parallel K[2]\parallel K[3]$，令 $T[j]=K[j]$，$0\leqslant j\leqslant3$。对 $i=0,1,\cdots,23$，轮密钥 $\mathrm{RK}_i=\mathrm{RK}_i[0]\parallel \mathrm{RK}_i[1]\parallel\cdots\parallel \mathrm{RK}_i[5]$从如下方式生成：

$T[0]\leftarrow \mathrm{ROL}_1(T[0]+\mathrm{ROL}_i(\delta[i\bmod4]))$

$T[1]\leftarrow \mathrm{ROL}_3(T[1]+\mathrm{ROL}_{i+1}(\delta[i\bmod4]))$

$T[2]\leftarrow \mathrm{ROL}_6(T[2]+\mathrm{ROL}_{i+2}(\delta[i\bmod4]))$

$T[3]\leftarrow \mathrm{ROL}_{11}(T[3]+\mathrm{ROL}_{i+3}(\delta[i\bmod4]))$

$\mathrm{RK}_i\leftarrow T[0]\parallel T[1]\parallel T[2]\parallel T[1]\parallel T[3]\parallel T[1]$

当密钥长度为 192 比特时，$K=K[0]\parallel K[1]\parallel K[2]\parallel K[3]\parallel K[4]\parallel K[5]$，令 $T[j]=K[j]$，$0\leqslant j\leqslant5$。对 $i=0,1,\cdots,27$，轮密钥 $\mathrm{RK}_i=\mathrm{RK}_i[0]\parallel \mathrm{RK}_i[1]\parallel\cdots\parallel \mathrm{RK}_i[5]$以如下方式生成：

$T[0]\leftarrow \mathrm{ROL}_1(T[0]+\mathrm{ROL}_i(\delta[i\bmod6]))$

$T[1]\leftarrow \mathrm{ROL}_3(T[1]+\mathrm{ROL}_{i+1}(\delta[i\bmod6]))$

$T[2]\leftarrow \mathrm{ROL}_6(T[2]+\mathrm{ROL}_{i+2}(\delta[i\bmod6]))$

$T[3]\leftarrow \mathrm{ROL}_{11}(T[3]+\mathrm{ROL}_{i+3}(\delta[i\bmod6]))$

$T[4]\leftarrow \mathrm{ROL}_{13}(T[4]+\mathrm{ROL}_{i+4}(\delta[i\bmod6]))$

$T[5]\leftarrow \mathrm{ROL}_{17}(T[5]+\mathrm{ROL}_{i+5}(\delta[i\bmod6]))$

$\mathrm{RK}_i\leftarrow T[0]\parallel T[1]\parallel T[2]\parallel T[3]\parallel T[4]\parallel T[5]$

当密钥长度为 256 比特时，$K=K[0]\parallel K[1]\parallel\cdots\parallel K[7]$，令 $T[j]=K[j]$，$0\leqslant j\leqslant7$。对 $i=0,1,\cdots,31$，轮密钥 $\mathrm{RK}_i=\mathrm{RK}_i[0]\parallel \mathrm{RK}_i[1]\parallel\cdots\parallel \mathrm{RK}_i[5]$以如下方式生成：

$T[6i\bmod8]\leftarrow \mathrm{ROL}_1(T[6i\bmod8]+\mathrm{ROL}_i(\delta[i\bmod8]))$

$T[6i+1\bmod8]\leftarrow \mathrm{ROL}_3(T[6i+1\bmod8]+\mathrm{ROL}_{i}+1(\delta[i\bmod8]))$

$T[6i+2\bmod8]\leftarrow \mathrm{ROL}_6(T[6i+2\bmod8]+\mathrm{ROL}_{i}+2(\delta[i\bmod8]))$

$T[6i+3\bmod8]\leftarrow \mathrm{ROL}_{11}(T[6i+3\bmod8]+\mathrm{ROL}_{i}+3(\delta[i\bmod8]))$

$T[6i+4\bmod8]\leftarrow \mathrm{ROL}_{13}(T[6i+4\bmod8]+\mathrm{ROL}_{i}+4(\delta[i\bmod8]))$

$T[6i+5\bmod8]\leftarrow \mathrm{ROL}_{17}(T[6i+5\bmod8]+\mathrm{ROL}_{i}+5(\delta[i\bmod8]))$

$\mathrm{RK}_i\leftarrow T[6i\bmod8]\parallel T[6i+1\bmod8]\parallel T[6i+2\bmod8]\parallel$

$T[6i+3\bmod8]\parallel T[6i+4\bmod8]\parallel T[6i+5\bmod8]$

### 3. LEA 算法的特点和安全性

LEA 算法的设计者认为 32/64 位处理器将比 8/16 位处理器的应用更加广泛,因此 LEA 面向 32 比特字,基于在多数 32/64 位处理器都能快速实现的 ARX 操作。LEA 的加密算法和密钥扩展算法的 ARX 操作可以有效并行实现,LEA 不仅具有快速软件加密的特点,而且代码量小。和 AES 等分组密码不同,LEA 最后一轮的轮变换和其他轮一样,便于加密算法的软件和硬件实现。LEA 的设计者认为,有许多工作模式仅调用分组密码的加密算法,因此 LEA 不考虑加解密相似性,只强调加密算法的实现性能。LEA 的设计重点是循环移位数的选取,加密算法中的 3 个移位数的选取策略是扩散性和差分特征。LEA 采用简单的密钥扩展算法,密钥字之间没有混合,只是对密钥字执行模加常数和循环移位操作,便于软件和硬件实现。文献[252]利用自动分析技术评估了 LEA 对差分分析的安全性。

## 2.5.3　CHAM

CHAM 是一族 ARX 类的轻量级分组密码算法,采用 4 分支广义 Feistel 结构。CHAM 的设计目标是比 SIMON 和 SPECK 具有更好的软硬件性能。CHAM-$n/k$ 表示分组长度为 $n$、密钥长度为 $k$ 的实例,包括 CHAM-64/128、CHAM-128/128 和 CHAM-128/256,具体参数见表 2-42。这 3 个版本都适合资源受限环境,但是具体应用有细微差别,CHAM-64/128 更适合低端设备,CHAM-128/128 对 32 位处理器是不错的选择,CHAM-128/256 可以为更高安全需求提供支持。

表 2-42　CHAM-$n/k$ 的参数

| 参　　数 | CHAM-64/128 | CHAM-128/128 | CHAM-128/256 |
| --- | --- | --- | --- |
| 分组长度($n$) | 64 | 128 | 128 |
| 密钥长度($k$) | 128 | 128 | 256 |
| 轮数($r$) | 80 | 80 | 96 |
| 字长度($w$) | 16 | 32 | 32 |
| $k/w$ | 8 | 4 | 8 |

### 1. CHAM 的加密算法

CHAM-$n/k$ 加密算法由 $r$ 轮迭代运算组成,其轮变换如图 2-41 所示。其中 $w=n/4$,$X_i[j]$ 表示 $w$ 比特字,$\mathrm{RK}[i]$ 是 $w$ 比特轮密钥,+ 表示模 $2^w$ 加运算。

记 $n$ 比特的明文 $P=X_0[0] \parallel X_0[1] \parallel X_0[2] \parallel X_0[3]$,加密过程如下。

对 $i=0,1,\cdots,r-1$:

当 $i$ 为偶数时,计算

$$X_{i+1}[3] \leftarrow \mathrm{ROL}_8((X_i[0] \oplus i) + (\mathrm{ROL}_1(X_i[1]) \oplus \mathrm{RK}[i \bmod 2k/w]))$$

$$X_{i+1}[2] \leftarrow X_i[3]$$

$$X_{i+1}[1] \leftarrow X_i[2]$$

$$X_{i+1}[0] \leftarrow X_i[1]$$

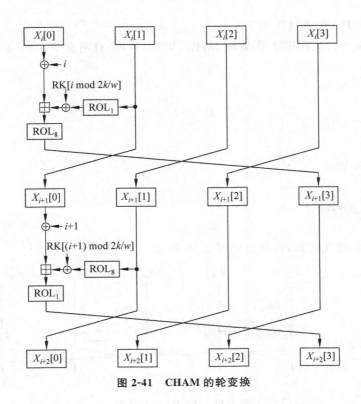

图 2-41　CHAM 的轮变换

当 $i$ 为奇数时，计算

$$X_{i+1}[3] \leftarrow \mathrm{ROL}_1((X_i[0] \oplus i) + (\mathrm{ROL}_8(X_i[1]) \oplus \mathrm{RK}[i \bmod 2k/w]))$$

$$X_{i+1}[2] \leftarrow X_i[3]$$

$$X_{i+1}[1] \leftarrow X_i[2]$$

$$X_{i+1}[0] \leftarrow X_i[1]$$

输出 $n$ 比特的密文 $X_r[0] \parallel X_r[1] \parallel X_r[2] \parallel X_r[3] = C$。

**2. CHAM 的密钥扩展算法**

CHAM-$n/k$ 的密钥扩展算法利用 $k$ 比特种子密钥 $K$ 生成 $2k/w$ 个轮密钥 $\mathrm{RK}[0]$，$\mathrm{RK}[1]$，$\cdots$，$\mathrm{RK}[2k/w-1]$，每个轮密钥都是 $w$ 比特。

首先将密钥 $K$ 分割成 $k/w$ 个 $w$ 比特字 $K[0]$，$K[1]$，$\cdots$，$K[k/w-1]$，即 $K = K[0] \parallel K[1] \parallel \cdots \parallel K[k/w-1]$。然后，对 $0 \leqslant i < k/w$，以如下方式生成轮密钥：

$$\mathrm{RK}[i] \leftarrow K[i] \oplus \mathrm{ROL}_1(K[i]) \oplus \mathrm{ROL}_8(K[i])$$

$$\mathrm{RK}[(i + k/w) \oplus 1] \leftarrow K[i] \oplus \mathrm{ROL}_1(K[i]) \oplus \mathrm{ROL}_{11}(K[i])$$

### 2.5.4　HIGHT

HIGHT 的分组长度为 64 比特，密钥长度为 128 比特，采用 8 分支广义 Feistel 类结构，迭代轮数为 32。HIGHT 是一个面向字节的 ARX 类算法，其中加法和减法都是模 $2^8$ 的。

**1. HIGHT 的加密算法**

HIGHT 的加密算法由初始变换、32 轮迭代运算和后期变换组成。记 64 比特明文 $P =$

$P_7 \parallel P_6 \parallel \cdots \parallel P_0$,加密过程如下:

首先利用 4 个白化密钥字节 $\mathrm{WK}_0,\mathrm{WK}_1,\mathrm{WK}_2,\mathrm{WK}_3$ 对明文 $P = P_7 \parallel P_6 \parallel \cdots \parallel P_0$ 做初始变换:

$$X_{0,0} \leftarrow P_0 + \mathrm{WK}_0$$
$$X_{0,1} \leftarrow P_1$$
$$X_{0,2} \leftarrow P_2 \oplus \mathrm{WK}_1$$
$$X_{0,3} \leftarrow P_3$$
$$X_{0,4} \leftarrow P_4 + \mathrm{WK}_2$$
$$X_{0,5} \leftarrow P_5$$
$$X_{0,6} \leftarrow P_6 \oplus \mathrm{WK}_3$$
$$X_{0,7} \leftarrow P_7$$

然后做 32 轮迭代运算,轮变换如图 2-42 所示。

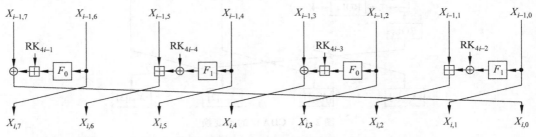

**图 2-42　HIGHT 的轮变换**

对 $i=0,1,\cdots,31$,计算

$$X_{i+1,1} \leftarrow X_{i,0}$$
$$X_{i+1,3} \leftarrow X_{i,2}$$
$$X_{i+1,5} \leftarrow X_{i,4}$$
$$X_{i+1,7} \leftarrow X_{i,6}$$
$$X_{i+1,0} = X_{i,7} \oplus (F_0(X_{i,6}) + \mathrm{RK}_{4i+3})$$
$$X_{i+1,2} = X_{i,1} + (F_1(X_{i,0}) \oplus \mathrm{RK}_{4i+2})$$
$$X_{i+1,4} = X_{i,3} \oplus (F_0(X_{i,2}) + \mathrm{RK}_{4i+1})$$
$$X_{i+1,6} = X_{i,5} + (F_1(X_{i,4}) \oplus \mathrm{RK}_{4i})$$

其中函数 $F_0$ 和 $F_1$ 定义如下:

$$F_0(x) = \mathrm{ROL}_1(x) \oplus \mathrm{ROL}_2(x) \oplus \mathrm{ROL}_7(x)$$
$$F_1(x) = \mathrm{ROL}_3(x) \oplus \mathrm{ROL}_4(x) \oplus \mathrm{ROL}_6(x)$$

最后,利用 4 字节白化密钥 $\mathrm{WK}_4,\mathrm{WK}_5,\mathrm{WK}_6,\mathrm{WK}_7$ 对 $X_{32} = X_{32,7} \parallel X_{32,6} \parallel \cdots \parallel X_{32,0}$ 做后期变换:

$$C_0 \leftarrow X_{32,1} + \mathrm{WK}_4$$
$$C_1 \leftarrow X_{32,2}$$
$$C_2 \leftarrow X_{32,3} \oplus \mathrm{WK}_5$$
$$C_3 \leftarrow X_{32,4}$$

$C_4 \leftarrow X_{32,5} + WK_6$

$C_5 \leftarrow X_{32,6}$

$C_6 \leftarrow X_{32,7} \oplus WK_7$

$C_7 \leftarrow X_{32,0}$

输出 64 比特密文 $C = C_7 \| C_6 \| \cdots \| C_0$。

2. HIGHT 的密钥扩展算法

首先将 128 比特密钥 $K$ 划分成 16 字节子密钥 $K_{15} \| K_{14} \| \cdots \| K_0$，然后分别利用白化密钥生成算法(WKGenretion)和轮密钥生成算法(RKGenretion)生成 8 字节白化密钥和 128 字节轮子密钥。

1) 白化密钥生成算法

加密算法的初始变换和后期变换需要 8 字节白化密钥 $WK_0, WK_1, \cdots, WK_7$，它们以如下方式生成：

```
WKGeneration
  for i=0 to 7 do
    if 0≤i≤3 then WKi←Ki+12
    else WKi←Ki-4
  end for
```

2) 轮密钥生成算法

加密算法的每轮变换需要 4 字节轮密钥,所以 RKGenretion 需要生成 128 字节轮密钥 $RK_0, RK_1, \cdots, RK_{127}$,具体如下：

```
RKGeneration
  for i=0 to 7 do
    for j=0 to 7 do
      RK16·i+j←K(j-i) mod 8 +δ 16·i+j
    end for
    for j=0 to 7 do
      RK16·i+j+8←K((j-i) mod 8)+8 +δ 16·i+j+8
    end for
  end for
```

其中,$\delta_i$ 是 7 比特常数。轮密钥生成算法需要 128 个 7 比特常数 $\delta_0, \delta_1, \cdots, \delta_{127}$,它们由一个 7 级线性反馈移位寄存器生成。令 $\delta_0 = 1011010$ 为 LSFR 的初态 $(s_6, s_5, s_4, s_3, s_2, s_1, s_0)$,从如下方式生成其他常数：

```
ConstantGeneration
  s6s5s4s3s2s1s0←1011010
  for i=0 to 127 do
    si+6←si+2⊕si+1
    δi←si+6 si+5 si+4 si+3 si+2si+1 si
  end for
```

**3. HIGHT 算法的特点和安全性**

HIGHT 是早期的轻量级密码算法,设计目标是适合低端设备的分组密码。和 AES 相比 HIGHT 的软硬件实现更轻量化。HIGHT 的所有运算都面向字节,因此,HIGHT 适合 8 位处理器应用环境。HIGHT 是韩国的密码标准,同时也被纳入 ISO/ICE 18033−3。国际上发布了大量关于 HIGHT 的分析评估结果。文献[253]给出了全轮 HIGHT 的相关密钥矩阵攻击。文献[254-256]分析了 HIGHT 对不可能差分分析的安全性,目前可以分析到 27 轮 HIGHT。文献[257-259]分析了 HIGHT 对积分分析的安全性,目前可以分析到 28 轮 HIGHT。文献[260]给出了全轮 HIGHT 的双系攻击。

## 2.5.5 SPARX

SPARX 的设计理念是"长轨迹设计"(Long Trail Design,LTS)策略,LTS 主张使用大规模(基于 ARX 的)S 盒和稀疏线性层。对于差分分析和线性分析,SPARX 的设计者可以给出任意迭代轮的最大差分和线性概率的界。SPARX 采用一个 32 比特的 ARX 模块 $A$,设计者称其为 ARX 盒,其构造来源于 SPECK-32 的轮变换。

**1. SPARX 的一般加密框架**

SPARX 加密包含 $n_s$ 步操作,每步操作由 $r_a$ 轮 ARX 盒层和一个线性层 $\lambda_\omega$ 组成。ARX 盒层对内部状态的每个 32 比特字执行 $a$ 轮 $A$,记为 $A^a$,其中子密钥取自密钥状态,在每个字的 $A^a$ 操作后密钥状态需更新,更新函数记为 $K_v$。令 $n$ 为分组长度,$k$ 为密钥长度,$\omega = n/32, n = k/32$。SPARX 的一般加密框架可用伪代码描述如下:

```
SPARKEnc
Input plaintext(x₀,x₁···, xω₋₁); key(k₀,k₁,···,kᵥ₋₁)
Output ciphertext(y₀,y₁,···,yω₋₁)
  Let yᵢ←xᵢ  for  all  i∈{0,1,···,ω−1}
  for  s∈{0,1,···,nₛ−1}  do
    for  i∈{0,1,···,ω−1}  do
      for  r∈{0,1,···,rₐ−1}  do
        yᵢ←yᵢ⊕kᵣ
        yᵢ←A(yᵢ)
      end  for
      (k₀,k₁,···, kᵥ₋₁)←Kᵥ(k₀,k₁,···, kᵥ₋₁)
    end  for
    (y₀,y₁,···, yω₋₁)←λω(y₀,y₁,···,yω₋₁)
  end  for
  Let  yᵢ←yᵢ⊕kᵢ  for  all  i∈{0,1,···,ω−1}
  return (y₀,y₁,···, yω₋₁)
```

其中,$A$ 是 32 比特 ARX 盒,如图 2-43 所示。其表达式如下:

$$A: \{0,1\}^{16} \times \{0,1\}^{16} \rightarrow \{0,1\}^{16} \times \{0,1\}^{16}$$

$$(x_0, y_0) \rightarrow (x_1, y_1)$$

$$x_1 = y_0 + (x_0 \ggg 7)$$

$$y_1 = x_1 \oplus (y_0 \ggg 2)$$

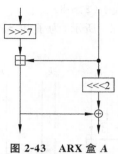

**图 2-43 ARX 盒 A**

SPARX-$n/k$ 表示分组长度为 $n$、密钥长度为 $k$ 的实例,包括 SPARX-64/128、SPARX-128/128 和 SPARX-128/256,具体参数如表 2-43 所示。

**表 2-43 SPARX-$n/k$ 的参数**

| 参　　　数 | SPARX-64/128 | SPARX-128/128 | SPARX-128/256 |
|---|---|---|---|
| 状态字数($w$) | 2 | 4 | 4 |
| 密钥字数($v$) | 4 | 4 | 8 |
| 每步的轮数($r_a$) | 3 | 4 | 4 |
| 步数($n_s$) | 8 | 8 | 10 |

### 2. SPARX-64/128

SPARX-64/128 是 SPARX 的轻量化实例,分组长度为 64 比特,密钥长度为 128 比特,加密算法有 8 步,每步 3 轮,线性层 $\lambda_2$ 是一轮 Feistel 结构,其轮函数 $L$ 采用 Lai-Massey 结构。SPARX-64/128 加密算法的基本模块如图 2-44 所示。

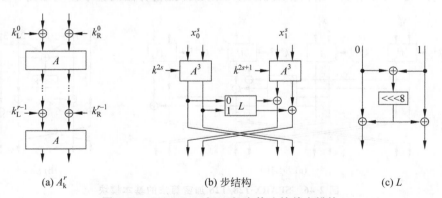

(a) $A_k^r$　　　　　　　(b) 步结构　　　　　　　(c) $L$

**图 2-44 SPARX-64/128 加密算法的基本模块**

其中,$L$ 有如下两种表达式:

$L$：$\{0,1\}^{16} \times \{0,1\}^{16} \rightarrow \{0,1\}^{16} \times \{0,1\}^{16}$

$\quad (x_0, y_0) \rightarrow (x_1, y_1)$

$\quad x_1 = x_0 \oplus (x_0 \; y_0) \lll 8$

$\quad y_1 = y_0 \oplus (x_0 \oplus y_0) \lll 8$

$$L：\{0,1\}^{32} \rightarrow \{0,1\}^{32}$$

$$z \rightarrow L(z) = z \oplus (z \lll 8) \oplus (z \ggg 8)$$

密钥状态更新函数 $K_4$ 如图 2-45 所示,为了和 SPARX-128/128 的更新函数区别,这里用 $K_4^{64}$ 表示。

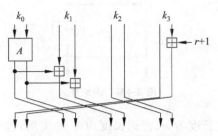

图 2-45　密钥状态更新函数 $K_4^{64}$

$K_4^{64}$ 的伪代码描述如下:

```
r←r+1
k₀←A(k₀)
(k₁)_L←(k₁)_L+(k₀)_L mod 2¹⁶
(k₁)_R←(k₁)_R+(k₀)_R mod 2¹⁶
(k₃)_R←(k₃)_R+r mod 2¹⁶
(k₀,k₁,k₂,k₃)←(k₃,k₀,k₁,k₂)
```

### 3. SPARX-128/128

SPARX-128/128 的加密算法有 8 步,每步 4 轮,线性层 $\lambda_4$ 是一轮 Feistel 结构,其轮函数 $L'$ 采用广义 Lai-Massey 结构。SPARX-128/128 加密算法的基本模块如图 2-46 所示。

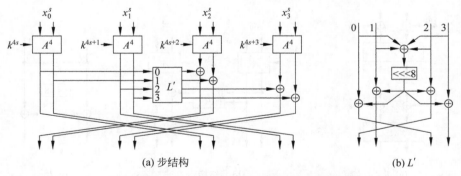

(a) 步结构　　　　　　　　　　　　　(b) $L'$

图 2-46　SPARX-128/128 加密算法的基本模块

其中,$L'$ 的具体表达式如下:

$$L'：(\{0,1\}^{16})^4 \rightarrow (\{0,1\}^{16})^4$$

$$(a_0,b_0,c_0,d_0) \rightarrow (a_1,b_1,c_1,d_1)$$

$$t = (a_0 \oplus b_0 \oplus c_0 \oplus d_0) \lll 8$$

$$a_1 = c_0 \oplus t$$

$$b_1 = b_0 \oplus t$$

$c_1 = a_0 \oplus t$

$d_1 = d_0 \oplus t$

密钥状态更新函数 $K_4^{128}$ 如图 2-47 所示。

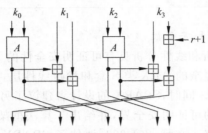

**图 2-47 密钥状态更新函数 $K_4^{128}$**

其伪代码描述如下:

```
r ← r+1
k₀ ← A(k₀)
(k₁)L ← (k₁)L + (k₀)L mod 2¹⁶
(k₁)R ← (k₁)R + (k₀)R mod 2¹⁶
k₂ ← A(k₂)
(k₃)L ← (k₃)L + (k₂)L mod 2¹⁶
(k₃)R ← (k₃)R + (k₂)R +r mod 2¹⁶
(k₀, k₁, k₂, k₃) ← (k₃, k₀, k₁, k₂)
```

**4. SPARX-128/256**

SPARX-128/256 的加密算法有 10 步,每步操作和 SPARX-128/128 一样,区别在于密钥扩展算法。SPARX-128/256 的密钥状态更新函数 $K_8$ 如图 2-48 所示。

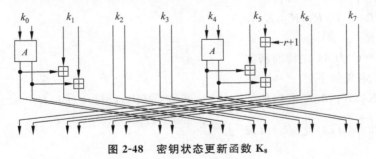

**图 2-48 密钥状态更新函数 $K_8$**

其伪代码描述如下:

```
r ← r+1
k₀ ← A(k₀)
(k₁)L ← (k₁)L + (k₀)L mod 2¹⁶
(k₁)R ← (k1)R + (k₀)R mod 2¹⁶
k₄ ← A(k₄)
```

$$(k_5)_L \leftarrow (k_5)_L + (k_4)_L \bmod 2^{16}$$
$$(k_5)_R \leftarrow (k_5)_R + (k_4)_R + r \bmod 2^{16}$$
$$(k_0, k_1, k_2, k_3, k_4, k_5, k_6, k_7) \leftarrow (k_5, k_6, k_7, k_0, k_1, k_2, k_3, k_4)$$

**5. SPARX 算法的特点和安全性**

SPARX 是对于差分分析和线性分析具有可证明安全性的 ARX 类算法。SPARX 的设计者提出长轨迹策略,利用复杂的 ARX 类 S 盒和稀疏线性层,给出了 SPARX 算法针对差分分析和线性分析的安全界。同时,SPARX 的设计者建议了另一种 ARX 类算法的设计策略,可以给出针对差分分析的可证明安全界,并给出了算法框架 LAX;但是对于线性分析,LAX 的安全性证明尚待研究。文献[261-263]评估了 SPARX 对差分分析、不可能差分分析和零相关线性分析的安全性,给出了 16 轮 SPARX 的分析结果。

### 2.5.6　TEA/XTEA

TEA 是 1994 年推出的分组密码,不同于当时的多数算法,TEA 仅采用模加、异或和移位等基本运算。微软公司 Xbox 游戏的安全系统采用了基于 TEA 的杂凑函数。XTEA 是 TEA 的升级版。

**1. TEA**

TEA 的分组长度为 64 比特,密钥长度为 128 比特,整体结构类似 Feistel 结构,迭代轮数为 64。其密钥扩展算法很简单,128 比特密钥 K 被划分成 4 个 32 比特子密钥:$K = K_0 \parallel K_1 \parallel K_2 \parallel K_3$,奇数轮密钥是 $(K_0, K_1)$,偶数轮密钥是 $(K_2, K_3)$。

记 64 比特明文 $P = L_0 \parallel R_0$,加密过程如下:

对奇数 $i = 1, 3, \cdots, 63$,计算

$$R_i = L_{i-1} + F(R_{i-1}, K_0, K_1, \delta_i)$$
$$L_i = R_{i-1}$$
$$R_{i+1} = L_i + F(R_i, K_2, K_3, \delta_i)$$
$$L_{i+1} = R_i$$

$L_{64} \parallel R_{64} = C$ 为 64 比特的密文。

轮函数 $F$ 定义如下:

$$F(R_{i-1}, K_0, K_1, \delta_i) = ((R_{i-1} \lll 4) + K_0) \oplus (R_{i-1} + \delta_i) \oplus ((R_{i-1} \lll 5) + K_1)$$

轮常数 $\delta_i = \lceil \frac{i}{2} \rceil \times d$,$\delta = \lfloor (\sqrt{5} - 1) 2^{31} \rfloor$。

**2. XTEA**

XTEA(eXended TEA,扩展 TEA)的分组长度为 64 比特,密钥长度为 128 比特,整体结构类似 Feistel 结构。XTEA 的轮变换和轮函数如图 2-49 所示,迭代轮数为 64。

记 64 比特明文 $P = L_0 \parallel R_0$,加密过程如下:

对 $i = 1, 2, \cdots, 64$,计算

$$R_i = L_{i-1} + ((\delta_i + \alpha_i) \oplus F(R_{i-1}))$$
$$L_i = R_{i-1}$$

$L_{64} \parallel R_{64} = C$ 为 64 比特的密文。

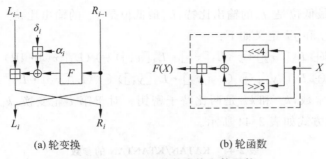

(a) 轮变换　　　　　　　　　　　　　(b) 轮函数

**图 2-49　XTEA 的轮变换和轮函数**

轮函数 $F(X) = ((X \ll 4) \oplus (X \gg 5)) + X$。$\delta_i$ 是轮常数，$\alpha_i$ 是轮密钥。128 比特密钥 $K$ 被划分成 4 个 32 比特子密钥：$K = K_0 \parallel K_1 \parallel K_2 \parallel K_3$，轮密钥 $\alpha_i$ 从集合 $\{K_0, K_1, K_2, K_3\}$ 中选取，具体如下：

$$\alpha_i = \begin{cases} K_{\delta_i[1,0]}, & i \text{ 为奇数} \\ K_{\delta_i[12,11]}, & i \text{ 为偶数} \end{cases}$$

$\delta_{i[1,0]}$ 表示 $\delta_i$ 的第 1 和第 0 比特组成的比特串对应的整数。

### 3. TEA 和 XTEA 的安全性

文献[264]指出 TEA 的有效密钥长度为 126 比特，导致对微软公司 Xbox 游戏安全系统的攻击。文献[265]给出了 TEA 的相关密钥攻击，数据复杂度和时间复杂度都为 $2^{32}$。为了弥补 TEA 的缺陷，Wheeler 和 Needham 重新设计了 XTEA。随后，国际上发表了大量关于 XTEA 的安全性分析成果，包括差分分析、零相关线性分析、相关密钥攻击、中间相遇攻击等[266-269]。

## 2.6　其他结构分组密码

### 2.6.1　KATAN/KTANTAN

KATAN 算法包含 KATAN32、KATAN48 和 KATAN64，密钥长度均为 80 比特，采用相同的密钥扩展算法，轮变换采用相同的非线性函数，迭代轮数都为 254。KTANTAN 和 KATAN 算法非常类似，区别仅在于密钥扩展算法。

#### 1. KATAN32 的加密算法

首先将 32 比特明文装载到两个寄存器 $L_1$ 和 $L_2$，$L_1$ 的长度为 13 比特，$L_2$ 的长度为 19 比特，装载方式是将明文的最低位装载到 $L_2$ 的第 0 比特，明文的最高位装载到 $L_1$ 的第 12 比特；然后将做 254 轮迭代变换，最后寄存器状态作为 32 比特密文输出。

KATAN/KTANTAN 的轮变换如图 2-50 所示，采用两个非线性函数 $f_a$ 和 $f_b$ 更新状态。$f_a$ 和 $f_b$ 计算之后，寄存器 $L_1$ 和 $L_2$ 移位，最高位被移出，最低位为 $f_a$ 和 $f_b$ 的输出比特。也就

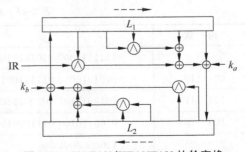

**图 2-50　KATAN/KTANTAN 的轮变换**

是经过轮变换,$L_1$ 最低位是 $f_b$ 的输出比特,$L_2$ 最低位是 $f_a$ 的输出比特。

非线性函数 $f_a$ 和 $f_b$ 定义如下:

$$f_a = L_1[x_1] \oplus L_1[x_2] \oplus (L_1[x_3] \cdot L_1[x_4]) \oplus (L_1[x_5] \cdot IR) \oplus k_a$$

$$f_b = L_2[y_1] \oplus L_2[y_2] \oplus (L_2[y_3] \cdot L_2[y_4]) \oplus (L_2[y_5] \cdot L_2[y_6]) \oplus k_b$$

其中,IR 是 1 比特常数,$k_a$ 和 $k_b$ 是两比特子密钥。对于第 $i$ 轮变换,$k_a = k_{2i}$,$k_b = k_{2i+1}$。$\{x_i\}$ 和 $\{y_j\}$ 的选取方式如表 2-44 所示。

表 2-44　KATAN/KTANTAN 的参数

| 参　　数 | KATAN32/KTANTAN32 | KATAN48/KTANTAN48 | KATAN64/KTANTAN64 |
|---|---|---|---|
| $\lvert L_1 \rvert$ | 13 | 19 | 25 |
| $\lvert L_2 \rvert$ | 19 | 29 | 39 |
| $x_1$ | 12 | 18 | 24 |
| $x_2$ | 7 | 12 | 15 |
| $x_3$ | 8 | 15 | 20 |
| $x_4$ | 5 | 7 | 11 |
| $x_5$ | 3 | 6 | 9 |
| $y_1$ | 18 | 28 | 38 |
| $y_2$ | 7 | 19 | 25 |
| $y_3$ | 12 | 21 | 33 |
| $y_4$ | 10 | 13 | 21 |
| $y_5$ | 8 | 15 | 14 |
| $y_6$ | 3 | 6 | 9 |

### 2. KATAN32 的密钥扩展算法

令 80 比特密钥 $K = k_{79}k_{78}\cdots k_0$,则第 $i$ 轮子密钥 $k_a k_b = k_{2i}k_{2i+1}$ 用如下方式生成:

$$k_i = \begin{cases} k_i, & i = 0,1,\cdots,79 \\ k_{i-80} \oplus k_{i-61} \oplus k_{i-50} \oplus k_{i-13}, & \text{其他} \end{cases}$$

轮常数 IR 利用 8 级线性反馈移位寄存器生成,初始状态为全 1,反馈多项式为 $x^8 + x^7 + x^5 + x^3 + 1$。轮常数如表 2-45 所示。

表 2-45　KATAN32 的轮常数

| 轮　　数 | IR |
|---|---|
| 0～59 | 1111111000 1101010101 1110110011 0010100100 0100011000 1111000010 |
| 60～119 | 0001010000 0111110011 1111010100 0101010011 0000110011 1011111011 |
| 120～179 | 1010010101 1010011100 1101100010 1110110111 1001011011 0101110010 |
| 180～239 | 0100110100 0111000100 1111010000 1110101100 0001011001 0000001101 |
| 240～253 | 1100000001 0010 |

### 3. KATAN48 和 KATAN64

3 个 KATAN 算法的区别在于分组长度、寄存器 $L_1$ 和 $L_2$ 的长度、非线性函数 $f_a$ 和 $f_b$ 的输入比特的位置、每轮中使用非线性函数 $f_a$ 和 $f_b$ 的次数。其中第二和第三个区别见表 2-44。对于 KATAN48，每轮使用两次非线性函数 $f_a$ 和 $f_b$。第一次使用 $f_a$ 和 $f_b$ 更新寄存器之后，在相同子密钥作用下再次使用 $f_a$ 和 $f_b$ 更新寄存器；对于 KATAN64，每轮使用 3 次非线性函数 $f_a$ 和 $f_b$。在相同子密钥作用下使用 $f_a$ 和 $f_b$ 更新 3 次寄存器。

### 4. KTANTAN

KTANTAN 和 KATAN 的区别仅在于密钥扩展算法。KTANTAN 将 80 比特密钥划分成 5 个 16 比特：$K = w_4 \parallel w_3 \parallel w_2 \parallel w_1 \parallel w_0$，轮计数器 LFSR 的 8 比特状态记为 $(t_7, t_6, t_5, t_4, t_3, t_2, t_1, t_0)$，MUX16to1$(x, y)$ 表示 $x$ 的第 $y$ 比特，令 $a_i = $ MUX16to1$(w_i, t_7 t_6 t_5 t_4)$，则轮子密钥比特用如下方式生成：

$$k_a = \overline{t_3} \cdot \overline{t_2} \cdot a_0 \oplus (t_3 \vee t_2) \cdot \text{MUX4to1}(a_4\, a_3 a_2\, a_1, t_1 t_0)$$

$$k_b = \overline{t_3} \cdot t_2 \cdot a_4 \oplus (t_3 \vee \overline{t_2}) \cdot \text{MUX4to1}(a_3 a_2 a_1 a_0, \overline{t_1 t_0})$$

### 5. KATAN/KTANTAN 的安全性

KATAN/KTANTAN 算法的设计理念新颖，但是其安全性没有经受住考验。文献[270]提出了三子集中间相遇攻击，分析评估了 80 比特密钥 KTANTAN 的安全性；该文献还利用密钥扩展算法的弱点，给出了全轮 KTANTAN32/48/64 的安全性分析，数据复杂度分别为 2、3、2 个明密文对，时间复杂度分别为 $2^{75.170}$、$2^{75.044}$、$2^{75.584}$（加密次数）。文献[271]给出了 KTANTAN32/48/64 的实际相关密钥攻击，比如，恢复 KTANTAN32 的 80 比特密钥的时间复杂度为 $2^{28.44}$。文献[272]分析评估了 KATAN32/48/64 对相关密钥飞来去器攻击的安全性。通过猜测中间状态并将算法划分为若干子密码，文献[273]提出了对 KATAN32/48/64 更加有效的攻击方法。

## 2.6.2　PRINCE

PRINCE 是第一个明确将低延迟作为设计指标的轻量级分组密码算法，其硬件实现可以在一个时钟周期内完成数据加密，同时硬件实现面积和已有算法相比有竞争力。一个时钟周期实现密码算法一般采用完全展开的方式，因此，不用局限于迭代相似轮变换的传统分组密码的设计理念。PRINCE 的另一个设计目标是以最小的额外成本同时实现解密和加密算法。PRINCE 利用反射性使得解密算法的实现成本可以忽略不计，更确切地说，对于一个密钥的 PRINCE 解密等于使用另一密钥的 PRINCE 加密。

### 1. FX 结构

为了弥补 DES 算法密钥长度太短的缺陷，1984 年，Rivest 提出了一种增长 DES 算法密钥长度的方案——DESX。对 DES 加密操作的输入和输出分别异或两个独立的 64 比特密钥，使得 DESX 的密钥长度变为 56 + 64 + 64 = 184 比特。在 DESX 的基础上，Kilian 和 Rogaway 提出了 FX 结构，如图 2-51 所示。

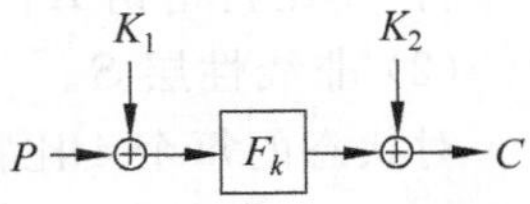

图 2-51　FX 结构

FX 结构可表示为

$$\text{FX}_{K, K_1, K_2}(P) = F_K(P \oplus K_1) \oplus K_2$$

其中 $F$ 是一个分组密码,其分组长度为 $n$ 比特,密钥长度为 $k$ 比特,$K_1$ 和 $K_2$ 是两个独立的 $n$ 比特白化密钥。

文献[274]证明了以下结论:如果 $F$ 是理想的分组密码,攻击者能获取 $D=2^d$ 明密文对,则 FX 结构能提供 $n+k-d-1$ 比特安全性。该结论意味着 FX 的安全性取决于攻击者能获得多少数据,不完全由攻击者的计算能力决定。这一点比较独特,对于现存的多数分组密码,攻击者获得额外数据在密钥恢复攻击中似乎没有明显的优势。在 DESX 被提出之后,采用 FX 结构的分组密码算法很少,直到 2014 年才出现了采用 FX 结构的 PRINCE 算法,随后 PRIDE 算法也采用了类似的 FX 结构。PRINCE 和 PRIDE 的参数相同,$n=k=64$,在假定内核密码是理想的情况下,它们都提供 $127-d$ 比特的安全性。

**2. PRINCE 加密算法**

PRINCE 基于 FX 结构设计,分组长度为 64 比特,密钥长度为 128 比特。128 比特密钥 $K$ 被划分成两个 64 比特 $K_0\|K_1$,进一步扩展到 192 比特 $K_0\|K_0'\|K_1$,其中 $K_0'=(K_0\ggg1)\oplus(K_0\gg63)$。

**图 2-52　PRINCE 的加密算法**

PRINCE 的加密算法如图 2-52 所示。首先是前期白化,对 64 比特明文异或密钥 $K_0$;然后在密钥 $K_1$ 作用下进行加密变换(PRINCEcore);最后是后期白化,对状态异或密钥 $K_0'$,输出 64 比特密文。

**3. PRINCEcore**

PRINCEcore 包含 12 轮,每一轮的轮密钥都是 $K_1$,运算过程如图 2-53 所示。PRINCEcore 包含 5 个步骤:①密钥和常数加运算;②5 轮轮变换;③两轮中间处理层;④5 轮逆变换;⑤常数和密钥加运算。中间处理层可以记为 $S^{-1}\cdot M'\cdot S$,其中 $S$ 为非线性层,$M'$ 是线性扩散层,$S^{-1}$ 为 $S$ 的逆。前 5 轮轮变换和后 5 轮逆变换除去常数的影响,可以看作互逆操作。以正向轮变换为例,其中包含的运算有密钥加、非线性层 $S$、线性扩散层 $M$ 和常数加。

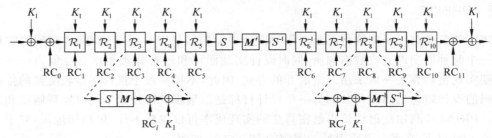

**图 2-53　PRINCEcore 的运算过程**

(1)密钥加。

将 64 比特密钥 $K_1$ 按位异或到状态。

(2)非线性层 $S$。

对状态的每个 4 比特做 S 盒变换。具体 S 盒如表 2-46 所示。

**表 2-46　PRINCE 的 S 盒**

| $x$ | 0 | 1 | 2 | 3 | 4 | 5 | 6 | 7 | 8 | 9 | A | B | C | D | E | F |
|---|---|---|---|---|---|---|---|---|---|---|---|---|---|---|---|---|
| $S(x)$ | B | F | 3 | 2 | A | C | 9 | 1 | 6 | 7 | 8 | 0 | E | 5 | D | 4 |

（3）线性扩散层 $M$ 和 $M'$。

对 64 比特状态乘以 $64 \times 64$ 矩阵 $M$ 或 $M'$。

$M'$ 是分块对角阵，$M' = \mathrm{diag}(\hat{M}^{(0)}, \hat{M}^{(1)}, \hat{M}^{(1)}, \hat{M}^{(0)})$，其中

$$\hat{M}^{(0)} = \begin{bmatrix} M_0 & M_1 & M_2 & M_3 \\ M_1 & M_2 & M_3 & M_0 \\ M_2 & M_3 & M_0 & M_1 \\ M_3 & M_0 & M_1 & M_2 \end{bmatrix}, \quad \hat{M}^{(1)} = \begin{bmatrix} M_1 & M_2 & M_3 & M_0 \\ M_2 & M_3 & M_0 & M_1 \\ M_3 & M_0 & M_1 & M_2 \\ M_0 & M_1 & M_2 & M_3 \end{bmatrix}$$

这里 $M_0$、$M_1$、$M_2$ 和 $M_3$ 为如下的 $4 \times 4$ 矩阵：

$$M_0 = \begin{bmatrix} 0 & 0 & 0 & 0 \\ 0 & 1 & 0 & 0 \\ 0 & 0 & 1 & 0 \\ 0 & 0 & 0 & 1 \end{bmatrix}, \quad M_1 = \begin{bmatrix} 1 & 0 & 0 & 0 \\ 0 & 0 & 0 & 0 \\ 0 & 0 & 1 & 0 \\ 0 & 0 & 0 & 1 \end{bmatrix},$$

$$M_2 = \begin{bmatrix} 1 & 0 & 0 & 0 \\ 0 & 1 & 0 & 0 \\ 0 & 0 & 0 & 0 \\ 0 & 0 & 0 & 1 \end{bmatrix}, \quad M_3 = \begin{bmatrix} 1 & 0 & 0 & 0 \\ 0 & 1 & 0 & 0 \\ 0 & 0 & 1 & 0 \\ 0 & 0 & 0 & 0 \end{bmatrix}$$

$M = \mathrm{SR} \circ M'$，其中 SR 类似 AES 的行移位变换，对状态的 16 个半字节进行换位变换，$\mathrm{SR} = [0, 5, 10, 15, 4, 9, 14, 3, 8, 13, 2, 7, 12, 1, 6, 11]$。

（4）常数加。

将 64 比特状态和轮常数 $\mathrm{RC}_i$ 按位异或。轮常数 $\mathrm{RC}_i$ 如表 2-47 所示。

表 2-47　轮常数 $\mathrm{RC}_i$

| $\mathrm{RC}_i$ | 值 | $\mathrm{RC}_i$ | 值 |
| --- | --- | --- | --- |
| $\mathrm{RC}_0$ | 0000000000000000 | $\mathrm{RC}_6$ | 7EF84F78FD955CB1 |
| $\mathrm{RC}_1$ | 13198A2E03707344 | $\mathrm{RC}_7$ | 85840851F1AC43AA |
| $\mathrm{RC}_2$ | A4093822299F31D0 | $\mathrm{RC}_8$ | C882D32F25323C54 |
| $\mathrm{RC}_3$ | 082EFA98EC4E6C89 | $\mathrm{RC}_9$ | 64A51195E0E3610D |
| $\mathrm{RC}_4$ | 452821E638D01377 | $\mathrm{RC}_{11}$ | D3B5A399CA0C2399 |
| $\mathrm{RC}_5$ | BE5466CF34E90C6C | $\mathrm{RC}_{12}$ | C0AC29B7C97C50DD |

对 $0 \leqslant i \leqslant 11$，$\mathrm{RC}_i \oplus \mathrm{RC}_{11-i} = \alpha = \mathrm{C0AC29B7C97C50DD}$；$\mathrm{RC}_{12} = \alpha$，$\mathrm{RC}_0 = 0$，$\mathrm{RC}_1$、$\mathrm{RC}_2$、$\mathrm{RC}_3$、$\mathrm{RC}_4$、$\mathrm{RC}_5$ 和 $\alpha$ 都取自 $\pi = 3.141\cdots$ 的小数部分。

4. PRINCE 算法的特点和安全性

因为轮常数的特殊性质，PRINCE 属于反射密码算法[275]。PRINCE 算法具有 $\alpha$ 反射性，即对于任何一个密钥 $(K_0 \parallel K_0' \parallel K_1)$，

$$D_{(K_0 \parallel K_0' \parallel K_1)}(\circ) = E_{(K_0' \parallel K_0 \parallel K_1 \oplus \alpha)}(\circ)$$

PRINCE 以其独特设计以及迭代轮数低等特点吸引了大量密码分析者的关注。文献 [276] 巧妙利用 $\alpha$ 反射性将 PRINCE 算法从中间折叠，使得全轮的算法转换为只有一半轮数的算法；进而对 $\alpha$ 值进行分类并搜索到折叠后算法的最优差分特征，对于最优的 $\alpha$ 值，存在有效的全轮密钥恢复攻击。表明 PRINCE 类算法的安全性和 $\alpha$ 值的选取密切相关。文

献[277]给出了 10 轮 PRINCE 的多差分分析。文献[278]给出了 8 轮 PRINCEcore 的多维线性区分器。文献[279]提出了对 FX 结构的时间存储折中攻击,但不危及 PRINCE 的安全性。

### 2.6.3 PRIDE

PRIDE 是面向软件的轻量级分组密码算法,其设计目标是在 8 位微处理器上软件实现的轻量化。该算法的分组长度为 64 比特,密钥长度为 128 比特,迭代轮数为 20。

#### 1. PRIDE 加密算法整体框架

PRIDE 加密算法的整体框架采用 FX 结构,如图 2-54 所示。128 比特密钥 $K$ 被划分成两个 64 比特 $K_0 \parallel K_1$。前期白化密钥 $K_0$ 和后期白化密钥 $K_2$ 都只和 $K_0$ 有关,实际上 $K_2 = K_0$;中间的轮密钥只和 $K_1$ 有关。$f_i(K_1)$ 表示第 $i$ 轮的轮密钥,$R$ 表示轮变换。

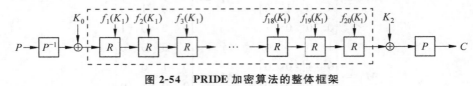

**图 2-54　PRIDE 加密算法的整体框架**

#### 2. 轮变换

轮变换 $R$ 由 5 个步骤组成:轮密钥加(AddRoundkey)、非线性替换(Sub)、比特置换 $B$、线性变换 $L$ 和比特置换 $B^{-1}$。最后一轮的轮变换 $R'$ 由两个步骤组成:轮密钥加和非线性替换。

(1) 轮密钥加 AddRoundKey。

轮密钥加 AddRoundKey 简单地将 64 比特轮密钥逐比特异或到 64 比特密码状态。

(2) 非线性替换 Sub。

非线性替换 Sub 将 64 比特密码状态划分成 16 个 4 比特,对每个 4 比特做 $S$ 盒替换。PRIDE 的 $S$ 盒如表 2-48 所示。

**表 2-48　PRIDE 的 S 盒**

| $x$ | 0 | 1 | 2 | 3 | 4 | 5 | 6 | 7 | 8 | 9 | A | B | C | D | E | F |
|---|---|---|---|---|---|---|---|---|---|---|---|---|---|---|---|---|
| $S(x)$ | 0 | 4 | 8 | F | 1 | 5 | E | 9 | 2 | 7 | A | C | B | D | 6 | 3 |

(3) 比特置换 $B$。

比特置换 $B$ 是 $\{0,1\}^{64}$ 上的比特置换,将输入状态的第 $j$ 比特移动到第 $B(j)$ 比特,具体如下:

| | | | | | | $B$ | | | | | | | | | |
|---|---|---|---|---|---|---|---|---|---|---|---|---|---|---|---|
| 0 | 4 | 8 | 12 | 16 | 20 | 24 | 28 | 32 | 36 | 40 | 44 | 48 | 52 | 56 | 60 |
| 1 | 5 | 9 | 13 | 17 | 21 | 25 | 29 | 33 | 37 | 41 | 45 | 49 | 53 | 57 | 61 |
| 2 | 6 | 10 | 14 | 18 | 22 | 26 | 30 | 34 | 38 | 42 | 46 | 50 | 54 | 58 | 62 |
| 3 | 7 | 11 | 15 | 19 | 23 | 27 | 31 | 35 | 39 | 43 | 47 | 51 | 55 | 59 | 63 |

(4) 线性变换 $L$。

线性变换 $L$ 是 $\{0,1\}^{64}$ 上的线性变换,由 4 个 $\{0,1\}^{16}$ 上的线性变换 $L_0$、$L_1$、$L_2$ 和 $L_3$ 组

成。令 $X = X_0 \| X_1 \| X_2 \| X_3 \| X_4 \| X_5 \| X_6 \| X_7$ 表示 64 比特的输入,每个 $X_i$ 为 8 比特,则 $L(X) = L_0(X_0, X_1) \| L_1(X_2, X_3) \| L_2(X_4, X_5) \| L_3(X_6, X_7)$,其中 $L_0$、$L_1$、$L_2$ 和 $L_3$ 定义如下:

$$L_0 : (\{0,1\}^8)^2 \to (\{0,1\}^8)^2$$
$$(X_0, X_1) \to (Y_0, Y_1)$$
$$Y_0 = (X_0 \lll 4) \oplus (X_1 \lll 4) \oplus X_1$$
$$Y_1 = X_0 \oplus (X_0 \lll 4) \oplus (X_1 \lll 4)$$

$$L_1 : (\{0,1\}^8)^2 \to (\{0,1\}^8)^2$$
$$(X_2, X_3) \to (Y_2, Y_3)$$
$$Y_2 = X_2 \oplus (X_2 \lll 1) \oplus (X_3 \lll 3)$$
$$Y_3 = X_2 \oplus X_3 \oplus (X_3 \lll 4)$$

$$L_2 : (\{0,1\}^8)^2 \to (\{0,1\}^8)^2$$
$$(X_4, X_5) \to (Y_4, Y_5)$$
$$Y_4 = (X_4 \lll 4) \oplus (X_4 \lll 5) \oplus (X_5 \ggg 1)$$
$$Y_5 = (X_4 \lll 4) \oplus X_5 \oplus (X_5 \ggg 1)$$

$$L_3 : (\{0,1\}^8)^2 \to (\{0,1\}^8)^2$$
$$(X_6, X_7) \to (Y_6, Y_7)$$
$$Y_6 = X_6 \oplus (X_6 \lll 4) \oplus (X_7 \lll 4)$$
$$Y_7 = (X_6 \lll 4) \oplus X_7 \oplus (X_7 \lll 4)$$

(5) 比特置换 $B^{-1}$。

比特置换 $B^{-1}$ 是 $\{0,1\}^{64}$ 上的比特置换,将输入状态的第 $j$ 比特移动到第 $B^{-1}(j)$ 比特,具体如下:

| $B^{-1}$ | | | | | | | | | | | | | | | |
|---|---|---|---|---|---|---|---|---|---|---|---|---|---|---|---|
| 0 | 16 | 32 | 48 | 1 | 17 | 33 | 49 | 2 | 18 | 34 | 50 | 3 | 19 | 35 | 57 |
| 4 | 20 | 36 | 52 | 5 | 21 | 37 | 53 | 6 | 22 | 38 | 54 | 7 | 23 | 39 | 55 |
| 8 | 24 | 40 | 56 | 9 | 25 | 41 | 57 | 10 | 26 | 42 | 58 | 11 | 27 | 43 | 59 |
| 12 | 28 | 44 | 60 | 13 | 29 | 45 | 61 | 14 | 30 | 46 | 62 | 15 | 30 | 47 | 63 |

### 3. PRIDE 的密钥扩展算法

将种子密钥的右半边 64 比特 $K_1$ 看成 8 个字节,$K_1 = k_0 \| k_1 \| k_2 \| k_3 \| k_4 \| k_5 \| k_6 \| k_7$。对于 $i = 1, 2, \cdots, 20$,第 $i$ 轮的轮子密钥 $f_i(K_1)$ 定义如下:

$$f_i(K_1) = k_0 \| g_i^{(0)}(k_1) \| k_2 \| g_i^{(1)}(k_3) \| k_4 \| g_i^{(2)}(k_5) \| k_6 \| g_i^{(3)}(k_7)$$

其中:

$$g_i^{(0)}(x) = (x + 193i) \bmod 256$$
$$g_i^{(1)}(x) = (x + 165i) \bmod 256$$
$$g_i^{(2)}(x) = (x + 81i) \bmod 256$$
$$g_i^{(3)}(x) = (x + 197i) \bmod 256$$

### 4. PRIDE 算法的特点和安全性

采用比特切片技术实现 PRIDE 算法时,轮函数的比特置换 $B$ 和 $B^{-1}$ 不需要实现,所有运算都是面向字节的,所以 PRIDE 在 8 位处理器上具有优良的实现性能。PRIDE 的设计重点在于扩散层线性变换 $L$,设计者给出一般的构造方法,并通过计算机搜索适合 Atmel AVR 指令集的扩散层。文献[280,281]评估了 PRIDE 对差分分析的安全性,给出了 19 轮 PRIDE 的差分分析。文献[282]给出了全轮 PRIDE 的相关密钥差分分析。

### 2.6.4 QARMA

QARMA 是一族可调分组密码,分组长度 $n$ 为 64 和 128 比特,密钥长度为 $2n$ 比特,调柄长度为 $n$ 比特。加密算法的迭代轮数为 $2r+2$,QARMA-64 的建议迭代轮数为 16, QARMA-128 的建议迭代轮数为 24。QARMA 的设计目标比较明确,主要应用于内存加密,算法完全展开硬件实现,在一个时钟周期内完成加密。QARMA 的结构类似于 PRINCE,可以看成 3 轮 EM 结构。

#### 1. 记号和框架

QARMA 整体框架如图 2-55 所示,它采用 3 轮 EM 结构,第一个和第三个置换互逆。

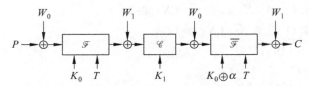

**图 2-55   QARMA 整体框架**

$P$、$C$ 和 $T$ 分别表示明文、密文和调柄,$K_0$、$K_1$、$W_0$ 和 $W_1$ 都是由种子密钥 $K$ 产生的轮密钥。QARMA 的 $n$ 比特状态有如下两种等价表示:

$$\text{State} = s_0 \parallel s_1 \parallel \cdots \parallel s_{15} = \begin{bmatrix} s_0 & s_1 & s_2 & s_3 \\ s_4 & s_5 & s_6 & s_7 \\ s_8 & s_9 & s_{10} & s_{11} \\ s_{12} & s_{13} & s_{14} & s_{15} \end{bmatrix}$$

其中 $s_i \in \{0,1\}^m$,QARMA-64 的 $m=4$,QARMA-128 的 $m=8$。

#### 2. QARMA 的加密算法

首先进行前期白化,然后进行 $r$ 轮前向轮变换,接着是两轮中间变换,再进行 $r$ 轮后向轮变换,最后进行后期白化并输出 $n$ 比特密文。QARMA 的加密算法的伪代码描述如下:

```
Enc(r)(P,K,T):
  Write K=W0 ‖ K0
  W1 ← (W0>>>1) ⊕ (W0>>(16m-1)),  K1←K0
  State←P ⊕W0
  for i=0 to r-1 do
    State←FR(State,K0⊕T⊕ci)   (SFR for i=0)
    T ←ω∘h(T)
  end for
  State←FR(State,W1⊕T)
  State←PR(State,K1)
  State←FR(State,W0⊕T)
```

```
for  i =r-1  to  0  do
   T ← h⁻¹∘ω⁻¹(T)
   State ← BR(State,K₀⊕ T ⊕ cᵢ⊕α )(SBR  for  i =0)
end for
C ← State ⊕W₁
```

其中,QARMA-64 的 $r$ 为 7,QARMA-128 的 $r$ 为 11。

(1) 前向轮变换 FR。

前向轮变换 FR 由轮密钥加 ART、字换位 $L$、列混合 MC 和字替换 SC 组成,即

FR= SC。MC。$L$。ARK

① 轮密钥加 ART。

轮密钥加 ART 简单地将 $n$ 比特轮密钥按位异或到状态。

② 字换位 $L$。

字换位 $L$ 对状态做如下变换:

$$\begin{bmatrix} s_0 & s_1 & s_2 & s_3 \\ s_4 & s_5 & s_6 & s_7 \\ s_8 & s_9 & s_{10} & s_{11} \\ s_{12} & s_{13} & s_{14} & s_{15} \end{bmatrix} \xrightarrow{L} \begin{bmatrix} s_0 & s_{11} & s_6 & s_{13} \\ s_{10} & s_1 & s_{12} & s_7 \\ s_5 & s_{14} & s_3 & s_8 \\ s_{15} & s_4 & s_9 & s_2 \end{bmatrix}$$

$L$ 也可以看成对一个状态做向量置换:

$$L = [0,11,6,13,10,1,12,7,5,14,3,8,15,4,9,2]$$

对于 $0 \leqslant i \leqslant 15, s_i \leftarrow s_{L[i]}$。

③ 列混合 MC。

列混合 MC 对状态逐列进行线性变换,线性变换是环 $\mathscr{R}_m$ 上的循环矩阵,$\mathscr{R}_m = F_2[\rho]$ 是商环 $F_2[X]/(X^m+1)$。

对于 QARMA-64,$m=4$,

$$M_4 = \mathrm{circ}(0,\rho,\rho^2,\rho) = \begin{bmatrix} 0 & \rho & \rho^2 & \rho \\ \rho & 0 & \rho & \rho^2 \\ \rho^2 & \rho & 0 & \rho \\ \rho & \rho^2 & \rho & 0 \end{bmatrix}$$

对于 QARMA-128,$m=8$,

$$M_8 = \mathrm{circ}(0,\rho,\rho^2,\rho^5) = \begin{bmatrix} 0 & \rho & \rho^2 & \rho^5 \\ \rho^5 & 0 & \rho & \rho^2 \\ \rho^2 & \rho^5 & 0 & \rho \\ \rho & \rho^2 & \rho^5 & 0 \end{bmatrix}$$

④ 字替换 SC。

字替换 SC 由 16 个相同的 S 盒并置而成。当 $n=64$ 时,使用 4 比特 S 盒 $S_4$,如表 2-49 所示。

**表 2-49    QARMA 的 4 比特 S 盒 $S_4$**

| $x$ | 0 | 1 | 2 | 3 | 4 | 5 | 6 | 7 | 8 | 9 | A | B | C | D | E | F |
|---|---|---|---|---|---|---|---|---|---|---|---|---|---|---|---|---|
| $S_4(x)$ | 0 | 14 | 2 | 10 | 9 | 15 | 8 | 11 | 6 | 4 | 3 | 7 | 13 | 12 | 1 | 5 |

当 $n=128$ 时,使用 8 比特 S 盒 $S_8$,其构造方式如图 2-56 所示。假定 $(x_7,x_6,x_5,x_4,x_3,x_2,x_1,x_0)$ 是 $S_8$ 的 8 比特输入,8 比特输出 $(x_7',x_6',x_5',x_4',x_3',x_2',x_1',x_0')$ 通过 $S_4$ 如下方式实现:

$$S_4(x_7,x_6,x_5,x_4)=(x_7',x_5',x_3',x_1')$$
$$S_4(x_3,x_2,x_1,x_0)=(x_6',x_4',x_2',x_0')$$

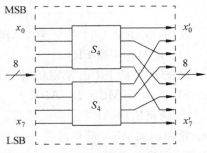

图 2-56    QARMA-128 的 8 比特 S 盒 $S_8$

(2)前向短轮变换 SFR。

前向短轮变换 SFR $=$ SC∘ARK,即去掉前向轮变换中的字换位 $L$ 和列混合 MC。

(3)调柄更新函数。

每次轮密钥加变换之后,对 $n$ 比特调柄状态 $T=t_0\parallel t_1\parallel\cdots\parallel t_{15}$ 进行更新。首先对状态 $T$ 做向量置换:

$$\boldsymbol{h}=[6,5,14,15,0,1,2,3,7,12,13,4,8,9,10,11]$$

对于 $0\leqslant i\leqslant 15,t_i\leftarrow t_{h(i)}$。

然后,对状态 $T$ 的 7 个字 $t_0,t_1,t_3,t_4,t_8,t_{11},t_{13}$ 用线性反馈移位寄存器(LFSR)进行更新。LFSR 的更新函数的定义如下:

对于 QARMA-64,$m=4$,LFSR 的更新函数 $\omega$ 为

$$(x_3,x_2,x_1,x_0)\rightarrow(x_0\oplus x_1,x_3,x_2,x_1)$$

对于 QARMA-128,$m=8$,LFSR 的更新函数 $\omega$ 为

$$(x_7,x_6,x_5,x_4,x_3,x_2,x_1,x_0)\rightarrow(x_2\oplus x_0,x_7,x_6,x_5,x_4,x_3,x_2,x_1)$$

(4)后向轮变换 BR 和后向短轮变换 SBR。

后向轮变换 BR 是前向轮变换 FR 的逆,后向短轮变换 SBR 是前向短轮变换 SFR 的逆。其中 $\boldsymbol{M}_4^{-1}=\boldsymbol{M}_4=\mathrm{circ}(0,\rho,\rho^2,\rho)$,$\boldsymbol{M}_8^{-1}=\mathrm{circ}(0,\rho^5,\rho^6,\rho)$,调柄更新函数采用 $h^{-1}$ 和 $\omega^{-1}$。

(5)反射变换 PR。

反射变换 PR $=L^{-1}\circ$ARK$\circ$MQ$\circ L$。首先对状态做字换位 $L$,其次对状态进行列混合 MQ,然后按位异或轮密钥,最后对状态做字换位逆变换 $L^{-1}$。其中列混合 MQ 的矩阵定义如下:

对于 QARMA-64,$m=4$,

$$\boldsymbol{Q}_4=\mathrm{circ}(0,\rho,\rho^2,\rho)$$

对于 QARMA-128,$m=8$,

$$\boldsymbol{Q}_8=\mathrm{circ}(0,\rho,\rho^4,\rho)$$

(6)轮常数。

QARMA 需要的轮常数都来自圆周率 $\pi$。QARMA-64 的轮常数如下:

$$\alpha=\mathrm{C0AC29B7C97C50DD}$$

$$c_0 = 0000000000000000$$

$$c_1 = 13198A2E03707344$$

$$c_2 = A4093822299F31D0$$

$$c_3 = 082EFA98EC4E6C89$$

$$c_4 = 452821E638D01377$$

$$c_5 = BE5466CF34E90C6C$$

$$c_6 = 3F84D5B5B5470917$$

$$c_7 = 9216D5D98979FB1B$$

QARMA-128 的轮常数如下：

$$\alpha = 243F6A8885A308D3\ 13198A2E03707344$$

$$c_0 = 0000000000000000\ 0000000000000000$$

$$c_1 = A4093822299F31D0\ 082EFA98EC4E6C89$$

$$c_2 = 452821E638D01377\ BE5466CF34E90C6C$$

$$c_3 = C0AC29B7C97C50DD\ 3F84D5B5B5470917$$

$$c_4 = 9216D5D98979FB1B\ D1310BA698DFB5AC$$

$$c_5 = 2FFD72DBD01ADFB7\ B8E1AFED6A267E96$$

$$c_6 = BA7C9045F12C7F99\ 24A19947B3916CF7$$

$$c_7 = 0801F2E2858EFC16\ 636920D871574E69$$

$$c_8 = A458FEA3F4933D7E\ 0D95748F728EB658$$

$$c_9 = 718BCD5882154AEE\ 7B54A41DC25A59B5$$

$$c_{10} = 9C30D5392AF26013\ C5D1B023286085F0$$

### 3. QARMA 的解密算法

QARMA 的解密算法采用不同的轮密钥复用加密算法。$K_1 = Q \cdot K_0$，前向轮变换和后向轮变换的轮密钥为 $K_0 \oplus \alpha$，交换白化密钥 $W_0$ 和 $W_1$。QARMA 的解密算法的伪代码描述如下：

```
Dec(r) (C,K,T):
  Write  K =W0 ‖ K0
  W1 ← (W0>>>1) ⊕ (W0>>(16m-1)),  K1 ← Q·K0
  State← C ⊕W1
  for  i =0  to  r-1  do
    State ← FR(State,K0⊕ T ⊕ ci ⊕α)  (SFR  for  i =0)
    T ←ω ∘h(T)
  end for
  State ← FR(State,W0⊕T)
  State←PR(State,K1)
  State←FR(State,W1⊕T)
  for  i =r-1  to  0  do
    T ← h⁻¹∘ω⁻¹(T)
    State ← BR(State,K0⊕ T ⊕ ci)(SBR  for  i =0)
```

```
end for
P ← State ⊕ W₀
```

### 4. QARMA 算法的特点和安全性

　　QARMA 是一个低延迟的可调分组密码算法,其解密算法复用加密算法。扩散层采用有限域上的几乎 MDS 矩阵。S 盒的主要特点是关键路径短,用两个 4 比特 S 盒并置和比特置换构造 8 比特 S 盒,使得 8 比特 S 盒具有和 4 比特 S 盒相同的低延迟特性。在选择明文调柄下,文献[283]给出了 9 轮 QARMA-64 和 10 轮 QARMA-128 的中间相遇攻击。文献[284]给出了 10 轮 QARMA-64 的相关调柄统计饱和攻击,利用 8 轮区分器给出了 11 轮 QARMA-128 的密钥恢复攻击。在相关调柄和选择明文下,文献[207]给出了 12 轮 QARMA-64 的零相关线性分析。

# 第3章 轻量级流密码

## 3.1 概述

### 3.1.1 流密码一般性设计原理

1949年,Shannon证明了一次一密体制在唯密文攻击下是理论上不可破译和绝对安全的;然而,为了建立一次一密的密码系统,通常需要在安全信道上交换传输至少和明文一样长的密钥,在很多情况下是不现实和不经济的,并且在密钥的产生和管理方面也面临着许多复杂问题。流密码算法本质上是对一次一密体制的模仿,同时消除了密钥产生、分配和管理维护中的各类问题。流密码所产生的密钥流至少要做到看起来很像随机比特序列,且要求恢复算法的初始状态和密钥或者将算法及其密钥流与随机情况区分开来都是在一定计算能力与许可范围内困难的。

流密码一般可分为同步流密码和自同步流密码两大类。在同步流密码中,生成的密钥流和发送的明文消息之间相互独立,其内部状态仅仅依赖于上一时刻的内部状态,与输入明文无关。同步流密码的优点在于其有限的错误传播,当一个符号在传输过程中发生错误后不会影响后续的符号。而自同步流密码的密钥流则依赖之前的明/密文信息,常见的自同步流密码是类似于分组密码密文反馈模式的自同步流密码,即密文参与密钥流的生成过程,这使得这类流密码的安全性从理论上分析起来非常困难,也造成这类算法的设计非常稀少。目前常见的大多数流密码算法都是同步流密码,因其设计上的可分析性,使得设计者能够更好地理解自己设计的流密码对于已知甚至某些未知攻击的抵抗力。从总体上说,一个流密码的安全性在很大程度上取决于其采用的密钥流生成器,由于以线性反馈移位寄存器(LFSR)为研究对象的伪随机序列代数理论的成熟,20世纪五六十年代以来的大量流密码多是基于LFSR设计,例如美国未公开的Fibonacci生成器、E0、A5/1等。由于LFSR的线性性质对于密码分析没有任何免疫力(如Berlekamp-Massey算法等),需要采用各种非线性部件来显式或隐式地掩盖线性性质并增强其非线性,常见的方法有非线性组合、非线性滤波、不规则钟控、带记忆及其各种组合方式。Rueppel给出了此类流密码设计的一些方法和准则,比如著名的线性驱动部件加非线性组合部件的设计范式[285]。这些方法和准则代表了传统的流密码设计思路及其衍生准则,其中一些已经很少见,另一些的影响则仍然存在。21世纪伊始,由于代数攻击的提出,传统的基于LFSR的流密码设计方案进一步丧失了其吸引力。

2000年,欧洲提出了NESSIE(New European Schemes for Signatures, Integrity, and Encryption,欧洲新签名、完整性和加密方案)计划。这个计划一直持续到2003年,其目标之一就是征集新的流密码算法,但很遗憾的是,研究者提交的所有流密码算法,包括较为著名的SNOW1.0、LILI-128等,在安全性方面都存在一些问题,最终没有一个流密码能够入选。为了进一步推动流密码的发展,2004年欧洲启动了ECRYPT计划,其中就包含了专门面向流密码的eSTREAM计划,其主要目标是征集一些新的流密码算法,以便于日后广泛应用。eSTREAM 计划共征集到 34 个算法,总体来看,算法设计思路多样化,且大多数不再局限于传统的基于 LFSR 的结构,而是采用了一些新的设计思路,比如采用非线性反馈移位寄存器、采用类似分组密码的结构等。具体来讲,eSTREAM 计划将流密码算法分为两大类:面向受限硬件环境的算法,比如 Grain v1、Trivium 和 Mickey v2 等,这些算法一般采用比特级的操作;面向高速软件应用的算法,比如 Salsa20/12、SOSEMANUK、Rabbit 和 HC 等[286,287],这些算法大都采用面向字的操作。eSTREAM 计划明显地影响了流密码的发展进程,其后流密码的研究很快陷入沉寂,这主要是由于学术界对于大量采用极大内部状态和极高初始化轮数的新型流密码算法普遍缺乏有效的分析思路和办法,这一状况一直持续到现在。其间虽有立方攻击、扩域上快速相关攻击等新方法的提出,但对于采用极大内部状态和极高初始化轮数的流密码,短时间内还是无法获得快于穷搜索的攻击。

在 ESC 2013 上,一项新的对称密码算法竞赛项目被提出,称为 CAESAR 竞赛,其目的是征集认证加密算法。传统的单一目的对称密码算法及其组合在某些情况下已经无法满足实际应用的需求,新的应用趋势是在确保机密性的同时也要保证信息的完整性,这就是 CAESAR 竞赛的初衷。从提交的算法来看,基于流密码的候选算法的主要思想仍然是 eSTREAM 计划最终入选算法的组合与改进,变化只是在传统的加密模块之外增加的认证模块以及采用杂凑函数结构设计的流加密算法。最近,为了满足同态加密应用环境的需求,在 Eurocrypt 2016 上,一个新的流密码结构被提出,称为置换滤波生成器,这种结构可以看作滤波生成器的一个变体,它以人为的形式模拟产生大量固定次数、固定形式的代数等式,以满足同态加密应用环境的需求。

### 3.1.2　轻量级流密码研究进展

回顾历史可以发现,欧洲 eSTREAM 计划最终入选算法即包括了适用于硬件实现的轻量级流密码算法,比如 Grain v1、Trivium 及 Mickey v2 等。以 Grain v1 为例,它由 Martin Hell 等人设计,算法分为密钥流产生和初始化两个阶段,密钥长度为 80 比特,也有采用 128 比特密钥的 Grain-128 和 Grain-128a,这些流密码算法均比较适合 RFID 等资源受限环境。Trivium 算法虽然结构简单,但目前并没有发现明显的安全性漏洞,而且具有轻量级的显著特点。此外,还有一些专门为 RFID 标签设计的轻量级流密码,比如 WG-7 算法和 A2U2 算法。WG-7 算法的密钥长度为 80 比特,初始向量为 81 比特,是专门为 RFID 应用而设计的流密码算法。虽然设计者给出了一定前提下的安全性分析证明[288],力图说明 WG-7 算法能够有效抵御差分分析、代数攻击、相关攻击等分析方法,但已经有一些密码分析结果表明该算法并不能提供 80 比特的安全性。A2U2 也是专用的轻量级流密码,它结合了流密码的设计原则和某些分组密码的设计方法,考虑了资源受限设备的特点,其硬件实现代价较低。但是,已有密码分析结果表明 A2U2 的设计并不成功。WG-7 和 A2U2 的例子可以说明,轻量级流密码的设计绝非易事。

纵观近年推出的轻量级流密码算法,可以观察到两条明显的技术路线:第一条路线采用较大的内部状态与相对简单的逻辑运算;第二条路线采用较小的内部状态与相对复杂的逻辑组合函数。第一条路线采用通常的流密码设计思路,尽可能降低算法的逻辑运算占用的硬件资源;第二条路线却反其道而行之,采用较小的内部状态,即内部状态小于密钥长度的两倍,但在密钥流生成阶段却采用了依赖于初始密钥的状态更新函数,这种轻量级流密码现在一般称为小状态流密码。

第一条路线的一个典型代表是 CAESAR 竞赛入选算法 ACORN。虽然可以看出 ACORN 算法与 Grain 系列算法的明显关系，即 Grain 系列算法只是把非线性反馈加在中间，而 ACORN 算法则将反馈加在了最远的反馈端，但 ACORN 算法采用的逻辑运算比较简单，非线性运算只包含了数个逻辑与门，线性运算则有多个逻辑异或门，其扩散性由 6 个级联的线性移位寄存器来保证。在某些特定硬件平台上，该算法的实现较为简便。 ACORN 允许多拍并行运行，即同时输出多个连续的密钥流比特，这一特点既适合硬件实现，也适合软件实现，可以说是同时面向软硬件的轻量级流密码算法。

第二条路线的轻量级流密码目前有多个典型算法，比如 Sprout、Plantlet 等。其核心设计思想是：在密钥流生成阶段，采用依赖于密钥的状态更新函数重复利用密钥，以打破时间/存储/数据折中曲线规定的复杂度限制，从而使得算法的内部状态可以小于密钥长度的两倍。在这一大类算法之下继续细分，还可以观察到一种变形设计——FP(1)模式[289]，它在初始化阶段采用了再次异或密钥的方式，使得从初始状态求逆以恢复密钥变得代价高昂，这种轻量级流密码算法在密钥流生成阶段并没有采用依赖于密钥的设计方案，而是像经典的流密码算法一样运行。从目前公开文献提出的算法来看，无论是哪种设计思路，其本质都是基于 Grain 系列算法的结构设计的。

在上述第二条路线的两种设计思路中，前一种设计思路的代表性轻量级流密码算法有 Sprout、Fruit 和 Plantlet 等。Sprout 算法于 2015 年首次提出采用依赖于密钥的轻量级流密码设计思想，试图在 Grain-128a 的基础上做一些避免后者弱点的修改，以更小的内部状态提供同等的时间/存储/数据折衷攻击免疫力，因此可以有效降低算法的硬件实现面积。 Sprout 算法在结构上与 Grain 算法相似，它包括一个 40 比特的 NFSR、一个 40 比特的 LFSR、一个 80 比特的固定密钥寄存器和一个计数器。由于存储固定密钥要比一般的寄存器节省硬件面积，所以 Sprout 算法可以获取一定的硬件实现上的收益。但是 Sprout 算法公布不久，就有人找到了有效的分析方法，特别值得注意的是这些有效分析甚至包含了算法设计时试图避免的时间/存储/数据折中攻击[290-293]。

Sprout 算法的设计思想激发了其他新的轻量级流密码算法，例如 Fruit(Fruit 算法版本几经变动，较新的一个版本可参考文献[294])。Fruit 算法采用了 43 比特的 LFSR、37 比特的 NFSR、80 比特的固定密钥寄存器以及两个长度分别为 7 比特和 8 比特的计数器。但是该算法仍然不安全，存在 Lallemand-like 攻击[295]以及 ESC 2017 上公布的相关攻击，快速 Walsh 变换在攻击中起到了重要作用。Fruit 的设计者随后又对算法进行了调整，但仍然不能有效避免攻击。

Plantlet 是对于 Sprout 算法的另一个重要的改进，它继承了 Sprout 算法的基本结构，也是 Grain 系列算法族中的一员。Plantlet 设计的主要目的是修补 Sprout 算法的安全缺陷，以达到以下的设计目的：80 比特寄存器状态同时满足小面积要求和保证安全性，即使密钥永久存储并连续读取于可重写非易失存储器(Non-Volatile Memory，NVM)中，算法仍具有硬件友好性，不依赖于背后的 NVM 技术，能保持较高的吞吐率。Plantlet 算法采用了 61 比特 LFSR、40 比特 NFSR 和一个计数器，但对密钥的使用方式进行了简化设计。 Plantlet 算法自公布以来，还没有人公布有效的分析方法。2017 年，Matthias Hamann 等学者研究了对于小状态流密码的时间/存储/数据折中分析，给出了 Plantlet 算法的一个分析结果[296]。

　　尽管算法运行过程中使用依赖于密钥的状态更新函数在理论上具有一定的意义,而且可以减小硬件实现面积,但是在实际上不是这样。原因有两个。一是由于密钥并不是固化到器件上的,而是存储到 EEPROM 中的,所以持续访问密钥会减低 KSG 的时钟频率。特别当访问不是按顺序进行的时候,该问题尤其突出(例如在 Fruit 算法中)。同时,这种密钥访问的能量消耗也较大,RFID 标签执行一次 EEPROM 读操作,需要 $5\sim10\mu$W,执行一次写操作更是需要 $50\mu$W,而 RFID 标签的能量消耗预算仅为 $10\mu$W。为了避免使用 EEPROM 的缺点,可将密钥移到可变存储器中,但这又会使硬件实现面积增加。二是若密钥固化到器件上,虽然可以解决持续访问密钥的代价问题,但还需要考虑密钥的生命周期,即每个密钥可与多少初始向量搭配使用。

　　鉴于持续访问密钥带来的问题,Matthias Hamann 等人提出了 Lizard 算法。Lizard 算法也是 Grain 系列算法族中的一员,但是与 Sprout、Plantlet 等的设计思想不同,Lizard 算法采用 FP(1) 模式,以获得对于时间/存储/数据折中攻击的可证明安全性,达到减少内部状态规模的目的(从 160 比特减少到 121 比特),而且由于同时采用了更强的输出函数与更大规模的密钥(从 80 比特增加到 120 比特),Lizard 算法目前并没有发现有效的分析方法。设计者认为 Lizard 算法可以避免频繁访问存储密钥的 EEPROM 带来的开销。Lizard 算法的设计安全性为 80 比特的状态恢复攻击安全性与 60 比特的区分攻击安全性,并且由于使用了 FP(1) 模式,其对基于时间/存储/数据折中攻击的密钥恢复攻击的安全性可达到超越生日界的安全性 $2n/3$。

　　观察近年来轻量级流密码发展,可以看出其未来研究的一些端倪,主要有以下 4 点。一是对于资源受限的定义[297,298]。二是针对特殊应用,以优化的设计来达到安全轻量的目的。例如,Lizard 算法是针对小包模式的优化设计,即每个 Key/IV 对至多生成 $2^{18}$ 比特密钥流(设计者称这足以满足 SSL/TLS、IEEE 802.11 等多数协议的要求)。三是可证明安全性,即一个轻量级流密码算法设计上的安全性是否是可证明的。四是关于密钥恢复或区分攻击,经典的时间/存储/数据折中攻击安全界是否可以改进。无论如何,相关问题研究与轻量级流密码的发展必会相互影响、相互促进[299]。

## 3.2　基于 LFSR 的流密码

### 3.2.1　A5/1

　　A5/1 是 GSM 网络中保障通信私密性的流密码算法。它最初是保密的,直到 1994 年才被逆向工程。A5 系列算法有多个变种。其中 A5/1 安全性最强,被用于欧洲和美国;A5/2 用于欧美以外地区;A5/3 是为第三代合作伙伴计划(3rd Generation Partnership Project,3GPP)设计的加密算法。由于这 3 个算法在实际应用中通常使用相同的会话密钥,攻破安全性较弱的算法会导致其余两个算法的安全问题。

　　A5/1 的内部状态为 64 比特,密钥长度为 64 比特,已知的初始化向量长度为 22 比特。完成内部状态初始化后,内部状态转移依赖一个择多(majority)钟控函数。A5/1 产生的密钥流为每帧通信的双方各提供 114 比特。

### 1. A5/1 的结构

A5/1 算法由 3 个长度分别为 19、22、23 比特的线性反馈移位寄存器 R1、R2、R3 组成,其结构如图 3-1 所示。其中,R1[8]、R2[10] 和 R3[10] 是钟控位,R1[13,16,17,18]、R2[20,21] 和 R3[7,20,21,22] 是反馈位。

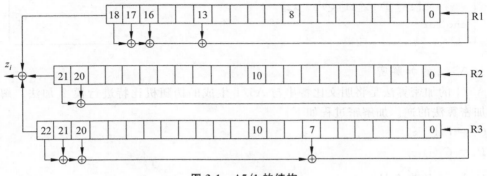

图 3-1   A5/1 的结构

### 2. A5/1 的伪随机比特生成算法

A5/1 的加密算法由内部状态初始化和伪随机比特生成两个阶段组成。内部状态初始化可用伪代码描述如下:

```
for i from 0 to 63 do
  R1, R2 and R3 are clocked
  R1[0] =R1[0] ⊕ K[i]
  R2[0] =R2[0] ⊕ K[i]
  R3[0] =R3[0] ⊕ K[i]
end for
for i from 0 to 21 do
  R1, R2 and R3 are clocked
  R1[0] =R1[0] ⊕ Fₙ[i]
  R2[0] =R2[0] ⊕ Fₙ[i]
  R3[0] =R3[0] ⊕ Fₙ[i]
end for
```

初始化过程完成后的寄存器状态称为初始状态。

接下来要进行的是依赖择多钟控函数的停走。择多钟控函数为

$$\text{Maj} = a \cdot b \oplus b \cdot c \oplus c \cdot a$$

该函数的输入为 R1[8]、R2[10] 和 R3[10],并且钟控位与 Maj 值一致的寄存器进行移位。进行 100 轮择多钟控停走后,继续进行 228 轮择多钟控停走,每轮停走后产生一个伪随机比特作为加解密的密钥流。每轮停走产生的密钥比特为

$$z_i = \text{R1}[18] \oplus \text{R2}[21] \oplus \text{R3}[22]$$

上述过程用伪代码描述如下:

```
for i from 0 to 99 do
  R1, R2 and R3 are clocked with the majority-based clock control
end for
for i from 0 to 227 do
  R1, R2 and R3 are clocked with the majority-based clock control
  z_i = R1[18] ⊕ R2[21] ⊕ R3[22]
end for
```

**3. A5/1 的加解密**

A5/1 的加密算法是将明文比特串与 A5/1 生成的伪随机比特进行模 2 加法。解密算法是加密算法的逆。加解密过程如下：

$$C_i = P_i \oplus z_i$$
$$P_i = C_i \oplus z_i$$

**4. A5/1 的安全性**

A5/1 自 1994 年被逆向工程出来后得到了广泛的关注，经受了各种攻击的考验。1997年，Golic 对 A5/1 进行了已知输出密钥流的分治攻击[300]。首先重建初始状态，然后由此确定密钥。分治攻击的平均计算复杂度是 $2^{40.16}$；然后又提出了基于生日悖论的时间/存储折中攻击。此攻击的目标是：对于已知输出密钥流，找出在某个已知时刻的未知内部状态。

2000 年，Biham 等人提出一种猜测确定攻击[301]。假设 R3 连续 10 轮没有进行状态更新，这样就可以得到大约 31 比特的寄存器信息。假设已知 R3[10] 和 R3[22]，即可知这 10 轮中 R1 和 R2 的钟控位。猜测 R2[0] 和 R1[9,10,11,12,14,15,16,17,18] 来确定 R3 的未知比特。采用这种攻击方式，预计算复杂度是 $2^{33.6}$，数据复杂度是 $2^{20.8}$ 比特，存储空间是 2GB，时间复杂度是 $2^{40.97}$。

Biryukov 等人使用一台 PC 对 A5/1 进行了实时攻击[302]。他们用了两个方法：一是有偏差的生日攻击，二是随机子图攻击。攻击以 Golic 的时间/存储折中攻击为基础，利用 A5/1 内部状态的收缩，存储数量较少的初始状态，通过这些初始状态得到密钥。存储时利用易于采样的特殊状态来减少存储量。有偏差的生日攻击需要 2min 的通信数据、2（或 4）个 73GB 的硬盘和 $2^{48}$（或 $2^{42}$）步预计算，可在 1s 内恢复出密钥。随机子图攻击只需要 2s 的通信数据，需要 4 个 73GB 硬盘和 $2^{48}$ 步预计算，但是恢复密钥需要几分钟。

Barkan 等人首先介绍了对 A5/2 的唯密文攻击，利用纠错码和校验矩阵恢复密钥[303]。对 A5/1 的被动唯密文攻击也利用了相似的方法，同时结合了 Biryukov 等人的时间/存储折中攻击。Ekdahl 提出了对 A5/1 的一种相关攻击[304]。2008 年，Maximov 等人提出了改进的相关攻击[305]。与此同时，Gendrullis 等人利用特殊的硬件 COPACOBANA 实现了实际可用的攻击[306]。

Shah 等人进行了猜测确定攻击[307]。猜测 R1 的全部比特和输出密钥流比特，根据输出密钥流比特方程和钟控位之间的关系确定 R2 和 R3，成功率可达 100%。但是，在寻找过程中需要复制存储所有可能状态，需要的存储空间达 5.6GB。这种攻击的平均时间复杂度为 $2^{48.5}$。

Lu 等人提出了使用 GPGPU 的时间存储折中攻击，他们称这个分析为统一的彩虹表分析。他们可以用 55 天完成一个 984GB 的彩虹表,如果使用两个这样的彩虹表,并且使用 8 个已知的 114 比特密钥流,就能够以 81% 的成功率完成 9s 的在线攻击[308]。

### 3.2.2　E0

E0 是用于蓝牙的流密码算法,密钥长度可变,最长为 128 比特,初始向量(IV)长度为 74 比特(由 48 比特蓝牙地址和 26 比特主计数器构成)。蓝牙协议每帧最多处理 2745 比特,每一帧均由不同的初始向量加密,但是密钥在整个会话中保持不变。E0 和一般的流密码相同,均由内部状态初始化和密钥流比特生成两部分组成。为了增加生成的伪随机序列的长度和随机性,E0 采用了 4 个线性反馈移位寄存器。

1. E0 的结构

E0 由求和生成器演化而来,由线性反馈移位寄存器(4 个)、组合逻辑电路和混合器 3 部分构成,其结构如图 3-2 所示。线性反馈移位寄存器作为输入,并结合 4 比特内存单元得到密钥流。4 个线性反馈移位寄存器的长度分别为 25、31、33 和 39。它们的反馈多项式均为有 5 个非零项的本原多项式,分别为

$$P_1(x) = x^{25} + x^{20} + x^{12} + x^8 + 1$$
$$P_2(x) = x^{31} + x^{24} + x^{16} + x^{12} + 1$$
$$P_3(x) = x^{33} + x^{28} + x^{24} + x^4 + 1$$
$$P_4(x) = x^{39} + x^{36} + x^{28} + x^4 + 1$$

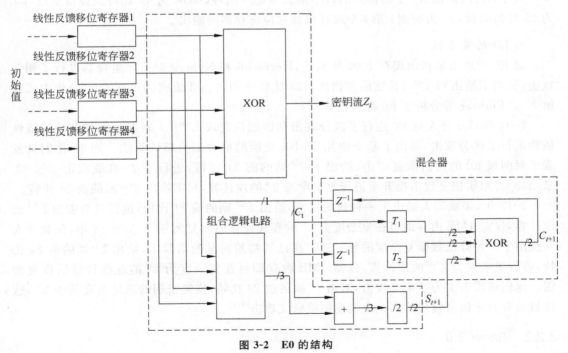

图 3-2　E0 的结构

混合器中 $T_1$ 和 $T_2$ 是线性变换网络,$Z^{-1}$ 为延迟网络。$C_t / S_t$ 时刻 $t$ 的额外内存单元值。

**2. E0 的内部状态初始化和密钥流生成**

产生密钥流时,线性反馈移位寄存器需要赋初值。初始值进入线性反馈移位寄存器的过程如图 3-3 所示,此时 4 比特的额外内存单元置零。该初始化过程进行 200 步。在这 200 步中,后 128 比特再次作为线性反馈移位寄存器的初始值,额外内存单元的值 $C_t$ 和 $C_{t+1}$ 被保留,此时产生的输出即为通信密钥流。

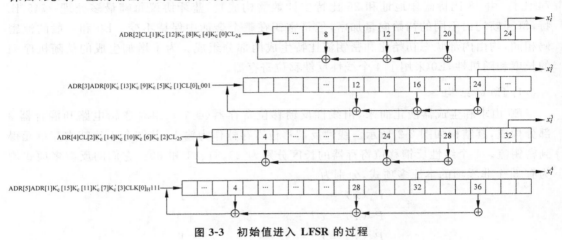

图 3-3　初始值进入 LFSR 的过程

其中,$K'_c$ 由密钥 $K_c$ 变换得到的,$K_c$ 最长为 128 比特,ADR 为 48 比特主设备地址,CL 为 26 比特时钟,$x^i_t$ 为时刻 $t$ 第 $i$ 个线性反馈移位寄存器的输出。

**3. E0 的安全性**

对 E0 的攻击最初出现在 2000 年前后,Hermelin 和 Nyberg 对蓝牙组合器进行了相关攻击,证明了给出 $O(2^{64})$ 长度的密钥流,128 比特密钥的蓝牙流密码可在 $O(2^{64})$ 步中被破解[309]。Fluhrer 等分析了 E0 加密模式[310]。

2004 年,Lu 等人对 E0 进行了区分攻击和密钥恢复攻击[311]。根据最大相关性的线性依赖进行了区分攻击,提出了基于快速 Walsh 变换的最大似然解码算法。同年,他们又发表了对两级 E0 的密钥恢复攻击,给出了 $2^{35}$ 帧的前 24 比特,进行了 $2^{40}$ 在线攻击[312]。文献[313]将密钥恢复攻击提升至进行复杂度为 $2^{38}$ 的预计算,只需给出 $2^{23.8}$ 帧的前 24 比特。

2013 年,张斌等人提出了一种新的攻击,给出 $2^{22.7}$ 帧的前 24 比特,进行复杂度为 $2^{21.1}$ 的预计算,仅需 4MB 内存即可在复杂度为 $2^{27}$ 的在线计算后恢复密钥[314]。2018 年,张斌等人又提出了一种降低数据复杂度的新方法。在已知初始向量的情景下,给出 $2^{24}$ 帧的前 24 比特,进行复杂度为 $2^{21.1}$ 的预计算,仅需 4MB 内存即可在复杂度为 $2^{25}$ 的在线计算后恢复密钥。他们将攻击变为唯密文攻击,给出 $2^{26}$ 帧的前 24 比特,恢复密钥的总复杂度低于 $2^{26}$,这是目前对蓝牙加密模式的第一个实用的唯密文攻击[315]。

### 3.2.3　Snow 2.0

Snow 2.0 是 NESSIE 计划的候选算法之一。该算法面向软件设计,采用了线性反馈移位寄存器,结构比较简单,加解密速度快,固定初始向量为 128 比特,密钥长度有两种,分别是 128 比特和 256 比特。

1. Snow 2.0 算法

1）加密流程

加密操作如下：首先是密钥初始化，它提供了线性反馈移位寄存器初始状态和有限状态机（Finite State Machine，FSM）内部寄存器 R1 和 R2 的初始值。然后是整个加密流程进行一次循环，生成一个密钥流字；接着再循环一次，生成一个密钥流字；后面依此类推，最终生成的密钥流字不超过 $2^{50}$ 个。加密流程如图 3-4 所示。

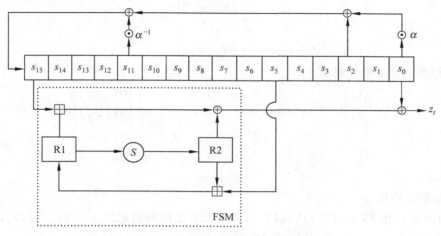

**图 3-4　Snow 2.0 算法的加密流程**

Snow 2.0 是面向 32 比特字的流密码算法，伪随机生成器由有限域 $F_{2^{32}}$ 上的 16 级线性反馈移位寄存器构成。反馈多项式为

$$\pi(x) = \alpha x^{16} + x^{14} + \alpha^{-1} x^5 + 1 \in F_{2^{32}}[x]$$

其中，$\alpha$ 是以下多项式的根：

$$x^4 + \beta^{23} x^3 + \beta^{245} x^2 + \beta^{48} x + \beta^{239} \in F_{2^8}[x]$$

$\beta$ 是以下多项式的根：

$$x^8 + x^7 + x^5 + x^3 + 1 \in F_2[x]$$

非线性变换由 FSM 来实现，密钥初始化后，开始整个循环迭代。FSM 有两个寄存器，分别表示为 R1 和 R2，每个寄存器有 32 比特。在时刻 $t \geqslant 0$ 时，这两个寄存器的值分别表示为 $R1_t$ 和 $R2_t$。FSM 的输入是 $(s_{t+15}, s_{t+5})$，输出用 $F_t$ 表示，$F_t$ 的计算公式如下：

$$F_t = (s_{t+15} \boxplus R1_t) \oplus R2_t, \quad t \geqslant 0$$

输出的密钥流用 $z_t$ 表示，$z_t$ 的计算公式如下：

$$z_t = F_t \oplus s_t, \quad t \geqslant 1$$

而寄存器 R1 和 R2 更新如下：

$$R1_{t+1} = s_{t+5} \boxplus R2_t$$
$$R2_{t+1} = S(R1_t), \quad t \geqslant 0$$

2）S 盒

S 盒记作 $S(w)$，是一个输入和输出均为 32 比特的非线性变换，它由 4 个并置的 8 比特 S 盒加换位变换构成。用 $w$ 表示 S 盒的输入：

$$w = \begin{bmatrix} w_0 \\ w_1 \\ w_2 \\ w_3 \end{bmatrix}$$

应用 AES 的 S 盒, $w$ 变成

$$w = \begin{bmatrix} S_R[w_0] \\ S_R[w_1] \\ S_R[w_2] \\ S_R[w_3] \end{bmatrix}$$

然后, 进行列混合变换并输出 $r$:

$$\begin{bmatrix} r_0 \\ r_1 \\ r_2 \\ r_3 \end{bmatrix} = \begin{bmatrix} x & x+1 & 1 & 1 \\ 1 & x & x+1 & 1 \\ 1 & 1 & x & x+1 \\ x+1 & 1 & 1 & x \end{bmatrix} \begin{bmatrix} S_R[w_0] \\ S_R[w_1] \\ S_R[w_2] \\ S_R[w_3] \end{bmatrix}$$

即 $r = S(w)$。

3) 密钥初始化

初始向量记作 $\mathrm{IV} = (\mathrm{IV}_3, \mathrm{IV}_2, \mathrm{IV}_1, \mathrm{IV}_0)$, 128 比特密钥记作 $K = (k_3, k_2, k_1, k_0)$, 256 比特密钥记作 $K = (k_7, k_6, k_5, k_4, k_3, k_2, k_1, k_0)$。

128 比特密钥初始化如下:

$s_{15} = k_3 \oplus \mathrm{IV}_0,$　　$s_{14} = k_2,$　　　　　　$s_{13} = k_1,$　　　　　$s_{12} = k_0 \oplus \mathrm{IV}_1,$

$s_{11} = k_3 \oplus 1,$　　$s_{10} = k_2 \oplus 1 \oplus \mathrm{IV}_2,$　$s_9 = k_1 \oplus 1 \oplus \mathrm{IV}_3$　$s_8 = k_0 \oplus 1,$

$s_7 = k_3,$　　　　　$s_6 = k_2,$　　　　　　$s_5 = k_1,$　　　　　$s_4 = k_0,$

$s_3 = k_3 \oplus 1,$　　$s_2 = k_2 \oplus 1,$　　　$s_1 = k_1 \oplus 1,$　　　$s_0 = k_0 \oplus 1$

其中 1 表示 32 比特全 1 向量。

256 比特密钥初始化与上面类似:

$s_{15} = k_7 \oplus \mathrm{IV}_0$　$s_{14} = k_6$　　　$s_{13} = k_5$　　　$s_{12} = k_4 \oplus \mathrm{IV}_1$

$s_{11} = k_3$　　　　$s_{10} = k_2 \oplus \mathrm{IV}_2$　$s_9 = k_1 \oplus \mathrm{IV}_3$　$s_8 = k_0$

$s_7 = k_7 \oplus 1$　　$s_6 = k_6 \oplus 1$　　　$\cdots$　　　　$s_0 = k_0 \oplus 1$

在初始化过程中循环 32 轮, 但不生成输出密钥流。Snow 2.0 的初始化流程如图 3-5 所示。

2. Snow 2.0 的安全性

Snow 2.0 虽然针对 Snow 1.0 的弱点做了很大的改进, 但是仍存在代数攻击、线性区分攻击、快速相关攻击等。其中区分攻击针对 Snow 2.0 所需的时间复杂度为 $2^{174}$, 数据复杂度为 $2^{174}$[316]。最新的快速相关攻击比原来的密钥恢复攻击已经有了很大的突破[317], 所需的时间复杂度为 $2^{164.15}$, 数据复杂度为 $2^{163.59}$。Snow 2.0 算法是欧洲 eSTREAM 计划的指定比较算法, 国际密码学界普遍认为 Snow 2.0 是一个 128 比特密钥下的十分安全且高效的流密码算法。

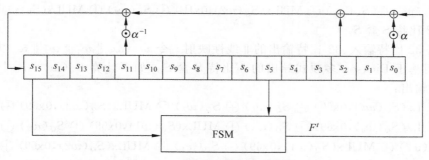

图 3-5　Snow 2.0 的初始化流程

### 3.2.4　Snow 3G

Snow 3G 是 Snow 1.0 和 Snow 2.0 的设计者为抵抗代数攻击而推出的又一个流密码算法。由于其结构简洁,加解密速度快,安全性高,最终被选入 3GPP 的机密性和完整性机制 UEA2 和 UIA2,成为第四代移动通信加密标准。Snow 3G 是一个面向字的流密码算法,在 128 比特密钥和 128 比特初始向量的控制下,生成以 32 比特字为单位的密钥流序列。Snow 3G 的执行分为两个阶段:初始化阶段和工作阶段。第一阶段执行密钥初始化,即在加密循环过程中不输出密钥流;第二阶段每轮循环都会输出一个 32 比特密钥流。

**1. Snow 3G 算法组成部分**

1) MULx

MULx 是从 16 比特到 8 比特的映射。令 $V$ 和 $c$ 为 8 比特的值,则 MULx 定义如下:

如果 $V$ 的最左边(最高有效)比特为 1,则

$$\mathrm{MULx}(V,c) = (V \ll_8 1) \oplus c$$

否则,

$$\mathrm{MULx}(V,c) = V \ll_8 1$$

2) MULxPOW

MULxPOW 是从 16 比特和一个正整数 $i$ 到 8 比特的映射。令 $V$ 和 $c$ 为 8 比特的值,则 MULxPOW$(V,i,c)$ 递归定义如下:

如果 $i$ 为 0,则

$$\mathrm{MULxPOW}(V,i,c) = V$$

否则,

$$\mathrm{MULxPOW}(V,i,c) = \mathrm{MULx}(\mathrm{MULxPOW}(V,i-1,c),c)$$

3) 32 比特 S 盒 $S_1$

$S_1$ 是 32 比特输入、32 比特输出的非线性映射。令 $w = w_0 \parallel w_1 \parallel w_2 \parallel w_3$ 为 32 比特输入,$w_0$ 和 $w_3$ 分别为最高有效字节和最低有效字节。使用 AES 的 8 比特 S 盒 $S_R$,如下计算 32 比特输出 $S_1(w) = r_0 \parallel r_1 \parallel r_2 \parallel r_3$。

$$r_0 = \mathrm{MULx}(S_R(w_0),0x1B) \oplus S_R(w_1) \oplus S_R(w_2) \oplus \mathrm{MULx}(S_R(w_3),0x1B) \oplus S_R(w_3)$$

$$r_1 = \mathrm{MULx}(S_R(w_0),0x1B) \oplus S_R(w_0) \oplus \mathrm{MULx}(S_R(w_1),0x1B) \oplus S_R(w_2) \oplus S_R(w_3)$$

$$r_2 = S_R(w_0) \oplus \mathrm{MULx}(S_R(w_1),0x1B) \oplus S_R(w_1) \oplus \mathrm{MULx}(S_R(w_2),0x1B) \oplus S_R(w_3)$$

$$r_3 = S_R(w_0) \oplus S_R(w_1) \oplus \text{MULx}(S_R(w2),0x1B) \oplus S_R(w_2) \oplus \text{MULx}(S_R(w_3),0x1B)$$

4）32 比特 S 盒 $S_2$

$S_2$ 是 32 比特输入、32 比特输出的非线性映射。令 $w=w_0 \parallel w_1 \parallel w_2 \parallel w_3$ 为 32 比特输入，使用基于 Dickson 多项式导出的 8 比特 S 盒 $S_Q$，如下计算 $S_2(w)=r_0 \parallel r_1 \parallel r_2 \parallel r_3$ 32 比特输出：

$$r_0 = \text{MULx}(S_Q(w_0),0x69) \oplus S_Q(w_1) \oplus S_Q(w_2) \oplus \text{MULx}(S_Q(w3),0x69) \oplus S_Q(w_3)$$
$$r_1 = \text{MULx}(S_Q(w_0),0x69) \oplus S_Q(w_0) \oplus \text{MULx}(S_Q(w1),0x69) \oplus S_Q(w_2) \oplus S_Q(w_3)$$
$$r_2 = S_Q(w_0) \oplus \text{MULx}(S_Q(w1),0x69) \oplus S_Q(w_1) \oplus \text{MULx}(S_Q(w2),0x69) \oplus S_Q(w_3)$$
$$r_3 = S_Q(w_0) \oplus S_Q(w_1) \oplus \text{MULx}(S_Q(w2),0x69) \oplus S_Q(w_2) \oplus \text{MULx}(S_Q(w3),0x69)$$

5）函数 $\text{MUL}_\alpha$

函数 $\text{MUL}_\alpha$ 是 8 比特到 32 比特的映射。令 $c$ 为 8 比特输入，则 $\text{MUL}_\alpha$ 定义如下：

$$\text{MULa}(c) = (\text{MULxPOW}(c,23,0xA9) \parallel \text{MULxPOW}(c,245,0xA9)$$
$$\parallel \text{MULxPOW}(c,48,0xA9) \parallel \text{MULxPOW}(c,239,0xA9))$$

6）函数 $\text{DIV}_\alpha$

函数 $\text{DIV}_\alpha$ 是 8 比特到 32 比特的映射。令 $c$ 为 8 比特输入，则 $\text{DIV}_\alpha$ 定义如下：

$$\text{DIV}_\alpha(c) = (\text{MULxPOW}(c,16,0xA9) \parallel \text{MULxPOW}(c,39,0xA9)$$
$$\parallel \text{MULxPOW}(c,6,0xA9) \parallel \text{MULxPOW}(c,64,0xA9))$$

7）初始化模式

LFSR 的初始化模式接收来自 FSM 的 32 比特输出字 $F$。

令 $s_0=s_{0,0} \parallel s_{0,1} \parallel s_{0,2} \parallel s_{0,3}, s_{11}=s_{11,0} \parallel s_{11,1} \parallel s_{11,2} \parallel s_{11,3}$，其中 $s_{11,0}$ 和 $s_{11,3}$ 分别为最高有效字节和最低有效字节。如下计算中间值 $v$：

$$v = (s_{0,1} \parallel s_{0,2} \parallel s_{0,3} \parallel 0x00) \oplus \text{MUL}_\alpha(s_{0,0}) \oplus s_2 \oplus (0x00 \parallel s_{11,0} \parallel s_{11,1} \parallel s_{11,2}) \oplus$$
$$\text{DIV}_\alpha(s_{11,3}) \oplus F$$

令

$$s_0=s_1, \quad s_1=s_2, \quad s_2=s_3, \quad s_3=s_4, \quad s_4=s_5, \quad s_5=s_6, \quad s_6=s_7, \quad s_7=s_8,$$
$$s_8=s_9, \quad s_9=s_{10}, \quad s_{10}=s_{11}, \quad s_{11}=s_{12}, \quad s_{12}=s_{13}, \quad s_{13}=s_{14}, \quad s_{14}=s_{15}, \quad s_{15}=v$$

8）FSM 循环模式

FSM 有两个来自 LFSR 的输入字 $s_{15}$ 和 $s_5$，输出一个 32 比特的字 $F$：

$$F = (s_{15} \boxplus \text{R1}) \oplus \text{R2}$$

其中 $\boxplus$ 是模 $2^{32}$ 加法。

然后寄存器更新，计算中间值 $r$：

$$r = \text{R2} \boxplus (\text{R3} \oplus s_5)$$

令

$$\text{R3}=S_2(\text{R2})$$
$$\text{R2}=S_1(\text{R1})$$
$$\text{R1}=r$$

2. Snow 3G 算法操作

1）初始化

Snow 3G 初始化使用 128 比特密钥和 128 比特初始向量，密钥包含 4 个 32 比特字 $k_0$，$k_1,k_2,k_3$，初始向量包含 4 个 32 比特字 $\text{IV}_0,\text{IV}_1,\text{IV}_2,\text{IV}_3$，定义如下：

$$s_{15}=k_3 \oplus \text{IV0}, \quad s_{14}=k_2, \qquad s_{13}=k_1, \qquad s_{12}=k_0 \oplus \text{IV1},$$
$$s_{11}=k_3 \oplus 1, \qquad s_{10}=k_2 \oplus 1 \oplus \text{IV2}, \quad s_9=k_1 \oplus 1 \oplus \text{IV3}, \quad s_8=k_0 \oplus 1,$$
$$s_7=k_3, \qquad s_6=k_2, \qquad s_5=k_1, \qquad s_4=k_0,$$
$$s_3=k_3 \oplus 1, \qquad s_2=k_2 \oplus 1, \qquad s_1=k_1 \oplus 1, \qquad s_0=k_0 \oplus 1$$

其中 1 表示全 1 的字(0xFFFFFFFF)。FSM 初始化为 R1 = R2 = R3 = 0。

然后加密,以一种特殊模式运行,不产生输出密钥流,伪代码描述如下:

```
for t from 1 to 32 do
    1. The FSM is clocked producing the 32-bit word F.
    2. Then the LFSR is clocked in Initialisation Mode using F.
end for
```

Snow 3G 的初始化流程如图 3-6 所示。

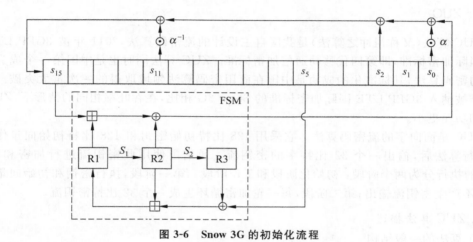

图 3-6　Snow 3G 的初始化流程

2) 密钥流生成

首先 FSM 循环执行一次,但是丢弃 FSM 的输出字。然后 LFSR 在密钥流初始化模式执行一次。最后产生加密使用的 n 个 32 比特的密钥流字,伪代码描述如下:

```
for t from 1 to n do
    3. The FSM is clocked and produces a 32-bit output word F.
    4. The next keystream word is computed as z_t=F ⊕ s_0.
    5. Then the LFSR is clocked in Keystream Mode.
end for
```

Snow 3G 的密钥流生成的流程如图 3-7 所示。

3. Snow 3G 安全性分析

到目前为止,还没有一种行之有效的方法可以完全破译 Snow 3G,但针对它的改进版本的攻击已经可以在 $2^{124.2}$ 复杂度下达到 16 轮(初始化共 33 轮)[318]。针对 Snow 3G 算法的密钥流生成阶段,目前最好的状态恢复攻击是文献[319]给出的结果,复杂度为 $2^{177}$。

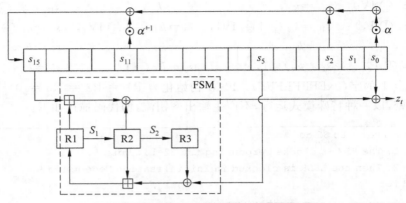

**图 3-7　Snow 3G 的密钥流生成流程**

### 3.2.5　ZUC

　　ZUC 算法(又称祖冲之算法)是我国自主设计的流密码算法,2011 年被 3GPP LTE 采纳为国际加密标准,即第四代移动通信加密标准。ZUC 算法同时也是中国第一个成为国际标准的密码算法,其标准化的成功是中国在商用密码算法领域取得的一次重大突破。与早期同样被纳入 3GPP LTE 国际加密标准的 Snow 3G 相比,在吞吐率相同的情形下,ZUC 的资源和功耗更小。

　　ZUC 是面向字的流密码算法。它采用 128 比特初始密钥和 128 比特初始向量作为输入,执行算法后,输出一个 32 比特字的密钥流。通信中使用此密钥流进行加密和解密。ZUC 的执行分为两个阶段:初始化阶段和工作阶段。第一阶段,执行密钥和初始向量的初始化,不产生密钥流输出;第二阶段,每一轮加密循环生成一个 32 比特密钥流。

　　1. ZUC 算法描述

　　1) 算法的一般结构

　　ZUC 有 3 个逻辑层,如图 3-8 所示。顶层是一个 16 级的线性反馈移位寄存器(LFSR),中间层是比特重组层(BR),底层是一个非线性函数 $F$(FSM)。

　　2) 线性反馈移位寄存器

　　线性反馈移位寄存器(LFSR)有 16 个 31 比特的单元$(s_0, s_2, \cdots, s_{15})$。每个单元 $s_i$($0 \leqslant i \leqslant 15$)限定只能从集合$\{1, 2, \cdots, 2^{31}-1\}$中取值。LFSR 有两个操作模式:初始化模式和工作模式。

　　在初始化模式下,LFSR 收到一个 31 比特字 $u$,它是由非线性函数 $F$ 产生的 32 比特字 $w$ 移除最右边 1 比特得到的,即 $u = w \gg 1$。伪代码描述如下:

```
LFSRWithInitializationMode(u)
{
    v = (2^15 s_15 + 2^17 s_13 + 2^21 s_10 + 2^20 s_4 + (1+2^8)s_0) mod (2^31-1)
    s_16 = (v + u) mod(2^31-1)
    if s_16 = 0   then set s_16 = 2^31 - 1
    (s_1, s_2, …, s_16) → (s_0, s_1, …, s_15)
}
```

在工作模式下,LFSR 不会收到任何输入,伪代码描述如下:

```
LFSRWithWorkMode(u)
{
    s₁₆ = (2¹⁵s₁₅ + 2¹⁷s₁₃ + 2²¹s₁₀ + 2²⁰s₄ + (1+2⁸)s₀) mod (2³¹-1)
    if s₁₆=0,   then set s₁₆=2³¹-1
    (s₁,s₂,…,s₁₆) → (s₀,s₁,…,s₁₅)
}
```

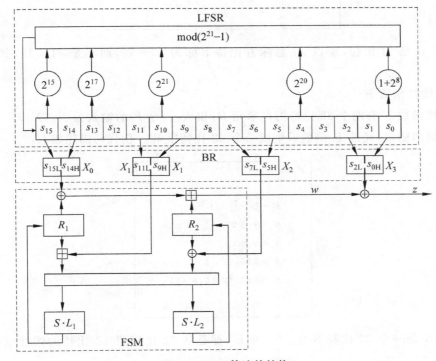

**图 3-8　ZUC 算法的结构**

**提示 1**:31 比特串 $s$ 在 $GF(2^{31}-1)$ 上乘以 $2^i$ 可以通过循环左移 $i$ 比特实现,比如,在 LFSR 初始化模式第一步中,可以转换成下面的式子:

$$v = (s_{15} \lll_{31} 15) + (s_{13} \lll_{31} 17) + (s_{10} \lll_{31} 21) + (s_4 \lll_{31} 20) +$$
$$(s_0 \lll_{31} 8) + s_0 \, mod(2^{31}-1)$$

**提示 2**:对于在 $GF(2^{31}-1)$ 上的两个整数 $a$ 和 $b$,$v=(a+b) \bmod (2^{31}-1)$ 可以由下面两步实现:①计算 $v=a+b$;②如果进位是 1,则设定 $v=v+1$。另外,为了更好地抵抗可能的计时攻击,有下面两个补充:①计算 $w=a+b$,其中 $w$ 是一个 32 比特的值;②设定 $v=w$ 的最左边 31 位比特+$w$ 的最右边的比特。

3) 比特重组

ZUC 算法的中间层是比特重组。它从 LFSR 中抽取 128 比特,生成 4 个 32 比特的字,前 3 个字用于底层非线性函数 $F$,最后 1 个字参与密钥流生成。

令 $s_0, s_2, s_5, s_7, s_9, s_{11}, s_{14}, s_{15}$ 为上述 LFSR 的 8 个单元。比特重组就是使用它们形成 4 个 32 比特的字 $X_0, X_1, X_2, X_3$,伪代码描述如下:

```
Bitreorganization()
{
    X₀ = 𝒮₁₅ₕ ‖ 𝒮₁₄ₗ
    X₁ = 𝒮₁₁ₗ ‖ 𝒮₉ₕ
    X₂ = 𝒮₇ₗ ‖ 𝒮₅ₕ
    X₃ = 𝒮₂ₗ ‖ 𝒮₀ₕ
}
```

**提示**:$s_i$ 是 31 比特,所以 $s_{iH}$ 意味着比特下标为 $30\sim15$,而不是 $31\sim16$,其中 $0\leqslant i \leqslant15$。

4) 非线性函数 $F$

非线性函数 $F$ 有两个 32 比特内存单元 $R_1$ 和 $R_2$。令 $F$ 的输入为 $X_0, X_1, X_2$,它们来自比特重组的输出,经过 $F$ 函数后生成一个 32 比特字 $W$。伪代码描述如下:

```
F(X₀, X₁, X₂)
{
    W = (X₀ ⊕ R₁) ⊞ R₂
    W₁ = R₁ ⊞ X₁
    W₂ = R₂ ⊞ X₂
    R₁ = 𝒮(L₁(W₁ₗ ‖ W₂ₕ))
    R₂ = 𝒮(L₂(W₂ₗ ‖ W₁ₕ))
}
```

其中,$S$ 是一个 32 比特 S 盒;$L_1$ 和 $L_2$ 都是从 32 比特到 32 比特的线性变换,具体如下:

$$L_1(X) = X \oplus (X \lll_{32} 2) \oplus (X \lll_{32} 10) \oplus (X \lll_{32} 18) \oplus (X \lll_{32} 24)$$

$$L_2(X) = X \oplus (X \lll_{32} 8) \oplus (X \lll_{32} 14) \oplus (X \lll_{32} 22) \oplus (X \lll_{32} 30)$$

32 比特 S 盒 $S$ 由 4 个 8 比特 S 盒组成,即 $S = (S_0, S_1, S_2, S_3)$,其中 $S_0 = S_2$,$S_1 = S_3$。$S_0$ 和 $S_1$ 见表 3-1 和表 3-2。令 $x$ 为 $S_0$(或者 $S_1$)的一个 8 比特输入,把 $x$ 写成两个 16 进制的形式:$x = h \| l$,那么在下表中第 $h$ 行第 $l$ 列的单元即为 $S_0$(或者 $S_1$)的输出。

表 3-1　$S_0$

| 列\行 | 0 | 1 | 2 | 3 | 4 | 5 | 6 | 7 | 8 | 9 | A | B | C | D | E | F |
|---|---|---|---|---|---|---|---|---|---|---|---|---|---|---|---|---|
| 0 | 3E | 72 | 5B | 47 | CA | E0 | 00 | 33 | 04 | D1 | 54 | 98 | 09 | B9 | 6D | CB |
| 1 | 7B | 1B | F9 | 32 | AF | 9D | 6A | A5 | B8 | 2D | FC | 1D | 08 | 53 | 03 | 90 |

续表

| 列<br>行 | 0 | 1 | 2 | 3 | 4 | 5 | 6 | 7 | 8 | 9 | A | B | C | D | E | F |
|---|---|---|---|---|---|---|---|---|---|---|---|---|---|---|---|---|
| 2 | 4D | 4E | 84 | 99 | E4 | CE | D9 | 91 | DD | B6 | 85 | 48 | 8B | 29 | 6E | AC |
| 3 | CD | C1 | F8 | 1E | 73 | 43 | 69 | C6 | B5 | BD | FD | 39 | 63 | 20 | D4 | 38 |
| 4 | 76 | 7D | B2 | A7 | CF | ED | 57 | C5 | F3 | 2C | BB | 14 | 21 | 06 | 55 | 9B |
| 5 | E3 | EF | 5E | 31 | 4F | 7F | 5A | A4 | 0D | 82 | 51 | 49 | 5F | BA | 58 | 1C |
| 6 | 4A | 16 | D5 | 17 | A8 | 92 | 24 | 1F | 8C | FF | D8 | AE | 2E | 01 | D3 | AD |
| 7 | 3B | 4B | DA | 46 | EB | C9 | DE | 9A | 8F | 87 | D7 | 3A | 80 | 6F | 2F | C8 |
| 8 | B1 | B4 | 37 | F7 | 0A | 22 | 13 | 28 | 7C | CC | 3C | 89 | C7 | C3 | 96 | 56 |
| 9 | 07 | BF | 7E | F0 | 0B | 2B | 97 | 52 | 35 | 41 | 79 | 61 | A6 | 4C | 10 | FE |
| A | BC | 26 | 95 | 88 | 8A | B0 | A3 | FB | C0 | 18 | 94 | F2 | E1 | E5 | E9 | 5D |
| B | D0 | DC | 11 | 66 | 64 | 5C | EC | 59 | 42 | 75 | 12 | F5 | 74 | 9C | AA | 23 |
| C | 0E | 86 | AB | BE | 2A | 02 | E7 | 67 | E6 | 44 | A2 | 6C | C2 | 93 | 9F | F1 |
| D | F6 | FA | 36 | D2 | 50 | 68 | 9E | 62 | 71 | 15 | 3D | D6 | 40 | C4 | E2 | 0F |
| E | 8E | 83 | 77 | 6B | 25 | 05 | 3F | 0C | 30 | EA | 70 | B7 | A1 | E8 | A9 | 65 |
| F | 8D | 27 | 1A | DB | 81 | B3 | A0 | F4 | 45 | 7A | 19 | DF | EE | 78 | 34 | 60 |

表 3-2  $S_1$

| 列<br>行 | 0 | 1 | 2 | 3 | 4 | 5 | 6 | 7 | 8 | 9 | A | B | C | D | E | F |
|---|---|---|---|---|---|---|---|---|---|---|---|---|---|---|---|---|
| 0 | 55 | C2 | 63 | 71 | 3B | C8 | 47 | 86 | 9F | 3C | DA | 5B | 29 | AA | FD | 77 |
| 1 | 8C | C5 | 94 | 0C | A6 | 1A | 13 | 00 | E3 | A8 | 16 | 72 | 40 | F9 | F8 | 42 |
| 2 | 44 | 26 | 68 | 96 | 81 | D9 | 45 | 3E | 10 | 76 | C6 | A7 | 8B | 39 | 43 | E1 |
| 3 | 3A | B5 | 56 | 2A | C0 | 6D | B3 | 05 | 22 | 66 | BF | DC | 0B | FA | 62 | 48 |
| 4 | DD | 20 | 11 | 06 | 36 | C9 | C1 | CF | F6 | 27 | 52 | BB | 69 | F5 | D4 | 87 |
| 5 | 7F | 84 | 4C | D2 | 9C | 57 | A4 | BC | 4F | 9A | DF | FE | D6 | 8D | 7A | EB |
| 6 | 2B | 53 | D8 | 5C | A1 | 14 | 17 | FB | 23 | D5 | 7D | 30 | 67 | 73 | 08 | 09 |
| 7 | EE | B7 | 70 | 3F | 61 | B2 | 19 | 8E | 4E | E5 | 4B | 93 | 8F | 5D | DB | A9 |
| 8 | AD | F1 | AE | 2E | CB | 0D | FC | F4 | 2D | 46 | 6E | 1D | 97 | E8 | D1 | E9 |
| 9 | 4D | 37 | A5 | 75 | 5E | 83 | 9E | AB | 82 | 9D | B9 | 1C | E0 | CD | 49 | 89 |
| A | 01 | B6 | BD | 58 | 24 | A2 | 5F | 38 | 78 | 99 | 15 | 90 | 50 | B8 | 95 | E4 |
| B | D0 | 91 | C7 | CE | ED | 0F | B4 | 6F | A0 | CC | F0 | 02 | 4A | 79 | C3 | DE |

| 列<br>行 | 0 | 1 | 2 | 3 | 4 | 5 | 6 | 7 | 8 | 9 | A | B | C | D | E | F |
|---|---|---|---|---|---|---|---|---|---|---|---|---|---|---|---|---|
| C | A3 | EF | EA | 51 | E6 | 6B | 18 | EC | 1B | 2C | 80 | F7 | 74 | E7 | FF | 21 |
| D | 5A | 6A | 54 | 1E | 41 | 31 | 92 | 35 | C4 | 33 | 07 | 0A | BA | 7E | 0E | 34 |
| E | 88 | B1 | 98 | 7C | F3 | 3D | 60 | 6C | 7B | CA | D3 | 1F | 32 | 65 | 04 | 28 |
| F | 64 | BE | 85 | 9B | 2F | 59 | 8A | D7 | B0 | 25 | AC | AF | 12 | 03 | E2 | F2 |

**2. 密钥加载**

密钥加载程序扩展初始密钥和初始向量为 16 个 31 比特的整数,作为 LFSR 的初始状态。令 128 比特的初始密钥 $k$ 和 128 比特的初始向量 iv 为

$$k = k_0 \parallel k_1 \parallel \cdots \parallel k_{15}$$

$$iv = iv_0 \parallel iv_1 \parallel \cdots \parallel iv_{15}$$

其中 $k_i$ 和 $iv_i$ 都是字节($0 \leqslant i \leqslant 15$),那么 $k$ 和 iv 按下面两个规则加载到 LFSR。

(1) 令 D 是一个 240 比特常量字符串,由 16 个 15 比特长的子串构成:

$$D = d_0 \parallel d_1 \parallel \cdots \parallel d_{15}$$

其中

$$d_0 = 100010011010111_2$$
$$d_1 = 010011010111100_2$$
$$d_2 = 110001001101011_2$$
$$d_3 = 001001101011110_2$$
$$d_4 = 101011110001001_2$$
$$d_5 = 011010111100010_2$$
$$d_6 = 111000100110101_2$$
$$d_7 = 000100110101111_2$$
$$d_8 = 100110101111000_2$$
$$d_9 = 010111100010011_2$$
$$d_{10} = 110101111000100_2$$
$$d_{11} = 001101011110001_2$$
$$d_{12} = 101111000100110_2$$
$$d_{13} = 011110001001101_2$$
$$d_{14} = 111100010011010_2$$
$$d_{15} = 100011110101100_2$$

(2) 对于 $0 \leqslant i \leqslant 15$,令 $s_i = k_i \parallel d_i \parallel iv_i$。

**3. ZUC 算法执行**

ZUC 算法的执行有两个阶段:初始化阶段和工作阶段

**1) 初始化阶段**

在初始化阶段,ZUC 算法调用密钥加载程序把 128 比特的初始密钥和 128 比特的初始

向量加载到 LFSR,再把 32 比特的内存单元 $R_1$ 和 $R_2$ 都设为 0。然后 ZUC 算法运行下列操作 32 次:

```
Bitreorganization()
W =F (X₀,X₁,X₂)
LFSRWithInitializationMode(W≫1)
```

2) 工作阶段

初始化阶段后,ZUC 算法转移到工作阶段。在工作阶段,ZUC 算法执行下列操作一次,并且把 F 的输出 $w$ 丢弃:

```
Bitreorganization()
W =F (X₀,X₁,X₂)
LFSRWithWorkMode()
```

然后 ZUC 算法进入密钥流生成阶段,即在每次迭代中执行一次下列操作,32 比特的密钥流 Z 就会生成并输出:

```
Bitreorganization()
Z =F (X₀,X₁,X₂) ⊕ X₃
LFSRWithWorkMode()
```

## 3.3　基于 NFSR 的流密码

### 3.3.1　A2U2

A2U2 是为印刷电子标签而设计的一种轻量级流密码算法。A2U2 由一个线性反馈移位寄存器(LFSR)、两个非线性反馈移位寄存器(NFSR)、一个密钥调度和一个过滤函数四部分构成,它的密钥长度是 56 比特。

1. A2U2 的结构

A2U2 是由一个 7 级线性反馈移位寄存器、两个分别长 17 比特和 9 比特的非线性反馈移位寄存器、一个密钥调度模块和一个过滤函数 4 部分构成,如图 3-9 所示。

A2U2 的基本模块定义如下。

1) 线性反馈移位寄存器

7 级 LFSR 作为计数器,反馈函数为 $F_c = x^7 + x^4 + 1$。计数器由以下 3 个比特串的异或值初始化:由标签生成的 32 比特伪随机数的 5 个 LSB(最低有效位)、读取器生成的 32 比特随机数的 5 个 LSB 和密钥的 5 个 LSB。5 个比特的结果输入到 LFSR 的 MSB(最高有效位)。为避免全零状态,将 LFSR 的第二个 LSB 置 1;为避免全 1 状态,要将第一个 LSB 置 0。

初始化直到 LFSR 状态变为全 1 时为止。根据随机选择的计数器初始化值,计数器被计时的次数(9~126 次)是不规则和秘密的。在初始化完成后,计数器将只作为 LFSR 使用。

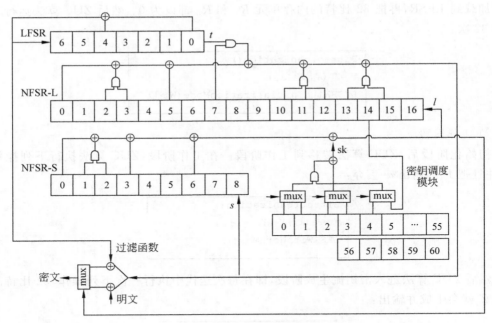

图 3-9　A2U2 的结构

**2）非线性反馈移位寄存器**

两个 NFSR 互相为对方提供反馈。在时刻 $i$，两个 NFSR 的反馈函数分别为

$$s_{i+9} = l_i + l_{i+2} \cdot l_{i+3} + l_{i+5} + l_{i+7} \cdot t_i + l_{i+10} \cdot l_{i+11} \cdot l_{i+12} + l_{i+13} \cdot l_{i+15}$$
$$l_{i+17} = s_i + s_{i+1} \cdot s_{i+2} + s_{i+3} + s_{i+6} + sk_i$$

其中，$sk_i$ 是密钥调度模块生成的子密钥比特。

**3）密钥调度模块**

A2U2 的密钥部分有 61 比特，前 56 比特用于产生子密钥，后 5 比特为计数器初始化保留。在时刻 $i$，56 比特密钥中的 5 个比特、计数器的 3 个比特和 NFSR-L 的 1 个比特组合产生子密钥 $sk_i$：

$$sk_i = mux(k_{5i \bmod 56}, k_{(5i+1) \bmod 56}, t_{i+1}) \times mux(k_{(5i+4) \bmod 56}, l_{i+14}, t_{i+5}) +$$
$$mux(k_{(5i+2) \bmod 56}, k_{(5i+3) \bmod 56}, t_{i+3})$$

其中，mux() 是复用器。对任意给出的 $x, y, z \in F_2$，如果 $z = 0$，那么 $mux(x, y, z) = x$；否则，$mux(x, y, z) = y$。

**4）过滤函数 $F$**

假设在时刻 0 产生密文，过滤器定义如下：

$$c_i = mux(s_{i+8} + t_{i+6}, s_{i+8} + p_{f(i)}, l_{i+16})$$

$p_i$ 和 $c_i$ 是时刻 $i$ 的明密文比特，$f(0) = 0$，$i \geqslant 1$ 时，$f(i) = \sum_{j=0}^{i-1} l_{j+16}$。

**2. A2U2 的安全性**

2011 年，Chai 等人提出了一种针对 A2U2 的选择性明文攻击模型下的高效密钥恢复攻击，该攻击要求两个选择的明文使用相同的密钥和初始向量进行加密[320]。Abdelraheem

等人提出了一种已知明文攻击模式下对 A2U2 的猜测确定攻击[321]。2012 年,Shi 等人提出了已知明文攻击模型下的另一种密钥恢复攻击,其时间复杂度远远优于 Abdelraheem 等人提出的攻击[322]。此外,他们还提出了一种求解稀疏二次方程组的新方法,该方法将复杂度降至一个非常小的常数。这种攻击最多只需要 210 个连续的明文/密文对,并且可以在几秒内恢复所有密钥位。

### 3.3.2 Grain v1

Grain v1 是欧洲 eSTREAM 计划最终入选的流密码算法之一。该算法面向硬件设计,具有较低的硬件复杂度,适用于硬件实现面积与存储资源受限的应用环境。Grain v1 算法的密钥和初始向量长度分别为 80 比特与 64 比特。该算法总体上由两个级联的 NFSR 和 LFSR 构成,密钥流比特由具有一定密码学性质的布尔函数生成。Grain v1 算法的整体示意图如图 3-10 所示。

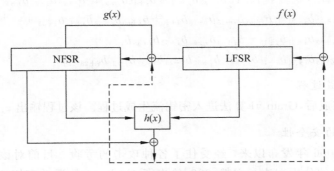

**图 3-10 Grain v1 算法的整体示意图**

#### 1. Grain v1 算法

1）移位寄存器

LFSR 的寄存器单元记为 $S = (s_0, s_1, \cdots, s_{79})$,反馈关系为

$$s_{i+80} = s_{i+62} + s_{i+51} + s_{i+38} + s_{i+23} + s_{i+13} + s_i$$

NFSR 的寄存器单元记为 $B = (b_0, b_1, \cdots, b_{79})$,反馈关系为

$$b_{i+80} = s_i + b_{i+63} + b_{i+60} + b_{i+52} + b_{i+45} + b_{i+37} + b_{i+33} + b_{i+28} + b_{i+21} + b_{i+15} + b_{i+9} + b_i +$$
$$b_{i+63}b_{i+60} + b_{i+37}b_{i+33} + b_{i+15}b_{i+9} + b_{i+60}b_{i+52}b_{i+45} + b_{i+33}b_{i+28}b_{i+21} +$$
$$b_{i+63}b_{i+45}b_{i+28}b_{i+9} + b_{i+60}b_{i+52}b_{i+37}b_{i+33} + b_{i+63}b_{i+60}b_{i+21}b_{i+15} +$$
$$b_{i+63}b_{i+60}b_{i+52}b_{i+45}b_{i+37} + b_{i+33}b_{i+28}b_{i+21}b_{i+15}b_{i+9} +$$
$$b_{i+52}b_{i+45}b_{i+37}b_{i+33}b_{i+28}b_{i+21}$$

2）输出函数

LFSR 和 NFSR 的内部状态经过滤函数 $h(x)$ 得到密钥流输出比特。$h(x)$ 的定义如下:

$$h(x) = x_1 + x_4 + x_0 x_3 + x_2 x_3 + x_3 x_4 + x_0 x_1 x_2 + x_0 x_2 x_3 +$$
$$x_0 x_2 x_4 + x_1 x_2 x_4 + x_2 x_3 x_4$$

其中 $x_0, x_1 \cdots, x_4$ 分别对应于 $s_{i+3}, s_{i+25}, s_{i+46}, s_{i+64}, s_{i+63}$。

输出的密钥流比特为:

$$z_i = b_i \oplus h(x)$$

**2. 初始化过程**

初始化过程分为以下两个步骤：

（1）$K$ 和 IV 装载：

$$b_i = k_i, \quad 0 \leqslant k_i \leqslant 79$$
$$s_i = IV_i, \quad 0 \leqslant k_i \leqslant 63$$
$$s_i = 1, \quad 64 \leqslant k_i \leqslant 79$$

（2）反馈空跑。

每拍将输出的 $z_i$ 反馈至 LFSR 和 NFSR，总共空跑 160 拍，即

$$s_{i+80} = z_i + s_{i+62} + s_{i+51} + s_{i+38} + s_{i+23} + s_{i+13} + s_i$$

$$\begin{aligned} b_{i+80} = {} & z_i + s_i + b_{i+63} + b_{i+60} + b_{i+52} + b_{i+45} + b_{i+37} + b_{i+33} + b_{i+28} + b_{i+21} + b_{i+15} + \\ & b_{i+9} + b_i + b_{i+63}b_{i+60} + b_{i+37}b_{i+33} + b_{i+15}b_{i+9} + b_{i+60}b_{i+52}b_{i+45} + \\ & b_{i+33}b_{i+28}b_{i+21} + b_{i+63}b_{i+45}b_{i+28}b_{i+9} + b_{i+60}b_{i+52}b_{i+37}b_{i+33} + \\ & b_{i+63}b_{i+60}b_{i+21}b_{i+15} + b_{i+63}b_{i+60}b_{i+52}b_{i+45}b_{i+37} + \\ & b_{i+33}b_{i+28}b_{i+21}b_{i+15}b_{i+9} + b_{i+52}b_{i+45}b_{i+37}b_{i+33}b_{i+28}b_{i+21} \end{aligned}$$

**3. 密钥流生成过程**

初始化过程完成后，Grain v1 算法进入密钥流生成过程。该过程输出 $z_i$，且 $z_i$ 不再反馈。

**4. Grain v1 的安全性**

Grain v1 自 2006 年发布以来，经受住了各种攻击的考验。目前对该算法尚没有比穷举密钥攻击更有效的分析方法。文献[323]给出了 Grain v1 的滑动密钥攻击。对于任意的 $(K, IV)$ 对，能够以 1/22 的概率找出一个滑动密钥 $(K', IV')$，该滑动与生成的密钥流序列偏移 1 比特。

### 3.3.3 Enocoro-80

Enocoro-80 是 Watanabe 等人设计的面向硬件的流密码算法。Enocoro-80 算法的密钥为 80 比特，要求同一个密钥和初始向量产生的密钥流长度小于 $2^{32}$ 字节。

**1. Enocoro-80 的加密算法**

Enocoro-80 的结构如图 3-11 所示。内部状态包含两部分：状态 $a$ 和状态 $b$。其中，状态 $a$ 包含两字节，高字节用 $a_0$ 表示，低字节用 $a_1$ 表示；状态 $b$ 包含 $n_b$ 字节，分别用 $b_0, b_1,$ $\cdots, b_{n_b-1}$ 表示。

Enocoro-80 的基本模块定义如下。

**1）函数 $\rho$**

状态 $a$ 的更新函数使用 $b_{k_1}, b_{k_2}, b_{k_3}, b_{k_4}$ 作为外部输入。具体的变换定义如下：

$$u_0 = a_0^{(t)} \oplus s_8[b_{k_1}^{(t)}]$$
$$u_1 = a_1^{(t)} \oplus s_8[b_{k_2}^{(t)}]$$
$$(v_0, v_1) = L(u_0, u_1)$$
$$a_0^{(t+1)} = v_0 \oplus s_8[b_{k_3}^{(t)}]$$

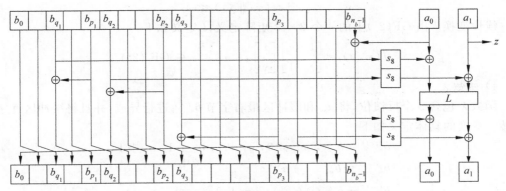

**图 3-11　Enocoro-80 的结构**

$$a_1^{(t+1)} = v_1 \oplus s_8\big[b_{k_4}^{(t)}\big]$$

2）线性变换 $L$

线性变换 $L$ 是由 $\mathrm{GF}(2^8)$ 上的一个 $2\times 2$ 矩阵得到，$(I_2 \mid L)$ 是一个极大距离可分码的生成矩阵。Enocoro 的线性变换 $L$ 定义如下：

$$\begin{bmatrix} v_0 \\ v_1 \end{bmatrix} = L(u_0, u_1) = \begin{bmatrix} 1 & 1 \\ 1 & d \end{bmatrix} \begin{bmatrix} u_0 \\ u_1 \end{bmatrix}, \quad d \in \mathrm{GF}(2^8)$$

在 Enocoro-80 中，$d = 0\mathrm{x}02$。

3）S 盒 $S_8$

S 盒 $s_8$ 定义了一个 8 比特输入到 8 比特输出的置换。它采用 SPS 结构，如图 3-12 所示。其中，$s_4$ 是一个 4 比特 S 盒，如表 3-3 所示。

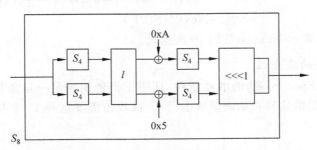

**图 3-12　Enocoro 的 8 比特 S 盒**

**表 3-3　Enocoro-80 的 4 比特 S 盒**

| $x$ | 0 | 1 | 2 | 3 | 4 | 5 | 6 | 7 | 8 | 9 | 10 | 11 | 12 | 13 | 14 | 15 |
|---|---|---|---|---|---|---|---|---|---|---|---|---|---|---|---|---|
| $S_4(x)$ | 1 | 3 | 9 | 10 | 5 | 14 | 7 | 2 | 13 | 0 | 12 | 15 | 4 | 8 | 6 | 11 |

S 盒 $s_8$ 的构造方式定义如下：

$$y_0 = s_4\big[s_4[x_0] \oplus e \cdot s_4[x_1] \oplus 0\mathrm{xA}\big]$$
$$y_1 = s_4\big[e \cdot s_4[x_0] \oplus s_4[x_1] \oplus 0\mathrm{x5}\big]$$

在 Enocoro-80 中，$e = 0\mathrm{x}04$。

最后将输出向左移 1 位：

$$s_8[x] = (y_0 \parallel y_1) \lll_8 1$$

线性变换 $l$ 由 $GF(2^4)$ 上的一个 $2 \times 2$ 矩阵定义,$l$ 定义如下:

$$l(x,y) = \begin{bmatrix} 1 & e \\ e & 1 \end{bmatrix} \begin{bmatrix} x \\ y \end{bmatrix}, \quad x,y,e \in GF(2^4)$$

4）函数 $\lambda$

函数 $\lambda$ 包含 3 个反馈位,将 $a_0$ 和缓冲区最右字节 $b_{n_b-1}$ 进行异或,并且将缓冲区逐字节旋转。变换的具体定义如下:

$$b_i^{(t+1)} = b_{i-1}^{(t)}, \quad i \neq 0, q_1+1, q_2+1, q_2+1$$
$$b_0^{(t+1)} = b_{n_b-1}^{(t)} \oplus a_0^{(t)}$$
$$b_{q_j+1}^{(t+1)} = b_{q_j}^{(t)} \oplus b_{p_j}^{(t)}, \quad j = 1,2,3$$

如果 $i \neq j$,那么 $p_i - q_i = p_j - q_j$。

5）输出函数 Out

输出函数 Out 输出状态的低字节:

$$Out(S^{(t)}) = a_1^{(t)}$$

2. Enocoro-80 的参数和初始化

Enocoro-80 的密钥长度为 80 比特,初始向量长度为 64 比特。算法定义为 $Enocoro(20;1,4,6,16,1,3,4,5,6,15)$。初始状态 $S^{(0)} = (a^{(0)}, b^{(0)})$ 定义如下:

$$b_i^{(-40)} = K_i, \quad 0 \leq i \leq 10$$
$$b_{i+10}^{(-40)} = I_i, \quad 0 \leq i < 8$$
$$b_{18}^{(-40)} = 0\text{x}66, \quad b_{19}^{(-40)} = 0\text{xE9}$$
$$a_0^{(-40)} = 0\text{x4B}, \quad a_1^{(-40)} = 0\text{xD4}$$
$$S^{(0)} = Next^{40}(S^{(-40)})$$

$Next^{40}(S^{(-40)})$ 表示 Next 函数的 40 次迭代。

3. Enocoro-80 的安全性

丁林等人利用 Enocoro-80 的滑动特性,证明了当密钥满足一定条件时 Enocoro-80 算法容易受到关联密钥的选择初始向量攻击[324]。该攻击需要选择 $2^{17}$ 个初始向量,所需时间复杂度为 $2^{48}$。

### 3.3.4　F-FCSR-H/16

对于流密码设计,带进位的反馈移位寄存器(Feedback with Carry Shift Register, FCSR)是线性反馈移位寄存器(LFSR)的有力竞争者。与 LFSR 相比,FCSR 的反馈方式是带进位的比特加法,即它的反馈方式是非线性的,这使得 FCSR 不像 LFSR 那样需要用非线性反馈函数来打破线性,而是可以使用线性过滤器从内部状态中提取密钥流。

F-FCSR-H 和 F-FCSR-16 都是面向硬件的流密码。F-FCSR-H 使用 80 比特密钥和 80 比特初始向量;F-FCSR-16 与 F-FCSR-H 相似,但是使用了更长的密钥和初始向量,其密钥和初始向量均为 128 比特。

1. FCSR

FCSR 有 Galois 和 Fibonacci 两种运行方式,因为 Galois 方式可以更好地并行运行,所以比 Fibonacci 方式更便于硬件实现。$q$ 是 FCSR 的连接数,$d = (1-q)/2$。一个 FCSR 由一个主寄存器 $M$ 和一个进位寄存器 $C$ 构成。图 3-13 是 Galois FCSR 的示例,其中 $q = -347, d = 174 = (10101110)_2$,主寄存器长度 $n = 8$,进位寄存器长度 $l = 4$,$m_{(t)}$ 是 $t$ 时刻主寄存器 $M$ 的状态,$c_{(t)}$ 是 $t$ 时刻进位寄存器 $C$ 的状态,田是带进位加法。

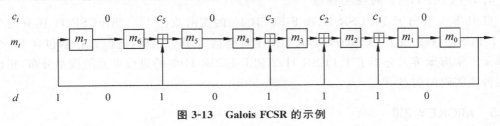

图 3-13　Galois FCSR 的示例

### 2. F-FCSR-H

F-FCSR-H 的密钥和初始向量均为 80 比特,FCSR 的长度为 160 比特,进位寄存器的长度为 82 比特。

$$q = -19935245913182750153280416113442150364601400 87963$$
$$d = (\text{AE985DFF 26619FC5 8623DC8A AF46D590 3DD4254E})_{16}$$

密钥和初始向量的初始化过程如下:

(1) 输入 80 比特密钥和长度小于或等于 80 比特的初始向量。

(2) 初始化主寄存器和进位寄存器:
$$M := (0^{80-v} \parallel \text{IV} \parallel K), C := 0$$

(3) FCSR 运行 20 次,计算时刻 $t = 1$ 到 $t = 20$ 的输出 $S(t)$。

(4) $M := (S(20), S(19), \cdots, S(1))$。

FCSR 运行 162 次,不产生输出。

初始化完成后,FCSR 运行 $N$ 次,每次使用字节过滤器提取一个字节 $S(t)$,即可产生 $N$ 字节的伪随机输出。

### 3. F-FCSR-16

F-FCSR-16 的密钥和初始向量均为 128 比特,FCSR 的长度为 256 比特,进位寄存器的长度为 130 比特。

$$q = -18397144084\ 5619471129\ 8691618093\ 4413165$$
$$8298317655\ 9231357530\ 1712846215\ 5618715019$$
$$d = (\text{CB5E129FAD 4F7E66780C AA2EC8C9CE D}$$
$$\text{B2102F996B AF08F39EFB 55A6E39000 2C6})_{16}$$

密钥和初始向量的初始化过程如下:

(1) 输入 128 比特密钥和小于或等于 128 比特的初始向量。

(2) 初始化主寄存器和进位寄存器:
$$M := (0^{128-v} \parallel \text{IV} \parallel K), \quad C := 0$$

(3) FCSR 运行 16 次,计算时刻 $t = 1$ 到 $t = 16$ 的输出 $S(t)$。

(4) $M := (S(16), S(15), \cdots, S(1))$。

（5）FCSR 运行 258 次，不产生输出。

初始化完成后，FCSR 运行 $N$ 次，每次使用双字节过滤器提取两个字节 $S(t)$，即可产生 $2N$ 字节的伪随机输出。

**4. F-FCSR-H/16 的安全性**

Hell 等人给出了 F-FCSR-H 和 F-FCSR-16 的实时攻击[325]。F-FCSR-H 还有两个版本：F-FCSR-Hv2 和 F-FCSR-Hv3，它们的主寄存器为 160 比特，进位寄存器包含 82 个活跃单元。宋海欣等人分析了 F-FCSR-Hv2 和 F-FCSR-Hv3 的进位单元的概率分布，指出了这两种流密码的弱点[326]。

### 3.3.5　MICKEY 2.0

MICKEY 2.0 是面向硬件的基于移位互相控制的同步流密码。MICKEY 2.0 的硬件实现是通过一个线性反馈移位寄存器和一个非线性反馈移位寄存器组合，在特定比特位置共同作用下，产生不规则的时钟控制信号来互相控制寄存器的更新，产生密钥流。算法输入为 80 比特初始密钥和一个可变长度的初始向量（0～80 比特），输出的最大密钥流不超过 $2^{40}$ 比特。

**1. MICKEY 2.0 算法描述**

**1）寄存器**

密钥流基于两个寄存器 R 和 S，每个寄存器长为 100，分别记为 $r_0, r_1, \cdots, r_{99}$ 和 $s_0, s_1, \cdots, s_{99}$。寄存器 R 是一个带反馈抽头的线性移位寄存器，寄存器 S 是一个非线性反馈移位寄存器。在运算过程中，寄存器 R 和 S 各有一个控制位，由两个寄存器中的特定比特位异或得到，形成互控结构。

**2）寄存器 R**

对 R 定义一个反馈抽头位置集合：

$$\text{RTAPS} = \{0,1,3,4,5,6,9,12,13,16,19,20,21,22,25,28,37,38,41,42,45,46,50,52,54,56,$$
$$58,60,61,63,64,65,66,67,71,72,79,80,81,82,87,88,89,90,91,92,94,95,96,97\}$$

对于寄存器 R，函数 CLOCK_R(R, INPUT_R, CONTROL_R) 表示其迭代过程。其中，令 $r_0, r_1, \cdots, r_{99}$ 为时钟前寄存器的状态，$r'_0, r'_1, \cdots, r'_{99}$ 为时钟后寄存器的状态。其迭代过程的伪代码描述如下：

```
CLOCK_R (R, INPUT_R, CONTROL_R)
  FEEDBACK=r₉₉ ⊕ INPUT_R
  for 1 ≤ i ≤ 99 do
    r'ᵢ =rᵢ₋₁; r'₀ =0
  end for
  for 1 ≤ i ≤ 99 do
    if i ∈ RTAPS then r'ᵢ =r'ᵢ ⊕ FEEDBACK
  end for
  if CONTROL_R =1 then
    for 1 ≤ i ≤ 99 do
```

$$r'_i = r'_i \oplus r_i$$
end for

当 CONTROL_R＝0 时，寄存器 R 的工作过程如图 3-14 所示。

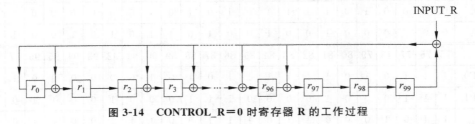

图 3-14 CONTROL_R＝0 时寄存器 R 的工作过程

当 CONTROL_R＝1 时，寄存器 R 的工作过程如图 3-15 所示。

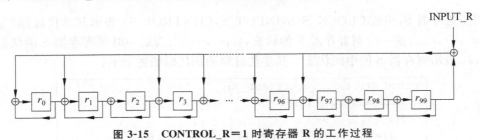

图 3-15 CONTROL_R＝1 时寄存器 R 的工作过程

3）寄存器 S

首先定义 4 个序列：$COMP0_i$、$COMP1_i$（$i=0,1,\cdots,98$）、$FB0_i$、$FB1_i$（$i=0,1,\cdots,99$），具体数据见表 3-4。

表 3-4 $COMP0_i$、$COMP1_i$、$FB0_i$、$FB1_i$

| $i$ | 0 | 1 | 2 | 3 | 4 | 5 | 6 | 7 | 8 | 9 | 10 | 11 | 12 | 13 | 14 | 15 | 16 | 17 | 18 | 19 | 20 | 21 | 22 | 23 | 24 |
|---|---|---|---|---|---|---|---|---|---|---|---|---|---|---|---|---|---|---|---|---|---|---|---|---|---|
| $COMP0_i$ | | 0 | 0 | 0 | 1 | 1 | 0 | 0 | 0 | 1 | 0 | 1 | 1 | 1 | 1 | 0 | 1 | 0 | 0 | 1 | 0 | 1 | 0 | 1 | 0 |
| $COMP1_i$ | | 1 | 0 | 1 | 1 | 0 | 0 | 1 | 0 | 1 | 0 | 1 | 1 | 1 | 1 | 0 | 1 | 0 | 1 | 0 | 0 | 0 | 1 | 1 | 0 | 1 |
| $FB0_i$ | 1 | 1 | 1 | 1 | 0 | 1 | 0 | 1 | 1 | 1 | 1 | 1 | 1 | 1 | 1 | 0 | 0 | 1 | 0 | 1 | 1 | 1 | 1 | 1 | 1 |
| $FB1_i$ | 1 | 1 | 1 | 0 | 1 | 1 | 1 | 0 | 0 | 0 | 0 | 0 | 1 | 1 | 0 | 1 | 0 | 0 | 1 | 1 | 0 | 0 | 0 | 1 | 0 |
| $i$ | 25 | 26 | 27 | 28 | 29 | 30 | 31 | 32 | 33 | 34 | 35 | 36 | 37 | 38 | 39 | 40 | 41 | 42 | 43 | 44 | 45 | 46 | 47 | 48 | 49 |
| $COMP0_i$ | 1 | 0 | 1 | 0 | 1 | 1 | 0 | 1 | 0 | 0 | 1 | 0 | 0 | 0 | 0 | 0 | 0 | 0 | 1 | 0 | 1 | 0 | 1 | 0 | 1 |
| $COMP1_i$ | 0 | 1 | 1 | 1 | 0 | 1 | 1 | 1 | 1 | 0 | 0 | 0 | 1 | 0 | 1 | 0 | 1 | 0 | 1 | 1 | 0 | 0 | 0 | 0 | 1 |
| $FB0_i$ | 1 | 1 | 1 | 1 | 0 | 0 | 1 | 1 | 0 | 0 | 0 | 0 | 0 | 0 | 1 | 1 | 1 | 0 | 0 | 1 | 0 | 0 | 1 | 0 | 1 |
| $FB1_i$ | 0 | 1 | 1 | 0 | 0 | 1 | 0 | 1 | 1 | 0 | 0 | 0 | 0 | 1 | 0 | 0 | 0 | 0 | 1 | 1 | 0 | 1 | 1 | 1 | 0 |

续表

| $i$ | 50 | 51 | 52 | 53 | 54 | 55 | 56 | 57 | 58 | 59 | 60 | 61 | 62 | 63 | 64 | 65 | 66 | 67 | 68 | 69 | 70 | 71 | 72 | 73 | 74 |
|---|---|---|---|---|---|---|---|---|---|---|---|---|---|---|---|---|---|---|---|---|---|---|---|---|---|
| COMP0$_i$ | 0 | 0 | 0 | 0 | 1 | 0 | 1 | 0 | 0 | 1 | 1 | 1 | 1 | 0 | 0 | 1 | 0 | 1 | 0 | 1 | 1 | 1 | 1 | 1 | 1 |
| COMP1$_i$ | 0 | 0 | 0 | 1 | 0 | 1 | 1 | 0 | 0 | 0 | 1 | 1 | 1 | 1 | 1 | 1 | 0 | 1 | 0 | 1 | 1 | 1 | 1 | 0 | 1 |
| FB0$_i$ | 0 | 1 | 0 | 0 | 1 | 0 | 1 | 1 | 1 | 1 | 0 | 1 | 0 | 1 | 0 | 1 | 0 | 1 | 0 | 0 | 0 | 0 | 0 | 0 | 0 |
| FB1$_i$ | 0 | 0 | 1 | 0 | 0 | 0 | 1 | 0 | 0 | 1 | 0 | 1 | 0 | 1 | 0 | 1 | 0 | 1 | 1 | 0 | 0 | 1 | 0 | 1 | 1 |

| $i$ | 75 | 76 | 77 | 78 | 79 | 80 | 81 | 82 | 83 | 84 | 85 | 86 | 87 | 88 | 89 | 90 | 91 | 92 | 93 | 94 | 95 | 96 | 97 | 98 | 99 |
|---|---|---|---|---|---|---|---|---|---|---|---|---|---|---|---|---|---|---|---|---|---|---|---|---|---|
| COMP0$_i$ | 1 | 1 | 1 | 0 | 1 | 0 | 1 | 1 | 1 | 1 | 1 | 1 | 0 | 1 | 0 | 1 | 0 | 0 | 0 | 0 | 0 | 0 | 1 | 1 | |
| COMP1$_i$ | 1 | 1 | 1 | 0 | 0 | 0 | 1 | 0 | 0 | 0 | 0 | 1 | 1 | 1 | 0 | 0 | 0 | 1 | 0 | 0 | 1 | 1 | 0 | 0 | |
| FB0$_i$ | 1 | 1 | 0 | 1 | 0 | 0 | 0 | 1 | 1 | 0 | 1 | 0 | 1 | 1 | 0 | 0 | 1 | 1 | 1 | 0 | 1 | 0 | 1 | 0 | 0 |
| FB1$_i$ | 0 | 0 | 0 | 1 | 1 | 1 | 1 | 0 | 1 | 1 | 1 | 1 | 1 | 1 | 0 | 0 | 0 | 0 | 0 | 0 | 1 | 0 | 0 | 0 | 1 |

对于寄存器 S,函数 CLOCK_S(S,INPUT_S,CONTROL_S) 表示其迭代过程。其中，令 $s_0, s_1, \cdots, s_{99}$ 为前一时刻寄存器 S 的状态，$s_0', s_1', \cdots, s_{99}'$ 为后一时刻寄存器 S 的状态，$\hat{s}_0, \hat{s}_1, \cdots, \hat{s}_{99}$ 表示寄存器 S 的中间状态。其迭代过程的伪代码描述如下：

```
CLOCK_S(S,INPUT_S,CONTROL_S)
  FEEDBACK=s₉₉⊕ INPUT_S
  for 1 ≤ i ≤ 98
    ŝᵢ = sᵢ₋₁⊕ ((sᵢ⊕ COMP0ᵢ)(sᵢ₊₁⊕ COMP1ᵢ))
  end for
  ŝ₀ = 0
  ŝ₉₉ = s₉₈
  if CONTROL_S=0 then
      for 1 ≤ i ≤ 99
        sᵢ' = ŝᵢ⊕ (FB0ᵢ⊕ FEEDBACK)
      end for
  if CONTROL_S=1 then
      for 1 ≤ i ≤ 99
        sᵢ' = ŝᵢ⊕ (FB1ᵢ⊕ FEEDBACK)
      end for
```

4）总体执行过程

函数 CLOCK_KG(R,S,MIX,INPUT) 表示总运算过程,其迭代过程的伪代码描述如下：

```
CLOCK_KG (R,S,MIX,INPUT)
   CONTROL_R=s₃₄⊕ r₆₇
   CONTROL_S=s₆₇⊕ r₃₃
   if MIX=TRUE then INPUT_R = INPUT ⊕ s₅₀
   if MIX=FALSE then INPUT_R = INPUT
   INPUT_S=INPUT
   CLOCK_R(R,INPUT_R,CONTROL_R)
   CLOCK_S(S,INPUT_S,CONTROL_S)
```

### 2. 密钥加载与初始化

两个寄存器通过下面的伪代码描述的过程进行初始化：

```
初始化寄存器 R 和 S 为全 0
# Load in IV
for 0 ≤ i ≤ IVLENGTH − 1 do
    CLOCK_KG (R,S,MIX=TRUE,INPUT=iv_i)
end for
# Load in K
for 0 ≤ i ≤ 79 do
  CLOCK_KG (R,S,MIX=TRUE,INPUT=k_i)
end for
# Preclock
for 0 ≤ i ≤ 99 do
  CLOCK_KG (R,S,MIX=TRUE,INPUT=0)
end for
```

### 3. 生成密钥流

加载和初始化寄存器后，按下面的伪代码描述的方式生成密钥流比特 $z_0 z_1 \cdots z_{L-1}$：

```
for 0 ≤ i ≤ L − 1 do
  z_i = r_0 ⊕ s_0
    CLOCK_KG (R,S,MIX=FALSE,INPUT=0)
```

### 4. MICKEY 2.0 算法的安全性

独特的结构使得 MICKEY 2.0 算法经受住了各种攻击考验。2015 年，Banik 等人评估了 MICKEY 2.0 针对差分故障攻击的安全性[327]。如果对手能够在密码内部状态中诱发随机的单比特故障，那么通过注入大约 $2^{16.7}$ 个故障并平均执行复杂度为 $2^{32.5}$ 计算，就可以在密钥流生成的开始阶段恢复 MICKEY 2.0 内部状态。

## 3.3.6　Trivium

Trivium 是由 C. D. Canniere 和 B.Preneel 共同设计的流密码算法，该算法虽然是面向硬件设计的快速加密算法，但实际上其软件执行速度也很快。由于 Trivium 结构简洁、优美、软硬件实现快速、安全性好等特点，2008 年，该算法成为 eSTREAM 计划的最终入选算法之一，备受学术界和工业界的关注。Trivium 算法采用了非线性反馈移位寄存器和分组密码的轮迭代设计思想。该算法含有 288 比特的内部状态，其中有 80 比特密钥和 80 比特初始向量。

### 1. Trivium 算法描述

Trivium 算法包括内部状态初始化和流密钥生成两个阶段。

1) 内部状态初始化阶段

将 80 比特密钥 $K$ 和 80 比特初始向量 IV 一起导入 288 比特的内部状态，其中末尾 3 位均固定为 1，而剩下的 125 比特均固定为 0。然后内部状态执行 1152 拍的更新步骤，但此阶段不生成密钥流比特。此阶段的伪代码描述如下：

```
(s₁, s₂, ···, s₉₃) ← (K₈₀, K₇₉, ···, K₁, 0, ···, 0)
(s₉₄, s₉₅, ···, s₁₇₇) ← (IV₈₀, IV₇₉, ···, IV₁, 0, ···, 0)
(s₁₇₈, s₁₇₉, ···, s₂₈₈) ← (0, ···, 0, 1, 1, 1)
for i = 1 to 4 · 288 do
    t₁ ← s₆₆ ⊕ s₉₁ · s₉₂ ⊕ s₉₃ ⊕ s₁₇₁
    t₂ ← s₁₆₂ ⊕ s₁₇₅ · s₁₇₆ ⊕ s₁₇₇ ⊕ s₂₆₄
    t₃ ← s₂₄₃ ⊕ s₂₈₆ · s₂₈₇ ⊕ s₂₈₈ ⊕ s₆₉
    (s₁, s₂, ···, s₉₃) ← (t₃, s₁, s₂, ···, s₉₂)
    (s₉₄, s₉₅, ···, s₁₇₇) ← (t₁, s₉₄, s₉₅, ···, s₁₇₆)
    (s₁₇₈, s₁₇₉, ···, s₂₈₈) ← (t₂, s₁₇₈, s₁₇₉, ···, s₂₈₇)
end for
```

2）密钥流生成阶段

内部状态初始化阶段结束后，进入密钥流生成阶段。此阶段每迭代一步便生成一个密钥流比特 $z_i$，然后状态比特旋转，重复执行完整过程，直到所需的 $N(\leqslant 2^{64})$ 比特密钥流生成完毕时才结束。此阶段的伪代码描述如下：

```
for i = 1 to N do
    t₁ ← s₆₆ ⊕ s₉₃
    t₂ ← s₁₆₂ ⊕ s₁₇₇
    t₃ ← s₂₄₃ ⊕ s₂₈₈
    z₁ ← t₁ ⊕ t₂ ⊕ t₃
    t₁ ← t₁ ⊕ s₉₁ · s₉₂ ⊕ s₁₇₁
    t₂ ← t₂ ⊕ s₁₇₅ · s₁₇₆ ⊕ s₂₆₄
    t₃ ← t₃ ⊕ s₂₈₆ · s₂₈₇ ⊕ s₆₉
    (s₁, s₂, ···, s₉₃) ← (t₃, s₁, s₂, ···, s₉₂)
    (s₉₄, s₉₅, ···, s₁₇₇) ← (t₁, s₉₄, s₉₅, ···, s₁₇₆)
    (s₁₇₈, s₁₇₉, ···, s₂₈₈) ← (t₂, s₁₇₈, s₁₇₉, ···, s₂₈₇)
end for
```

Trivium 算法的结构如图 3-16 所示。

2. Trivium 的安全性

Trivium 算法自 2008 年发布以来经受住了各种攻击的考验。但近几年也有一些分析突破，包括密钥恢复攻击、区分攻击、非随机性攻击等方法。其中最著名的密钥恢复攻击是立方体攻击，并且在找到的最好的立方体上攻击轮数已经达到了 799 轮[328]。在区分攻击方面目前最好的方法是立方体测试，这种方法攻击轮数已经达到了 842 轮[329,330]。虽然攻击轮数越来越大，但想使用较小的立方体实现完全破译还有很长的路要走。

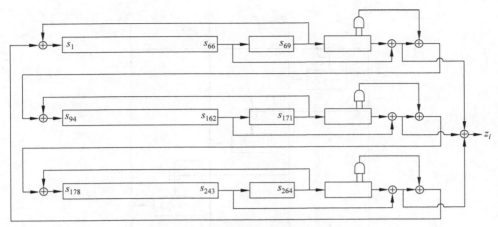

图 3-16 Trivium 算法的结构

## 3.4 ARX 与随机状态置换类流密码

### 3.4.1 Salsa20

Salsa20 是 eSTREAM 计划进入最后一轮的候选流密码算法之一。该算法的核心是一个杂凑函数部件,杂凑函数使用计数器模式输出密钥流。

1. Salsa20 算法的密码部件

1) quarterround 函数

quarterround 函数将 4 个 32 比特字映射为 4 个 32 比特字,具体如下:

$$quarterround(y_0,y_1,y_2,y_3) = (z_0,z_1,z_2,z_3)$$
$$z_1 = y_1 \oplus ((y_0 + y_3) \lll 7)$$
$$z_2 = y_2 \oplus ((z_1 + y_0) \lll 9)$$
$$z_3 = y_3 \oplus ((z_2 + z_1) \lll 13)$$
$$z_0 = y_0 \oplus ((z_3 + z_2) \lll 18)$$

quarterround 函数的转换过程如图 3-17 所示。

2) rowround 函数

rowround 函数将 16 个 32 比特字映射为 16 个 32 比特字,具体如下:

$$rowround(y_0,y_1,\cdots,y_{15}) = (z_0,z_1\cdots,z_{15})$$
$$(z_0,z_1,z_2,z_3) = quarterround(y_0,y_1,y_2,y_3)$$
$$(z_5,z_6,z_7,z_4) = quarterround(y_5,y_6,y_7,y_4)$$
$$(z_{10},z_{11},z_8,z_9) = quarterround(y_{10},y_{11},y_8,y_9)$$
$$(z_{15},z_{12},z_{13},z_{14}) = quarterround(y_{15},y_{12},y_{13},y_{14})$$

3) columnround 函数

columnround 函数将 16 个 32 比特字映射为 16 个 32 比特字,具体如下:

$$columnround(x_0,x_1,\cdots,x_{15}) = (y_0,y_1,\cdots,y_{15})$$

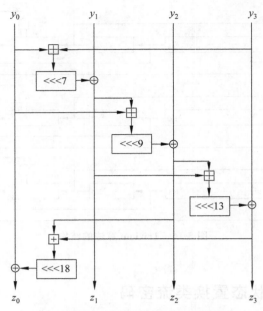

图 3-17　quarterround 函数的转换过程

$$(y_0, y_4, y_8, y_{12}) = \text{quarterround}(x_0, x_4, x_8, x_{12})$$
$$(y_5, y_9, y_{13}, y_1) = \text{quarterround}(x_5, x_9, x_{13}, x_1)$$
$$(y_{10}, y_{14}, y_2, y_6) = \text{quarterround}(x_{10}, x_{14}, x_2, x_6)$$
$$(y_{15}, y_3, y_7, y_{11}) = \text{quarterround}(x_{15}, x_3, x_7, x_{11})$$

4）doubleround 函数

doubleround 函数将 16 个 32 比特字映射为 16 个 32 比特字,具体如下:

$$\text{doubleround}(x_0, x_1, \cdots, x_{15}) = \text{rowround}(\text{columnround}(x_0, x_1, \cdots, x_{15}))$$

5）littleendian 函数

littleendian 函数将 4 个 1 字节映射为 1 个 32 比特字,具体如下:

$$\text{littleendian}(b_0, b_1, \cdots, b_3) = b_0 + b_1 2^8 + b_2 2^{16} + b_3 2^{24}$$

6）Salsa20 杂凑函数

Salsa20 杂凑函数将 16 个 32 比特字映射为 16 个 32 比特字,具体如下:

$$\text{Salsa20}(x) = x + \text{doubleround}^{10}(x)$$

7）Salsa20 扩展函数

Salsa20 扩展函数将 32 字节或 16 字节密钥、16 字节临时值扩展为 16 个 32 比特字。

（1）当密钥 $k$ 为 32 字节时:

$$k = (k_0, k_1)$$
$$(k_0, k_1, n) \rightarrow (\sigma_0, k_0, \sigma_1, n, \sigma_2, k_1, \sigma_3)$$

其中,$k_0$ 和 $k_1$ 均为 16 字节,$\sigma_0 = (101, 120, 112, 97)$,$\sigma_1 = (110, 100, 32, 51)$,$\sigma_2 = (50, 45, 98, 121)$,$\sigma_3 = (116, 101, 32, 107)$。

（2）当密钥 $k$ 为 16 字节时:

$$(k_0, n) \rightarrow (\tau_0, k, \tau_1, n, \tau_2, k, \tau_3)$$

其中，$\tau_0 = (101, 120, 112, 97)$，$\tau_1 = (110, 100, 32, 49)$，$\tau_2 = (50, 45, 98, 121)$，$\tau_3 = (116, 101, 32, 107)$。

Salsa20 杂凑函数与扩展函数的复合记为 $\text{Salsa20}_k(n)$。

**2. Salsa20 加密算法**

Salsa20 每对 $K$、$n$ 用于加密明文的长度不超过 $2^{70}$ 字节。令 16 字节的临时值 $n$ 分为 $v$ 和 ctr 两部分，其中 $v$ 与 ctr 各长 8 字节，则生成的密钥流序列为

$$\text{Salsa20}_k(v, 0), \text{Salsa20}_k(v, 1), \cdots, \text{Salsa20}(v, 2^{64} - 1)$$

**3. Salsa20 的安全性**

目前没有对 Salsa20 全轮的有效分析。对于 Salsa20 的分析大都基于截断差分分析。2008 年，Aumasson 等人提出了对 7 轮 Salsa20(Salsa20/7)的分析，其时间复杂度为 $2^{153}$；同时估计 8 轮 Salsa20(Salsa20/8)分析的时间复杂度为 $2^{251}$。该攻击方法利用了概率中立密钥比特的概念，以概率性地检测截断差分[331]。2012 年，石振青等人改进了 Aumasson 等人的方法，分析了 128 比特密钥的 Salsa20/7 和 256 比特密钥的 Salsa20/8，改进后的时间复杂度分别为 $2^{109}$ 与 $2^{250}$[332]。

## 3.4.2　Chacha

Chacha 算法基于 Salsa20/8，继承了 Salsa20 的设计思想。Chacha 与 Salsa20/8 的不同之处在于提高了轮函数的扩散性，以增强算法的安全性，同时进一步优化了实现效率。Chacha12 和 Chacha20 类似于改进的 Salsa20/12 和 Salsa20/20。

**1. Chacha 算法**

1）quarterround 函数

Chacha 算法对于 quarterround 函数进行了改进，以增强扩散性。改进后的 quarterround 函数为

quarterround($a, b, c, d$)

$a += b, \quad d = d \oplus a, \quad d \lll = 16$

$c += d, \quad b = b \oplus c, \quad b \lll = 12$

$a += b, \quad d = d \oplus a, \quad d \lll = 8$

$c += d, \quad b = b \oplus c, \quad b \lll = 7$

Chacha 的 quarterround 函数的结构如图 3-18 所示。

2）Chacha 扩展函数

为了进一步提高软件实现性能，Chacha 对扩展函数进行了优化。

$$\begin{bmatrix} \text{constants} & \text{constants} & \text{constants} & \text{constants} \\ \text{key} & \text{key} & \text{key} & \text{key} \\ \text{key} & \text{key} & \text{key} & \text{key} \\ \text{nonce} & \text{nonce} & \text{nonce} & \text{nonce} \end{bmatrix}$$

与 Salsa20 的扩展函数相比，Chacha 的扩展函数只是扩展后的位置发生了改变，常数值等其他设置都与 Salsa20 的扩展函数相同。

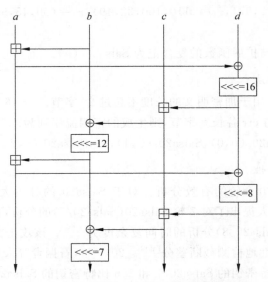

图 3-18　Chacha 的 quarterround 函数的结构

3）Chacha 轮扩散函数

Chacha 对 Salsa20 的轮扩散函数（对应于 Salsa20 中的 rowround 函数和 columnround 函数）进行了改进，具体如下：

quarterround$(x_0, x_4, x_8, x_{12})$

quarterround$(x_1, x_5, x_9, x_{13})$

quarterround$(x_2, x_6, x_{10}, x_{14})$

quarterround$(x_3, x_7, x_{11}, x_{15})$

quarterround$(x_0, x_5, x_{10}, x_{15})$

quarterround$(x_1, x_6, x_{11}, x_{12})$

quarterround$(x_2, x_7, x_8, x_{13})$

quarterround$(x_3, x_4, x_9, x_{14})$

2. Chacha 的安全性分析

2008 年，Aumasson 等人分析了 Chacha 的安全性[331]。当密钥为 256 比特时，分析 Chacha6 的时间复杂度为 $2^{139}$，分析 Chacha7 的时间复杂度为 $2^{248}$；当密钥为 128 比特时，分析 Chacha6 的时间复杂度为 $2^{107}$。

### 3.4.3　RC4

RC4 是 R.Rivest 于 1987 年提出的一种密钥长度可变的对称加密算法。RC4 起初属于非公开商用密码算法。1994 年，RC4 算法代码被匿名泄露。RSA 没有正式发布过此算法，RC4 也被称为 ARC4（Alleged RC4，意为"传闻中的 RC4"，指 RC4 从未被 RSA 公开承认其存在）。目前，RC4 已经成为一些常用加密协议和标准的一部分，包括无线网卡、TLS 的 WEP 和 WPA。RC4 的主要特点是速度快且结构简单。

### 1. RC4 算法描述

RC4 算法包括两大部分：密钥编排算法和伪随机密钥生成算法。

#### 1）密钥编排算法

密钥编排算法（Key Scheduling Algorithm，KSA）是初始化 S 盒的置换，即利用密钥生成 S 盒。设 S 盒为 $S$，其长度为 256 字节；设密钥为 key，其长度为 keylength（1～256 字节）。KSA 的伪代码描述如下：

```
for i from 0 to 255 do
    S[i]:=i
end for
j:=0
for i from 0 to 255 do
    j:=(j +S[i] +key[i mod keylength]) mod 256
    Swap(S[i],S[j])
end for
```

#### 2）伪随机密钥生成算法

伪随机密钥生成算法（Pseudo-Random Generation Algorithm，PRGA）利用 S 盒生成密钥流。在每次迭代中，PRGA 递增 $i$，将 $i$ 指向的 S 的值与 $j$ 相加，交换 $S[i]$ 和 $S[j]$ 的值，然后再计算 $S[i] + S[j]$ 的模 256。每执行 256 次迭代，S 的每个元素至少与另一个元素交换一次。PRGA 的伪代码描述如下：

```
i:=0
j:=0
while True
    i:=(i +1) mod 256
end while
j:=(j +S[i]) mod 256
Swap(S[i],S[j])
t=(S[i] +S[j]) mod 256
K:=S[t]
```

### 2. RC4 的安全性

作为应用最广泛的流密码算法之一，RC4 的安全性一直受到关注[333-336]。由于 RC4 算法加密时采用的是异或操作，因此一旦密钥流序列出现重复，密文就有可能被破解。由于 RC4 存在部分弱密钥，使得子密钥序列在不到 100 万字节内就发生完全的重复，在不到 10 万字节内就发生部分重复，因此，在使用 RC4 算法时，必须对加密密钥进行测试，判断其是否为弱密钥。2001 年，有学者证明使用 RC4 的 WEP 不安全。2015 年，有人推测一些密码研究机构已经有能力破译采用 RC4 的 TLS 协议。随后 IETF 发布了 RFC 7465 标准，TLS 不再采用 RC4 算法。

## 3.5 小状态流密码

### 3.5.1 Sprout

Sprout 是 Grain 算法族的一员,该算法试图在 Grain-128a 的基础上做一些修改,以避免后者的弱点,以更小的内部状态实现针对 TMDTO 攻击的安全性,减小算法的硬件实现面积。Sprout 算法在结构上与 Grain 类似,包括一个 NFSR、一个 LFSR 以及输出函数。此外,Sprout 算法还使用了轮密钥和计数器。

1. Sprout 算法描述

Sprout 算法的结构如图 3-19 所示。

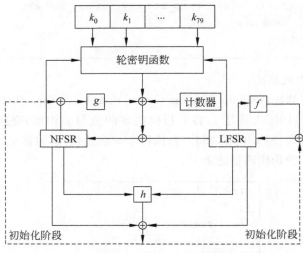

**图 3-19　Sprout 算法的结构**

Sprout 算法的密码部件如下。

1）移位寄存器

LFSR 的反馈多项式为

$$P(x) = x^{40} + x^{35} + x^{25} + x^{20} + x^{15} + x^6 + 1$$

NFSR 的反馈关系为

$$n_{t+40} = g(N_t) + k_t^* + l_t + c_t^4$$
$$= k_t^* + l_t + c_t^4 + n_t + n_{t+13} + n_{t+19} + n_{t+35} + n_{t+39} + n_{t+2}n_{t+25} +$$
$$n_{t+3}n_{t+5} + n_{t+7}n_{t+8} + n_{t+14}n_{t+21} + n_{t+16}n_{t+18} +$$
$$n_{t+22}n_{t+24} + n_{t+26}n_{t+32} + n_{t+10}n_{t+11}n_{t+12} +$$
$$n_{t+27}n_{t+30}n_{t+31} + n_{t+33}n_{t+36}n_{t+37}n_{t+38}$$

2）计数器

计数器的前 7 比特$(c_t^0, c_t^1, \cdots, c_t^6)$用于选择轮密钥比特,从$\{0, 1, \cdots, 79\}$中循环取值;后 2 比特在初始化的 320 轮内使用,从$\{0, 1, 2, 3\}$中循环取值,每 80 拍加 1。

3）轮密钥函数

前 80 轮的轮密钥比特 $k_t^*$ 由下式生成：

$$k_t^* = k_t, \quad 0 \leqslant t \leqslant 79$$
$$k_t^* = (k_{t \bmod 80})(l_4 + l_{21} + l_{37} + n_9 + n_{20} + n_{29}), \quad t \geqslant 80$$

然后，如果

$$l_4 + l_{21} + l_{37} + n_9 + n_{20} + n_{29} = 1$$

成立，轮密钥函数选择下一个比特并加到状态中；否则丢弃之。

4）输出函数

输出函数是一个布尔函数：

$$h(x) = x_0 x_1 + x_2 x_3 + x_4 x_5 + x_6 x_7 + x_0 x_4 x_8$$

其中变量 $x_0, x_1, \cdots, x_8$ 分别为 $n_{t+4}, l_{t+6}, l_{t+8}, l_{t+10}, l_{t+32}, l_{t+17}, l_{t+19}, l_{t+23}$。

密钥流比特由下式给出：

$$z_t = h(x) + l_{t+30} + \sum_{j \in B} n_{t+j}, \quad B = \{1, 6, 15, 17, 23, 28, 34\}$$

2. Sprout 算法执行

Sprout 算法执行在执行时分两个阶段。

1）初始化阶段

（1）加载初始向量与密钥：

$$n_i = \mathrm{iv}_i, \quad 0 \leqslant i \leqslant 39$$
$$l_{i-40} = \mathrm{iv}_i, \quad 40 \leqslant i \leqslant 69$$
$$l_{i+30} = 1, \quad 0 \leqslant i \leqslant 8$$
$$l_{39} = 0$$

（2）空跑。每拍将输出函数的输出 $z^t$ 反馈至 NFSR 与 LFSR，并空跑 320 拍：

$$n_{t+40} = z_t + g(N_t) + k_t^* + l_t + c_t^4$$
$$l_{i+40} = z_t + f(L)$$

2）密钥流生成阶段

320 拍后，停止反馈并输出密钥流 $z^t$。

3. Sprout 算法的安全性

Sprout 算法存在安全缺陷。该算法公布后不久就有人找到了有效的分析方法，这些有效的分析方法包含该算法设计者试图避免的 TMDTO 攻击。2015 年，Banik 证明了以下结论：当 80 比特的内部状态中有 50 比特被猜测的情况下，可以使用 SAT 求解器恢复其余比特，进而恢复密钥。同时，Banik 概述了一个简单的密钥恢复攻击，所需时间复杂度相当于 $2^{66.7}$ 次加密，所需内存可以忽略不计[290]。同年，Lallemand 等人提出了一种采用分治策略的攻击方法，该方法利用密钥比特影响更新函数的非线性，可以较低数据复杂度恢复 Sprout 的密钥，且速度是穷举搜索的 210 倍[291]。张斌等人对 Sprout 类流密码进行了系统的安全性分析，并针对这类算法开发了专用 TMD 折中攻击框架，若精心选择攻击参数，可以在 1h 内恢复所有密钥，时间复杂度为 $2^{28}$[292]。2016 年，Esgin 等采用 TMDTO 攻击方法分析了 Sprout 的安全性，其结论是：如果可以获取 $2^{40}$ 比特密钥流，则可以利用 $2^{31}$ 次加密和 $2^{40}$ 次表查询恢复所有密钥[293]。

### 3.5.2 Plantlet

Plantlet 是 Sprout 的改进算法,它继承了 Sprout 的基本结构。Plantlet 的提出主要是为了修补 Sprout 的安全缺陷。其设计目标包含:采用 80 比特状态,以满足小面积要求;保证安全性;即使密钥永久存储并连续读取于可重写 NVM,算法仍具有硬件友好性,不依赖于背后的 NVM 技术;保持高的吞吐率。

**1. Plantlet 算法描述**

Plantlet 算法的每一对密钥和初始向量至多生成 $2^{30}$ 比特密钥流。该算法的结构如图 3-20 所示。

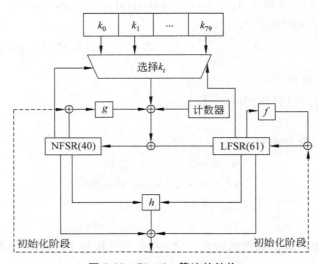

**图 3-20 Plantlet 算法的结构**

1) 移位寄存器

LFSR 的反馈多项式有两个,分别是 $P_I(x)$ 和 $P_K(x)$,分别在 Plantlet 算法的初始化阶段与密钥流生成阶段使用,这两个反馈多项式如下:

$$P_I(x) = x^{60} + x^{54} + x^{43} + x^{34} + x^{20} + x^{14} + 1$$
$$P_K(x) = x^{61} + x^{54} + x^{43} + x^{34} + x^{20} + x^{14} + 1$$

NFSR 的反馈关系为:

$$n_{t+40} = g(N_t) + k_t^* + l_t + c_t^4$$
$$= k_t^* + l_t + c_t^4 + n_t + n_{t+13} + n_{t+19} + n_{t+35} + n_{t+39} + n_{t+2} + n_{t+25} +$$
$$n_{t+3}n_{t+5} + n_{t+7}n_{t+8} + n_{t+14}n_{t+21} + n_{t+16}n_{t+18} + n_{t+22}n_{t+24} + n_{t+26}n_{t+32} +$$
$$n_{t+10}n_{t+11}n_{t+12} + n_{t+27}n_{t+30}n_{t+31} +$$
$$n_{t+33}n_{t+36}n_{t+37}n_{t+38}$$

2) 计数器

计数器的前 7 比特 $(c_t^0, c_t^1, \cdots, c_t^6)$ 用于选择轮密钥比特,从 $\{0, 1, \cdots, 79\}$ 中循环取值,

后 2 比特在初始化的 $4\times 80=320$ 轮内使用,从 $\{0,1,2,3\}$ 中循环取值,每 80 拍加 1。

### 3) 轮密钥函数

前 80 轮的轮密钥比特 $\widetilde{k}_t$ 由下式循环生成:

$$\widetilde{k}_t=\widetilde{k}_{t \bmod 80}$$

### 4) 输出函数

输出函数是一个布尔函数:

$$h(x)=x_0x_1+x_2x_3+x_4x_5+x_6x_7+x_0x_4x_8$$

其中变量 $x_0,x_1,\cdots,x_8$ 分别为 $n_4^t,l_6^t,l_8^t,l_{10}^t,l_{32}^t,l_{17}^t,l_{19}^t,l_{23}^t$。

密钥流比特由下式给出:

$$z_t=h(x)+l_{30}^t+\sum_{j\in B}n_j^t,\quad B=\{1,6,15,17,23,28,34\}$$

### 2. Plantlet 算法执行

Plantlet 算法执行在执行时分为两个阶段。

#### 1) 初始化阶段

(1) 加载初始向量与密钥:

$$n_i=\text{iv}_i,\quad 0\leqslant i\leqslant 39$$

$$l_{i-40}=\text{iv}_i,\quad 40\leqslant i\leqslant 89$$

$$l_{i+50}=1,\quad 0\leqslant i\leqslant 8$$

$$l_{59}=0,\quad l_{60}=1$$

(2) 空转。每拍将输出函数的输出 $z_t$ 反馈至 NFSR 与 LFSR,并空转 320 拍:

$$n_{t+40}=z_t+g(N_t)+k_t^*+l_t+c_t^4$$

$$l_{60}^t=z^t+f(L)$$

#### 2) 密钥流生成阶段

320 拍后,停止反馈并输出密钥流 $z_t$。

### 3. Plantlet 的安全性

自 Plantlet 算法公布以来,还没有出现对它的有效分析。2017 年,Hamann 等人研究了小状态流密码针对 TMDTO 的安全性,攻击 Plantlet 算法的数据复杂度约为 $2^{61}$,存储复杂度为 $2^{61}$,时间复杂度为 $2^{55}$[337]。2019 年,Banik 等人对 Plantlet 进行了密钥恢复攻击,该攻击大约需要 $2^{72.26}$ 比特密钥流;他们通过对内部状态差异的观察,进一步将攻击所需要的密钥流降低为 $2^{69.98}$ 比特[338]。

## 3.5.3　Lizard

Lizard 也是 Grain 算法族的一员,采用了与 Grain v1 类似的结构。与 Sprout、Plantlet 的设计思想不同,Lizard 在初始化过程中采用了 FP(1) 模式以获得对 TMDTO 的可证明安全性,达到降低内部状态规模的目的,同时采用更强的输出函数。设计者认为 Lizard 算法可以避免频繁访问存储密钥的 EEPROM 带来的开销。Lizard 的安全性设计目标是 80 比特的状态恢复攻击安全性与 60 比特的区分攻击安全性。

## 1. Lizard 算法描述

Lizard 算法的结构如图 3-21 所示。

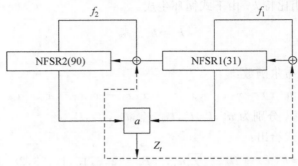

图 3-21　Lizard 算法的结构

### 1) 移位寄存器

NFSR1 的反馈关系 $f_1$ 如下：

$$S_{30}^t = S_0^t + S_2^t + S_5^t + S_6^t + S_{15}^t + S_{17}^t + S_{18}^t + S_{20}^t + S_{25}^t + S_8^t S_{18}^t + S_8^t S_{20}^t +$$
$$S_{12}^t S_{21}^t + S_{14}^t S_{19}^t + S_{17}^t S_{21}^t + S_{20}^t S_{22}^t + S_4^t S_{12}^t S_{22}^t + S_4^t S_{19}^t S_{22}^t +$$
$$S_7^t S_{20}^t S_{21}^t + S_8^t S_{18}^t S_{22}^t + S_8^t S_{20}^t S_{22}^t + S_{12}^t S_{19}^t S_{22}^t + S_{20}^t S_{21}^t S_{22}^t +$$
$$S_4^t S_7^t S_{12}^t S_{21}^t + S_4^t S_7^t S_{19}^t S_{21}^t + S_4^t S_{12}^t S_{21}^t S_{22}^t + S_4^t S_{19}^t S_{21}^t S_{22}^t +$$
$$S_7^t S_8^t S_{18}^t S_{21}^t + S_7^t S_8^t S_{20}^t S_{21}^t + S_7^t S_{12}^t S_{19}^t S_{21}^t + S_8^t S_{18}^t S_{21}^t S_{22}^t +$$
$$S_8^t S_{20}^t S_{21}^t S_{22}^t + S_{12}^t S_{19}^t S_{21}^t S_{22}^t$$

NFSR2 的反馈关系 $f_2$ 如下：

$$B_{89}^t = S_0^t + B_0^t + B_{24}^t + B_{49}^t + B_{79}^t + B_{84}^t + B_3^t B_{59}^t + B_{10}^t B_{12}^t + B_{15}^t B_{16}^t +$$
$$B_{25}^t B_{53}^t + B_{35}^t B_{42}^t + B_{55}^t B_{58}^t + B_{60}^t B_{74}^t + B_{20}^t B_{22}^t B_{23}^t +$$
$$B_{62}^t B_{68}^t B_{72}^t + B_{77}^t B_{80}^t B_{81}^t B_{83}^t$$

### 2) 输出函数

输出函数如下：

$$L_t = B_7^t + B_{11}^t + B_{30}^t + B_{40}^t + B_{45}^t + B_{54}^t + B_{71}^t$$

$$Q_t = B_4^t B_{21}^t + B_9^t B_{52}^t + B_{18}^t B_{37}^t + B_{44}^t B_{76}^t$$

$$T_t = B_5^t + B_8^t B_{32}^t + B_{34}^t B_{67}^t B_{73}^t + B_2^t B_{28}^t B_{41}^t B_{65}^t + B_{13}^t B_{29}^t B_{50}^t B_{64}^t B_{75}^t +$$
$$B_6^t B_{14}^t B_{26}^t B_{32}^t B_{47}^t B_{61}^t + B_1^t B_{19}^t B_{27}^t B_{43}^t B_{57}^t B_{66}^t B_{78}^t$$

$$\overline{T}_t = S_{23}^t S_3^t S_{16}^t + S_9^t S_{13}^t S_{48}^t + S_1^t S_{24}^t S_{38}^t S_{63}^t$$

$$z_t = L_t \oplus Q_t \oplus T_t \oplus \overline{T}_t$$

## 2. Lizard 算法

Lizard 算法在执行时分为两个阶段。

### 1) 初始化阶段

初始化阶段分为 4 个步骤，其中前 3 个步骤构成一个 FP(1) 模式。4 个步骤表示如下：

(1) 密钥和初始向量装载：

$$B_i^0 = \begin{cases} K_i \oplus \mathrm{IV}_i, & 0 \leqslant i \leqslant 63 \\ K_i, & 64 \leqslant i \leqslant 89 \end{cases}$$

$$S_i^0 = \begin{cases} K_{i+90}, & 0 \leqslant i \leqslant 28 \\ K_{119} \oplus 1, & i = 29 \\ 1, & i = 30 \end{cases}$$

(2) Grain 式混合。

空转 128 拍，将密钥流比特 $z_t$ 反馈至两个 NFSR。对于 $t \in \{0, 1, L, 127\}$，

$$B_j^{t+1} = B_{(j+1)}^t, \quad j \in \{0, 1, \cdots, 88\}$$
$$B_{89}^{t+1} = z_t \oplus S_0^t \oplus f_2(B^t)$$
$$S_j^{t+1} = S_{(j+1)}^t, \quad j \in \{0, 1, \cdots, 29\}$$
$$S_{30}^{t+1} = z_t \oplus f_1(S^t)$$

(3) 密钥再加：

$$B_j^{129} = B_j^{128} \oplus K_j, \quad j \in \{0, 89\}$$
$$S_i^{129} = \begin{cases} K_{i+90} \oplus S_i^{128}, & 0 \leqslant i \leqslant 29 \\ 1, & i = 30 \end{cases}$$

(4) 最终混淆。

空转 128 拍，舍弃生成的密钥流比特。对于 $t \in \{129, 130, \cdots, 256\}$，

$$B_j^{t+1} = B_{(j+1)}^t, \quad j \in \{0, 1, \cdots, 88\}$$
$$B_{89}^{t+1} = S_0^t \oplus f_2(B^t)$$
$$S_j^{t+1} = S_{(j+1)}^t, \quad j \in \{0, 1, \cdots, 29\}$$
$$S_{30}^{t+1} = f_1(S^t)$$

2) 密钥流生成阶段

从 $t = 257$ 拍开始，根据算法的输出函数生成密钥流 $z_t$，并根据 NFSR1 与 NFSR2 的反馈关系进行算法状态更新。每一对密钥和初始向量只使用一次，并至多用于生成 $2^{18}$ 比特长的密钥流。

3. Lizard 的安全性

目前尚没有针对 Lizard 的有效分析。2017 年，Banik 等人构造了关于 Lizard 的区分器，整个过程大约需要 $2^{51.5}$ 个随机初始向量加密和大约 $2^{76.6}$ 比特的内存。同时，基于初始向量碰撞给出 223 轮初始化 Lizard 的密钥恢复攻击，并将其扩展至 226 轮[339]。同年，Maitra 等人对 Lizard 进行了 TMDTO 分析，该方法需要 $2^{67}$ 的预计算复杂度和 $2^{54}$ 的在线复杂度，能够恢复 121 位的密码状态。但是由于其 KSA 不可逆，恢复 121 位密码状态并不意味着可以恢复相应密钥[340]。

# 第 4 章　消息鉴别码

## 4.1　概述

消息鉴别码(Message Authentication Code,MAC)算法是能够保护消息完整性、检验消息源合法性的对称密码算法。消息鉴别码算法的标签生成算法以密钥 $K$ 和消息 $M$ 为输入,输出标签 $T$。消息鉴别码算法的验证算法以密钥 $K$、消息 $M$ 和标签 $T$ 为输入,输出 1 比特值。如果输出为 1,则认为该消息是正确的并接受它;否则认为此消息是错误的并丢弃它。标签 $T$ 确保消息的完整性,并可作为证据证明消息发送方具有密钥 $K$ 的合法身份。

消息鉴别码算法通常将消息划分成若干分组,以串行或并行的方式,依次对消息分组进行处理,最终得到一个固定长度的标签值。根据采用的底层模块,可以对消息鉴别码算法进行分类,常用的底层模块包括分组密码、杂凑函数、泛杂凑函数等。此外,近几年还出现了直接设计的消息鉴别码算法。

采用分组密码的消息鉴别码算法又称为分组密码认证工作模式,是分组密码工作模式的一种。自 1977 年世界上第一个数据加密标准 DES 颁布以来,分组密码的设计与标准化始终受到各领域的广泛关注,相关的分析方法与评估体系也较为完备。受此影响,采用分组密码的消息鉴别码算法最早涌现出来。1985 年,美国 NIST 颁布标准文件 FIPS PUB 113,制定了第一个采用分组密码 DES 的数据认证算法(Data Authentication Algorithm,DAA),又称 CBC-MAC(CBC 是 Cipher Block Chaining 的缩写,意为密码块链接)。

CBC-MAC 可以灵活地与不同的分组密码相结合,应用于各种环境,并且其安全性可以用底层分组密码的安全性进行归约。因此,随后几十年涌现出许多基于 CBC-MAC 的优化设计,包括 EMAC、ANSI retail MAC、CFB-MAC、MacDES、TMAC、OMAC、CMAC、TrCBC、CBCR、LMAC、XCBC(MAC)、RMAC、TMAC、OMAC2、GCBC1/2、MAC-R1/R2。这些算法均采用 CBC-MAC 的链式结构,通过额外的分组密码调用、掩码密钥、循环移位等,提高算法安全性,提升运算效率,降低实现代价。国际标准 ISO/IEC 9797-1:2011 中规定的 6 种消息鉴别码算法均属于 CBC-MAC 类算法。为了改善 CBC-MAC 类算法的串行结构造成的性能瓶颈,XOR MACs、XECB-MAC、PMAC 等算法采用并行结构调用分组密码,在多处理器系统上可以高效、快速实现。此外,3GPP 颁布的 f9 算法融合了 CBC-MAC 与PMAC 的结构,将串行结构和并行结构所得的结果融合作为标签值。

2002 年,Liskov 等人提出可调分组密码的概念,并给出了一个构造消息鉴别码算法的示例——TCH。PMAC 中掩码异或分组密码的结合形式也可以被视为可调分组密码,借此可以获得高效而完备的安全性证明。可调分组密码包含消息数据和调柄两个输入,如何合理、充分地利用输入以提高算法吞吐率,是采用可调分组密码设计消息鉴别码算法的关键问题。由此提出的算法包括 PWC、EPWC、PMAC_TBC、PMACx、ZMAC 等。借鉴 Bernstein 提出的受保护的计数器和(protected counter sum)技术,Lyukx 等人设计了 LightMAC,将消息与计数器值级联作为分组密码的输入,使得算法的安全性受计数器长度的限制,而与每次处理的消息长度无关。

直观上,对消息鉴别码算法的安全性要求是:即使已知许多消息及对应的标签,伪造一个新消息的标签也是困难的。依据攻击者所用的信息以及对算法构成的危害程度,形式化地定义多种安全模型,比如,选择消息下的弱不可伪造(Weak Unforgeability against Chosen-Message Attacks,WUF-CMA)和选择消息下的强不可伪造(Strong Unforgeability against Chosen-Message Attacks,SUF-CMA)。对于采用分组密码的消息鉴别码算法,将底层分组密码视为伪随机置换,可以从可证明安全角度论证算法的不可伪造性。受生日攻击的限制,通常算法的安全界约为 $2^{n/2}$,其中 $n$ 为底层分组密码的分组长度。对于分组长度足够大的分组密码,此安全界在实际应用中是可接受的;但是对于分组长度较小的轻量级分组密码,此安全界严重限制了它们的适用性。因此,近几年提出了一批超越生日界安全的消息鉴别码算法,比如 PMAC+、3kf9、1kPMAC+、LightMAC+等,尝试采用不同密钥的分组密码,结合额外的状态(如状态链值、状态异或和等),使得算法具有超越生日界(Beyond Birthday Bound,BBB)的安全性。

采用杂凑函数的消息鉴别码算法的设计要解决的问题主要是如何在杂凑函数中增加秘密信息。针对 Merkle-Damgård(MD)结构的杂凑函数,Preneel 和 Oorschot 提出 MDx-MAC 系列算法,通过在杂凑函数的首尾和每次调用的轮函数中增加密钥信息,将 MD 结构的杂凑函数改造为消息鉴别码算法。MDx-MAC 的设计初衷是利用细微修改将安全的杂凑函数转换为安全的消息鉴别码算法,以解决采用传统方式由杂凑函数构造消息鉴别码算法可能存在伪造攻击的问题。上述传统方式具体是指秘密前缀(secret prefix)、秘密后缀(secret suffix)和封装方法(envelope method)。MDx-MAC 针对 MD 结构的杂凑函数,如 RIPEMD、SHA-1、SHA-2、SM3 等,只需增加极少的额外操作,将主密钥扩展并以异或形式添加杂凑函数的底层轮函数的附加常数。密钥与常数的异或位置及参数取值根据具体的杂凑函数来确定。NMAC 将杂凑函数或压缩函数视为独立的模块,利用工作模式的设计思想,将密钥异或后的状态链值与消息共同作为杂凑函数的输入,进而将杂凑函数的输出作为标签。HMAC 算法是 NMAC 框架下的一个实例。由于这种设计具有良好的通用性,可以采用几乎任意的杂凑函数实现消息鉴别码算法,随后推出的 TTMAC、NI-MAC 等都采用了类似设计。

1979 年,Wegman 和 Carter 提出泛杂凑函数的概念,并在 1981 年提出了用泛杂凑函数设计消息鉴别码算法的框架,称为 Wegman-Carter 结构。泛(universal)的含义是:当随机选取密钥时,对于任意两个不同的消息,几乎从不产生相同的输出。Wegman-Carter 结构首先利用泛杂凑函数将消息压缩到固定长度,然后对杂凑后的数据进行加密。采用这一设计理念,产生了 MMH、NMH、NH、WH、ENH、MMH* 等泛杂凑函数,它们均采用诱导密钥与消息分组逐块相乘再取和的方式,仅由有限域或整数的基本运算构成,形式简单,便于低代价实现和高效计算。相应地,UMAC、Badger、VMAC 等采用泛杂凑函数的消息鉴别码算法陆续被提出。由于 NH 函数等对输入的数据长度有要求,如何拆分和处理长消息是这类算法的主要差异。Poly1305 和 GMAC 采用多项式杂凑函数代替传统的泛杂凑函数,可以灵活地处理不同长度的消息。

另外,消息鉴别码算法仅需对数据完整性进行保护,而不要求算法具有伪随机性(如分组密码)、抗碰撞性(如杂凑函数)等,由此产生了直接设计的消息鉴别码算法,比如 SipHash 和 Chaskey,此类算法从底层直接设计,相较于采用泛杂凑函数的消息鉴别码算法更为简洁,具有更好的软硬件实现性能。

## 4.2 共性技术

本章使用了如下符号和记法:

| | |
|---|---|
| cst | 常数值。 |
| $E$ | 分组密码加密算法,$E_K(X)$ 表示使用分组密码算法及密钥 $K$ 对分组长度为 $n$ 比特的数据 $X$ 进行加密得到的结果。 |
| $G$ | 输出变换的结果。 |
| $h$ | 杂凑函数的轮函数。 |
| $H_i$ | 第 $i$ 个链值。 |
| IV | 初始向量。 |
| $k$ | 密钥长度。 |
| $K$ | 密钥。 |
| $M$ | 任意长度的消息。 |
| $n$ | 分组密码的分组(按比特)长度。 |
| $N$ | 临时值(默认长度为 $n$ 比特)。 |
| $S$ | 状态(默认长度为 $n$ 比特)。 |
| $S_i$ | 第 $i$ 步(后)的状态。 |
| $S_{i,j}$ | 状态 $S_i$ 的第 $j+1$ 个比特。 |
| $t$ | 标签长度。 |
| $T$ | 标签。 |
| $0^i$ | 由 $i$ 个 0 构成的比特串。 |
| $1^i$ | 由 $i$ 个 1 构成的比特串。 |
| $10^*$ | 由 1 个 1 和若干 0 构成的比特串。在常见的填充形式 $X10^*$ 中,星号代表 $n-\|X\|-1$。 |
| $\boxplus$ | 模加运算。特别地,$\boxplus_\theta$ 表示两个 $\theta$ 位的比特串的加法运算。 |
| $\cdot$ | 有限域上的乘法运算。 |
| $*$ | 整数的乘法运算。特别地,$*_\theta$ 表示两个 $\theta$ 位的比特串的乘法运算。 |
| $\&$ | 比特级与运算。 |
| $\|X\|$ | 比特串 $X$ 的比特数。 |
| $[x]_a$ | 数值 $x$ 的长度为 $a$ 的比特串表示,其中 $0 \leqslant x < 2^a$。 |
| $X[a..b]$ | 比特串 $X$ 的(左数)第 $a$ 个比特到第 $b$ 个比特。 |
| $\mathrm{lsb}_a(X)$ | 比特串 $X$ 的右 $a$ 比特。 |
| $\mathrm{msb}_a(X)$ | 比特串 $X$ 的左 $a$ 比特。 |
| $\leftarrow_n$ | 划分运算,$M_1 M_2 \cdots M_m \leftarrow_n M$ 表示将比特串 $M$ 划分为长度为 $n$ 比特的分组,其中,$\|M_i\|=n(i=1,2,\cdots,m-1)$ 且 $\|M_m\| \leqslant n$。 |

| Pad | 填充函数。$\text{Pad}_a(X)$ 表示将比特串 $X$ 填充为 $a$ 的整数倍后所得的比特串。当 $a$ 为分组长度时可省略。 |
|---|---|
| KD | 密钥诱导函数。 |
| Mask | 掩码生成函数。 |
| $\text{int}_b(X)$ | 比特串 $X$ 对应的非负整数。 |
| $\text{int}_B(X)$ | 字节串 $X$ 对应的非负整数。 |
| $\text{prime}(x)$ | 小于 $2^x$ 的最大素数值,其中 $x \in \mathbf{Z}^+$。 |
| $\nu_1$ | MD 结构杂凑函数的压缩函数的消息输入长度。 |
| $\nu_2$ | MD 结构杂凑函数的链值长度。 |

## 4.2.1 填充方法

对于任意长度的比特串输入,通过添加比特使比特串的长度为分组的整数倍。填充的比特无须随消息存储或发送。消息鉴别码的验证者应当知道填充的比特是否已被存储或发送,以及使用的是何种填充方法。

**1. 填充方法 1**

在数据串右侧填充 0,尽可能少填充(甚至不填充),使填充后的比特串的长度是分组长度的整数倍。

$$\text{Pad1}_n(X) = \begin{cases} 0^n, & |X| = 0 \\ X \parallel 0^{(n-|X|) \bmod n}, & |X| \neq 0 \end{cases}$$

使用填充方法 1 时,无法区分长度是分组长度的整数倍的比特串是否经过填充。

**2. 填充方法 2**

在数据串右侧填充一比特 1,然后在得到的比特串右侧填充 0,尽可能少填充(甚至不填充),使填充后的比特串的长度是分组长度的整数倍。

$$\text{Pad2}_n(X) = \begin{cases} 10^{n-1}, & |X| = 0 \\ X \parallel 10^{n-1-(|X| \bmod n)}, & |X| \neq 0 \end{cases}$$

**3. 填充方法 3**

在数据串右侧填充 0,尽可能少填充(甚至不填充),使填充后的比特串的长度是分组长度的整数倍;在数据串左侧填充一个包含数据串的长度信息的分组。

$$\text{Pad3}_n(X) = \begin{cases} 0^n \parallel 0^n, & |X| = 0 \\ [\,|X|\,]_n \parallel X \parallel 0^{(n-|X|) \bmod n}, & |X| \neq 0 \end{cases}$$

**4. 填充方法 4**

如果数据串的长度是分组长度的整数倍,则不需要填充;否则,在数据串右侧填充一比特 1,然后在得到的比特串右侧填充 0,尽可能少填充(甚至不填充),使填充后的比特串的长度是分组长度的整数倍。

$$\text{Pad4}_n(X) = \begin{cases} 10^{n-1}, & |X| = 0 \\ X, & |X| \neq 0 \text{ 且 } |X| \bmod n = 0 \\ X \parallel 10^{n-1-(|X| \bmod n)}, & |X| \bmod n \neq 0 \end{cases}$$

### 4.2.2 密钥诱导方法

用一个密钥诱导得到两个或多个子密钥,用作分组密码的密钥或掩码密钥。

**1. 密钥诱导方法 1**

由密钥 $K$ 从第一个 4 比特组开始,每隔 4 比特交替取补和不变,得到诱导密钥 $K'$。

$$K_1 K_2 K_3 K_4 \cdots \leftarrow_4 K$$
$$K' \leftarrow_4 \overline{K_1} K_2 \overline{K_3} K_4 \cdots$$

其中,$\overline{K_i}$ 表示 $K_i$ 的补,即 $\overline{K_i} = K_i \oplus 1111$。

**2. 密钥诱导方法 2**

由一个分组密码密钥 $K$ 结合计数器(CTR)模式,计算得到两个 $k$ 比特的分组密码密钥 $K'$ 和 $K''$。

$$\theta \leftarrow \lceil k/n \rceil$$
$$K' \leftarrow \mathrm{msb}_k(E_K(1) \| E_K(2) \| \cdots \| E_K(\theta))$$
$$K'' \leftarrow \mathrm{msb}_k(E_K(\theta+1) \| E_K(\theta+2) \| \cdots \| E_K(2\theta))$$

其中,$E_K(i)$ 是 $E_K([i]_n)$ 的简写。

**3. 密钥诱导方法 3**

由一个分组密码密钥 $K$ 结合有限域上的乘法,计算得到两个 $n$ 比特的掩码密钥 $K_1$ 和 $K_2$。

$$L \leftarrow E_K(0^n)$$
$$K_1 \leftarrow L \cdot u$$
$$K_2 \leftarrow L \cdot u^2$$

具体地,对于任意 $L \in \{0,1\}^n$,$L \cdot u$ 的计算如下:

$$L \cdot u \begin{cases} L \ll 1, & L[1] = 0 \\ (L \ll 1) \oplus \widetilde{p}_n, & L[1] = 1 \end{cases}$$

其中,$\widetilde{p}_n$ 是不可约多项式 $p_n(x)$ 的比特表示。

对于 $n = 128$,$p_n(x) = x^{128} + x^7 + x^2 + x + 1$,$\widetilde{p}_{128} = 0^{120}10000111$;对于 $n = 64$,$p_n(x) = x^{64} + x^4 + x^3 + x + 1$,$\widetilde{p}_{64} = 0^{59}11011$。

**4. 密钥诱导方法 4**

由一个分组密码密钥 $K$ 结合有限域上的乘法,计算得到两个 $n$ 比特的掩码密钥 $K_1$ 和 $K_2$。

$$L \leftarrow E_K(0^n)$$
$$K_1 \leftarrow 0^n$$
$$K_2 \leftarrow L \cdot u^{-1}$$

具体地,当 $n = 128$ 时,对于任意 $L \in \{0,1\}^n$,$L \cdot u^{-1}$ 的计算如下:

$$L \cdot u^{-1} = \begin{cases} L \ll 1, & L[n] = 0 \\ (L \ll 1) \oplus 10^{120}1000011, & L[n] = 1 \end{cases}$$

**5. 密钥诱导方法 5**

由一个分组密码密钥 $K$ 与常数值逐比特异或,得到一个 $k$ 比特的分组密码密钥 $K'$。

$$K' \leftarrow K \oplus \alpha$$

其中,$\alpha$ 是给定的 $k$ 比特常数。

### 4.2.3 掩码生成方法

将密钥、计数器值、常数值等参数生成的比特串序列与源码(如消息分组)进行按位运算或逻辑运算得到新的操作数。

**1. 掩码生成方法 1**

由一个分组密码及密钥 $K$ 生成一个中间变量 $L$,将 $L$ 与格雷码(Gray code)依次作有限域上的乘法,得到一个掩码序列。

$$L \leftarrow E_K(0^n)$$
$$\gamma_1 \leftarrow 0^{n-1}1$$
$$\Delta_1 \leftarrow L \cdot \gamma_1$$

对 $i = 2, 3, \cdots$,计算

$$\gamma_i \leftarrow \gamma_{i-1} \oplus (0^{n-1}1 \ll \mathrm{ntz}(i))$$
$$\Delta_i \leftarrow L \cdot \gamma_i$$

其中,$\mathrm{ntz}(i)$ 表示 $i$ 的二进制表示中结尾的字符 0 的个数。

由于

$$L \cdot \gamma_i = L \cdot (\gamma_{i-1} \oplus (0^{n-1}1 = \mathrm{ntz}(i))) = (L \cdot \gamma_{i-1}) \oplus L \cdot u^{\mathrm{ntz}(i)}$$
$$= (L \cdot \gamma_{i-1}) \oplus L(\mathrm{ntz}(i))$$

要计算掩码序列 $L \cdot \gamma_1, L \cdot \gamma_2, L \cdot \gamma_3, \cdots$ 的第 $i$ 项,只需要将其前一项(即第 $i-1$ 项)与 $L(\mathrm{ntz}(i))$ 异或即可。

**2. 掩码生成方法 2**

由一个分组密码及密钥 $K$ 生成一个中间变量 $L$,将 $L$ 与有限域上的本原元 2 逐次相乘,得到一个掩码序列。这种掩码生成方法也称为 Doubling 技术。

$$L \leftarrow E_K(0^n)$$
$$\Delta_0 \leftarrow L$$

对 $i = 1, 2, 3, \cdots$,计算

$$\Delta_i \leftarrow \Delta_{i-1} \cdot 2$$

等价地,有 $\Delta_i \leftarrow L \cdot 2^i$ 成立。

**3. 掩码生成方法 3**

基于掩码生成方法 2,由一个分组密码及密钥 $K$ 生成两个中间变量 $L_1$ 和 $L_2$,将 $L_1$ 和 $L_2$ 分别与有限域上的本原元 2 及其平方 $2^2$ 逐次相乘,得到两个不同的掩码序列。

$$L_1 \leftarrow E_K(0^n), \quad L_2 \leftarrow E_K(0^{n-1}1)$$
$$\Delta_{1,0} \leftarrow L_1, \quad \Delta_{2,0} \leftarrow L_2$$

对 $i = 1, 2, 3, \cdots$,计算

$$\Delta_{1,i} \leftarrow \Delta_{1,i-1} \cdot 2$$
$$\Delta_{2,i} \leftarrow \Delta_{2,i-1} \cdot 2^2$$

等价地,有 $\Delta_{1,i} \leftarrow L_1 \cdot 2^i$ 和 $\Delta_{2,i} \leftarrow L_2 \cdot 2^{2i}$ 成立。

## 4.3　采用分组密码的消息鉴别码

### 4.3.1　CBC-MAC

CBC-MAC 是由美国国家标准局(即国家标准与技术研究所的前身)设计并于 1985 年发布的数据认证算法(FIPS Pub 113)被 ISO/IEC 8731、ISO/IEC 9797-1 等标准采纳。CBC-MAC 采用链式结构,数据分组依次与链值分组异或并经分组密码作用获得新的链值,最终的链值经截取作为 MAC 值。CBC-MAC 仅当消息长度固定时具有可证明安全性。CBC-MAC 的主密钥即分组密码密钥。

**1. CBC-MAC 算法描述**

算法密钥为一个分组密码密钥 $K$。对于任意长度的消息 $M$,可以使用填充方法 1、2、3,填充后的比特串长度由消息和填充方法共同决定。算法共需迭代调用 $\lceil |\mathrm{Pad}(M)|/n \rceil$ 次分组密码,过程如下:

$$M_1 M_2 \cdots M_m \leftarrow_n \mathrm{Pad}_n(M)$$

令 $H_0 \leftarrow 0^n$

对 $i \leftarrow 1, 2, \cdots, m$,计算

$$H_i \leftarrow E_K(H_{i-1} \oplus M_i)$$

$$T \leftarrow \mathrm{msb}_t(H_m)$$

CBC-MAC 算法如图 4-1 所示。

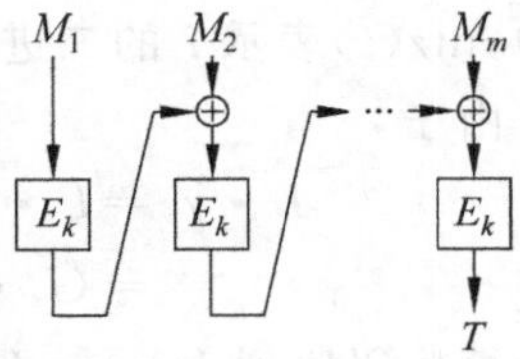

图 4-1　CBC-MAC 算法

**2. CBC-MAC 算法的特点和安全性**

CBC-MAC 采用链式结构,将消息逐个分组融入链值,具有在线性,即后向链值仅受已融入的所有消息分组和前向链值影响。这种链式结构也可用于加密,采用填充方法 1、2 时,CBC-MAC 可以即时处理(顺序)输入的消息分组,不需要额外的存储空间。采用填充方法 1、2 且最终链值不截断(即 $t = n$)时,CBC-MAC 存在异或伪造攻击;采用填充方法 3 可以抵抗这种攻击;截断最终链值(即 $t < n$)会使这种攻击的实现代价增高,但相应地会降低抵抗伪造攻击的能力。采用填充方法 2 时,CBC-MAC 仅在消息长度固定时是可证明安全的[340]。

### 4.3.2　CMAC

CMAC 又称 OMAC1,是由 Iwata 和 Kurosawa 提出的一种 CBC-MAC 的改进算法。CMAC 是 NIST 征集到的消息鉴别码算法之一,于 2002 年 12 月被提交给 NIST,并于 2005年正式以标准形式颁布,纳入 NIST SP 800-38B:2005。

CMAC 借鉴了 XCBC 的设计理念,在算法末尾的迭代调用分组密码之前,增加掩码密钥,使得 CMAC 具有可证明安全性。CMAC 使用一个分组密码密钥作为主密钥,采用密钥诱导方法得到两个掩码密钥,相较于 XCBC、TMAC 等同类算法降低了主密钥量。Iwata 和

Kurosawa 同时提出的 OMAC2 仅在密钥诱导方法上与 CMAC 略有差别。

**1. CMAC 算法描述**

CMAC 算法密钥为一个分组密码密钥 $K$,采用密钥诱导方法 3,得到两个掩码密钥 $K_1$ 和 $K_2$。对于任意长度的消息 $M$,采用填充方法 4,填充后的比特串长度由消息决定。除密钥诱导操作的消耗以外,CMAC 算法共需迭代调用 $\lceil |M|/n \rceil$ 次分组密码,过程如下:

令 $K_1, K_2 \leftarrow \mathrm{KD}(K)$

$M_1 M_2 \cdots M_m \leftarrow_n \mathrm{Pad}_n(M)$

对 $i=1,2,\cdots,m-1$,计算

　　$H_i \leftarrow E_K(H_{i-1} \oplus M_i)$

根据 $|M|$ 分两种情况:

若 $|M| \bmod n = 0$,则

　　$H_m \leftarrow E_K(H_{m-1} \oplus M_m \oplus K_1)$

若 $|M| \bmod n \neq 0$,则

　　$H_m \leftarrow E_K(H_{m-1} \oplus M_m \oplus K_2)$

$T \leftarrow \mathrm{msb}_t(H_m)$

CMAC 算法如图 4-2 所示。

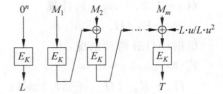

图 4-2　CMAC 算法

**2. CMAC 算法特点和安全性**

CMAC 的密钥诱导可以预计算,以主密钥调用分组密码,并结合有限域上的乘法生成两个掩码密钥,相较于 XCBC 等 CBC-MAC 的变种节省了密钥分配的实现代价,但需要额外的存储空间用于存储掩码密钥。根据消息长度是否为分组长度的整数倍选择使用掩码密钥,无须用填充方法进行区分,需要填充的比特个数最少;相应地,忽略预计算的消耗时,需要调用分组密码的次数最少。

对于任意长度的消息(分组个数小于 $2^{n/2}$),CMAC 具有可证明安全性。该算法设计者于 2003 年给出了改进的安全性证明,将安全界的单次查询消息最大长度改为查询消息的总长度[342]。Mitchell 分析了包含 CMAC 在内的与 XCBC 具有相似设计的消息鉴别码算法,认为 CMAC 存在安全漏洞[343]。CMAC 算法设计者指出 Mitchell 分析的错误及限制,并对 CMAC 的安全性进行了补充声明[344]。Okeya 和 Iwata 对 CMAC 提出了有效的侧信道攻击,建议不仅要保护底层分组密码,还应在实现方法上对消息鉴别码算法的安全性进行分析[345]。

### 4.3.3　CBCR

CBCR 是张立廷等人于 2011 年提出的 CBC-MAC 的一个变种算法。CBCR 在算法末尾的迭代调用分组密码操作前增加循环移位操作,以确定消息长度是否为分组长度的整数倍。特别地,CBCR 适用于具有前缀的消息;对于不包含前缀的消息,要求在消息前添加前缀。当前缀固定取为 $0^n$ 时的算法特例称为 CBCR0。前缀要求长度固定且公开,用于保证前缀和消息经填充后的总长度不小于 $2n$ 比特,从而使得 CBCR 具有可证明安全性。

CBCR 的主密钥即为分组密码密钥,无须密钥诱导或存储中间密钥,可适用于资源受限环境。

## 1. CBCR 算法描述

CBCR 算法的密钥为一个分组密码密钥 $K$。对于固定长度的前缀 $I$ 和任意长度的消息 $M$，使用填充方法 4，填充后的比特串长度由消息决定。算法共需迭代调用 $\lceil(|I|+|M|)/n\rceil$ 次分组密码，过程如下：

- 处理前缀

$$I_1 I_2 \cdots I_I \xleftarrow{}_n \mathrm{Pad}_n(I)$$

令 $H_{1-2} \leftarrow 0^n$。对 $i \leftarrow 1,2,\cdots,I$，计算

$$H_{I-i} \leftarrow E_K(H_{I-i-1} \oplus I_i)$$

- 处理消息

$$M_1 M_2 \cdots M_m \xleftarrow{}_n \mathrm{Pad}_n(M)$$

对 $i \leftarrow 1,2,\cdots,m-1$，计算

$$H_i \leftarrow E_K(H_{i-1} \oplus M_i)$$

根据 $|M|$ 分两种情况：

若 $|M| \bmod n = 0$，则

$$H_m \leftarrow E_K((H_{m-1} \oplus M_m) \ggg 1)$$

若 $|M| \bmod n \neq 0$，则

$$H_m \leftarrow E_K((H_{m-1} \oplus M_m) \ggg 1)$$

$$T \leftarrow \mathrm{msb}_t(H_m)$$

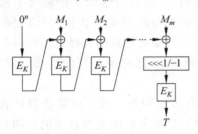

**图 4-3　CBCR0 算法**

CBCR0 算法如图 4-3 所示。

## 2. CBCR 算法的特点和安全性

当前缀和消息经填充后的总长度不小于 $2n$ 比特时，CBCR 具有可证明安全性。CBCR 采用循环移位操作，相较于 GCBC 采用的移位操作[346]，循环移位操作避免了遗弃中间状态比特，能获得更高的安全性。使用前缀为 CBCR 带来了应用上的灵活性，适用于存储某些协议中的冗余，例如 IPSec 的 IP 包含的常值（版本号、长度、地址）、3GPP 的特殊参数（COUNT、FRESH）。前缀部分的操作可以预计算并存储，以避免降低算法计算效率。例如，CBCR0 算法的使用者可以预先计算并存储 $E_K(0^n)$。

## 4.3.4　TrCBC

TrCBC 是张立廷等人于 2012 年提出的 CBC-MAC 的一个变种算法。TrCBC 算法在 CBC-MAC 的基础上采用了特殊的截断操作，以确定消息长度是否为分组长度的整数倍，以极低的实现代价提高了算法的安全性，使得算法在标签长度满足要求的情况下具有可证明安全性。

### 1. TrCBC 算法描述

TrCBC 算法的密钥为一个分组密码密钥 $K$。对于任意长度的消息 $M$，使用填充方法 4，填充后的比特串长度由消息和填充方法共同决定。该算法共需迭代调用 $\lceil|M|/n\rceil$ 次分组密码，过程如下：

$$M_1 M_2 \cdots M_m \xleftarrow{}_n \mathrm{Pad}_n(M)$$

令 $H_0 \leftarrow 0^n$

对 $i \leftarrow 1, 2, \cdots, m$，计算

$\quad H_i \leftarrow E_K(H_{i-1} \oplus M_i)$

根据 $|M|$ 分两种情况：

若 $|M| \bmod n = 0$，则

$\quad T \leftarrow \mathrm{msb}_t(H_m)$

若 $|M| \bmod n \neq 0$，则

$\quad T \leftarrow \mathrm{lsb}_t(H_m)$

TrCBC 算法如图 4-4 所示。

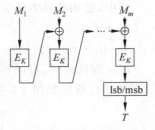

图 4-4　TrCBC 算法

### 2. TrCBC 算法的特点和安全性

相较于 CBC-MAC，TrCBC 仅在截断操作上增加了判断选择，以截取高位或低位，无须额外的分组密码调用，也无须密钥诱导和中间密钥存储，所需的额外实现代价接近最优。对于任意长度的消息，当 MAC 值的长度小于分组长度的一半（即 $t < n/2$）时，TrCBC 具有可证明安全性。TrCBC 采用的设计也被称为截断 CBC，Gaži 等论证了截断 CBC 的安全性并给出了紧致的安全界[347]。

## 4.3.5　PMAC

PMAC 是第一个具有并行性的消息鉴别码算法，由 Rogaway 于 2001 年 4 月提交给 NIST，随后由 Bellare 和 Rogaway 共同发表在 Eurocrypt 2012 会议上。消息分组分别与掩码异或之后并行地调用分组密码，将加密结果与掩码密钥异或再做一次加密，即可得到最后的消息鉴别码。PMAC 的主密钥为分组密码密钥，由主密钥经分组密码调用和有限域上的乘法计算得到消息分组的掩码和掩码密钥。消息分组的掩码采用掩码生成方法 1。PMAC 在提出时受专利保护，并未被选入标准；目前设计者已撤销了相关的所有专利。

### 1. PMAC 算法描述

PMAC 算法的密钥为一个分组密码密钥 $K$，采用密钥诱导方法 4，得到两个掩码密钥 $K_1$ 和 $K_2$。对于任意长度的消息 $M$，使用填充方法 4 和掩码生成方法 1，填充后的比特串长度由消息决定。除密钥诱导和掩码生成操作的消耗以外，PMAC 算法共需调用 $\lceil |M|/n \rceil$ 次分组密码，过程如下：

令 $K_1, K_2 \leftarrow \mathrm{KD}(K)$

$M_1 M_2 \cdots M_m \leftarrow_n \mathrm{Pad}_n(M)$

$\Delta_1, \Delta_2, \cdots, \Delta_{m-1} \leftarrow \mathrm{Mask}(K, M)$

对 $i = 1, 2, \cdots, m-1$，计算

$\quad Y_i \leftarrow E_K(\Delta_i \oplus M_i)$

$\quad \Sigma \leftarrow Y_1 \oplus Y_2 \oplus \cdots \oplus Y_{m-1}$

根据 $|M|$ 分两种情况：

若 $|M| \bmod n = 0$，则

$\quad G \leftarrow E_K(\Sigma \oplus M_m \oplus K_1)$

若 $|M| \bmod n \neq 0$，则

$$G \leftarrow E_K(\Sigma \oplus M_m \oplus K_2)$$

$$T \leftarrow \mathrm{msb}_t(G)$$

其中,密钥诱导方法 4 和掩码生成方法 1 共同使用了中间变量 $L \leftarrow E_K(0^n)$:

$$K_2 \leftarrow L \cdot u^{-1}$$

$$\Delta_i \leftarrow L \cdot \gamma_i \quad (\gamma_i \leftarrow \gamma_{i-1} \oplus (0^{n-1} 1 \ll \mathrm{ntz}(i)), \gamma_1 \leftarrow 0^{n-1} 1)$$

在实现算法时,可以预计算并存储 $L$ 和 $L \cdot u^i$,以提升效率。

PMAC 算法如图 4-5 所示。

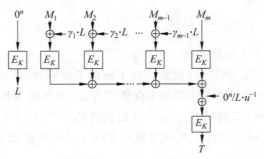

**图 4-5　PMAC 算法**

**2. PMAC 算法的特点和安全性**

PMAC 除末尾输出变换中的一次分组密码调用以外,可以并行地调用分组密码算法处理几乎所有的消息分组,运行效率快。忽略其中掩码计算、异或操作、截断操作等时间,对于任意长度的消息,PMAC 所需的计算时间均约为两次调用分组密码的时间。与并行地调用分组密码相对应,PMAC 采用掩码对输入分组密码的消息分组进行区分,以保证算法的安全性。掩码的生成利用格雷码,使得依次序生成掩码时仅需执行异或运算,并且可以预计算并存储掩码。

根据 PMAC 设计者的分析,对于任意长度的消息,PMAC 具有可证明安全性。Rogaway 使用可调分组密码改进了 PMAC,简化了算法并提升了实现速度[348]。Lee 等人给出了对 PMAC 的生日伪造攻击和恢复密钥攻击[349]。

### 4.3.6　f9

f9 是由欧洲电信标准协会(European Telecommunications Standards Institute,ETSI)、日本无线电工业及商贸联合会(Association of Radio Industries and Businesses,ARIB)和韩国电信技术协会(Telecommunications Technology Association,TTA)T1 委员会联合研发的消息鉴别码算法,与加密算法 f8 一起专门用于第三代移动通信业务。三菱电器公司拥有该算法的专利。

f9 综合了 CBC-MAC 的链式结构和 PMAC 的异或和,将 CBC-MAC 中的所有链值取异或和,再使用诱导密钥调用分组密码进行加密。同时,f9 还增加了由时间变量和随机输入组成的初始向量。原算法采用 KASUMI 作为底层分组密码。

**1. f9 算法描述**

f9 算法的密钥为一个分组密码密钥 $K$,采用密钥诱导方法 5,得到一个分组密码密钥

$K'$。对于任意长度的消息 $M$，使用填充方法 2，填充后的比特串长度由消息决定。f9 算法共需调用 $\lceil |\mathrm{Pad}(M)|/n \rceil + 2$ 次分组密码，过程如下：

$M_1 M_2 \cdots M_m \leftarrow_n \mathrm{Pad}_n(M)$

令 $\mathrm{IV} \leftarrow \mathrm{Count} \parallel \mathrm{Fresh}$

$H_0 \leftarrow E_K(\mathrm{IV}), \quad \Sigma \leftarrow H_0$

对 $i \leftarrow 1, 2, \cdots, m$，计算

$\qquad H_i \leftarrow E_K(H_{i-1} \oplus M_i)$

$\Sigma \leftarrow H_1 \oplus H_2 \oplus \cdots \oplus H_m$

$G \leftarrow E_{K'}(\Sigma)$

$T \leftarrow \mathrm{msb}_t(G)$

其中，时间变量 Count 和随机输入 Fresh 都是长度为 $n/2$ 的比特串，是 3GPP 标准中规定的参数；诱导密钥 $K'$ 采用密钥诱导方法 5 计算得到，$K' \leftarrow K \oplus 0\mathrm{x}55\cdots5$。

f9 算法如图 4-6 所示。

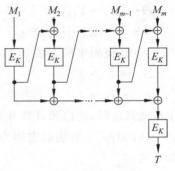

**图 4-6　f9 算法**

### 2. f9 算法的特点和安全性

与 CBC-MAC 相比，f9 没有选取 CBC-MAC 的最后一个链值，而是选取分组密码的所有输出值的异或和，再经分组密码加密后作为未截断的消息鉴别码。这种设计使得 f9 相较于 CBC-MAC 等算法需要增加一个分组的存储空间，用于存储分组密码输出的异或和。3GPP 工作组曾给出 f9 的安全性证明，但该证明随后被撤回。Hong 等人尝试证明 f9 是一个安全的伪随机函数[350]。Iwata 等人指出该证明的结论是错误的。他们通过构造一个满足 $F_K(\cdot) = F_{K \oplus \mathrm{KM}}^{-1}(\cdot)$ 的伪随机置换 $F$，给出采用 $F$ 作为底层分组密码的 f9 的有效攻击，说明了 f9 不具有可证明安全性。他们随后又补充了分组密码对一类特定相关密钥攻击安全的假设（PRP-RKA），并证明在此假设下 f9 是安全的[351,352]。

## 4.3.7　PMAC＋

PMAC＋是由 Yasuda 提出的 PMAC 算法的一个变种，具有超越生日界安全性。PMAC＋在 PMAC 的基础上增加了第二组掩码，结合泛杂凑函数得到第二个异或和，并在末尾的输出变换中采用两个相互独立的额外的分组密码密钥 $K'$ 和 $K''$ 分别加密两个异或和，将分组密码的两个输出异或，得到最终的消息鉴别码。PMAC＋需要使用 3 个相互独立的分组密码密钥，采用 Doubling 技术生成掩码。

Datta 等人借鉴认证加密算法 CLOC 的设计技巧，提出了仅需一个分组密码密钥的 PMAC 变种，称为 1kPMAC＋[353]。1kPMAC＋的输出变换采用主密钥调用分组密码和简单的函数相结合的方法，以替代采用相互独立的密钥 $K'$ 和 $K''$ 调用分组密码的方法，从而降低了算法的密钥量。

### 1. PMAC＋和 1kPMAC＋算法描述

PMAC＋算法的密钥为 3 个相互独立的分组密码密钥 $K$、$K'$ 和 $K''$。对于任意长度的消息 $M$，使用填充方法 2 和掩码生成方法 3（Mask），填充后的比特串长度由消息和填充方法决定。除掩码生成操作的消耗以外，PMAC＋算法共需调用 $\lceil |\mathrm{Pad}(M)|/n \rceil + 2$ 次分组密码，过程如下：

$$M_1 M_2 \cdots M_m \leftarrow_n \mathrm{Pad}_n(M)$$

$$(\Delta_{1,1}, \Delta_{2,1}, \Delta_{1,2}, \Delta_{2,2}, \cdots, \Delta_{1,m}, \Delta_{2,m}) \leftarrow \mathrm{Mask}(K, M)$$

对 $i = 1, 2, \cdots, m$，计算

$$Y_i \leftarrow E_K(\Delta_{1,i} \oplus \Delta_{2,i} \oplus M_i)$$

$$\Sigma \leftarrow Y_1 \oplus Y_2 \oplus \cdots \oplus Y_m$$

$$\Theta \leftarrow 2^{m-1} \cdot Y_1 \oplus 2^{m-2} \cdot Y_2 \oplus \cdots \oplus 2^0 \cdot Y_m$$

$$T \leftarrow E_{K'}(\Sigma) \oplus E_{K''}(\Theta)$$

其中，掩码生成方法 3（Mask）使用中间变量 $L_1 \leftarrow E_K(0^n)$ 和 $L_2 \leftarrow E_K(0^{n-1} 1)$：

$$\Delta_{1,i} \leftarrow L_1 \cdot 2^i$$

$$\Delta_{2,i} \leftarrow L_2 \cdot 2^{2i}$$

在实现算法时，可以预计算并存储 $L_1$、$L_2$ 和掩码。

1kPMAC＋算法的密钥为一个分组密码密钥 $K$，采用 fix0 和 fix1 函数构造了不同的输出变换：

$$\Sigma' \leftarrow \mathrm{fix0}(\Sigma)$$

$$\Theta' \leftarrow \mathrm{fix1}(2 \cdot \Theta)$$

$$T \leftarrow E_K(\Sigma') \oplus E_K(\Theta')$$

其中，fix0 和 fix1 函数以 $n$ 比特串为输入，输出的 $n$ 比特串的最低位分别固定为 0 和 1，其他比特保持不变，即

$$\mathrm{fix0}(x) = x[1..n-1]0$$

$$\mathrm{fix1}(x) = x[1..n-1]1$$

PMAC＋和 1kPMAC＋算法分别如图 4-7 和图 4-8 所示。

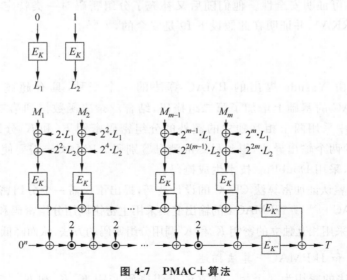

图 4-7　PMAC＋算法

## 2. PMAC＋和 1kPMAC＋算法的特点和安全性

PMAC＋利用泛杂凑函数构造了第二个异或和 $\Theta$，并将 $\Sigma$ 和 $\Theta$ 分别作为两个采用相互

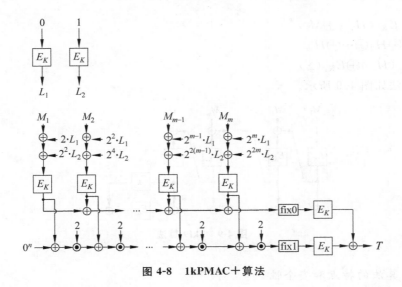

图 4-8 1kPMAC＋算法

独立的密钥 $K'$ 和 $K''$ 的分组密码的输入,使得算法的安全性分析由 $\Sigma$ 的抗碰撞性变为二元组 $(\Sigma,\Theta)$ 的抗碰撞性;同时,为了提高 $(\Sigma,\Theta)$ 的抗碰撞性,增加了第二组掩码,使得算法的安全性强度由 $O(2^{n/2})$ 提高到 $O(2^{2n/3})$。PMAC＋继承了 PMAC 的并行性。除掩码生成操作的消耗以外,PMAC＋仅在输出变换中多调用一次分组密码。PMAC＋需要 3 个相互独立的分组密码密钥,并需要额外的空间存储第二组掩码以及第二个异或和 $\Theta$。此外,PMAC＋相比于 PMAC 还有一些细节上的改动,包括:采用 Doubling 技术替代格雷码生成掩码;采用填充方法 2 替代填充方法 4,并删除输出变换中与填充相关的异或掩码密钥的操作。

Datta 等人指出,当 $K=K'=K''$ 时,PMAC＋存在生日攻击,并提出了用一个分组密码密钥实现超越生日界安全的 PMAC＋变种,即 1kPMAC＋。1kPMAC＋利用两个简单的函数和有限域上的乘法有效地降低了密钥量,用 $E_K$、$E_K \circ \mathrm{fix0}$ 和 $E_K \circ \mathrm{fix1} \circ (\cdot\, 2)$ 替代 $E_K$、$E_{K'}$ 和 $E_{K''}$,并且能够保持算法的安全性强度 $O(2^{2n/3})$。

### 4.3.8　3kf9

3kf9 是由张立廷等人提出的 f9 算法的一个变种,具有超越生日界安全性。3kf9 借鉴了 PMAC＋的设计思路,采用两个分组密码密钥 $K_2$ 和 $K_3$ 分别加密 f9 的链值以及异或和,将分组密码的两个输出异或,得到最终的消息鉴别码。相较于 PMAC＋,3kf9 利用了 f9 的链值以及异或和,无须生成并存储额外的异或和,不需要掩码,节约了生成和存储掩码的消耗。

1. 3kf9 算法描述

3kf9 算法密钥为 3 个相互独立的分组密码密钥 $K_1$、$K_2$ 和 $K_3$。对于任意长度的消息 $M$,使用填充方法 2,填充后的比特串长度由消息和填充方法决定。3kf9 算法共需要调用 $\lceil |\mathrm{Pad}(M)|/n \rceil + 2$ 次分组密码,过程如下:

$M_1 M_2 \cdots M_m \xleftarrow{}_n \mathrm{Pad}_n(M)$

$H_0 \leftarrow 0^n$

对 $i \leftarrow 1,2,\cdots,m$,计算

$$H_i \leftarrow E_{K_1}(H_{i-1} \oplus M_i)$$

$$\Sigma \leftarrow H_1 \oplus H_2 \oplus \cdots \oplus H_m$$

$$T \leftarrow E_{K_2}(H_m) \oplus E_{K_3}(\Sigma)$$

3kf9 算法如图 4-9 所示。

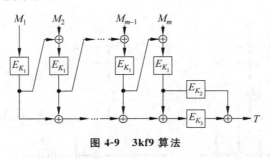

图 4-9　3kf9 算法

2. 3kf9 算法的特点和安全性

3kf9 充分利用了 f9 的链值 $H_m$ 以及异或和 $\Sigma$, 将 $H_m$ 和 $\Sigma$ 分别作为两个采用相互独立密钥的分组密码的输入, 使得算法的安全性分析由 $\Sigma$ 的抗碰撞性变为二元组 $(\Sigma, \Theta)$ 的抗碰撞性, 使得算法的安全性强度由 $O(2^{n/2})$ 提高到 $O(2^{2n/3})$。3kf9 无须生成或存储掩码, 相较于 f9 仅增加了两个相互独立的分组密码密钥, 并在末尾的输出变换中增加了一次分组密码调用, 以较低的代价提高了算法的安全性。Datta 等人采用与 1kPMAC＋相同的技巧修改了 3kf9 的输出变换, 提出了仅需一个分组密码密钥的 f9 变种, 称为 1kf9, 但是 1kf9 不是 BBB 安全的[354]。

### 4.3.9　LightMAC

LightMAC 是 PMAC 的变种, 将具有可区分性质的常数值与消息块连接作为分组密码的输入。相较于 PMAC, LightMAC 减少了生成和存储掩码的消耗, 但每次处理的消息长度短于分组长度, 数据吞吐量降低了。LightMAC 专为资源受限环境设计, 设计者证明了该算法的安全性与消息长度无关。Naito 将 PMAC＋的设计思路应用于 LightMAC, 提出了 LightMAC＋[355]。LightMAC＋继承了 LightMAC 安全性与消息长度无关的性质, 并且具有超越生日界的安全性。相比采用 LightMAC 杂凑函数的 GCM-SIV2[356], 每处理 $n-s$ 比特消息, LightMAC＋仅需调用一次分组密码。Naito 结合杂凑函数进一步提出 LightMAC++, 采用 $\lambda+3$ 个密钥调用 $\lambda+2$ 次分组密码, 该算法的安全性可以提高到 $O(2^{\lambda n/(\lambda+1)})$。

1. LightMAC 和 LightMAC＋算法描述

LightMAC 算法的密钥为两个相互独立的分组密码密钥 $K$ 和 $K'$。对于任意长度的消息 $M$, 使用填充方法 2(填充后的消息比特长度是 $n-s$ 的正整数倍), 填充后的比特串长度由消息和填充方法决定。该算法共需迭代调用 $\lceil |\mathrm{Pad}(M)|/n-s \rceil$ 次分组密码, 过程如下:

$$M_1 M_2 \cdots M_m \leftarrow_{n-s} \mathrm{Pad}_{n-s}(M)$$

对 $i=1, 2, \cdots, m-1$, 计算

$$Y_i \leftarrow E_K(i_s \parallel M_i)$$

$$\Sigma \leftarrow Y_1 \oplus Y_2 \oplus \cdots \oplus Y_m \oplus M_m$$

$$G \leftarrow E_{K'}(\Sigma)$$
$$T \leftarrow \mathrm{msb}_t(G)$$

其中，对于 $1 \leqslant i < 2^s$，$i_s$ 表示具有以下性质的 $s$ 比特的常数值：如果 $1 \leqslant i < j < 2^s$，则 $i_s \neq j_s$。例如，$i_s$ 可以是整数 $i$ 的 $s$ 比特表示。

LightMAC＋算法的密钥为 3 个相互独立的分组密码密钥 $K_1$、$K_2$ 和 $K_3$，采用与 PMAC＋相同的输出变换：

$$\Sigma \leftarrow Y_1 \oplus Y_2 \oplus \cdots \oplus Y_m$$
$$\Theta \leftarrow 2^{m-1} \cdot Y_1 \oplus 2^{m-2} \cdot Y_2 \oplus \cdots \oplus 2^0 \cdot Y_m$$
$$T \leftarrow E_{K_1}(\Sigma) \oplus E_{K_2}(\Theta)$$

LightMAC 和 LightMAC＋算法分别如图 4-10 和图 4-11 所示。

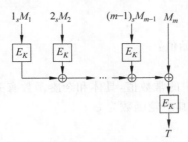

**图 4-10　LightMAC 算法**

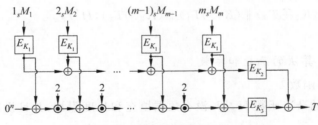

**图 4-11　LightMAC＋算法**

**2. LightMAC 和 LightMAC＋算法的特点及安全性**

LightMAC 采用了受保护的计数和技术[357]，具有可并行性；并且借助将 $i_s$ 与 $n-s$ 比特的消息块连接，组成分组密码的输入，LightMAC 的安全界为 $(1+\varepsilon) \cdot q^2/2^n$（其中 $\varepsilon \in O(1/(2^{n/2}-1))$），与消息长度无关。在保持安全性的条件下，当消息长度较小时，可以适当调整 $s$，以提高每次调用分组密码平均处理的消息长度。LightMAC＋将 LightMAC 与 PMAC＋相结合，增加了一个分组密码密钥和有限域上的乘法运算，使得算法的安全性提高到 $O(q^3/2^{2n})$，即 $O(2^{2n/3})$ 次询问。LightMAC＋相较于采用 LightMAC 杂凑函数的 GCM-SIV 具有同等安全性，而处理相同长度的消息所需调用分组密码的次数降低了一半。

## 4.4　采用专用杂凑函数的消息鉴别码

### 4.4.1　MDx-MAC

MDx-MAC 以及针对短消息的变种被收录进国际标准 ISO/IEC 9797-2。MDx-MAC

是一个将 MD 类杂凑函数转换为消息鉴别码算法的框架,扩展密钥长度以及密钥与常数值异或的位置依据杂凑函数有所不同。本节只介绍 MDx-MAC 的通用框架。

1. MDx-MAC 算法描述

MDx-MAC 要求底层杂凑函数 $H$ 是 MD 结构,密钥长度小于或等于 128 比特。利用密钥扩展函数 KD,将该算法的密钥 $K$ 扩展成 3 个子密钥 $K_0$、$K_1$ 和 $K_2$。对于任意长度的消息 $M$,根据杂凑函数的要求选取填充方法,使得填充后的消息比特长度是 512 的整数倍,填充后的比特串长度由消息和填充方法共同决定。该算法共需迭代调用 $\lceil |\mathrm{Pad}_{512}(M)|/\nu_1 \rceil$ $+7$ 次压缩函数,过程如下。

(1) 密钥扩展。

$$(K_0, K_1, K_2) \leftarrow \mathrm{KD}(K)$$

(2) 消息杂凑。

首先,修改杂凑函数的初始值:

$$\mathrm{IV} \leftarrow K_0$$

其次,用 $K_1$ 修改轮函数中的常数值,具体和杂凑函数有关。

记所得的杂凑函数为 $h'$,其中轮函数为 $\varphi'$。

再次,进行消息杂凑:

$$H' \leftarrow h'(M)$$

最后,进行一次额外的杂凑:

$$H'' \leftarrow \phi'(K_2 \| (K_2 \oplus T_0) \| (K_2 \oplus T_1) \| (K_2 \oplus T_2), H')$$
$$T \leftarrow \mathrm{msb}_t(H'')$$

2. MDx-MAC 算法的函数和参数

1) 简化的杂凑函数 $\bar{h}$

$\bar{h}$ 表示经简化的杂凑函数 $H$,即,没有数据填充和长度附加,并且没有对轮函数的输出进行截断。

2) 密钥扩展函数 KD

主密钥 $K$ 经重复得到比特长度为 128 的 $\bar{K}$;再进行密钥扩展,计算得到子密钥 $K_0$、$K_1$ 和 $K_2$:

$$\bar{K} \leftarrow \mathrm{msb}_{128}(K \| K \| \cdots \| K)$$

对 $i = 0, 1, 2$,计算

$$K_i \leftarrow \bar{h}(K \| U_i \| K)$$
$$K_1 \leftarrow \mathrm{msb}_{128}(K_1)$$
$$K_2 \leftarrow \mathrm{msb}_{128}(K_2)$$

3) 参数 $T$ 和 $U$

参数 $T$ 由 496 比特常数 $R$ 和 16 比特常数 $S$ 经杂凑得到。参数 $U$ 由常数 $T$ 排列连接得到。具体取值依次定义如下:

$R = ab \cdots yzAB \cdots YZ01 \cdots 89$,长度为 496 比特。

$S_i (i = 0, 1, 2)$ 长度为 16 比特,是将 $i$ 的十六进制 ASCII 码重复两次得到的,如 $S_1 = 3131$。

$$T_i = \mathrm{msb}_{128}(\bar{h}(S_i \parallel R)), \quad i = 0, 1, 2$$
$$U_i = T_i \parallel T_{i+1} \parallel T_{i+2} \parallel T_i \parallel T_{i+1} \parallel T_{i+2}, \quad i = 0, 1, 2$$

4) 修改后的杂凑函数 $h'$

修改杂凑函数包括修改初始值和常数,即,用子密钥 $K_0$ 替代杂凑函数 $H$ 的初始向量 IV,以及用子密钥 $K_1$ 修改轮函数 $\phi$ 的常数值 $C$。子密钥 $K_0$ 的作用类似于包装技术中的第一个密钥,与输出变换的子密钥 $K_2$ 形成对杂凑函数的包装;子密钥 $K_1$ 的作用则是增加额外的保护。

3. MDx-MAC 算法的特点和安全性

Preneel 和 Oorschot 对 MDx-MAC 的设计目标包括:①密钥应被用于消息鉴别码算法的初始阶段、最终阶段以及每次迭代调用轮函数中;②对杂凑函数的额外扩展应尽量小,以最小化实现代价,并最大化继承杂凑函数的特征;③性能应与杂凑函数相近;④增加的存储需求应尽量小;⑤方法应具有通用性,可以适用于任意与 MD4 具有相似结构的杂凑函数。

MDx-MAC 用单向函数对密钥进行扩展,以保证密钥之间的相互独立性;采用两个子密钥模拟包装技术,对杂凑函数的首尾进行包装变换,将杂凑函数转换为消息鉴别码算法;用一个额外的子密钥影响消息杂凑阶段每次迭代调用轮函数的操作,以增强安全性。参数 $T$ 和 $U$ 旨在增强随机性,它们由常数经杂凑函数处理得到;当杂凑函数确定时,$T$ 和 $U$ 为常数。

设计者认为 MDx-MAC 的安全性可以由 MDx 杂凑函数的安全性保证,并给出了猜想,但并未做进一步分析。王小云等人结合 MD5 杂凑函数的特点,给出了采用 MD5 的 MDx-MAC 的区分攻击和恢复密钥攻击[358]。

## 4.4.2　HMAC

HMAC 是由 Bellare 等人提出的一种采用专用杂凑函数的消息鉴别码算法,作为标准发布于 ANSI X9.71—2000(已撤销)、FIPS Pub 198-1:2002,并被国际标准 ISO/IEC 9797-2:2002(2011)采纳。

Bellare 等人首先提出将杂凑函数的初始向量替换为密钥,并将两个采用相互独立密钥的杂凑函数复合,以构造消息鉴别码算法,他们将这种结构称为 NMAC 结构,其定义如下:
$$\mathrm{NMAC}_{K_1, K_2}(M) = F_{K_1}(F_{K_2}(M))$$
其中,带密钥 $K$ 的杂凑函数 $F$ 等价于取定 $\nu_2$ 比特的消息前缀作为杂凑函数 $F$ 的初始向量 IV,即 $F_K(M) = F(K, M) = F(K \parallel M)$。NMAC 结构具有通用性,可以结合任意杂凑函数构造消息鉴别码算法。

作为 NMAC 的实例,HMAC 以异或掩码的方法,由密钥诱导出两个子密钥以降低密钥量。但与 NMAC 不同,HMAC 保持了杂凑函数的初始向量 IV 不变,将两个诱导子密钥作为第一个数据串输入杂凑函数:
$$\mathrm{HMAC}_K(M) = F((K \oplus \mathrm{opad}) \parallel F((K \oplus \mathrm{ipad}) \parallel M))$$
其中省略了杂凑函数的初始向量。

1. HMAC 算法描述

HMAC 要求采用的杂凑函数 $F$ 与密钥 $K$ 满足以下要求:

- $F$ 是采用迭代压缩函数构造的杂凑函数,且第一个输入比特串的长度 $\nu_1$ 是 8 的整数倍。
- 密钥 $K$ 的比特长度 $k$ 满足 $\nu_2 \leqslant k \leqslant \nu_1$。

HMAC 算法的密钥为一个 $k$ 比特的密钥 $K$,采用填充方法 1 和密钥诱导方法 5,得到两个 $\nu_1$ 比特的密钥 $K_1$ 和 $K_2$。对于任意长度的消息 $M$,可以使用填充方法 2 和 3(根据杂凑函数 $F$ 的要求选取,填充后的消息比特长度是 $\nu_1$ 的整数倍),填充后的比特串长度由消息和填充方法共同决定。HMAC 算法共需迭代调用 $\lceil |\mathrm{Pad}(M)|/\nu_1 \rceil + 3$ 次压缩函数 $f$,过程如下:

令 $(K_1, K_2) \leftarrow \mathrm{KD}(K)$

$H \leftarrow F(K_1 \| M)$

$G \leftarrow F(K_2 \| H)$

$T \leftarrow \mathrm{msb}_t(G)$

对于采用压缩函数 $f$ 和初始向量 IV 的迭代型杂凑函数 $F$,上述过程可以细化描述如下:

令 $(K_1, K_2) \leftarrow \mathrm{KD}(K)$

$M_1 M_2 \cdots M_m \leftarrow_{\nu_1} \mathrm{Pad}_{\nu_1}(M)$

$H_0 \leftarrow f(\mathrm{IV} \| K_1)$

对 $i = 1, 2, \cdots, m$,计算

$\quad H_i \leftarrow f(H_{i-1} \| M_i)$

$H \leftarrow g(H_m)$

$M^* \leftarrow \mathrm{Pad}_{\nu_1}(H)$

$H^* \leftarrow f(\mathrm{IV} \| K_2)$

$H^{**} \leftarrow f(H^* \| M^*)$

$G \leftarrow g(H^{**})$

$T \leftarrow \mathrm{msb}_t(G)$

其中,对主密钥 $K$ 用填充方法 1 得到长度为 $\nu_1$ 的 $\overline{K}$,再采用密钥诱导方法 5 得到诱导密钥 $K_1$ 和 $K_2$:

$\overline{K} \leftarrow \mathrm{Pad}_{\nu_1}(K)$

$K_1 \leftarrow \overline{K} \oplus \mathrm{ipad}$

$K_2 \leftarrow \overline{K} \oplus \mathrm{opad}$

ipad 和 opad 是两个由取定的 8 比特串重复多次得到的比特串,即

$$\mathrm{ipad} = 0\mathrm{x}\underbrace{5\mathrm{c}5\mathrm{c}\cdots5\mathrm{c}}_{\nu_1/8 \text{个 '5c'}}, \quad \mathrm{opad} = 0\mathrm{x}\underbrace{3636\cdots36}_{\nu_1/8 \text{个 '36'}}$$

记作 $(K_1, K_2) \leftarrow \mathrm{KD}(K)$。

函数 $g$ 是杂凑函数 $F$ 的输出函数,通常为截断函数。

采用某些杂凑函数时,调用 $f$ 的次数可能多于 $\lceil |\mathrm{Pad}_{\nu_1}(M)|/\nu_1 \rceil + 3$。

HMAC 算法如图 4-12 所示。

2. HMAC 算法的特点和安全性

HMAC 采用 NMAC 结构,迭代调用两次带密钥的杂凑函数:第一次将消息数据压缩,

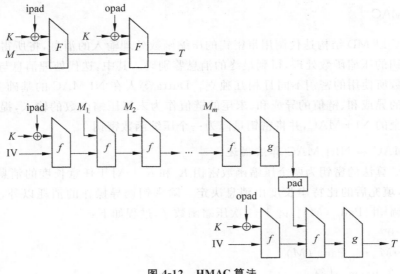

**图 4-12 HMAC 算法**

第二次将压缩后的数据加密。HMAC 仅要求底层杂凑函数的输入长度和密钥长度满足条件，可以与大部分专用杂凑函数结合使用，具有较好的通用性。

设计者认为 HMAC 的安全性可以归结于 NMAC 的安全性，但 NMAC 的安全性证明依赖于密钥 $K_1$ 和 $K_2$ 的相互独立性。Bellare 在密钥随机且秘密的假设下给出了改进的证明，证明了当压缩函数的安全性弱于伪随机函数时 HMAC 仍是安全的[359]。Dodis 等人从不可区别性的角度分析了 NMAC 结构，指出第二次调用杂凑函数并不能获得强安全性，并给出了弱密钥对[360]。Gaži 等人为 NMAC 做了简洁而规范的安全性证明并论证了所得安全界的紧致性[361]。

Peyrin 等人利用 HMAC 的结构特点，提出了构造相关密钥攻击的思路，并给出了针对 HMAC 的通用相关密钥攻击、恢复中间状态攻击和伪造攻击[362]。Peyrin 等人的分析结果同时说明了采用宽管道（即增大 $\nu_1 + \upsilon_2$）的杂凑函数并不能提高 HMAC 的安全性。Peyrin 和 Wang 分析了采用迭代杂凑函数构造的消息鉴别码算法，如 HMAC 和 NMAC，给出了通用的伪造攻击，并指出 HMAC 抵抗通用伪造攻击的能力低于 $2^t$ 次询问[363]。Guo 等人进一步对 HMAC 以及具有类似设计的 MAC 给出了选择伪造攻击，计算复杂度为 $O(2^{\nu_2/2})$；将通用伪造攻击的计算复杂度由 $O(2^{5\nu_2/6})$ 降低到 $O(2^{3\nu_2/4})$；并利用时间存储折中方法优化了密钥恢复攻击，在预计算复杂度为 $O(2^{\nu_2})$ 的前提下，恢复中间密钥的计算复杂度为 $O(2^{2\nu_2/3})$[364]。Dinur 和 Leurent 指出 Peyrin 等人的攻击无法应用于采用 HAIFA 结构的杂凑函数，并针对这种情况扩展了状态恢复攻击，其复杂度为 $O(2^{4\nu_2/5})$[365]。Sasaki 和 Wang 研究了底层压缩函数带密钥时的安全性，指出 HMAC 的底层压缩函数应该都带有密钥才可能抵御通用的中间状态恢复攻击，并给出了存在不带密钥的压缩函数时的攻击，其复杂度低于 $O(2^{\nu_2})$[366]。Peyrin 等人提出了对 HMAC 的修改方案，在消息前添加了 1 比特的固定信息。Chang 等人指出这种修改并不能使得 HMAC 抵御 Peyrin 等人提出的攻击，采用某些具有特定性质的杂凑函数时，修改后的 HMAC 仍然存在攻击[367]。Krawczyk 研究了密钥诱导函数，基于 HMAC 提出了 HKDF 方案[368]。

### 4.4.3　NI-MAC

NI-MAC 以 MD 结构迭代调用带密钥的压缩函数处理输入的消息,将所得结果与消息长度经带密钥的压缩函数处理,得到最终的消息鉴别码。其中,迭代处理消息与末尾输出变换的压缩函数所使用的密钥不同且相互独立。Dutta 等人在 NI-MAC 的基础上进行改进,将消息分组的异或和、链值的异或和、末尾的链值作为末尾压缩函数的输入,提出了具有超越生日界安全的 NI+MAC,并将密钥量降为一个压缩函数密钥[369]。

**1. NI-MAC 和 NI+MAC 算法描述**

NI-MAC 算法的密钥为两个压缩函数密钥 $K$ 和 $K'$。对于任意长度的消息 $M$,填充方法未作规定,填充后的比特串长度由消息决定。除密钥诱导操作的消耗以外,NI-MAC 算法共需迭代调用 $\lceil |\mathrm{Pad}_{v_1}(M)|/\nu_1 \rceil + 1$ 次压缩函数 $f$,过程如下:

令 $H_0 \leftarrow 0^{v_2}$

$M_1 M_2 \cdots M_m \leftarrow_{v_1} \mathrm{Pad}_{v_1}(M)$

对 $i = 1, 2, \cdots, m$,计算

　　$H_i \leftarrow f_K(H_{i-1} \| M_i)$

$G \leftarrow f_{K'}(H_m \| \lceil |M| \rceil_{v_1})$

$T \leftarrow \mathrm{msb}_t(G)$

NI+MAC 算法的密钥为一个压缩函数密钥 $K$,在输出变换中采用消息分组的异或和 $\Sigma$、链值的异或和 $\Theta$、末尾的链值 $H_m$ 组合作为压缩函数的输入:

$\Sigma \leftarrow M_1 \oplus M_2 \oplus \cdots \oplus M_m$

$H_{m+1} \leftarrow f_K(H_m \| \Sigma)$

$\Theta \leftarrow H_1 \oplus H_2 \oplus \cdots \oplus H_m$

$G \leftarrow f_K(\Theta \| 10^{v_1 - v_2 - 1} \| H_{m+1})$

$T \leftarrow \mathrm{msb}_t(G)$

其中,将 $v_2$ 比特链值 $H_{m+1}$ 作为压缩函数的 $v_1$ 比特的第一个输入时需要进行填充,填充方法为 $10^{v_1 - v_2 - 1} \| H_{m+1}$,记作 $\mathrm{Pad}'$。

NI-MAC 算法和 NI+MAC 算法分别如图 4-13 和图 4-14 所示。

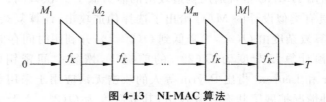

**图 4-13　NI-MAC 算法**

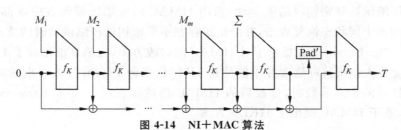

**图 4-14　NI+MAC 算法**

### 2. NI-MAC 和 NI＋MAC 算法的特点和安全性

NI-MAC 采用 MD 结构,利用具有不可伪造性的带密钥压缩函数构造具有不可伪造性的消息鉴别码算法,等价于采用固定输入长度的消息鉴别码(Fixed-Input-Length MAC,FIL-MAC)构造可变输入长度的消息鉴别码(Variable-Input-Length MAC,VIL-MAC)。相较于采用分组密码的消息鉴别码和采用杂凑函数的 HMAC 等算法,NI-MAC 降低了对底层模块的安全性需求。设计者同时考察了 CBC 和 Feistel 结构,论证了不能用类似的方法结合弱安全性的模块构造安全的消息鉴别码算法。

Gaži 等人优化了 NI-MAC 的安全性分析,将安全界从 $O(2^{l^2 q^2/2^v})$ 提升至 $O(2^{lq^2/2^v})$ [361]。NI＋MAC 采用消息分组异或和、链值异或和等构造输出变换,使得算法所需密钥量降为一个压缩函数密钥,并具有超越生日界的安全性。

## 4.5 采用泛杂凑函数的消息鉴别码

### 4.5.1 UMAC

UMAC 是一种采用带密钥泛杂凑函数的消息鉴别码算法,其中的泛杂凑函数族 NH 简化自 MMH 和 NMH[370],将消息和杂凑密钥视为整数序列并逐个计算乘积,取所有乘积之和作为函数的输出。Krovetz 等人对 UMAC 进行了修改和细化,保留了 NH 函数族,采用 Wegman-Carter 结构,用泛杂凑函数将任意长度的消息压缩到固定长度,用分组密码结合随机值生成密钥流,将杂凑结果与密钥流异或得到最终的 MAC。该算法在 2006 年颁布于 IETF RFC 4418,随后又被收录于 ISO/IEC 9797-3:2011。

#### 1. UMAC 算法描述

UMAC 算法的密钥为一个长度为 128 比特的密钥 $K$。临时值 $N$ 的长度为 8～128 比特。对于任意长度的消息 $M$(长度小于 $2^{67}$ 字节),使用填充方法 1,填充后的消息应包含整数个字节。标签 $T$ 的长度可以取 4、8、12 或 16 字节,即 $t=32,64,96,128$。当使用 AES-128 作为底层分组密码时,分组长度 $n=128$。

由于 UMAC 算法中以字节为计算单位,令 $\tau=t/8$ 表示标签的字节长度。

算法流程如下,其中体现层级的项目符号表示函数调用关系:
- 密钥预处理(密钥诱导):由主密钥 $K$ 生成 $K_H$ 和 $K_E$
  ◆ KDF:用主密钥 $K$ 以 CTR 模式生成杂凑密钥 $K_H$
  ◆ PDF:用主密钥 $K$ 加密临时值,生成加密密钥 $K_E$
- 消息杂凑:将消息压缩为 $H$
  ◆ L1-HASH:$A \leftarrow$ L1-HASH$(K_{H,1},M)$
    ■ 将消息串分割成 1024 字节的分组,分别经 NH 处理,将所有结果连接
    ■ ENDIAN-SWAP:在调用 NH 前调整字节顺序
    ■ NH:将每个(可能短于)1024 字节的分组压缩成 64 比特
  ◆ L2-HASH:$B \leftarrow$ L2-HASH$(K_{H,2},A)$
    ■ POLY:多项式构成的杂凑函数,将数据压缩小于 $2^{64}$(或 $2^{128}$)的数值
  ◆ L3-HASH:$C \leftarrow$ L3-HASH$(K_{H,3},K_{H,4},B)$

- 类似于 NH
- 加密
  - $T \leftarrow K_E \oplus H$

具体算法过程如下：

- 密钥预处理。

  令 $\tau^* \leftarrow t/32$。

  用 KDF 函数生成杂凑密钥：

  $K_1 \leftarrow \mathrm{KDF}(K, 1, 8064 + 4t)$

  $K_2 \leftarrow \mathrm{KDF}(K, 2, 6t)$

  $K_3 \leftarrow \mathrm{KDF}(K, 3, 16t)$

  $K_4 \leftarrow \mathrm{KDF}(K, 4, t)$

  $K_H \leftarrow (K_1, K_2, K_3, K_4)$

  用函数 PDF 生成加密密钥：

  $K_E \leftarrow \mathrm{PDF}(K, N, \tau)$

- 消息预处理。

  $\overline{M} \leftarrow \mathrm{Pad}_8(M)$

- 消息杂凑。

  令 $H_0 \leftarrow 0^{\nu 2}$

  对 $i = 1, 2, \cdots, \tau^*$，计算

  首先，生成用于消息杂凑操作的子密钥：

  $K_{1,i} \leftarrow K_1[16(i-1)+1..16(i-1)+1024]$

  $K_{2,i} \leftarrow K_2[24(i-1)+1..24i]$

  $K_{3,i} \leftarrow K_3[64(i-1)+1..64i]$

  $K_{4,i} \leftarrow K_4[4(i-1)+1..4i]$

  其次，进行第一层杂凑：

  $A_i \leftarrow \mathrm{L1\text{-}HASH}(K_{1,i}, \overline{M})$

  最后，根据消息长度 $|\overline{M}|$ 判断是否需要进行第二层杂凑：

  若 $|\overline{M}| \leqslant |K_{1,i}|$，则

  $B_i \leftarrow 0^{64} \parallel A_i$

  否则

  $B_i \leftarrow \mathrm{L2\text{-}HASH}(K_{2,i}, A_i)$

  $C_i \leftarrow \mathrm{L3\text{-}HASH}(K_{3,i}, K_{4,i}, B_i)$

  $H_i \leftarrow H_{i-1} \parallel C_i$

  （其中，$A_i$、$B_i$、$C_i$ 是第 $i$ 次迭代过程中 3 层杂凑操作的中间输出）

  输出 $H_{\tau^*}$。

- 终止化操作。

  $G \leftarrow K_E \oplus H_{\tau^*}$

  $T \leftarrow \mathrm{msb}_t(G)$

### 2. UMAC 算法的参数和函数

#### 1) 杂凑密钥诱导函数 KDF

杂凑密钥诱导函数 KDF 以主密钥 $K$ 和两个数值参数 $\lambda$ 和 $k_H$ 为输入,采用 CTR 加密模式生成杂凑密钥 $K_H$。其中,参数 $\lambda$ 用于区分计数器值,$k_H$ 为密钥流的比特长度,$\lambda$ 和 $k_H$ 为小于 $2^{67}$ 的非负整数,且是 8 的整数倍。具体定义如下:

对 $i = 1, 2, \cdots, \lceil k_H/n \rceil$,计算

$$\lambda_i = [\lambda]_{n-64} \parallel [i]_{64}$$

$$Y_i = E_K(\lambda_i)$$

$$Y \leftarrow Y_1 \parallel \cdots \parallel Y_{\lceil k^*/n \rceil}$$

$$K_H \leftarrow Y[1..k_H]$$

#### 2) 加密密钥诱导函数 PDF

加密密钥诱导函数 PDF 以主密钥 $K$、临时值 $N$、标签长度 $t$ 为输入,用分组密码加密临时值,生成加密密钥 $K_E$。其中,临时值 $N$ 的长度为 $8 \sim 128$ 比特,标签长度 $t = 32, 64, 96, 128$。

若 $t = 32$ 或 $64$,则

$$\theta \leftarrow \mathrm{Int}_b(N) \bmod n/t$$

$$N \leftarrow N \oplus [\theta]_{|N|}$$

$$N^* \leftarrow \mathrm{Pad}_n(N)$$

$$K' \leftarrow \mathrm{KDF}(K, 0, k)$$

$$Y \leftarrow E_{K'}(N^*)$$

若 $t = 32$ 或 $64$,则

$$K_E \leftarrow Y[\theta * t + 1 .. \theta * t + t]$$

否则

$$K_E \leftarrow Y[1..t]$$

输出 $K_E$

#### 3) 泛杂凑函数 NH

泛杂凑函数 NH 以固定长度的密钥 $K$ 和消息 $M$ 为输入,以 32 比特为基本单元,将密钥和消息进行模加、模乘运算,最终输出固定长度的比特串 $Y$。其中,$|K| = 8192$;$|M|$ 是 256 的倍数,且 $|M| \leqslant |K|$;$|Y| = 64$。

在计算过程中,每 256 比特的消息与相同长度的密钥共同计算。具体定义如下:

$$M_1 M_2 \cdots M_m \leftarrow_{256} M$$

$$K_1 K_2 \cdots K_m \leftarrow_{256} K[1..256m]$$

对 $i = 1, 2, \cdots, m$,计算

$$M_{i,1} M_{i,2} \cdots M_{i,8} \leftarrow_{32} M_i$$

$$K_{i,1} K_{i,2} \cdots K_{i,8} \leftarrow_{32} K_i$$

$$Y_{i,1} \leftarrow (M_{i,1} \boxplus_{32} K_{i,1}) *_{64} (M_{i,5} \boxplus_{32} K_{i,5})$$

$$Y_{i,2} \leftarrow (M_{i,2} \boxplus_{32} K_{i,2}) *_{64} (M_{i,6} \boxplus_{32} K_{i,6})$$

$$Y_{i,3} \leftarrow (M_{i,3} \boxplus_{32} K_{i,3}) *_{64} (M_{i,7} \boxplus_{32} K_{i,7})$$

$$Y_{i,4} \leftarrow (M_{i,4} \boxplus_{32} K_{i,4}) *_{64} (M_{i,8} \boxplus_{32} K_{i,8})$$

$$Y_i \leftarrow Y_{i,1} \boxplus_{64} Y_{i,2} \boxplus_{64} Y_{i,3} \boxplus_{64} Y_{i,4}$$

$$Y \leftarrow Y_1 \boxplus_{64} \cdots \boxplus_{64} Y_m$$

### 4）ENDIAN-SWAP 函数

ENDIAN-SWAP 函数的作用是交换字节串的排序，将字节串从按低位排序转换为按高位排序或反之。该函数的基本单元以长度为 4 字节的串 $X$ 为输入，输出相同长度的字节串 $Y$。

具体定义如下：

$$X_1 X_2 X_3 X_4 \leftarrow_8 X$$

$$Y \leftarrow X_4 X_3 X_2 X_1$$

在实现中，对于一般的字节串 $X$，该函数将输入划分成若干 4 字节的串进行操作。

### 5）POLY 函数

POLY 函数是一个多项式杂凑函数，用于第二层杂凑函数 L2-HASH。POLY 以数值参数 $\rho$ 和 $\theta$、密钥 $K$、消息 $M$ 为输入，采用整数加法、整数乘法对消息进行压缩，以一个小于 $p$ 的非负整数 $Y$ 为输出。其中，$\rho$ 为 POLY 函数的字长度，取值为整数 64 或 128；$\theta$ 表示字的最大取值范围，取值为小于 $2^\rho$ 的正整数；$p$ 为小于 $2^\rho$ 的最大素数；密钥 $K$ 为小于 $p$ 的非负整数；消息 $M$ 可划分为整数个字，即消息比特串的长度 $|M|$ 是 $\rho$ 的整数倍。

具体定义如下：

令 $p$ 为小于 $2^\rho$ 的最大素数。

$$M_1 M_2 \cdots M_m \leftarrow_\rho M$$

$$Y_0 \leftarrow 1$$

对 $i = 1, 2, \cdots, m$，根据 $M_i$ 的数值大小分两种情况：

若 $\text{int}_b(M_i) \geqslant \theta$，则

$$Y_{i-1}^* \leftarrow (K * Y_{i-1} + p - 1) \bmod p$$

$$Y_i \leftarrow (K * Y_{i-1}^* + \text{int}_b(M_i) + p - 2^\rho) \bmod p$$

否则

$$Y_i \leftarrow (K * Y_{i-1} + \text{int}_b(M_i)) \bmod p$$

$$Y \leftarrow Y_m$$

### 6）第一层杂凑函数 L1-HASH

第一层杂凑函数 L1-HASH 以密钥 $K$、消息 $M$ 为输入，将消息划分成长度为 1024 字节的单元，调用泛杂凑函数 NH 对每一个单元进行杂凑，将所有杂凑结果级联并输出。其中，密钥长度为 1024 字节，即 $|K| = 8192$；消息长度小于 $2^{67}$ 字节，即 $|M| \leqslant 2^{70}$；输出比特串 $Y$ 由 $\lceil |M|/8192 \rceil$ 个长度为 64 比特的分组组成，即 $|Y| = \lceil |M|/8192 \rceil \times 64$。

具体定义如下：

$$M_1 M_2 \cdots M_m \leftarrow_{8192} \text{Pad}_{8192}(M)$$

对 $i = 1, 2, \cdots, m-1$，计算

$$M_i^* \leftarrow \text{ENDIAN-SWAP}(M_i)$$

$$Y_i \leftarrow \text{NH}(K, M_i^*) \boxplus_{64} [M_i^*]_{64}$$

$$\overline{M_m} \leftarrow \text{Pad}_{256}(M_m)$$

$$M_m^* \leftarrow \text{ENDIAN-SWAP}(\overline{M_m})$$

$$Y_m \leftarrow \text{NH}(K, M_m^*) \boxplus_{64} [M_m]_{64}$$

$$Y \leftarrow Y_1 Y_2 \cdots Y_m$$

7）第二层杂凑函数 L2-HASH

第二层杂凑函数 L2-HASH 利用多项式杂凑函数 POLY 对第一层杂凑函数 L1-HASH 的输出再次进行杂凑，输出 128 比特的杂凑值。L2-HASH 函数以密钥 $K_1$、$K_2$ 和消息 $M$ 为输入，根据消息长度 $|M|$ 调用一次或两次 POLY 函数，最后输出比特串 $Y$。其中，密钥 $K_1$ 和 $K_2$ 长度分别为 8 字节和 16 字节，即 $|K_1|=64$，$|K_2|=128$；消息 $M$ 长度小于 $2^{64}$ 字节，即 $|M| \leqslant 2^{67}$；输出比特串 $Y$ 长度固定，$|Y|=128$。

POLY 函数使用一个 64 比特的掩码 $\Delta$：

$$\Delta \leftarrow \text{01FFFFFF 01FFFFFF}$$

具体定义如下：

$$K_1^* \leftarrow K_1 \wedge \Delta$$

$$K_2^* \leftarrow K_2 \wedge (\Delta \parallel \Delta)$$

若 $|M| \leqslant 2^{20}$，则

$$Y^* \leftarrow \text{POLY}(64, 2^{64}-2^{32}, K_1^*, M)$$

否则，令 $M_1 M_2 \leftarrow M$，其中 $M_1 \leftarrow \text{msb}_{2^{20}}(M)$，计算

$$Y_1^* \leftarrow \text{POLY}(64, 2^{64}-2^{32}, K_1^*, M_1)$$

$$Y^* \leftarrow \text{POLY}(128, 2^{128}-2^{96}, K_2^*, [Y_1^*]_{128} \parallel M_2 \parallel 10^{128-|M_2|-1})$$

$$Y \leftarrow [Y^*]_{128}$$

8）第三层杂凑函数 L3-HASH

第三层杂凑函数 L3-HASH 将第二层杂凑函数 L2-HASH 的输出（128 比特的杂凑值）再次进行杂凑，输出 32 比特的杂凑值。L3-HASH 函数以密钥 $K_1$、$K_2$ 和消息 $M$ 为输入，最后输出比特串 $Y$。其中，密钥 $K_1$ 和 $K_2$ 长度分别为 64 字节和 4 字节，即 $|K_1|=512$，$|K_2|=32$；消息 $M$ 长度为 16 字节，即 $|M|=128$；输出比特串 $Y$ 长度为 4 字节，$|Y|=32$。

具体定义如下：

首先，对 $K_1$ 和 $M$ 进行划分：

$$M_1 M_2 \cdots M_8 \leftarrow_{16} M$$

$$K_{1,1} K_{1,2} \cdots K_{1,8} \leftarrow_{64} K_1$$

其次，将比特串转化成整数。

对 $i=1,2,\cdots,8$，计算

$$m_i \leftarrow \text{int}_b(M_i)$$

$$k_i \leftarrow \text{int}_b(K_{1,i}) \bmod \text{prime}(36)$$

再次，进行内积杂凑：

$$y \leftarrow (m_1 * k_1 + m_2 * k_2 + \cdots + m_8 * k_8) \bmod \text{prime}(36)$$

最后，截取 32 比特做仿射变换：

$$Y^* \leftarrow [y \bmod 2^{32}]_{32}$$

$$Y \leftarrow Y^* \oplus K_2$$

### 3. UMAC 算法的特点和安全性

UMAC 算法的安全性主要依赖于 Wegman-Carter 结构的安全性以及底层泛杂凑函数 NH 的抗碰撞性。其中，NH 函数简化自 MMH 和 NMH，UMAC 算法的设计者认为其抗碰撞性可参考 MMH 和 NMH 的性质，并且证明了 Toeplitz 结构适用于 NH。

Krovetz 利用 NH 函数设计了泛杂凑函数 VHASH，并采用 Wegman-Carter 结构提出了适用于 64 比特处理器的 VMAC[371]。进一步，Lemire 和 Kaser 利用 CLMUL 指令集提出了 CLHASH，其在 64 位处理器上的运行速度较 VHASH 提高了 60%[372]。

### 4.5.2 Badger

Badger 是一种采用泛杂凑函数和伪随机生成器构造的消息鉴别码算法。Boesgaard 等人指出，UMAC 和 Poly1305-AES 在处理短消息时，由于初始化和输出变换的影响，导致算法效率较低。为此，他们设计了适宜处理短消息的 Badger 算法。

Badger 仍旧采用 Wegman-Carter 结构，但将其中的一次一密（One Time Password，OTP）替换为伪随机生成器（Pseudo-Random Generator，PRG）；并对初始设置进行了简化。在对消息进行压缩时，Badger 采用类树形（tree-like）结构，迭代调用底层泛杂凑函数对数据进行杂凑，直至将数据压缩到固定长度。除此之外，Boesgaard 等人对 NH 函数进行了修改，提出了增强的非线性杂凑函数 ENH。

#### 1. Badger 算法描述

Badger 算法的密钥为一个 128 比特密钥 $K$。临时值 $N$ 的长度为 128 比特。对于任意长度的消息 $M$（长度小于 $2^{61}-1$ 字节，比特长度是 8 的倍数），使用填充方法 1，填充后的消息应包含整数个 8 字节。标签 $T$ 的长度可以取 4、8、12、16 或 20 个字节，即 $t=32,64,96,128,160$。

算法流程如下，其中体现层级的项目符号表示函数调用关系：
- 密钥预处理（密钥诱导）：由主密钥 $K$ 生成 $K_H$ 和 $K_E$
  - 用主密钥 $K$ 结合 PRG 生成杂凑密钥 $K_H=(K^*,k)$
  - 用主密钥 $K$、临时值 $N$ 结合 PRG 生成加密密钥 $K_E$
- 消息杂凑：将消息压缩为 $H$
  - 分别用 $K_i^*$ 对 $M$ 以树形结构进行杂凑，得到 64 比特的杂凑值 $M^{(i)}$
    （所需 $K_i^*$ 的个数和对 $M$ 进行杂凑的次数由标签长度决定，为 $t/32$）
    - 将数据分割成 64 比特的分组，每两个分组经 ENH 函数压缩为一个分组，将所有结果连接得到新的数据串；迭代执行该杂凑过程，直到最终数据串的长度为一个 64 比特的分组
    - ENH：将两个 64 比特的分组压缩成一个 64 比特的分组
  - 分别用 $k_i$ 对 $M^{(i)}$ 进行杂凑，得到 32 比特的杂凑值 $H^{(i)}$
- 加密
  - $T \leftarrow K_E \oplus H$

具体算法过程如下：
（1）密钥预处理。

① 用 PRG 生成杂凑密钥 $K_H = (\boldsymbol{K}^*, \boldsymbol{k})$。其中,$\boldsymbol{K}^*$ 为 $58\tau^*$ 个 32 比特串组成的矩阵,$\boldsymbol{k}$ 为 $6\tau^*$ 个小于 prime(32) 的整数组成的矩阵。

先用算法密钥初始化伪随机生成器 PRG:

PRG_Init$(K, 1^{128})$

令 $\tau^* \leftarrow t/32$,计数参数 $\omega \leftarrow 0$

对 $j \leftarrow 1, 2, \cdots, 6, i \leftarrow 1, 2, \cdots, \tau^*$,计算

    $k_{j,i} \leftarrow \mathrm{int}_B(\mathrm{PRG\_Next}(32))$

    $\omega \leftarrow \omega + 1$

对 $j \leftarrow 1, 2, \cdots, 6, i \leftarrow 1, 2, \cdots, \tau^*$

    若 $k_{j,i} \geqslant \mathrm{prime}(32)$,则

        $k_{j,i} \leftarrow \mathrm{int}_B(\mathrm{PRG\_Next}(32))$

        $\omega \leftarrow \omega + 1$

    若 $\omega \bmod 4 \neq 0$,则

    抛弃 PRG_Next(32);

    $\omega \leftarrow \omega + 1$

对 $j \leftarrow 1, 2, \cdots, 64 - 6, i \leftarrow 1, 2, \cdots, \tau^*$,计算

    $K^*_{j,i} \leftarrow \mathrm{int}_B(\mathrm{PRG\_Next}(64))$

② 用 PRG 生成加密密钥。

用算法密钥和临时值重新初始化伪随机生成器 PRG:

PRG_Init$(K, N)$

$K_E \leftarrow \mathrm{PRG\_Next}(t)$

(2) 消息杂凑。

首先,计算对 $M$ 进行树形迭代杂凑所需的层数:

$\theta \leftarrow \max\{1, \lceil \log_2 |M| - 6 \rceil\}$

注意,由于 $|M| \leqslant 2^{64} - 8$,应有 $\theta \leqslant 58$。

其次,分别用 $K^*_i = (K^*_{1,i}, K^*_{2,i}, \cdots, K^*_{\theta,i})$ 对 $M$ 以树形结构进行杂凑,获得 $\tau^*$ 个 64 比特的杂凑值 $M^{(i)}_\theta$,其中 $i = 1, 2, \cdots, \tau^*$。

对 $i \leftarrow 1, 2, \cdots, \tau^*$

    令 $M^{(i)}_0 \leftarrow M$

    对 $j \leftarrow 1, 2, \cdots, \theta$,计算

        $M^{(i)}_{j-1,1} M^{(i)}_{j-1,2}, \cdots M^{(i)}_{j-1,m} \leftarrow_{64} \mathrm{Pad}(M^{(i)}_{j-1})$,其中 $m \leftarrow |M^{(i)}_{j-1}|/64$

        若 $m$ 为偶数,则

            $M^{(i)}_j \leftarrow \mathrm{ENH}(K^*_{j,i}, M^{(i)}_{j-1,1}, M^{(i)}_{j-1,2}) \| \cdots \| \mathrm{ENH}(K^*_{j,i}, M^{(i)}_{j-1,m-1}, M^{(i)}_{j-1,m})$

        若 $m$ 为奇数,则

            $M^{(i)}_j \leftarrow M^{(i)}_{j-1,1} \| \mathrm{ENH}(K^*_{j,i}, M^{(i)}_{j-1,2}, M^{(i)}_{j-1,3}) \| \cdots \|$

                $\mathrm{ENH}(K^*_{j,i}, M^{(i)}_{j-1,m-1}, M^{(i)}_{j-1,m})$

(若 $|M| = 0$,则令 $M^{(1)}_\theta = M^{(2)}_\theta = \cdots = M^{(\tau^*)}_\theta = 0^{64}$。)

再次,分别用 $k_i = (k_{1,i}, k_{2,i}, \cdots, k_{6,i})$ 对 $M^{(i)}_\theta \in \{M^{(1)}_\theta, M^{(2)}_\theta, \cdots, M^{(\tau^*)}_\theta\}$ 进行杂凑。

对 $i \leftarrow 1, 2, \cdots, \tau^*$

令 $M^{*(i)} \leftarrow 0^7 \parallel \mid M \mid \parallel M_\theta^{(i)}$

$M_1^{*(i)} \parallel \cdots \parallel M_5^{*(i)} \leftarrow_{27} M^{*(i)}$

对 $j \leftarrow 1, 2, \cdots, 5$

         $m_j^{*(i)} \leftarrow \mathrm{int}_B(\mathrm{Pad}_{32}(M_j^{*(i)}))$

$m^{*(i)} \leftarrow ((m_5^{*(i)} k_{1,i}) + (m_4^{*(i)} k_{2,i}) + \cdots + (m_1^{*(i)} k_{5,i}) + k_{6,i}) \bmod \mathrm{prime}(32)$

$H^{(i)} \leftarrow [m^{*(i)}]_{32}$

$H \leftarrow H^{(\tau^*)} \parallel \cdots \parallel H^{(1)}$

（3）终止化操作：

$T \leftarrow K_E \oplus H$

## 2. Badger 算法的参数和函数

### 1）泛杂凑函数 ENH

泛杂凑函数 ENH 以固定长度的密钥 $K$ 和消息 $M_L$、$M_R$ 为输入，以 32 比特为基本单元，对密钥和消息进行模加、模乘运算，最终输出固定长度的比特串 $Y$。其中，$|K| = 64$，$|M_L| = |M_R| = 64$，$|Y| = 64$。

ENH 的具体定义如下：

首先，对输入进行划分，并转换为整数：

$K_1 K_2 \leftarrow_{32} K$

$M_{R,1} M_{R,2} \leftarrow_{32} M_R$

$k_1 \leftarrow \mathrm{int}_b(K_1)$

$k_2 \leftarrow \mathrm{int}_b(K_2)$

$m_0 \leftarrow \mathrm{int}_b(M_L)$

$m_1 \leftarrow \mathrm{int}_b(M_{R,1})$

$m_2 \leftarrow \mathrm{int}_b(M_{R,2})$

其次，计算

$y_1 \leftarrow (m_1 + k_1) \bmod 2^{32}$

$y_2 \leftarrow (m_2 + k_2) \bmod 2^{32}$

$y \leftarrow (y_1 y_2 + m_0) \bmod 2^{64}$

最后，将结果转换为比特串：

$Y \leftarrow [y]_{64}$

### 2）伪随机生成器 PRG

伪随机生成器 PRG 用于 Badger 的密钥预处理，要求 PRG 具有接口 PRG_Init 和 PRG_Next：

- PRG_Init$(K, N)$：使用密钥 $K$ 和临时值 $N$ 将 PRG 内部状态初始化。
- PRG_Next$(n)$：从 PRG 产生下一组长度为 $n$ 的输出。

Badger 对 PRG 的具体设计未作规定。

## 3. Badger 算法的特点和安全性

Badger 算法的主要特点是采用类树形结构对消息数据逐层进行杂凑，将任意长度的消息 $|M|$ 经过 $\max\{1, \lceil \log_2 |M| \rceil - 6\}$ 层迭代杂凑为固定长度的数据。若需要更大的 MAC

值,则需要采用不同的杂凑密钥重复进行 $t/32$ 次杂凑过程。Badger 特别考虑了短消息的处理效率以及 IPSec 和 TLS 的具体应用。Badger 的安全性依赖于 Wegman-Carter 结构的安全性,其中的 OTP 被替换为 PRG。

### 4.5.3　Poly1305

Poly1305 是由 Bernstein 提出的一种采用泛杂凑函数和分组密码构造的消息鉴别码算法,采用 Wegman-Carter 结构,以多项式杂凑为基础,杂凑部分用整数乘、整数加以及模加运算将消息和杂凑密钥组合,加密部分则利用分组密码结合临时值生成密钥流。Bernstein 提出的 Poly1305 采用分组密码 AES,称为 Poly1305-AES。

#### 1. Poly1305 算法描述

Poly1305 算法的密钥为一个长度为 256 比特的密钥 $K$。临时值 $N$ 的长度为 128 比特。对于任意长度的消息 $M$(字节长度任意,比特长度是 8 的倍数)。标签 $T$ 的长度为 128 比特。

密钥 $K$ 应具有特殊的格式,即其中 22 比特设为 0,包括:

$$K[25..28]=K[57..60]=K[89..92]=K[121..124]=0000$$
$$K[39,40]=K[71,72]=K[103,104]=00$$

具体算法过程如下:

(1) 密钥预处理。

将主密钥直接分割为杂凑密钥和加密密钥:

$$K_H \parallel K_E \leftarrow_{128} K$$

(2) 消息预处理:

$$M_1 M_2 \cdots M_m \leftarrow_{128} M$$

对 $i \leftarrow 1, 2, \cdots, m-1$,

$$x_i \leftarrow \text{int}_B(M_i) + 2^{128}$$

依据 $M_m$ 的长度是否为 128 比特分两种情况:

若 $|M_m|=128$,则

$$x_m \leftarrow \text{int}_B(M_m) + 2^{128}$$

若 $|M_m|<128$,则

$$x_m \leftarrow \text{int}_B(M_m) + 2^{|M_m|}$$

(3) 消息杂凑:

$$k_H \leftarrow \text{int}_B(K_H)$$
$$h' \leftarrow (x_1 k_H^m + x_2 k_H^{m-1} + \cdots + x_m k_H^1) \bmod \text{prime}(130)$$
$$h \leftarrow h' \bmod 2^{128}$$

(4) 终止化操作:

$$S \leftarrow E_{K_E}(N)$$
$$s \leftarrow \text{int}_B(S)$$
$$g \leftarrow (h+s) \bmod 2^{128}$$
$$T \leftarrow [g]_{128}$$

### 2. Poly1305 算法的特点和安全性

Poly1305 算法采用多项式杂凑函数,杂凑密钥简单而无须进行密钥诱导,适用于任意长度的(整数字节的)消息。相较于其他采用泛杂凑函数的算法,Poly1305 具有更广泛的适用性,算法描述也更为简洁。Bernstein 分析了 Poly1305-AES 的安全性,指出算法的安全界为 $14q\sigma/2^{106}$,其中 $q$ 为伪造的次数,$\sigma$ 为询问消息的(长度为 128 比特的)分组数。Procter 和 Cid 利用多项式根的特性,对包含 Poly1305 和 GMAC 等在内的采用多项式杂凑函数的消息鉴别码算法进行了分析,指出此类算法存在弱密钥[373]。

## 4.5.4  GMAC

基于分组密码与泛杂凑函数,McGrew 和 Viega 设计了带关联数据的认证加密算法 GCM。在没有需要加密的消息时,GCM 退化为一个消息鉴别码算法,称为 GMAC。GMAC 正式发布于 2007 年 NIST 颁布的标准 SP800-38D,该标准同时规定了认证加密算法 GCM;此后 GMAC 作为采用泛杂凑函数的消息鉴别码算法被收录进国际标准 ISO/IEC 9797-3:2011。

GMAC 算法的主体为有限域 GF($2^{128}$)上的多项式杂凑函数 GHASH,杂凑密钥由主密钥下的分组密码加密零分组得到。限定分组密码的分组长度为 128 比特,分组密码密钥即 GMAC 算法密钥。GMAC 支持任意长度的临时值。对于需要保护的不同消息,要求临时值互不相同。

### 1. GMAC 算法描述

GMAC 算法采用一个 128 比特的分组密码算法。GMAC 算法的密钥即为分组密码密钥 $K$,密钥长度由分组密码算法决定。临时值 $N$ 的长度任意。对于任意长度的消息 $M$(长度小于 $2^{64}$ 个分组,比特长度是 8 的倍数)。标签 $T$ 的比特长度 $t$ 是 8 的倍数,且满足 $64 \leqslant t \leqslant 128$。$\varepsilon$ 表示空串。

具体算法过程如下:

(1) 密钥预处理。

利用主密钥生成杂凑密钥:

$K_\mathrm{H} \leftarrow E_K(0^{128})$

(2) 消息杂凑:

$S \leftarrow \mathrm{GHASH}(K_\mathrm{H}, M, \varepsilon)$

(3) 终止化操作。

根据 $|N|$ 分为两种情况:

若 $|N| = 96$,则

    $N^* \leftarrow N \parallel 0^{31}1$

若 $|N| \neq 96$,则

    $N^* \leftarrow \mathrm{GHASH}(K_\mathrm{H}, \varepsilon, N)$

$G \leftarrow S \oplus E_K(N^*)$

$T \leftarrow \mathrm{msb}_t(G)$

其中,多项式杂凑函数 GHASH 以 128 比特的杂凑密钥 $H$、消息 $X$ 和 $Y$ 为输入,递归地将杂凑密钥以乘法的形式逐个分组与消息结合并求和,最终输出一个 128 比特的分组 $S^*$。其中,消息填充采用填充方法 1。

具体定义如下:

$$X_1 X_2 \cdots X_x \leftarrow_{128} \mathrm{Pad}_{128}(X)$$

$$Y_1 Y_2 \cdots Y_y \leftarrow_{128} \mathrm{Pad}_{128}(Y)$$

令 $S_0 \leftarrow 0^{128}$

对 $i \leftarrow 1, 2, \cdots, x$,计算

$\quad S_i \leftarrow (S_{i-1} \oplus X_i) \cdot H$(若 $x=0$,则略过此步骤)

对 $i \leftarrow 1, 2, \cdots, y$,计算

$\quad S_{x+i} \leftarrow (S_{x+i-1} \oplus Y_i) \cdot H$(若 $y=0$,则略过此步骤)

$$S^* \leftarrow (S_{x+y} \oplus (\lceil |X| \rfloor_{64} \| \lceil |Y| \rfloor_{64})) \cdot H$$

等价地,

$$S^* \leftarrow X_1 \cdot H^{x+y+1} \oplus \cdots \oplus X_x \cdot H^{y+2} \oplus Y_1 \cdot H^{y+1} \oplus \cdots \oplus Y_y \cdot H^2$$
$$\oplus (\lceil |X| \rfloor_{64} \| \lceil |Y| \rfloor_{64}) \cdot H$$

**2. GMAC 算法的特点和安全性**

GMAC 算法采用分组密码生成杂凑密钥,以多项式杂凑函数对消息进行杂凑,算法形式简洁。在实际应用中,GMAC 可以作为认证加密算法 GCM 在加密消息为空时的特例,由用户灵活选择使用认证或认证加密的功能,而无须分别实现两个不同的算法。

GMAC 算法的安全性基于其采用的分组密码和多项式杂凑函数的安全性。McGrew 和 Viega 认为 GMAC 算法的安全性主要基于分组密码等价于伪随机置换的特性,并从可证明安全角度给出了 GCM 的安全界[374]。Iwata 等人修正了算法的安全界,指出当临时值的长度限定为 96 比特时,GCM 算法的安全性最高[375]。

鉴于多项式杂凑函数的特性,Saarinen 指出 GCM 存在比预期更大的弱密钥集合[376]。Procter 和 Cid 则直接利用多项式杂凑函数的性质,针对采用此类函数的算法给出了由多项式根构成的弱密钥集合以及相应的攻击[373]。当 GCM 使用短标签时,Ferguson 指出 GCM 算法以较高概率存在伪造攻击[377]。2006 年,Joux 在临时值重用的假设下给出了 GCM 算法的密钥恢复攻击[378]。随后,Handschuh 和 Preneel 利用弱密钥对 Joux 的攻击进行了扩展[379]。Abdelraheem 等人基于 Procter 和 Cid 的分析,采用扭型多项式评估了 GCM 算法的安全性[380]。

## 4.6　直接设计的消息鉴别码

### 4.6.1　SipHash

SipHash 的结构类似于海绵结构,将 128 比特的密钥扩展为 256 比特(即 4 个 64 比特)的状态,采用轮函数 SipRound 进行迭代更新,轮函数 SipRound 采用模加、循环移位和异或运算。消息被划分为 64 比特的分组,分两次异或到状态的不同位置。最终状态的 4 个 64 比特的子状态异或求和,得到 64 比特的消息鉴别码。相较于采用泛杂凑函数的消息鉴别码算法,SipHash 的设计更为简洁,在处理短消息时速度更快。

**1. SipHash 算法描述**

SipHash 算法的密钥为一个 128 比特的密钥 $K$。对于长度为 $b$ 字节的消息 $M$，填充后的消息为 $\lceil(b+1)/8\rceil$ 个 64 比特分组，填充方法为 $M \parallel 0^{(-|M|-8)\bmod 64} \parallel [b\bmod 256]_8$。标签 $T$ 的长度为 64 比特。

具体算法过程如下：

（1）密钥预处理：

$K_1 K_2 \leftarrow_{64} K$

$S_{0,1} \leftarrow K_1 \oplus 736F6D6570736575$

$S_{0,2} \leftarrow K_2 \oplus 646F72616E646F6D$

$S_{0,3} \leftarrow K_1 \oplus 6C7967656E657261$

$S_{0,4} \leftarrow K_2 \oplus 7465646279746573$

（2）消息杂凑：

$M_1 M_2 \cdots M_m \leftarrow_{64} \mathrm{Pad}_{64}(M)$

对 $i \leftarrow 1,2,\cdots,m$，计算

$\qquad M_i^* \leftarrow \text{ENDIAN-SWAP}(M_i)$

$\qquad S_{i-1,4}^* \leftarrow S_{i-1,4} \oplus M_i^*$

$\qquad (S_{i,1}^*, S_{i,2}, S_{i,3}, S_{i,4}) \leftarrow \text{SipRound}^r(S_{i-1,1}, S_{i-1,2}, S_{i-1,3}, S_{i-1,4}^*)$

$\qquad S_{i,1} \leftarrow S_{i,1}^* \oplus M_i$

$S_{m,3}^* \leftarrow S_{m,3} \oplus 00000000000000FF$

$(S_{m+1,1}, S_{m+1,2}, S_{m+1,3}, S_{m+1,4}) \leftarrow \text{SipRound}^{r*}(S_{m,1}, S_{m,2}, S_{m,3}^*, S_{m,4})$

（3）终止化操作：

$T \leftarrow S_{m+1,1} \oplus S_{m+1,2} \oplus S_{m+1,3} \oplus S_{m+1,4}$

SipHash 算法如图 4-15 所示。

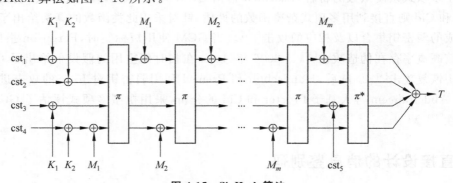

**图 4-15　SipHash 算法**

**2. SipHash 算法的参数和函数**

SipHash 算法的参数和函数定义如下。

**1）轮函数 SipRound**

轮函数 SipRound 采用模 $2^{32}$ 加、循环移位、异或运算等基本操作，如图 4-16 所示。256 比特输入 $X$ 被划分为 4 个 64 比特 $X=(x_1,x_2,x_3,x_4)$，经 SipRound 后输出 256 比特 $Y=$

$(y_1,y_2,y_3,y_4)$。

$$x_1 \leftarrow x_1 + x_2, \quad x_3 \leftarrow x_3 + x_4$$
$$x_2 \leftarrow x_2 \lll 13, \quad x_4 \leftarrow x_4 \lll 16$$
$$x_2 \leftarrow x_2 + x_1, \quad x_4 \leftarrow x_4 + x_3$$
$$x_1 \leftarrow x_1 \lll 32$$
$$x_3 \leftarrow x_3 + x_2, \quad x_1 \leftarrow x_1 + x_4$$
$$x_2 \leftarrow x_2 \lll 17, \quad x_4 \leftarrow x_4 \lll 21$$
$$x_2 \leftarrow x_2 + x_3, \quad x_4 \leftarrow x_4 + x_1$$
$$x_3 \leftarrow x_3 \lll 32$$
$$y_1 \leftarrow x_1, \quad\quad y_2 \leftarrow x_2$$
$$y_3 \leftarrow x_3, \quad\quad y_4 \leftarrow x_4$$

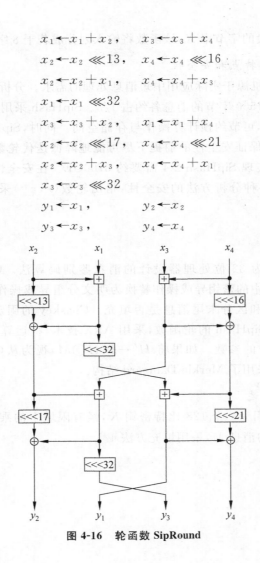

图 4-16　轮函数 SipRound

2）置换 $\pi$

SipHash 的置换 $\pi$ 由轮函数 SipRound 迭代得到。即 $\pi = \text{SipRound}^r$，其中 $r$ 为迭代轮数。在 SipHash 算法的消息杂凑和终止化操作阶段，所使用的迭代轮数分别为 $r$ 和 $r^*$。记 SipHash-$r$-$r^*$ 为采用轮数 $(r,r^*)$ 的算法实例。考虑安全性需求，取值要求满足 $r \geqslant 2$ 和 $r^* \geqslant 4$。SipHash 算法的设计者推荐 $(r,r^*)$ 选取 $(2,4)$，并建议在高安全需求环境下选取 $(4,8)$。

3）ENDIAN-SWAP 函数

ENDIAN-SWAP 函数的作用是交换字节串的排序，将字节串从按低位排序转换为按高位排序或反之。该函数的基本单元以长度为 8 字节的串 $X$ 为输入，输出相同长度的字节串 $Y$。其中，要求 $|X|$ 是 32 的倍数。

具体定义如下：

$$X_1 X_2 \cdots X_8 \leftarrow_8 X$$

$$Y \leftarrow X_8 \cdots X_2 X_1$$

在实现中,对于一般的字节串 $X$,该函数将输入划分成若干 8 字节的串进行操作。

**3. SipHash 算法的特点和安全性**

SipHash 的设计动机源于实际应用中短消息处理的需求。分析报告显示互联网上长度为 43 字节、256 字节和 1500 字节的消息各约占 1/3。SipHash 采用 128 比特的密钥、256 比特的状态和迭代型结构,可节约预计算操作与存储空间。同时,SipHash 采用 ARX 技术设计轮函数 SipRound,在保证安全性的前提下尽可能地降低迭代轮数,以提升计算效率。采用紧致的硬件架构时,实现 SipHash-2-4 需要约 3700GE。在安全性方面,SipHash 设计者初步评估了该算法对各种分析方法的安全性,指出轮数 $(r, r^*)$ 采用 $(2,4)$ 可保证算法安全性。

## 4.6.2   Chaskey

Chaskey 是一种专为 32 位处理器设计的消息鉴别码算法。Chaskey 类似于多轮的 Even-Mansour 结构,其中的密钥异或操作替换为明文分组异或操作,算法密钥及诱导密钥分别被用于链值初始化和区分末尾消息是否填充。Chaskey 的固定置换 $\pi$ 为 8 轮迭代结构,轮函数设计借鉴了 SipHash 的轮函数,采用 ARX 技术,将运算单位由 64 比特减为 32 比特,并修改了循环移位的参数。如果将 $H' \leftarrow \pi(H \oplus M)$ 视为从 $(H, M)$ 到 $H'$ 的压缩函数,则可认为 Chaskey 采用了 Merkle-Damgård 结构。

**1. Chaskey 算法描述**

Chaskey 算法的密钥为一个 128 比特密钥 $K$,经有限域上的乘法诱导得到子密钥 $K_1$ 和 $K_2$。对于任意长度的消息 $M$,采用填充方法 4。

具体算法过程如下:

(1) 密钥预处理:

$$K_1 \leftarrow 2K$$

$$K_2 \leftarrow 2K_1$$

(2) 消息杂凑:

$$M_1 M_2 \cdots M_m \leftarrow_{128} M$$

$$H_0 \leftarrow K$$

对 $i \leftarrow 1, 2, \cdots, m-1$,计算

$$H_i \leftarrow \pi(H_{i-1} \oplus M_i)$$

根据 $|M_m|$ 分为两种情况:

若 $|M_m| = 128$,则

$$H_m \leftarrow \pi(H_{m-1} \oplus M_m \oplus K_1) \oplus K_1$$

若 $|M_m| < 128$,则

$$H_m \leftarrow \pi(H_{m-1} \oplus \mathrm{Pad}_{128}(M_m) \oplus K_2) \oplus K_2$$

(3) 终止化操作:

$$T \leftarrow \mathrm{lsb}_t(H_m)$$

Chaskey 算法如图 4-17 所示。

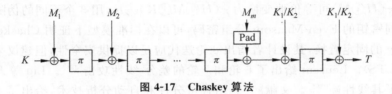

图 4-17  Chaskey 算法

固定置换 $\pi$ 采用 8 轮迭代结构，128 比特输入被划分为 4 个 32 比特，经变换后输出 128 比特状态。固定置换 $\pi$ 的轮函数如图 4-18 所示。128 比特输入 $X$ 被划分为 4 个 32 比特 $X=(x_1,x_2,x_3,x_4)$，输出 128 比特 $Y=(y_1,y_2,y_3,y_4)$。具体如下：

$$x_1 \leftarrow x_1+x_2, \quad x_3 \leftarrow x_3+x_4$$
$$x_2 \leftarrow x_2 \lll 5, \quad x_4 \leftarrow x_4 \lll 8$$
$$x_2 \leftarrow x_2+x_1, \quad x_4 \leftarrow x_4+x_3$$
$$x_1 \leftarrow x_1 \lll 16$$
$$x_3 \leftarrow x_3+x_2, \quad x_1 \leftarrow x_1+x_4$$
$$x_2 \leftarrow x_2 \lll 7, \quad x_4 \leftarrow x_4 \lll 13$$
$$x_2 \leftarrow x_2+x_3, \quad x_4 \leftarrow x_4+x_1$$
$$x_3 \leftarrow x_3 \lll 16$$
$$y_1 \leftarrow x_1, \quad y_2 \leftarrow x_2$$
$$y_3 \leftarrow x_3, \quad y_4 \leftarrow x_4$$

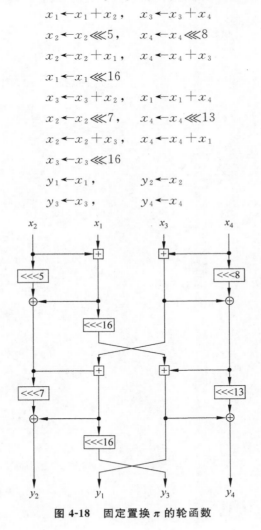

图 4-18  固定置换 $\pi$ 的轮函数

### 2. Chaskey 算法的特点和安全性

Chaskey 算法适用于 32 位处理器，在 ARM Cortex-M3/M4 和 ARM Cortex-M0 上，Chaskey 的实现速度快于采用分组密码 AES-128 的 CMAC。Chaskey 的设计者指出，该算

法中的置换 $\pi(H \oplus M)$ 可等价地变换为 $\pi(H \oplus M \oplus K) \oplus K$，用 3 个不同的伪随机置换代替采用 3 个不同密钥的 Even-Mansour 分组密码，可以在标准模型下证明 Chaskey 的安全性。对于 Chaskey 的固定置换，其设计者指出 8 轮迭代应足以提供安全性，但建议采用 16 轮（称为 Chaskey-LTS）。Leurent 给出了 6 轮和 7 轮的差分-线性攻击[381]。Liu 等人采用自动分析技术搜索了其线性迹[382]。文献[158]结合可分性和自动分析技术，给出了 4 轮 Chaskey 的积分区分器。

# 第 5 章 认证加密算法

## 5.1 概述

### 5.1.1 认证加密算法一般性设计原理

认证加密算法是能够同时保护数据机密性、完整性以及进行数据源认证的对称密码算法。早期的认证加密算法多采用组合方式设计,主要的组合方式有先加密后认证(Encrypt-then-MAC,EtM)、先认证后加密(MAC-then-Encrypt,MtE)和加密并认证(Encrypt-and-MAC,E&M)。这 3 种构造方式的优势在于通用性,适用于常见的加密算法和认证算法,但其没有令人信服的安全性[383,384]。Bellare 等人分析了 3 种组合认证加密方案(EtM、MtE、E&M)的安全性,并正式提出了认证加密(Authenticated Encryption,AE)的概念[385]。带有关联数据的认证加密(Authenticated Encryption with Associated Data,AEAD)[386]是认证加密的一种扩展,在为明文数据提供机密性和完整性双重保护的同时,为关联数据提供完整性保护。AEAD 的加密算法以密钥 $K$、临时值 $N$、关联数据 $A$ 和明文 $M$ 为输入,输出密文 $C$ 和标签 $T$;解密算法以密钥 $K$、临时值 $N$、关联数据 $A$、密文 $C$ 和标签 $T$ 为输入,输出明文 $M$ 或者符号 $\perp$(意味着完整性验证没有通过)。AEAD 的典型应用是各种网络协议,协议报头等信息仅需要完整性保护而不需要机密性保护。

目前的认证加密算法基本上都是 AEAD,可以归为两类,一类是分组密码工作模式,另一类是直接设计的认证加密算法。分组密码工作模式类的认证加密算法又称分组密码认证加密工作模式,此类认证加密算法以黑盒方式调用分组密码,优点是可以方便地替换底层分组密码,比较典型的算法有 OCB、GCM、CCM、EAX 等[387-389]。这方面的研究始于十几年前 NIST 对 AES 征集认证加密工作模式。国际标准化组织和 NIST 都颁布了相关标准,收录了 OCB 2.0、Key Wrap、CCM、EAX、Encrypt-then-MAC、GCM 共 6 种认证加密模式[390],这 6 种模式包含了不同的设计理念和对应用需求的考量,是目前具有代表性和影响力的认证加密算法。

分组密码认证加密工作模式一般分为 One-pass 和 Two-pass 两类。Two-pass 的算法需要对明文进行两次处理,比如 CCM;One-pass 的算法只需要对每个明文分组进行一次处理,比如 OCB。OCB 是最经典的分组密码认证加密工作模式,其设计理念影响了许多认证加密算法。OCB 经历了 OCB1、OCB2 和 OCB3 多个版本,在掩码生成方式等方面不断优化,在安全性证明方面不断改进。如果底层可调分组密码是理想的,则 OCB3 是具有完美保密性的依赖临时值的认证加密算法[391]。

可调分组密码是一个函数 $\widetilde{E}:\{0,1\}^k \times \{0,1\}^w \times \{0,1\}^n \rightarrow \{0,1\}^n$,对于任意的密钥 $K \in \{0,1\}^k$ 和调柄 $W \in \{0,1\}^w$,$\widetilde{E}(K,W,\cdot)$ 是 $\{0,1\}^n$ 上的一个置换,通常记为 $\widetilde{E}_K(W,\cdot)$ 或者 $\widetilde{E}_K^W$。可调分组密码是一族分组密码,利用公开参数调柄实现分组密码可变性。和一

般的分组密码相比,可调分组密码多了一个调柄输入,调柄是不需要保密的公开值,意味着即使对手控制了调柄,可调分组密码仍然保持安全性。类似伪随机置换和强伪随机置换,文献[392]定义了伪随机可调置换和强伪随机可调置换以及安全可调分组密码和强安全可调分组密码。

一些分组密码的密钥扩展算法比较复杂,更改密钥需要执行密钥扩展算法。调柄的作用主要是为分组密码提供可变性,因此,可调分组密码应该具有更改调柄比更新密钥代价小的属性。基于分组密码 $E$,有如下两种构造可调分组密码的通用方法,分别称作 XE、XEX框架:

(1) $\widetilde{E}_K(W,M)=E_K(W\oplus E_K(M))$。

(2) $\widetilde{E}_{K,h}(W,M)=E_K(M\oplus h(W))\oplus h(W)$。

假设 $E$ 是安全分组密码,则第一种方法构造的可调分组密码是安全的;进一步假定 $h$ 是 $\varepsilon\text{-AXU}_2$ 泛杂凑函数(即,对于所有满足 $x\neq y$ 的 $x$、$y$、$z$ 都有 $\mathrm{Pr}_h(h(x)\oplus h(y)=z)\leqslant\varepsilon$ 成立),则第二种方法可以构造强安全的可调分组密码。第一种构造方法更改调柄很容易,但是需要调用两次分组密码;第二种构造方法只需调用一次分组密码,比第一种构造方法更有效。

可调分组密码的引入使得设计认证加密算法更容易,证明更简洁,可调分组密码已经成为认证加密算法的一种底层模块。TAE 是一个基于可调分组密码的认证加密工作模式,OCB 可以看成 TAE 的一个实例,其中的可调分组密码可以看成是在 XEX 框架下利用分组密码构造的。利用 XEX 框架构造的可调分组密码不是理想的,仅提供生日攻击安全性,因此 OCB 仅提供生日界安全。当临时值 $N$ 重用时,OCB 不安全,因此 OCB 是依赖临时值的认证加密算法。与 OCB 不同,SIV 是抵抗临时值重用的认证加密算法[393]。SIV 基于一个加密方案 $E$ 和一个伪随机函数 $F$,首先计算标签 $T=F(K_1,N\parallel M)$,然后计算密文 $C=E(K_2,T,M)$,标签 $T$ 作为加密的临时值使用。SIV 是 Two-pass 的认证加密算法,而且需要两个密钥。RFC 5297 给出 SIV 的一个实例,其中,加密方案 $E$ 采用 AES-CTR,伪随机函数 $F$ 采用 CMAC-AES。

直接设计的认证加密算法是从底层模块直接设计的,而且分组密码不再是底层模块的唯一选择,基于伪随机置换、伪随机函数、压缩函数等构建的认证加密算法被陆续提出,其中基于置换的 AEAD 结构多来源于海绵结构。海绵结构采用固定置换作为底层模块,以先吸收再榨取的方式处理消息,是目前杂凑函数设计中备受青睐的一种结构。Bertoni 等人将海绵结构中的吸收与榨取阶段结合,形成边吸收边榨取的 Duplex 结构[394]。如图 5-1 所示,

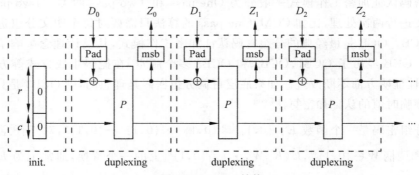

**图 5-1　Duplex 结构**

Duplex 结构由初始化(init.)和迭代(duplexing)组成。其中,$P$ 是固定长度的置换;Pad 是消息的填充方式;$r$ 和 $c$ 是两个参数,分别称为比率和容量;输出 $Z$ 可用作加密的密钥流或认证的标签。

Duplex 结构可以用于处理各种长度的密钥、关联数据、消息等,具有极强的灵活性。底层固定置换无须进行逆向调用,具有较好的实现性能。基于 Duplex 结构,Bertoni 等人提出了认证加密算法的 MonkeyDuplex 结构[395],如图 5-2 所示。MonkeyDuplex 结构相对于 Duplex 结构的差异在于:密钥吸入的状态由外部状态扩展到整个状态;增强初始化过程,对吸入密钥的状态进行一次置换;降低 duplexing 模块中置换的迭代轮数。MonkeyDuplex 结构可以使用不同的底层模块。如果采用迭代型置换,初始化和末尾置换的迭代轮数通常大于 duplexing 模块的迭代轮数。如果密钥长度为 $k$ 比特,置换状态为 $b$ 比特,容量为 $c$ 比特,标签为 $t$ 比特,则 MonkeyDuplex 结构的安全界量级如下:机密性为 $\min\{b/2,c,k\}$,完整性为 $\min\{c/2,k,t\}$[396]。

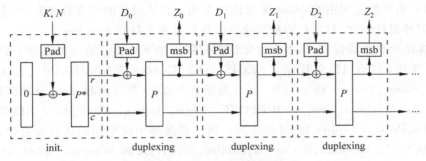

**图 5-2 MonkeyDuplex 结构**

Chakraborti 等人在 Duplex 结构上增加了一个简单的变换 $\rho$,得到一种变体——Beetle 结构。变换 $\rho$ 作用在数据吸收和榨取阶段,使得释放的密文和反馈到状态的值不同。Duplex 类结构的密钥嵌入方式有多种形式,但一般都是在初始化和末尾部分添加密钥,底层置换是公开的。还有一些算法的底层置换是带密钥的置换,安全证明中不存在对底层模块的询问,仅考虑整个状态的碰撞,可用更小的内部状态提供相同的安全性。当底层置换公开时,考虑到每个密钥处理的数据量,为了抵抗基于碰撞的状态恢复攻击,内部状态必须足够大。对于内嵌密钥的设备,使用带密钥的底层置换更易于设计轻量级认证加密算法。

## 5.1.2 认证加密算法研究进展

认证加密算法发展迅速,各种新型算法百花齐放,虽然可以粗略地分为基于置换/分组密码/流密码的直接设计类以及黑盒调用分组密码的认证加密工作模式,但有些算法兼具多类的特点。认证加密算法是功能复合的算法,不同设计在保护机密性和完整性方面有不同的侧重。此外,认证加密算法的应用场景繁杂多样,由此产生了各种设计和评估指标,比如在线加密、多层次的健壮性、增量标签、并行计算、密文保长、不需要底层模块逆运算、较低的实现代价等。

CAESAR 竞赛和 NIST 的轻量级密码标准化项目征集了 100 多个认证加密算法,集中体现了认证加密算法的研究进展和设计趋势:更加注重具体应用需求,努力提高算法的健壮性,尽量避免因算法实现或使用不当而导致的安全漏洞。分组密码、流密码和杂凑函数等对称密码设计理论在认证加密算法中得到了充分融合,许多候选算法以加密算法和认证算法作为基本单元或者借鉴其设计理念。CAESAR 竞赛的全称是"Competition for Authenticated Encryption: Security, Applicability, and Robustness",旨在选拔安全、高效的认证加密算法,推动认证加密算法设计与分析的发展[397,398]。CAESAR 竞赛要求候选认证加密算法应满足两个条件:一是具有广泛的兼容性;二是优于 AES-GCM。

2014 年 3 月,CAESAR 竞赛公布了征集的 57 个算法,随后有 9 个算法因安全缺陷宣布退出竞赛。在进入第一轮评估的 48 个候选算法中,将 AES 等密码算法作为整体调用的认证加密工作模式有 18 个:＋＋AE、AES-CMCC、AES-COPA、AES-CPFB、AES-JAMBU、AES-OTR、AVALANCHE、CBA、CLOC、ELmD、Enchilada、HS1-SIV、iFeed、Julius、OCB、POET、SHELL 和 SILC。其中,ELmD 和 SHELL 为了提高性能,部分模块采用缩减轮 AES。考虑到 AES 指令集对算法软件性能的影响,大部分算法是基于 AES 的;Enchilada 和 HS1-SIV 采用黑盒调用 ChaCha 流密码的方法。直接设计的候选算法有 29 个。有些算法采用了多种设计理念,对它们的分类比较困难而且观点各异。

基于算法的典型设计理念,本书尝试将它们归为如下几类。第一类是基于分组密码的认证加密算法,包含 11 个算法:AEGIS、AEZ、Deoxys、Joltik、KIASU、LAC、PAEQ、SCREAM、Silver、Tiaoxin 和 YAES。第二类是基于置换(杂凑函数)的认证加密算法,包含 12 个算法:Artemia、Ascon、ICEPOLE、Ketje、Keyak、Minalpher、NORX、OMD、PRIMATEs、Prøst、π-Cipher 和 STRIBOB。第三类是基于流密码的认证加密算法,包含 6 个算法:ACORN、MORUS、Raviyoyla、Sablier、TriviA-ck 和 Wheesht。此外,还有设计理念比较特殊的 POLAWIS 算法。

基于分组密码的 11 个候选算法按模块分类,有 8 个算法直接使用了 AES 轮函数,其他 3 个算法采用了分组密码的设计理念。这 11 个算法按整体框架分为 3 类:AEZ、Deoxys、KIASU、Joltik 和 SCREAM 利用了可调分组密码的理念;PAEQ、Silver 和 YAES 采用分组密码构造大置换并进一步设计认证加密算法的思路,本质上这一类设计和基于置换的设计是相通的,只是置换的设计和分析评估采用了分组密码的理念;AEGIS、Tiaoxin 和 LAC 采用流密码框架,此类算法的明文参与状态更新,而且状态更新函数比较简单,所以一般要求临时值 $N$ 不能重用,而且接收方在解密验证阶段需要先认证再输出密文。

2015 年 7 月,CAESAR 竞赛公布了进入第二轮评估的 29 个候选算法。基于分组密码的认证加密算法有 7 个:AEZ、Deoxys、Joltik、SCREAM、AEGIS、Tiaoxin 和 PAEQ。从实现性能方面考虑,AES 指令是现阶段设计认证加密算法绕不开的点。从设计趋势看,基于可调分组密码设计认证加密算法的思路值得关注。基于置换的认证加密算法有 10 个,其中 Ascon、ICEPOLE、Ketje、Keyak、NORX、PRIMATEs、π-Cipher 和 STRIBOB 都采用了 Sponge 类结构,Minalpher 采用了工作模式类的结构,OMD 采用了 MD 结构。从底层置换分类,Ascon、ICEPOLE、Ketje 和 Keyak 采用了 SHA3,PRIMATEs 采用了 AES 类设计思想,NORX 和 π-Cipher 采用 ARX 类的底层置换,另外有两个算法分别使用了 GOST 和 SHA512 的模块。

2016 年 8 月,CAESAR 竞赛公布了进入第三轮评估的 15 个候选算法。2018 年 3 月,CAESAR 竞赛公布了获胜算法:ACORN、AEGIS、Ascon、COLM、Deoxys-Ⅱ、MORUS 和

OCB。2019 年，史丹萍等人发现了 MORUS 的安全问题[399]，随后 MORUS 被撤出。

2013 年，美国 NIST 启动了一个轻量级密码项目，调研 NIST 现有密码算法标准在资源受限环境中的适应性以及对轻量级密码算法标准的需求[400]。2017 年 4 月，NIST 发布了轻量级密码标准化的流程。首先考虑认证加密算法，一类是面向硬件的带关联数据的认证加密算法，另一类是兼顾软硬件性能的带关联数据的认证加密算法和杂凑函数。2018 年 8 月，NIST 发布公告正式启动轻量级密码的征集、评估和标准化工作，旨在推出系列轻量级密码算法，用于现有 NIST 密码标准不适用的资源受限环境。2019 年 4 月，NIST 公布了征集到的 56 个候选算法，8 月宣布了进入第二轮的 32 个候选算法，包含 11 个工作模式类的认证加密算法、17 个基于置换的认证加密算法、两个基于分组密码的认证加密算法以及两个基于流密码的认证加密算法。

11 个工作模式类候选算法包括 COMET、ESTATE、ForkAE、GIFT-COFB、HyENA、LOTUS-AEAD&LOCUS-AEAD、mixFeed、Romulus、SAEAES、SKINNY-AEAD 和 SUNDAE-GIFT。从整体框架分类，ESTATE 和 SUNDAE-GIFT 是 Two-pass 的算法，其余 9 个都是 One-pass 的算法。ESTATE、ForkAE、LOTUS-AEAD&LOCUS-AEAD、Romulus 和 SKINNY-AEAD 采用了可调分组密码的设计理念。SKINNY-AEAD 和 LOCUS 采用了 OCB 类模式。按采用的分组密码分类，COFB、HyENA、LOTUS-AEAD&LOCUS、SUNDAE-GIFT 和 ESTATE 采用了 GIFT 分组密码，ForkAE、Romulus 和 SKINNY-AEAD 采用了 SKINNY 分组密码，mixFeed、ESTATE 和 SAEAES 采用了 AES-128 分组密码。

17 个基于置换的候选算法为 ACE、ASCON、DryGASCON、Elephant、Gimli、ISAP、KNOT、ORANGE、Oribatida、PHOTON-Beetle、SPARKLE（SCHWAEMM and ESCH）、SPIX、SpoC、Spook、Subterranean 2.0、WAGE 和 Xoodyak。从整体结构分类，除 Elephant 采用先加密后认证的方式之外，其余 16 个算法都采用了 Duplex 结构及其变体。从底层置换分类，可将这 17 个候选算法分为 3 类：6 个算法采用了杂凑函数的设计理念，主要参考的杂凑函数是 SHA3 和 PHOTON，其中，Gimli、ISAP、Subterranean 2.0 和 Xoodyak 的底层置换类似 SHA3，ORANGE 和 PHOTON-Beetle 采用了 PHOTON256；9 个算法的底层置换采用了分组密码设计理念，其中，ACE、Oribatida、SPIX 和 SpoC 采用或借鉴了 SIMON 或 Simeck 分组密码，ASCON、DryGASCON、KNOT 和 Spook 采用了比特切片技术，SPARKLE 采用了 ARX 类底层置换；WAGE 的底层置换采用了流密码的设计思想。

两个基于分组密码的候选算法是 Pyjamask 和 Saturnin。Pyjamask 采用了 OCB 类模式，专门设计了底层分组密码 Pyjamask-96 和 Pyjamask-128。Saturnin 结合 CTR 模式和 MAC 算法，采用先加密后认证的方式，底层分组密码 Saturnin 的设计借鉴了 3D AES 算法。两个基于流密码的候选算法是 Grain-128AEAD 和 TinyJAMBU。Grain-128AEAD 基于流密码 Grain-128，采用基于泛杂凑函数的 MAC。TinyJAMBU 的整体框架类似 Duplex 结构，基于带密钥的置换，其中置换的设计采用了 NFSR。

可证明安全性是衡量工作模式类认证加密算法的重要指标。可证明安全是在一定的安全假设下，针对确定的攻击者能力，证明相应的安全目标。常用的安全假设包括伪随机置换、伪随机函数、不可预测函数和理想密码。刻画攻击者能力和手段通常需考虑密码算法运行的环境，目前存在多种对攻击者能力和手段的刻画。分组密码认证加密工作模式的可证明安全通常不限制攻击者的计算能力,但是限制攻击者向随机预言机查询的次数、查询消息的总长度等。结合不同的安全假设和攻击者能力,形式化定义了多种安全模型:选择明文攻击下的不可区分性(IND-CPA)、选择密文攻击下的不可区分性(IND-CCA)、明文完整性(INT-PTXT)、密文完整性(INT-CTXT)等。如果一个认证加密算法能够同时达到 INT-CTXT 和 IND-CPA,则认为该认证加密算法是安全的。随着临时值与关联数据等概念的加入,相应的使用唯一值与带关联数据的认证加密算法的安全性定义陆续被提出。同时,针对认证加密算法的一些新性质与功能,也提出了一些特殊的安全模型,比如抵抗临时值重用的认证加密算法、依赖临时值的认证加密算法、超越生日界的认证加密算法、在线认证加密 RUP 安全的认证加密算法等[401-403]。

由于轻量级分组密码的分组长度比较短,考虑到量子计算安全性,超越生日界安全成为一些密码算法设计的指标。对于认证加密算法而言,结合 TAE 模式和超越生日界安全的可调分组密码,可以很自然地设计超越生日界安全的认证加密算法,比如 CAESAR 竞赛的获胜算法 Deoxys-Ⅱ 和 SKINNY-AEAD 等。问题是如何设计高效的超越生日界安全的可调分组密码。TWEAKEY 是一种可调分组密码的设计框架[200],将密钥和调柄看成调柄密钥(tweakey),设计调柄密钥扩展算法以替换分组密码的密钥扩展算法。利用 TWEAKEY 框架的可调分组密码没有理论安全性证明,只能评估其对差分分析、线性分析等分析方法的安全性。王磊等通过两次调用底层分组密码,构造了达到全安全性的可调分组密码[404]。

对于直接设计的认证加密算法,已有的可证明安全理论显示出局限性。由于没有合理化的安全假设,因此不能从可证明安全角度论证其安全性,只能评估其对各种分析方法的安全性,差分分析、线性分析、碰撞攻击、相关密钥攻击、故障攻击等都被用来分析认证加密算法的安全性[405-407]。直接设计的认证加密算法种类多、效率高,是未来发展的趋势,但是安全性基础不够坚固,安全性分析方法与评估技术有待深入研究。

## 5.2　分组密码认证加密工作模式

在本节中,主要使用如下符号与记号:

| | |
|---|---|
| $A$ | 关联数据。 |
| $M$ | 明文。 |
| $N$ | 临时值。 |
| $K$ | 密钥。 |
| $C$ | 密文。 |
| $E$ | 分组密码加密算法。 |
| $D$ | 分组密码解密算法。 |
| $\tilde{E}$ | 可调分组密码的加密算法。 |
| $m$ | $M$ 划分后的分组个数。 |
| $n$ | 分组密码的分组长度。 |
| $t$ | 标签的比特长度。 |
| $S$ | 状态。 |
| $T$ | 标签。 |

| | |
|---|---|
| $0^i$ | 由 $i$ 个 0 构成的比特串。 |
| $1^i$ | 由 $i$ 个 1 构成的比特串。 |
| $10^*$ | 由 1 个 1 和若干 0 构成的比特串,在常见的填充形式 $X10^*$ 中,星号代表 $n-\lvert X\rvert-1$,即将任意的比特串 $X(\lvert X\rvert<n)$ 填充成长度为 $n$ 比特的分组。 |
| $\leftarrow_n$ | 划分运算,$M_1M_2\cdots M_m\leftarrow_n M$ 表示将 $M$ 划分为长度为 $n$ 比特的分组,其中,$\lvert M_i\rvert=n(i=1,2,\cdots,m-1)$ 且 $\lvert M_m\rvert\leqslant n$。 |
| $\lvert X\rvert$ | 比特串 $X$ 的比特数。 |
| $\lvert X\rvert_B$ | 比特串 $X$ 的字节数。 |
| $[x]_a$ | 数值 $x$ 的长度为 $a$ 的比特串表示,其中 $0\leqslant x<2^a$。 |
| $X[a..b]$ | 比特串 $X$ 的(左数)第 $a$ 个比特到第 $b$ 个比特。 |
| $\mathrm{lsb}_a(X)$ | 比特串 $X$ 的右 $a$ 比特。 |
| $\mathrm{msb}_a(X)$ | 比特串 $X$ 的左 $a$ 比特。 |
| Pad | 填充函数,对于任意长度的比特串输入,通过添加比特使比特串的长度为分组整数倍。如无特殊说明,则默认的填充函数为 1-0 填充。对于 $X\in\{0,1\}^*$ 且 $\lvert X\rvert\neq0$, $$\mathrm{Pad}_r(X)=\begin{cases}X\parallel 10^{(-\lvert X\rvert-1)\bmod r}, & \lvert X\rvert\bmod r\neq0\\ X, & \lvert X\rvert\bmod r=0\end{cases}$$ |

### 5.2.1　OCB

OCB 是 ISO/IEC、IETF 等采用的标准算法之一。OCB 利用掩码伪装明文和密文,最后一块消息分情况处理,标签的生成利用校验和的方式。OCB 具有可并行计算、消息长度任意、加密保长、底层分组密码调用次数接近最优等特点。OCB 经历了 OCB1、OCB2 和 OCB3 这 3 个版本。OCB1 不具有处理关联数据的操作;掩码生成采用格雷码,通过异或一个预计算值的方式进行掩码更新。OCB2 增加了处理关联数据,构成带关联数据的认证加密算法;采用 Doubling 技术替代格雷码,以期获得更快的计算速度,实现时使用 1 次移位和 1 次或 0 次异或。然而,实验证明 Doubling 的实现速度较慢,因此 OCB3 改回用格雷码生成掩码,利用预计算提升初始化操作的实现速度。设计者曾尝试在 OCB3 中用 LFSR 生成掩码,实验结果显示 LFSR 实现的速度仍略低于 OCB1 中异或预计算值的速度。此外,OCB 在末尾消息的处理等也存在部分优化。作为分组密码工作模式,OCB 在调用底层分组密码以外的代价极低,当使用轻量级分组密码时,OCB 可以实现轻量级的认证加密。

#### 1. OCB 的加密算法

OCB 的加密算法由初始化、处理关联数据、加密、生成标签 4 个部分组成,如图 5-3 所示。记临时值为 $N$,关联数据为 $A$,任意长度的明文为 $M$。加密过程如下:

(1) 初始化:

$\Sigma_{M,0}\leftarrow0^n$

$C\leftarrow\varepsilon$

$\mathrm{Nonce}\leftarrow0^{n-\lvert N\rvert}1N$

$\mathrm{Top}\leftarrow\mathrm{Nonce}\wedge1^{n-6}0^6$

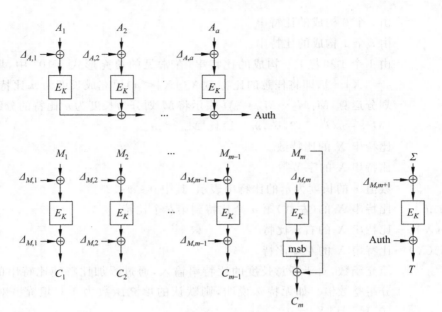

图 5-3　OCB 算法

$\text{Bottom} \leftarrow \text{Nonce} \wedge 0^{n-6}1^6$

$\text{Ktop} \leftarrow E_K(\text{Top})$

$\text{Stretch} \leftarrow \text{Ktop} \parallel (\text{Ktop} \oplus (\text{Ktop} \ll 8))$

$\Delta_{M,0} \leftarrow \text{msb}_n(\text{Stretch} \ll \text{Bottom})$

（2）处理关联数据：

$A_1 A_2 \cdots A_a \leftarrow_n A$

$\Sigma_{A,0} \leftarrow 0^n$

$\Delta_{A,0} \leftarrow 0^n$

对 $i \leftarrow 1, 2, \cdots, a-1$，计算

　　$\Delta_{A,i} \leftarrow \Delta_{A,i-1} \oplus L[\text{ntz}(i)]$

　　$\Sigma_{A,i} \leftarrow \Sigma_{A,i-1} \oplus E_K(A_i \oplus \Delta_{A,i})$

根据 $|A_a|$ 分两种情况：

若 $|A_a| = n$，则

　　$\Delta_{A,a} \leftarrow \Delta_{A,a-1} \oplus L[\text{ntz}(a)]$

　　$\Sigma_{A,a} \leftarrow \Sigma_{A,a-1} \oplus E_K(A_a \oplus \Delta_{A,a})$

若 $|A_a| < n$，则

　　$\Delta_{A,a} \leftarrow \Delta_{A,a-1} \oplus L_*$

　　$\Sigma_{A,a} \leftarrow \Sigma_{A,a-1} \oplus E_K(\text{Pad}_n(A_a) \oplus \Delta_{A,a})$

$\text{Auth} \leftarrow \Sigma_{A,a}$

（3）加密：

$M_1 M_2 \cdots M_m \leftarrow_n M$

对 $i \leftarrow 1, 2, \cdots, m-1$，计算

$$\Delta_{M,i} \leftarrow \Delta_{M,i-1} \oplus L[\mathrm{ntz}(i)]$$

$$C_i \leftarrow E_K(M_i \oplus \Delta_{M,i}) \oplus \Delta_{M,i}$$

$$\Sigma_{M,i} \leftarrow \Sigma_{M,i-1} \oplus M_i$$

根据 $|M_m|$ 分两种情况:

若 $|M_m| = n$,则

$$\Delta_{M,m} \leftarrow \Delta_{M,m-1} \oplus L[\mathrm{ntz}(m)]$$

$$C_m \leftarrow E_K(M_m \oplus \Delta_{M,m}) \oplus \Delta_{M,m}$$

$$\Sigma_{M,m} \leftarrow \Sigma_{M,m-1} \oplus M_m$$

若 $|M_m| < n$,则

$$\Delta_{M,m} \leftarrow \Delta_{M,m-1} \oplus L_*$$

$$C_m \leftarrow M_m \oplus \mathrm{msb}_{|M_m|} E_K(\Delta_{M,m})$$

$$\Sigma_{M,m} \leftarrow \Sigma_{M,m-1} \oplus \mathrm{Pad}_n(M_m)$$

最后,再令 $\Delta_{M,m+1} \leftarrow \Delta_{M,m} \oplus L_\$$ 。

(4) 生成标签:

$$\mathrm{Final} \leftarrow E_K(\Sigma_{M,m} \oplus \Delta_{M,m+1})$$

$$\mathrm{Tag} \leftarrow \mathrm{Final} \oplus \mathrm{Auth}$$

$$T \leftarrow \mathrm{msb}_t(\mathrm{Tag})$$

最后,输出 $C_1 C_2 \cdots C_m \parallel T$。

在以上加密过程中,$\mathrm{ntz}(i)$ 是 $i$ 的二进制表示中结尾 0 的个数。

参数 $L$ 由密钥 $K$ 生成,定义如下:

$$L_* \leftarrow E_K(0^{128})$$

$$L_\$ \leftarrow \mathrm{double}(L_*)$$

$$L[0] \leftarrow \mathrm{double}(L_\$)$$

对 $i \leftarrow 1, 2, 3, \cdots$,计算

$$L[i] \leftarrow \mathrm{double}(L[i-1])$$

其中,double 为有限域上的乘 2 运算。在 OCB3 中,double 的定义如下:

$$\mathrm{double}(X) \leftarrow (X \gg 1) \oplus (\mathrm{msb}_1(X) \cdot 135)$$

注意,图 5-3 和 OCB 的加密算法并不完全对应,只给出了部分情况。本章其他一些算法的结构图示也存在类似情况,不再一一解释。

## 2. OCB 的解密算法

OCB 的解密算法由初始化、处理关联数据、解密和验证标签 4 个部分组成。记临时值为 $N$,关联数据为 $A$,密文为 $C$,标签为 $T$。解密过程如下:

(1) 初始化(与加密算法相同)。

(2) 处理关联数据(与加密算法相同)。

(3) 解密:

$$C_1 C_2 \cdots C_m \leftarrow_n C$$

对 $i \leftarrow 1, 2, \cdots, m-1$,计算

$$\Delta_{M,i} \leftarrow \Delta_{M,i-1} \oplus L[\mathrm{ntz}(i)]$$

$$M_i \leftarrow D_K(C_i \oplus \Delta_{M,i}) \oplus \Delta_{M,i}$$

$$\Sigma_{M,i} \leftarrow \Sigma_{M,i-1} \oplus M_i$$

根据 $|C_m|$ 分两种情况：

若 $|C_m|=n$，则

$$\Delta_{M,m} \leftarrow \Delta_{M,m-1} \oplus L[\text{ntz}(m)]$$

$$C_m \leftarrow E_K(M_m \oplus \Delta_{M,m}) \oplus \Delta_{M,m}$$

$$\Sigma_{M,m} \leftarrow \Sigma_{M,m-1} \oplus M_m$$

若 $|C_m|<n$，则

$$\Delta_{M,m} \leftarrow \Delta_{M,m-1} \oplus L_*$$

$$M_m \leftarrow C_m \oplus \text{msb}_{|C_m|}(E_K(\Delta_{M,m}))$$

$$\Sigma_{M,m} \leftarrow \Sigma_{M,m-1} \oplus \text{Pad}_n(M_m)$$

最后，再令 $\Delta_{M,m+1} \leftarrow \Delta_{M,m} \oplus L_\$$。

（4）验证标签。

用与加密算法相同的方式生成标签 $T'$。

如果 $T=T'$，则输出 $M_1 M_2 \cdots M_m$；否则，输出 $\perp$。

### 3. OCB 的安全性分析

当底层分组密码为 PRP 或 SPRP 时，OCB 在 CPA 和 CCA 下都可以达到较强的安全性。Ferguson 指出，当出现碰撞时，OCB1 会丧失其认证安全性，并给出了针对 OCB 的碰撞攻击。因此，需要限制 OCB 在同一密钥下处理数据的总量，以保证其安全性[408]。Sun 等人论证了 OCB1、OCB2、OCB3 等都不能抵御碰撞攻击[409]。OCB2 的安全性证明归约为 XEX * 可调分组密码的安全性。2019 年，Inoue 和 Iwata 等人发现 OCB2 不满足 XEX * 安全性证明的前提条件，进一步给出了 OCB2 的伪造攻击和明文恢复攻击[410]。

## 5.2.2　JAMBU

JAMBU 是 CAESAR 竞赛的候选算法，其设计目标是仅利用 AES 和异或运算的轻量级认证加密算法。相比于其他工作模式类的认证加密算法，JAMBU 具有最小的状态和最小的增量。JAMBU 经历了两个版本：JAMBU v1 要求临时值不可重用；JAMBU v2 增加了临时值重用情况下的安全性说明，JAMBU v2.1 补充了临时值重用情况下的认证安全性证明与硬件实现。

### 1. JAMBU 的加密算法

JAMBU 的加密算法由初始化、处理关联数据、加密、生成标签 4 个部分组成，如图 5-4 所示。JAMBU 要求总数据量小于 $2^{n/2}$ 比特，临时值 $N$ 和标签 $T$ 均为 $n/2$ 比特。状态 $S$ 由 3 个 $n/2$ 比特的子状态 $S_1, S_2, S_3$ 组成。记临时值为 $N$，关联数据为 $A$，任意长度的明文为 $M$。加密过程如下：

（1）初始化：

$$(S_{1,0}, S_{2,0}) \leftarrow (0^{n/2}, N)$$

$$(S_{1,1}, S_{2,1}) \leftarrow E_K(S_{1,0}, S_{2,0}) \oplus ([0]_{n/2}, [5]_{n/2})$$

$$S_{3,1} \leftarrow S_{1,1}$$

（2）处理关联数据：

$A_1 A_2 \cdots A_a \leftarrow_{n/2} \mathrm{Pad}_{n/2}^*(A)$

对 $i \leftarrow 1, 2, \cdots, a$，计算

$\qquad (S_{1,i+1}, S_{2,i+1}) \leftarrow E_K(S_{1,i}, S_{2,i}) \oplus (A_i, S_{3,i} \oplus [1]_{n/2})$

$\qquad S_{3,i+1} \leftarrow S_{3,i} \oplus S_{1,i+1}$

（3）加密：

$M_1 M_2 \cdots M_m \leftarrow_{n/2} M$

对 $i \leftarrow 1, 2, \cdots, m-1$，计算

$\qquad (S_{1,i+a+1}, S_{2,i+a+1}) \leftarrow E_K(S_{1,i+a}, S_{2,i+a}) \oplus (M_i, S_{3,i+a})$

$\qquad S_{3,i+a+1} \leftarrow S_{3,i+a} \oplus S_{1,i+a+1}$

$\qquad C_i \leftarrow M_i \oplus S_{2,i+a+1}$

$(S_{1,m+a+1}, S_{2,m+a+1}) \leftarrow E_K(S_{1,m+a}, S_{2,m+a}) \oplus (\mathrm{Pad}_{n/2}(M_m), S_{3,m+a})$

$S_{3,m+a+1} \leftarrow S_{3,m+a} \oplus S_{1,m+a+1}$

$C_m \leftarrow M_m \oplus \mathrm{msb}_{|M_m|}(S_{2,m+a+1})$

若 $|M_m| = n/2$，则

$\qquad (S_{1,m+a+1}, S_{2,m+a+1}) \leftarrow E_K(S_{1,m+a+1}, S_{2,m+a+1}) \oplus (10^{n/2-1}, S_{3,m+a+1})$

$\qquad S_{3,m+a+1} \leftarrow S_{3,m+a+1} \oplus S_{1,m+a+1}$

（4）生成标签：

$(S_{1,m+a+2}, S_{2,m+a+2}) \leftarrow E_K(S_{1,m+a+1}, S_{2,m+a+1}) \oplus (0^{n/2}, S_{3,m+a+1} \oplus [3]_{n/2})$

$S_{3,m+a+2} \leftarrow S_{3,m+a+1} \oplus S_{1,m+a+2}$

$(S_{1,m+a+3}, S_{2,m+a+3}) \leftarrow E_K(S_{1,m+a+2}, S_{2,m+a+2})$

$T \leftarrow S_{1,m+a+3} \oplus S_{2,m+a+3} \oplus S_{3,m+a+2}$

最后，输出 $C_1 C_2 \cdots C_m \parallel T$。

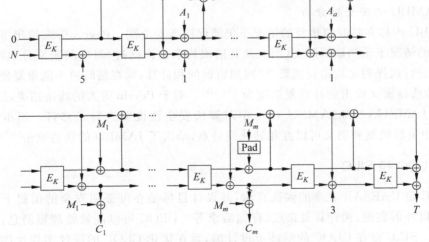

**图 5-4　JAMBU 的加密算法的结构**

在上面的加密算法中，对于 $X \in \{0,1\}^*$ 且 $|X| \neq 0$，填充函数 $\mathrm{Pad}^*$ 定义如下：

$$\mathrm{Pad}_r^*(X) = X \parallel 10^{(-|X|-1)\bmod r}$$

**2. JAMBU 的解密算法**

JAMBU 的解密算法由初始化、处理关联数据、解密、验证标签 4 个部分组成。记临时值为 $N$,关联数据为 $A$,任意长度的密文为 $C$,标签为 $T$。解密过程如下:

(1) 初始化(与加密算法相同)。

(2) 处理关联数据(与加密算法相同)。

(3) 解密:

$C_1 C_2 \cdots C_m \xleftarrow{n/2} C$

对 $i \leftarrow 1, 2, \cdots, m-1$,计算

$\quad (S'_{1,i+a+1}, S_{2,i+a+1}) \leftarrow E_K(S_{1,i+a}, S_{2,i+a}) \oplus (0^{n/2}, S_{3,i+a})$

$\quad M_i \leftarrow C_i \oplus S_{2,i+a+1}$

$\quad S_{1,i+a+1} \leftarrow M_i \oplus S'_{1,i+a+1}$

$\quad S_{3,i+a+1} \leftarrow S_{3,i+a} \oplus S_{1,i+a+1}$

$(S^*_{1,m+a+1}, S_{2,m+a+1}) \leftarrow E_K(S_{1,m+a}, S_{2,m+a}) \oplus (0^{n/2}, S_{3,m+a})$

$M_m \leftarrow C_m \oplus \mathrm{msb}_{|C_m|} S_{2,i+a+1}$

$S_{1,m+a+1} \leftarrow \mathrm{Pad}_{n/2}(M_m) \oplus S^*_{1,m+a+1}$

$S_{3,m+a+1} \leftarrow S_{3,m+a} \oplus S_{1,m+a+1}$

若 $|C_m| = n/2$,则

$\quad (S_{1,m+a+1}, S_{2,m+a+1}) \leftarrow E_K(S_{1,m+a+1}, S_{2,m+a+1}) \oplus (10^{n/2-1}, S_{3,m+a+1})$

$\quad S_{3,m+a+1} \leftarrow S_{3,m+a+1} \oplus S_{1,m+a+1}$

(4) 验证标签。

用与加密算法相同的方式生成标签 $T'$。

如果 $T = T'$,则输出 $M_1 M_2 \cdots M_m$;否则,输出 $\perp$。

**3. JAMBU 的安全性分析**

JAMBU 声称在临时值重复的情况下仍能保持高安全性。Peyrin 等人给出了一种在临时值相同的情况下预测新鲜明文(明文及其前缀均未被询问过)对应的密文分组的技术,利用该技术进行选择明文攻击仅需要 $2^{32}$ 次加密询问和计算;而在临时值不能重复使用的情况下,适应性选择密文攻击的计算复杂度为 $2^{96}$[411]。对于 Peyrin 等人的攻击结果,JAMBU 的设计者在 JAMBU v2 和 JAMBU v2.1 中对算法安全性说明进行了修订。田玉丹等利用 JAMBU 中关联数据和明文可以互相转化的特点,给出了 JAMBU 的伪造攻击[412]。

## 5.2.3　CLOC 和 SILC

CLOC 是 CAESAR 竞赛的候选算法,其设计目标是在可证明安全的前提下尽量优化分组密码以外的实现、预计算复杂度、存储需求等。CLOC 可以高效处理短消息,适用于嵌入式系统。SILC 是在 CLOC 的基础上设计的,旨在优化 CLOC 的硬件实现性能。设计者推荐方案如下:当分组长度为 128 比特时,选择 AES 作为 CLOC 和 SILC 的底层分组密码;当分组长度为 64 比特时,选择 TWINE 作为 CLOC 的底层分组密码,选择 PRESENT 或 LED 作为 SILC 的底层分组密码。

## 1. CLOC 的加密算法

CLOC 的加密算法由处理关联数据、加密、生成标签 3 个部分组成,如图 5-5 所示。CLOC 和 SILC 中的最小数据单元均为 1 字节,提供了分组长度为 16 字节和 8 字节的两个实现,要求总数据量小于 $2^{n/2}$ 比特,明文 $M$ 可以为空串,临时值 $N$ 的比特长度 $\eta \leqslant n-9$,标签 $T$ 的比特长度 $t \leqslant n$,状态 $S$ 的规模为 $n$ 比特。

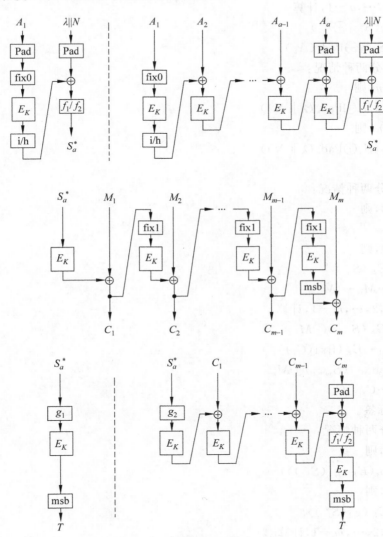

**图 5-5  CLOC 算法**

记临时值为 $N$,关联数据为 $A$,任意长度的明文为 $M$。加密过程如下:

(1) 处理关联数据:

$A_1 A_2 \cdots A_a \xleftarrow{}_n A$

$S_0 \leftarrow E_K(\text{fix0}(\text{Pad}_n(A_1)))$

(这里规定:若 $|A| = 0$,则 $\text{Pad}_n(A) = 10^{n-1}$)

根据 $\text{msb}_1(\text{Pad}_n(A_1))$ 分两种情况:

若 $\mathrm{msb}_1(\mathrm{Pad}_n(A_1))=1$，则

　　$S_1 \leftarrow h(S_0)$

若 $\mathrm{msb}_1(\mathrm{Pad}_n(A_1))=0$，则

　　$S_1 \leftarrow S_0$

若 $|A|>n$，则继续执行以下步骤：

对 $i \leftarrow 2,3,\cdots,a-1$，计算

　　$S_i \leftarrow E_K(S_{i-1} \oplus A_i)$

$S_a \leftarrow E_K(S_{a-1} \oplus \mathrm{Pad}_n(A_a))$

根据 $|A_a|$ 分两种情况：

若 $|A_a|=n$，则

　　$S_a^* \leftarrow f_1(S_a \oplus \mathrm{Pad}_n(\lambda \parallel N))$

若 $|A_a|<n$，则

　　$S_a^* \leftarrow f_2(S_a \oplus \mathrm{Pad}_n(\lambda \parallel N))$

（2）加密。

根据 $|M|$ 分两种情况：

若 $|M|=0$，则

　　$C \leftarrow \varepsilon$

若 $|M|>0$，则

　　$S_{a+1} \leftarrow E_K(S_a^*)$

　　$M_1 M_2 \cdots M_m \leftarrow_n M$

　　对 $i \leftarrow 1,2,\cdots,m-1$，计算

　　　　$C_i \leftarrow E_K(S_{i+a}) \oplus M_i$

　　　　$S_{i+a+1} \leftarrow E_K(\mathrm{fix1}(C_i))$

　　$C_m \leftarrow \mathrm{msb}_{|M_m|}(S_{m+a}) \oplus M_m$

　　$C \leftarrow C_1 \cdots C_{m-1} C_m$

（3）生成标签。

根据 $|C|$ 分两种情况：

若 $|C|=0$，则

　　$T \leftarrow \mathrm{msb}_t(E_K(g_1(S_a^*)))$

若 $|C|>0$，则

　　$S_{a+1}^* \leftarrow E_K(g_2(S_a^*))$

　　对 $i \leftarrow 1,2,\cdots,m-1$，计算

　　　　$S_{i+a+1}^* \leftarrow E_K(S_{i+a}^* \oplus C_i)$

　　根据 $|C_m|$ 分两种情况：

　　若 $|C_m|=n$，则

　　　　$S_{m+a+1}^* \leftarrow E_K(f_1(S_{m+a}^* \oplus C_m))$

　　若 $|C_m|<n$，则

　　　　$S_{m+a+1}^* \leftarrow E_K(f_2(S_{m+a}^* \oplus \mathrm{Pad}_n(C_m)))$

　　$T \leftarrow \mathrm{msb}_t(S_{m+a+1}^*)$

最后,输出 $C \parallel T$。

CLOC 的加密算法中的参数和函数定义如下:

(1) 参数 $\lambda$。

参数 $\lambda$ 是一个 8 比特的常数值,由分组密码 $E$、临时值长度 $|N|$ 和标签长度 $t$ 确定。参数 $\lambda$ 的取值如表 5-1 所示。

表 5-1　参数 $\lambda$ 的取值

| $E$ | $|N|$ | $t$ | $\lambda$ | $E$ | $|N|$ | $t$ | $\lambda$ |
|---|---|---|---|---|---|---|---|
| AES-128 | 12 | 8 | 0xc0 | AES-128 | 14 | 12 | 0xe1 |
| AES-128 | 12 | 12 | 0xc1 | AES-128 | 14 | 16 | 0xe2 |
| AES-128 | 12 | 16 | 0xc2 | AES-128 | 14 | 4 | 0xe3 |
| AES-128 | 12 | 4 | 0xc3 | TWINE-80 | 6 | 4 | 0xcc |
| AES-128 | 8 | 8 | 0xd0 | TWINE-80 | 6 | 6 | 0xcd |
| AES-128 | 8 | 12 | 0xd1 | TWINE-80 | 6 | 8 | 0xce |
| AES-128 | 8 | 16 | 0xd2 | TWINE-80 | 4 | 4 | 0xdc |
| AES-128 | 8 | 4 | 0xd3 | TWINE-80 | 4 | 6 | 0xdd |
| AES-128 | 14 | 8 | 0xe0 | TWINE-80 | 4 | 8 | 0xde |

表 5-1 中的临时值长度 $|N|$ 和标签长度 $t$ 以字节为单位。

(2) 比特固定函数 fix0 和 fix1。

比特固定函数 fix0 和 fix1 用于将输入比特串的最高位(最左一位)固定为 0 和 1。定义如下:

$$\text{fix0}(X) = X \wedge 01^{|X|-1}$$

$$\text{fix1}(X) = X \vee 10^{|X|-1}$$

其中,$\wedge$ 和 $\vee$ 为比特级的与(AND)和或(OR)操作。

(3) 调整函数 $f_1$、$f_2$、$g_1$、$g_2$、$h$。

对于长度为 $n$ 的比特串 $X$,调整函数以 $n/4$ 比特为单元,以换位和异或等简单运算对 $X$ 进行变换。记 $X_1 X_2 X_3 X_4 \xleftarrow{n/4} X$。具体定义如下:

$$\begin{cases} f_1(X) = (X_1 \oplus X_3, X_2 \oplus X_4, X_1 \oplus X_2 \oplus X_3, X_2 \oplus X_3 \oplus X_4) \\ f_2(X) = (X_2, X_3, X_4, X_1 \oplus X_2) \\ g_1(X) = (X_3, X_4, X_1 \oplus X_2, X_2 \oplus X_3) \\ g_2(X) = (X_2, X_3, X_4, X_1 \oplus X_2) \\ h(X) = (X_1 \oplus X_2, X_2 \oplus X_3, X_3 \oplus X_4, X_1 \oplus X_2 \oplus X_4) \end{cases}$$

**2. CLOC 的解密算法**

CLOC 的解密算法由处理关联数据、验证标签、解密 3 个部分组成。记临时值为 $N$,关联数据为 $A$,任意长度的密文为 $C$,标签为 $T$。解密过程如下:

(1) 处理关联数据(与加密算法相同)。

(2) 验证标签。

用与加密算法相同的方式生成标签 $T'$。

如果 $T = T'$,则执行解密;否则,输出 $\perp$。

(3) 解密。

根据 $|C|$ 分两种情况:

若 $|C| = 0$，则

$\qquad M \leftarrow \varepsilon$

若 $|C| > 0$，则

$\qquad C_1 C_2 \cdots C_m \leftarrow_n C$

$\qquad S_{a+1} \leftarrow E_K(S_a^*)$

$\qquad$ 对 $i \leftarrow 1, 2, \cdots, m-1$，计算

$\qquad\qquad M_i \leftarrow E_K(S_{i+a}) \oplus C_i$

$\qquad\qquad S_{i+a+1} \leftarrow E_K(\text{fix1}(C_i))$

$\qquad M_m \leftarrow \text{msb}_{|M_m|}(S_{m+a}) \oplus C_m$

$\qquad M \leftarrow M_1 M_2 \cdots M_m$

最后输出 $M$。

### 3. SILC 的加密算法

SILC 的加密算法由处理关联数据、加密、生成标签 3 个部分组成，如图 5-6 所示。其中，SILC 的加密部分与 CLOC 的加密部分完全相同。

记临时值为 $N$，关联数据为 $A$，任意长度的明文为 $M$。加密过程如下：

（1）处理关联数据

$S_0 \leftarrow E_K(\text{zpp}(\lambda \parallel N))$

根据 $|A|$ 分两种情况：

若 $|A| = 0$，则

$\qquad S_0^* \leftarrow g(S_0)$

若 $|A| > 0$，则

$\qquad A_1 A_2 \cdots A_a \leftarrow_n A$

$\qquad$ 对 $i \leftarrow 1, 2, \cdots, a-1$，计算

$\qquad\qquad S_i \leftarrow E_K(S_{i-1} \oplus A_i)$

$\qquad S_a \leftarrow E_K(S_{a-1} \oplus \text{zap}(A_a))$

$\qquad S_a^* \leftarrow g(S_a \oplus [\lceil |A|_B \rceil]_n)$

（2）加密。

根据 $|M|$ 分两种情况：

若 $|M| = 0$，则

$\qquad C \leftarrow \varepsilon$

若 $|M| > 0$，则

$\qquad M_1 M_2 \cdots M_m \leftarrow_n M$

$\qquad S_{a+1} \leftarrow E_K(S_a^*)$

$\qquad$ 对 $i \leftarrow 1, 2, \cdots, m-1$，计算

$\qquad\qquad C_i \leftarrow E_K(S_{i+a}) \oplus M_i$

$\qquad\qquad S_{i+a+1} \leftarrow E_K(\text{fix1}(C_i))$

$\qquad C_m \leftarrow \text{msb}_{|M_m|}(S_{m+a}) \oplus M_m$

$\qquad C \leftarrow C_1 C_2 \cdots C_m$

（3）生成标签。

计算 $S_{a+1}^* \leftarrow E_K(g(S_a^*))$。

根据 $|C|$ 分两种情况：

若 $|C|=0$，则

$$T \leftarrow \mathrm{msb}_t(E_K(g(S_{a+1}^*)))$$

若 $|C|>0$，则

对 $i \leftarrow 1,2,\cdots,m-1$，计算

$$S_{i+a+1}^* \leftarrow E_K(S_{i+a}^* \oplus C_i)$$

$$S_{m+a+1}^* \leftarrow E_K(S_{m+a}^* \oplus \mathrm{zap}(C_m))$$

$$T \leftarrow \mathrm{msb}_t(E_K(g(S_{m+a+1}^* \oplus [|C|_B]_n)))$$

最后，输出 $C \| T$。

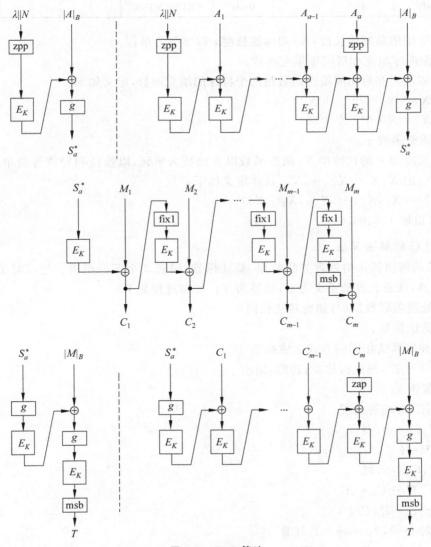

**图 5-6　SILC 算法**

SILC 的加密算法中的参数和函数定义如下：

（1）参数 $\lambda$。

参数 $\lambda$ 是一个 8 比特的常数值，由分组密码 $E$、临时值长度 $|N|$ 和标签长度 $t$ 确定。当采用 AES-128 时，参数 $\lambda$ 取值同 CLOC。参数 $\lambda$ 的取值如表 5-2 所示。

表 5-2　参数 $\lambda$ 的取值

| $E$ | $|N|$ | $t$ | $\lambda$ | $E$ | $|N|$ | $t$ | $\lambda$ |
|-----|-------|-----|-----------|-----|-------|-----|-----------|
| LED-80 | 6 | 4 | 0xc8 | PRESENT-80 | 6 | 4 | 0xc4 |
| LED-80 | 6 | 6 | 0xc9 | PRESENT-80 | 6 | 6 | 0xc5 |
| LED-80 | 6 | 8 | 0xca | PRESENT-80 | 6 | 8 | 0xc6 |
| LED-80 | 4 | 4 | 0xd8 | PRESENT-80 | 4 | 4 | 0xd4 |
| LED-80 | 4 | 6 | 0xd9 | PRESENT-80 | 4 | 6 | 0xd5 |
| LED-80 | 4 | 8 | 0xda | PRESENT-80 | 4 | 8 | 0xd6 |

表 5-2 中的临时值长度 $|N|$ 和标签长度 $t$ 以字节为单位。

（2）前向零填充和后向零填充函数。

前向零填充和后向零填充函数是两个特殊的填充函数，定义如下：

$$\text{zpp}(X) = 0^{n-(|X| \bmod n)} \parallel X$$

$$\text{zap}(X) = X \parallel 0^{n-(|X| \bmod n)}$$

（3）调整函数 $g$。

对于长度为 $n$ 的比特串 $X$，调整函数以 8 比特为单元，以换位和异或等简单运算对 $X$ 进行变换。记 $X_1 X_2 \cdots X_{n/8} \leftarrow_8 X$。具体定义如下：

$$g(X) = (X_2, X_3, \cdots, X_{n/8}, X_1 \oplus X_2)。$$

其中，$n$ 可以取 128、96、64。

### 4. SILC 的解密算法

SILC 的解密算法由处理关联数据、验证标签、解密 3 个部分组成。记临时值为 $N$，关联数据为 $A$，任意长度的密文为 $C$，标签为 $T$。解密过程如下：

（1）处理关联数据（与加密算法相同）。

（2）验证标签。

用与加密算法相同的方式生成标签 $T'$。

如果 $T = T'$，则执行解密；否则，输出 $\perp$。

（3）解密。

根据 $|C|$ 分两种情况：

- 若 $|C| = 0$，则

  $$M \leftarrow \varepsilon$$

- 若 $|C| > 0$，则

  $$C_1 C_2 \cdots C_m \leftarrow_n C$$

  $$S_{a+1} \leftarrow E_K(S_a^*)$$

  对 $i \leftarrow 1, 2, \cdots, m-1$，计算

  $$M_i \leftarrow E_K(S_{i+a}) \oplus C_i$$

$$S_{i+a+1} \leftarrow E_K(\mathrm{fix}1(C_i))$$

$$M_m \leftarrow \mathrm{msb}_{|M_m|}(S_{m+a}) \oplus C_m$$

$$M \leftarrow M_1 M_2 \cdots M_m$$

最后输出 $M$。

### 5. CLOC 和 SILC 的安全性分析

CLOC 和 SILC 具有可证明安全性。Roy 等人引入故障,提出了针对两个算法的伪造攻击[413]。CLOC 中关联数据和明文分组的填充仅第一个比特不同,攻击者通过修改第一个明文分组的第一个比特,即可在重复使用临时值两次的情况下进行伪造攻击。SILC 的填充规则差别较大,但通过在重复使用临时值或在验证前输出明文(RUP)的情况下适应性地选择明文,也可以寻找到碰撞的关联数据并进行伪造。Roy 等人同时给出了将 CLOC 和 SILC 的伪造攻击扩展为几乎通用的伪造方法,即对于任意选择的临时值、明文以及满足指定条件的关联数据,均可以利用引入故障进行伪造。

## 5.2.4　COLM

COLM 是在 CAESAR 竞赛评选过程中,通过结合并改进 AES-COPA 和 ELmD 两个候选算法得到的,于 2016 年正式提出,最终成为 7 个优胜算法之一。COLM 的设计目标是完全并行调用分组密码来实现在线加密,并且抵抗临时值重用。COLM 具有"加密-线性混合-加密"的结构,通过将 XE 和 EX 结构的加密以简单的运算连接起来,使得前后两次对分组密码的调用都可以实现完全并行,同时利用串行连接实现在线加密。

COLM 支持使用中间标签,即每加密 $\tau$ 个分组的消息生成一个中间标签。其中,$\tau \in \{0,1,\cdots,127\}$ 称为中间标签的步长,$\tau = 0$ 表示不产生中间标签。将 $(\tau,t)$ 视为参数,COLM 设计者推荐了两种版本:$\mathrm{COLM}_0$ 和 $\mathrm{COLM}_{127}$,$\mathrm{COLM}_0$ 取 $(\tau,t) = (0,128)$,$\mathrm{COLM}_{127}$ 取 $(\tau, t) = (127,128)$。

### 1. COLM 的加密算法

COLM 的加密算法由初始化、处理关联数据、加密 3 个部分组成,加密部分中包含生成标签的操作,如图 5-7 所示。COLM 要求总数据量小于 $2^{n/2}$ 比特,状态 $S$ 为 $n$ 比特,临时值 $N$ 为 $n/2$ 比特,密钥长度等于分组长度,即 $k = n$。

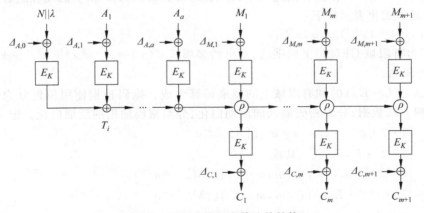

图 5-7　COLM 的加密算法的结构

记临时值为 $N$，关联数据为 $A$，任意长度的明文为 $M$。加密过程如下：

（1）初始化。

计算 $L \leftarrow E_K(0)$。

（2）处理关联数据：

$A_1 A_2 \cdots A_a^* \leftarrow_n A$

$S_0 \leftarrow E_K((N \| \lambda) \oplus \Delta_{A,0})$

令 $A_a \leftarrow \text{Pad}_n(A_a^*)$。

对 $i \leftarrow 1, 2, \cdots, a$，计算

$\quad S_i \leftarrow S_{i-1} \oplus E_K(A_i \oplus \Delta_{A,i})$

（3）加密：

$M_1 M_2 \cdots M_m^* \leftarrow_n M$

令 $M_m \leftarrow M_1 \oplus M_2 \oplus \cdots \oplus M_{m-1} \oplus \text{Pad}_n(M_m^*)$。

令 $M_{m+1} \leftarrow \text{Pad}_n(M_m^*)$。

对 $i \leftarrow 1, 2, \cdots, m+1$，计算

$\quad X_i \leftarrow E_K(M_i \oplus \Delta_{M,i})$

$\quad (Y_i, S_{i+a}) \leftarrow \rho(X_i, S_{i+a-1})$

$\quad C_i \leftarrow E_K(Y_i) \oplus \Delta_{C,i}$

$C_{m+1}^* \leftarrow \text{msb}_{|M_m^*|} C_{m+1}$

最后，输出 $C_1 C_2 \cdots C_m C_{m+1}^*$。

COLM 的加密算法中的参数和函数定义如下：

（1）参数 $\lambda$。

参数 $\lambda$ 是一个常数值，由中间标签的步长及标签长度组成。当 $n = 128$ 时，$\lambda$ 为 64 比特。其中，最高 16 比特为中间标签的步长 $\tau$；其次的 8 比特为标签长度 $t$；其余 40 比特留作他用，置为 $0^{40}$。

（2）线性混合函数 $\rho$。

线性混合函数 $\rho$ 以两个 $\{0,1\}^n$ 上的比特串为输入，并输出两个 $\{0,1\}^n$ 上的比特串，定义如下：

$$\rho(x, y) = (x \oplus 3 \cdot y, x \oplus 2 \cdot y)$$

记 $\rho(x, y) = (x', y')$。根据 $\rho$ 的定义，可以将 $x$ 和 $y'$ 表示为 $x'$ 和 $y$ 的线性组合，记为线性方程 $\rho^{-1}$，其形式化表示如下：

$$\rho^{-1}(x, y') = (x' \oplus 3 \cdot y, x' \oplus y)$$

其中，"$\cdot$"为有限域 $GF(2^n)$ 上的乘法，不可约多项式 $f(x) = x^{128} + x^7 + x^2 + x + 1$。

（3）掩码 $\Delta$。

掩码 $\Delta$ 由 $L = E_K(0)$ 和有限域上的数乘运算生成。掩码根据使用位置分为 3 类，分别应用于处理关联数据、分组密码输入的前期白化、分组密码输出的后期白化。定义如下：

$$\Delta_{A,i} = \begin{cases} 3 \cdot 7 \cdot 2^{i-1} \cdot L, & i = a \ 且 \ |A_a^*| < n \\ 3 \cdot 2^i \cdot L, & \text{其他} \end{cases}$$

$$\Delta_{M,i} = \begin{cases} 7 \cdot 2^{i-1} \cdot L, & i \in \{m, m+1\} \ 且 \ |M_m^*| = n \\ 7^2 \cdot 2^{i-1} \cdot L, & i \in \{m, m+1\} \ 且 \ |M_m^*| < n \\ 2^i \cdot L, & \text{其他} \end{cases}$$

$$\Delta_{C,i}=\begin{cases} 3^2 \cdot 7 \cdot 2^{i-1} \cdot L, & i\in\{m,m+1\}\text{且}|M_m^*|=n \\ 3^2 \cdot 7^2 \cdot 2^{i-1} \cdot L, & i\in\{m,m+1\}\text{且}|M_m^*|<n \\ 3^2 \cdot 2^i \cdot L, & \text{其他} \end{cases}$$

**2. COLM 的解密算法**

COLM 的解密算法由初始化、处理关联数据、解密、验证 4 个部分组成。记临时值为 $N$，关联数据为 $A$，任意长度的密文为 $C$。解密过程如下：

（1）初始化（与加密算法相同）。

（2）处理关联数据（与加密算法相同）。

（3）解密：

$C_1 C_2 \cdots C_m C_{m+1}^* \leftarrow_n C$

对 $i\leftarrow1,2,\cdots,m$，计算

$\qquad Y_i\leftarrow D_K(C_i\oplus\Delta_{C,i})$

$\qquad (X_i,S_{i+a})\leftarrow\rho^{-1}(Y_i,S_{i+a-1})$

$\qquad M_i\leftarrow D_K(X_i)\oplus\Delta_{M,i}$

$M_m^*\leftarrow\mathrm{msb}_{|C_m^*|}(M_1\oplus M_2\oplus\cdots\oplus M_{m-1}\oplus M_m)$

（4）验证。

令 $M_{m+1}\leftarrow\mathrm{Pad}_n(M_m^*)$

计算

$\qquad X_{m+1}\leftarrow E_K(M_{m+1}\oplus\Delta_{M,m+1})$

$\qquad (Y_{m+1},S_{m+a+1})\leftarrow\rho(X_{m+1},S_{m+a})$

$\qquad C_{m+1}^{**}\leftarrow E_K(Y_{m+1})\oplus\Delta_{C,m+1}$

如果 $\mathrm{Pad}_n(C_m^*)=C_{m+1}^{**}$，则输出 $M_1 M_2\cdots M_m^*$；否则，输出 $\perp$。

**3. COLM 的安全性分析**

目前并没有对 COLM 的安全性的研究成果。对于 ELmD 算法，Bay 等人提出了通用伪造攻击，并在此基础上给出了密钥恢复攻击，可以将有效密钥长度降低至少 60 比特[414]。Zhang 等人在碰撞攻击的基础上对 ELmD 提出了几种攻击，包括通用伪造攻击与密钥恢复攻击，攻击复杂度接近生日界[415]。Lu 提出了一种针对 COPA 的超越生日界的（几乎）通用伪造攻击[416]。

## 5.2.5　OTR

OTR 的设计目标是使用小规模密码部件构建适用于多种应用平台的轻量级认证加密算法。OTR 的主要特点在于利用 Feistel 结构，消息分组两两一组调用两轮 Feistel 进行加解密，使得算法在加密和解密方向都无须逆向调用分组密码。此外，OTR 的底层分组密码调用可以达到比率 1 且可并行。

**1. OTR 的加密算法**

OTR 的加密算法由初始化、处理关联数据、加密、生成标签 4 个部分组成，其中处理关联数据与加密相互独立，如图 5-8 所示。AES-OTR 推荐使用 AES-128 或 AES-256 作为底层分组密码。此处以 AES-128（$n=128$）为例，密钥 $K$ 的长度 $k=n$，临时值 $N$ 的长度 $\eta=$

$3n/4$，标签 $T$ 的长度 $t=n$，要求总数据量小于或等于 $2^{n/2}$ 比特。记临时值为 $N$，关联数据为 $A$，任意长度的明文为 $M$。加密过程如下：

（1）初始化：

$L \leftarrow E_K(0)$

$R \leftarrow E_K(\mathrm{Pad}_n(N))$

（2）处理关联数据。

根据 $|A|$ 分两种情况：

若 $|A|=0$，则

  $\mathrm{Auth} \leftarrow 0^n$

若 $|A|>0$，则执行以下步骤：

  $S_0 \leftarrow 0^n$

  $\Delta_{A,1} \leftarrow 4L$

  $A_1 A_2 \cdots A_a \leftarrow_n A$

  对 $i \leftarrow 1,2,\cdots,a-1$，计算

   $S_i \leftarrow S_{i-1} \oplus E_K(A_i \oplus \Delta_{A,i})$

   $\Delta_{A,i+1} \leftarrow 2\Delta_{A,i}$

  $S_a \leftarrow S_{a-1} \oplus \mathrm{Pad}_n(A_a)$

  根据 $|A_a|$ 分两种情况：

  若 $|A_a|=n$，则

   $\mathrm{Auth} \leftarrow E_K(S_a \oplus \Delta_{A,a} \oplus 2L)$

  若 $|A_a|<n$，则

   $\mathrm{Auth} \leftarrow E_K(S_a \oplus \Delta_{A,a} \oplus L)$

（3）加密。

令 $\Sigma_0 \leftarrow 0^n$，$\Delta_{M,1} \leftarrow 4R$。

$M_1 M_2 \cdots M_m \leftarrow_n M$

对 $i \leftarrow 1,2,\cdots,\lfloor m/2 \rfloor - 1$，计算

  $C_{2i-1} \leftarrow E_K(M_{2i-1} \oplus \Delta_{M,i}) \oplus M_{2i}$

  $C_{2i} \leftarrow E_K(C_{2i-1} \oplus \Delta_{M,i} \oplus R) \oplus M_{2i-1}$

  $\Sigma_i \leftarrow \Sigma_{i-1} \oplus M_{2i}$

  $\Delta_{M,i+1} \leftarrow 2\Delta_{M,i}$

根据 $m$ 分两种情况：

若 $m$ 为偶数，则

  $Z \leftarrow E_K(M_{m-1} \oplus \Delta_{M,m/2})$

  $C_m \leftarrow M_m \oplus \mathrm{msb}_{|M_m|}(Z)$

  $C_{m-1} \leftarrow E_K(\mathrm{Pad}(C_m) \oplus \Delta_{M,m/2} \oplus R) \oplus M_{m-1}$

  $\Sigma_m \leftarrow \Sigma_{m-1} \oplus Z \oplus \mathrm{Pad}_n(C_m)$

  $\Delta_M^* \leftarrow \Delta_{M,m/2} \oplus R$

若 $m$ 为奇数，则

  $C_m \leftarrow M_m \oplus \mathrm{msb}_{|M_m|}(E_K(\Delta_{M,(m-1)/2}))$

$$\Sigma_m \leftarrow \Sigma_{m-1} \oplus \mathrm{Pad}_n(M_m)$$

$$\Delta_M^* \leftarrow \Delta_{M,(m-1)/2}$$

再根据 $|M_m|$ 分两种情况：

若 $|M_m| = n$ ，则

$$\mathrm{Final} \leftarrow E_K(3\Delta_M^* \oplus L \oplus \Sigma_m)$$

若 $|M_m| < n$ ，则

$$\mathrm{Final} \leftarrow E_K(3\Delta_M^* \oplus \Sigma_m)$$

（4）生成标签：

$$T \leftarrow \mathrm{msb}_t(\mathrm{Final} \oplus \mathrm{Auth})$$

最后，输出 $C_1 C_2 \cdots C_m \parallel T$ 。

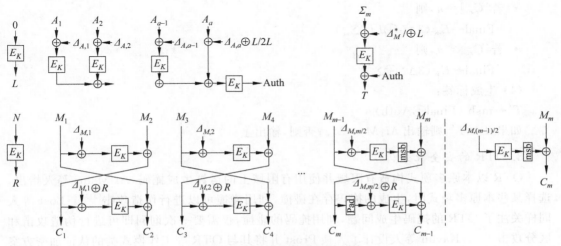

**图 5-8 OTR 的加密算法的结构**

### 2. OTR 的解密算法

OTR 的解密算法由初始化、处理关联数据、解密、验证标签 4 个部分组成。记临时值为 $N$ ，关联数据为 $A$ ，任意长度的密文为 $C$ ，标签为 $T$ 。解密过程如下：

（1）初始化（与加密算法相同）。

（2）处理关联数据（与加密算法相同）。

（3）解密。

令 $\Sigma_0 \leftarrow 0^n, \Delta_M \leftarrow 4R$ 。

$$C_1 C_2 \cdots C_m \leftarrow_n C$$

对 $i \leftarrow 1, 2, \cdots, \lfloor m/2 \rfloor - 1$ ，计算

$$M_{2i-1} \leftarrow E_K(C_{2i-1} \oplus \Delta_{M,i} \oplus R) \oplus C_{2i}$$

$$M_{2i} \leftarrow E_K(M_{2i-1} \oplus \Delta_{M,i}) \oplus C_{2i-1}$$

$$\Sigma_i \leftarrow \Sigma_{i-1} \oplus M_{2i}$$

$$\Delta_{M,i+1} \leftarrow 2\Delta_{M,i}$$

根据 $m$ 分两种情况：

若 $m$ 为偶数，则

$$M_{m-1} \leftarrow E_K(\mathrm{Pad}_n(C_m) \oplus \Delta_{M,m/2} \oplus R) \oplus C_{m-1}$$

$$Z \leftarrow E_K(M_{m-1} \oplus \Delta_{M,m/2})$$

$$M_m \leftarrow C_m \oplus \mathrm{msb}_{|M_m|}(Z)$$

$$\Sigma_m \leftarrow \Sigma_{m-1} \oplus Z \oplus \mathrm{Pad}_n(C_m)$$

$$\Delta_M^* \leftarrow \Delta_{M,m/2} \oplus R$$

若 $m$ 为奇数,则

$$M_m \leftarrow C_m \oplus \mathrm{msb}_{|C_m|}(E_K(\Delta_{M,(m-1)/2}))$$

$$\Sigma_m \leftarrow \Sigma_{m-1} \oplus \mathrm{Pad}_n(M_m)$$

$$\Delta_M^* \leftarrow \Delta_{M,(m-1)/2}$$

再根据 $|C_m|$ 分两种情况:

- 若 $|C_m| = n$,则

    $$\mathrm{Final} \leftarrow E_K(3\Delta_M^* \oplus L \oplus \Sigma_m)$$

- 若 $|C_m| < n$,则

    $$\mathrm{Final} \leftarrow E_K(3\Delta_M^* \oplus \Sigma_m)$$

(4)生成标签:

$$T' \leftarrow \mathrm{msb}_t(\mathrm{Final} \oplus \mathrm{Auth})$$

如果 $T = T'$,则输出 $M_1 M_2 \cdots M_m$;否则,输出 $\perp$。

**3. OTR 的安全性分析**

OTR 以本原多项式构造有限域并使用有限域上的运算生成掩码,Al Mahri 等人指出,选择某些本原多项式时,生成的掩码存在碰撞,利用碰撞可以进行伪造攻击[417]。Bost 等人同样关注了 OTR 的掩码生成问题,利用掩码的碰撞,仅需要一次询问即可进行伪造攻击和区分攻击[418]。Kavun 等人设计了置换 Prøst 并将其与 OTR 等工作模式类的认证加密方案相结合;Dobraunig 等人给出 Prøst-OTR 在相关密钥($K$, $K \oplus \Delta$)下的通用伪造攻击,攻击的计算复杂度可以忽略不计[419]。

## 5.2.6   COFB

COFB 由 Chakraborti 等人于 2017 年提出[420]。COFB 结合 GIFT 分组密码的实例 GIFT-COFB 是 NIST 轻量级密码标准项目征集的候选算法。COFB 的设计目标是降低存储空间。相较于采用 $n$ 比特分组密码的工作模式类算法,COFB 仅需要 $n/2$ 比特状态作为掩码。在结构设计上,COFB 源于对反馈方式的探寻,综合反馈(combined feedback)将分组密码的输出和消息分组结合,得到密文分组和新的分组密码输入。

**1. COFB 的加密算法**

COFB 的加密算法由初始化、处理关联数据、加密、生成标签 4 个部分组成,如图 5-9 所示。COFB 要求总数据量小于或等于 $2^{n/2}$ 比特,临时值 $N$ 的长度 $\eta = n/2$,标签 $T$ 的长度 $t = n$。

记临时值为 $N$,关联数据为 $A$,任意长度的明文为 $M$。加密过程如下:

(1)初始化:

$$S_0 \leftarrow E_K(0^{n/2} \parallel N)$$

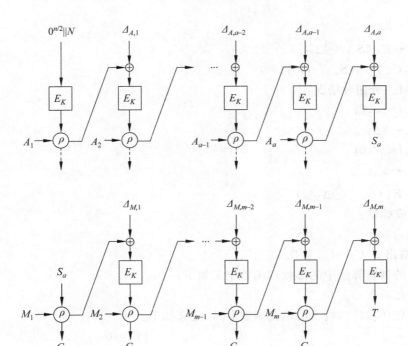

图 5-9 COFB 的加密算法的结构

$$S_{0,1}S_{0,2}S_{0,3}S_{0,4} \xleftarrow{n/4} S_0$$

$$\Delta_{A,0} \leftarrow S_{0,2} \parallel S_{0,3}$$

（2）处理关联数据：

$$A_1 A_2 \cdots A_a \xleftarrow{n} A$$

对 $i \leftarrow 1, 2, \cdots, a-1$，计算

$$(S_i^*, *) \leftarrow \rho(S_{i-1}, A_i)$$

$$\Delta_{A,i} \leftarrow 2\Delta_{A,i-1}$$

$$S_i \leftarrow E_K(S_i^* \overline{\oplus} \Delta_{A,i})$$

$$(S_a^*, *) \leftarrow \rho(S_{a-1}, A_a)$$

根据 $|A_a|$ 分两种情况：

若 $|A_a| = n$，则

$$\Delta_{A,a} \leftarrow 3\Delta_{A,a-1}$$

若 $|A_a| < n$，则

$$\Delta_{A,a} \leftarrow 3^2 \Delta_{A,a-1}$$

$$S_a \leftarrow E_K(S_a^* \overline{\oplus} \Delta_{A,a})$$

（3）加密：

$$M_1 M_2 \cdots M_m \xleftarrow{n} M$$

$$\Delta_{M,0} \leftarrow \Delta_{A,a}$$

对 $i \leftarrow 1, 2, \cdots, m-1$，计算

$$(S_{i+a}^*, C_i) \leftarrow \rho(S_{i+a-1}, M_i)$$

$$\Delta_{M,i} \leftarrow 2\Delta_{M,i-1}$$

$$S_{i+a} \leftarrow E_K(S_{i+a}^* \overline{\oplus} \Delta_{M,i})$$

$$(S_{m+a}^*, C_m) \leftarrow \rho(S_{m+a-1}, M_m)$$

根据 $|M_m|$ 分两种情况：

若 $|M_m| = n$，则

$$\Delta_{M,m} \leftarrow 3\Delta_{M,m-1}$$

若 $|M_m| < n$，则

$$\Delta_{M,m} \leftarrow 3^2\Delta_{M,m-1}$$

$$S_{m+a} \leftarrow E_K(S_{m+a}^* \overline{\oplus} \Delta_{M,m})$$

（4）生成标签：

$$T \leftarrow S_{m+a}$$

最后，输出 $C_1 C_2 \cdots C_m \parallel T$。

COFB 的加密算法中的参数和函数定义如下：

（1）填充函数。

对于 $Y \in \{0,1\}^{\leqslant n}$，特殊的填充函数 $\mathrm{Pad}^*$ 定义如下：

$$\mathrm{Pad}_n^*(Y) = \begin{cases} 0^n, & |Y| = 0 \\ Y \parallel 10^{n-1-|Y|}, & 0 < |Y| < n \\ Y, & |Y| = n \end{cases}$$

（2）扩展异或运算 $\underline{\oplus}$ 和 $\overline{\oplus}$。

对于长度可能不同的比特串 $X$ 和 $Y$，扩展异或运算定义如下：

$$X \underline{\oplus} Y = X[1..|Y|] \oplus Y$$

$$X \overline{\oplus} Y = X \underline{\oplus} (Y \parallel 0^{|X|-|Y|})$$

（3）线性混合函数 $\rho$。

一个二元线性函数由异或与有限域 $\mathrm{GF}(2^{n/2})$ 上的乘法组成，记作 $\rho:(S^*, U) \mapsto (S, V)$。对于输入的状态 $S \in \{0,1\}^n$ 和数据 $X \in \{0,1\}^{\leqslant n}$，$\rho$ 输出更新后的状态 $S' \in \{0,1\}^n$ 和数据 $Y \in \{0,1\}^{|X|}$。具体定义如下：

$$\rho(S,X) = (G \cdot S \oplus \mathrm{Pad}_n^*(X), S \underline{\oplus} X) \triangleq (S', Y)$$

其中，函数 $G:\{0,1\}^n \to \{0,1\}^n$ 定义如下：

对于 $X_1 X_2 X_3 X_4 \leftarrow_{n/4} X$，$G(X) = (X_1 \oplus X_4, X_1, X_2, X_3)$。

相应地，函数 $\rho^{-1}$ 定义如下：

$$\rho^{-1}(S', Y) = (G \cdot S' \oplus \mathrm{Pad}_n^*(S' \underline{\oplus} Y), S' \underline{\oplus} Y)$$

需要注意的是，函数 $\rho^{-1}$ 并不是真正意义上 $\rho$ 的逆函数，即 $\rho \circ \rho^{-1} \neq I$。

**2. COFB 的解密算法**

解密算法由初始化、处理关联数据、解密、验证标签 4 个部分组成。记临时值为 $N$，关联数据为 $A$，任意长度的密文为 $C$，标签为 $T$。解密过程如下：

（1）初始化（与加密算法相同）

（2）处理关联数据（与加密算法相同）。

（3）解密：

$$C_1 C_2 \cdots C_m \leftarrow_n C$$

$$\Delta_{M,0} \leftarrow \Delta_{A,a}$$

对 $i \leftarrow 1, 2, \cdots, m-1$，计算

$$\quad (S_{i+a}^*, M_i) \leftarrow \rho^{-1}(S_{i+a-1}, C_i)$$

$$\quad \Delta_{M,i} \leftarrow 2\Delta_{M,i-1}$$

$$\quad S_{i+a} \leftarrow E_K(S_{i+a}^* \overline{\oplus} \Delta_{M,i})$$

$$(S_{m+a}^*, M_m) \leftarrow \rho^{-1}(S_{m+a-1}, C_m)$$

根据 $|C_m|$ 分两种情况：

若 $|C_m| = n$，则

$$\quad \Delta_{M,m} \leftarrow 3\Delta_{M,m-1}$$

若 $|C_m| < n$，则

$$\quad \Delta_{M,m} \leftarrow 3^2 \Delta_{M,m-1}$$

$$S_{m+a} \leftarrow E_K(S_{m+a}^* \overline{\oplus} \Delta_{M,m})$$

（4）验证标签：

$$T' \leftarrow S_{m+a}$$

如果 $T = T'$，则输出 $M_1 M_2 \cdots M_m$；否则，输出 $\perp$。

**3. COFB 的安全性分析**

COFB 的设计者采用可调随机函数与综合反馈方式，提出了 COFB 的理想模式——iCOFB(idealized Combined FeedBack)。在此基础上，设计者提出了有限域 GF($2^{n/2}$)上的一种掩码构造方法，结合分组密码构造可调随机函数并嵌入 COFB 结构。COFB 设计者论证了 iCOFB 的可证明安全性，并将结果推广，说明了 COFB 的可证明安全性趋于 $O(2^{n/2}/n)$。

### 5.2.7　SUNDAE

SUNDAE 于 2018 年提出，其结合 GIFT 分组密码的实例 SUNDAE-GIFT 是 NIST 轻量级密码标准项目征集的候选算法。SUNDAE 采用先加密后认证的方式，采用分组密码迭代更新状态链值，将关联数据与消息逐个分组异或到状态链值中，再将生成的链值作为密钥流用于加密。相比于 CLOC、JAMBU、COFB 等算法，SUNDAE 所需的存储空间更小，仅包含一个分组的状态链值，不需要额外的存储空间。由于 SUNDAE 算法采用 Two-pass 且串行的结构，运行效率较低。但作为一个确定性的认证加密（Deterministic Authenticated Encryption，DAE）算法，SUNDAE 相较于 GCM-SIV 等在实现上更为高效。

**1. SUNDAE 的加密算法**

SUNDAE 的加密算法由初始化、处理关联数据、处理消息、加密、生成标签 5 个部分组成，如图 5-10 所示。采用填充方法 2，标签 $T$ 的长度 $t = n$。

记初始向量为 IV，关联数据为 $A$，任意长度的明文为 $M$。加密过程如下：

（1）初始化：

$$b_1 \leftarrow (|A| = 0 ? 0 : 1)$$

$$b_2 \leftarrow (|M| = 0 ? 0 : 1)$$

$$\text{IV} \leftarrow b_1 \parallel b_2 \parallel 0^{n-2}$$

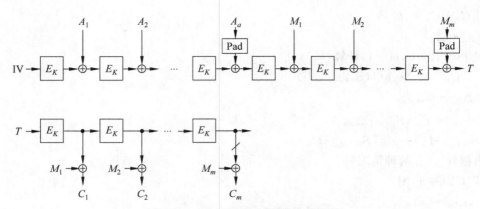

图 5-10　SUNDAE 的加密算法的结构

$S_0 \leftarrow E_K(\mathrm{IV})$

（2）处理关联数据（如果 $|A| \neq 0$）：

$A_1 A_2 \cdots A_a \leftarrow_n A$

对 $i \leftarrow 1,2,\cdots,a-1$，计算

$\quad S_i \leftarrow E_K(S_{i-1} \oplus A_i)$

根据 $|A_a|$ 分两种情况：

若 $|A_a| = n$，则

$\quad S_a \leftarrow E_K(4 \cdot (S_{a-1} \oplus A_a))$

若 $|A_a| < n$，则

$\quad S_a \leftarrow E_K(2 \cdot (S_{a-1} \oplus \mathrm{Pad}_n(A_a)))$

（3）处理消息（如果 $|M| \neq 0$）：

$M_1 M_2 \cdots M_m \leftarrow_n M$

对 $i \leftarrow 1,2,\cdots,m-1$，计算

$\quad S_{i+a} \leftarrow E_K(S_{i+a-1} \oplus M_i)$

根据 $|M_m|$ 分两种情况：

若 $|M_m| = n$，则

$\quad S_{m+a} \leftarrow E_K(4 \cdot (S_{m+a-1} \oplus M_m))$

若 $|M_m| < n$，则

$\quad S_{m+a} \leftarrow E_K(2 \cdot (S_{m+a-1} \oplus \mathrm{Pad}_n(M_m)))$

（4）生成标签：

$T \leftarrow S_{m+a}$（若 $|A| > 0$ 且 $|M| = 0$，则 $T \leftarrow S_a$，仅输出 $T$）

（5）加密。

对 $i \leftarrow 1,2,\cdots,m-1$，计算

$\quad S_{i+m+a} \leftarrow E_K(S_{i+m+a-1})$

$\quad C_i \leftarrow S_{i+m+a} \oplus M_i$

$S_{2m+a} \leftarrow E_K(S_{2m+a-1})$

$C_m \leftarrow \mathrm{msb}_{|M_m|}(S_{2m+a}) \oplus M_m$

最后,输出 $C_1 C_2 \cdots C_m \parallel T$。

在 SUNDAE 的加密算法中,判断赋值函数 $(E)?a:b$ 根据事件 $E$ 的真值进行赋值,具体定义如下:

$$(E)?a:b = \begin{cases} a, & E \Rightarrow 1 \\ b, & E \Rightarrow 0 \end{cases}$$

其中,$E \Rightarrow 1$ 表示事件 $E$ 为真,$E \Rightarrow 0$ 表示事件 $E$ 为假。

**2. SUNDAE 的解密算法**

SUNDAE 的解密算法由初始化、处理关联数据、处理消息、解密、验证标签 5 个部分组成。记初始向量为 IV,关联数据为 $A$,任意长度的密文为 $C$,标签为 $T$。解密过程如下:

(1) 解密(如果 $|C| \neq 0$):

$C_1 C_2 \cdots C_m \leftarrow_n C$

$S_{m+a} \leftarrow T$

对 $i \leftarrow 1, 2, \cdots, m-1$,计算

　　$S_{i+m+a} \leftarrow E_K(S_{i+m+a-1})$

　　$M_i \leftarrow S_{i+m+a} \oplus C_i$

$S_{2m+a} \leftarrow E_K(S_{2m+a-1})$

$M_m \leftarrow \mathrm{msb}_{|C_m|}(S_{2m+a}) \oplus C_m$

$M \leftarrow M_1 M_2 \cdots M_m$

(2) 初始化(与加密算法相同)。

(3) 处理关联数据(与加密算法相同)。

(4) 处理消息(与加密算法相同)。

(5) 验证标签:

$T' \leftarrow S_{m+a}$(若 $|A| > 0$ 且 $|C| = 0$,则 $T' \leftarrow S_a$)

如果 $T = T'$,则输出 $M_1 M_2 \cdots M_m$;否则,输出 $\perp$。

**3. SUNDAE 的安全性**

SUNDAE 的安全性依赖于 SIV 结构的安全性,设计者给出了 SUNDAE 的安全性界,并指出底层分组密码可以由均匀分布随机函数(Uniformly distributed Random Function,URF)替代。

## 5.2.8　COMET

COMET 是 NIST 轻量级密码标准项目征集的候选算法,目前已进入第二轮评选。COMET 意为带认证标签的 CTR 模式(COunter Mode Encryption with authentication Tag),是 CTR 与 Beetle 的结合。在结构上,COMET 更像是增加了密钥编排的 CFB 模式,每次调用底层分组密码,均需要对上一次使用的密钥进行更新,以获得此次加密的密钥。除此之外,COMET 借鉴了 Beetle 的函数 $\rho$,使得每次生成的密文分组与更新后的状态不同。

**1. COMET 的加密算法**

COMET 的加密算法由初始化、处理关联数据、加密、生成标签 4 个部分组成,如图 5-11 所示。COMET 提供了分组长度 $n = 64$ 和 128 的两个实例,要求总数据量小于 $2^{n/2}$ 比特。

密钥长度 $k=128$，临时值 $N$ 的比特长度 $\eta=120(n=64$ 时$)$或 $128(n=128$ 时$)$，标签 $T$ 的比特长度 $t=n$。

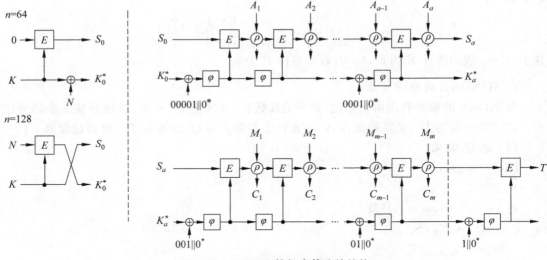

图 5-11　COMET 的加密算法的结构

记临时值为 $N$，关联数据为 $A$，任意长度的明文为 $M$。加密过程如下：

（1）初始化。

根据 $n$ 分两种情况：

若 $n=64$，则

$$S_0 \leftarrow E(K,0)$$

$$K_0^* \leftarrow K \oplus (N \parallel 0^{k-\eta})$$

若 $n=128$，则

$$S_0 \leftarrow K$$

$$K_0^* \leftarrow E(K,N)$$

（2）处理关联数据（如果 $|A| \neq 0$）：

$$A_1 A_2 \cdots A_a \leftarrow_n A$$

$$K_0 \leftarrow K_0^* \oplus (0^{k-5} \parallel 10000)$$

对 $i \leftarrow 1,2,\cdots,a-1$，计算

$$K_i \leftarrow \varphi(K_{i-1})$$

$$S_i^* \leftarrow E(K_i,S_{i-1})$$

$$(S_i,*) \leftarrow \rho(S_i^*,A_i)$$

根据 $|A_a|$ 分两种情况：

若 $|A_a|=n$，则

$$K_a^* \leftarrow \varphi(K_{a-1})$$

若 $|A_a|<n$，则

$$K_a^* \leftarrow \varphi(K_{a-1} \oplus (0^{k-4} \parallel 1000))$$

$$S_a^* \leftarrow E(K_a^*,S_{a-1})$$

$(S_a , *)\leftarrow\rho(S_a^* , A_a)$

（3）加密（如果 $|M|\neq0$）：

$M_1M_2\cdots M_m\leftarrow_nM$

$K_a\leftarrow K_a^* \oplus(0^{k-3} \parallel 100)$

对 $i\leftarrow1,2,\cdots,m-1$，计算

$\quad K_{i+a}\leftarrow\varphi(K_{i+a-1})$

$\quad S_{i+a}^*\leftarrow E(K_{i+a},S_{i+a-1})$

$\quad (S_{i+a},C_i)\leftarrow\rho(S_{i+a}^*,M_i)$

根据 $|M_m|$ 分两种情况：

若 $|M_m|=n$，则

$\quad K_{m+a}^*\leftarrow\varphi(K_{m+a-1})$

若 $|M_m|<n$，则

$\quad K_{m+a}^*\leftarrow\varphi(K_{m+a-1}\oplus(0^{k-2} \parallel 10))$

$S_{m+a}^*\leftarrow E(K_{m+a}^*,S_{m+a-1})$

$(S_{m+a},C_m)\leftarrow\rho(S_{m+a}^*,M_m)$

（4）生成标签：

$K_{m+a}\leftarrow K_{m+a}^* \oplus(0^{k-1} \parallel 1)$

$K_{m+a+1}\leftarrow\varphi(K_{m+a})$

$T\leftarrow E(K_{m+a+1},S_{m+a})$

最后，输出 $C_1C_2\cdots C_m \parallel T$。

COMET 的加密算法中的参数和函数定义如下：

（1）密钥更新函数 $\varphi$。

对于输入 $K\in\{0,1\}^k$，$\varphi$ 的具体定义如下：

$k_1k_2\leftarrow_{k/2}K$

$K'\leftarrow(k_1,\alpha \cdot k_2)$

最后输出 $K'$。

其中，$\alpha=2$，有限域 $\mathrm{GF}(2^{64})$ 的本原多项式为 $p(x)=x^{64}+x^4+x^3+x+1$。

（2）shuffle 函数。

对于输入的状态 $s\in\{0,1\}^n$，shuffle 函数的具体定义如下：

$(s_1,s_2,s_3,s_4)\leftarrow_{n/4}s$

$s_2^*\leftarrow s_2\ggg1$

$s'\leftarrow(s_3,s_4,s_2^*,s_1)$

最后输出 $s'$。

（3）线性混合函数 $\rho$。

类似于 Beetle 算法，可以将 COMET 中更新状态并处理输入数据的操作用一个二元线性函数描述：$\rho:(S^* ,U)\mapsto(S,V)$。其中，输入状态 $S^*\in\{0,1\}^n$ 和数据 $U\in\{0,1\}^{\leqslant n}$，输出更新后的状态 $S\in\{0,1\}^n$ 和数据 $V\in\{0,1\}^{|U|}$。$\rho$ 的具体定义如下：

$V\leftarrow\mathrm{msb}_{|U|}(\mathrm{shuffle}(S^*))\oplus U$

$S\leftarrow S^* \oplus\mathrm{Pad}_n(U)$

$\rho$ 的逆函数表示为 $\rho^{-1}:(S,U)\mapsto(S^*,V)$，定义如下：

$$U\leftarrow \mathrm{msb}_{|V|}(\mathrm{shuffle}(S^*))\oplus V$$

$$S\leftarrow S^*\oplus \mathrm{Pad}_n(U)$$

对应于算法描述中的符号，即 $\rho:(S_{i+a},M_i)\mapsto(S_{i+a},C_i)$。在处理关联数据阶段使用函数 $\rho$ 时，$V$ 不输出。

**2. COMET 的解密算法**

COMET 的解密算法由初始化、处理关联数据、解密、验证标签 4 个部分组成。记密钥为 $K$，临时值为 $N$，关联数据为 $A$，任意长度的密文为 $C$，标签为 $T$。解密过程如下：

（1）初始化（与加密算法相同）。

（2）处理关联数据（与加密算法相同）。

（3）解密：

$$C_1 C_2 \cdots C_m \leftarrow_n C$$

$$K_a \leftarrow K_a^* \oplus (0^{k-3} \parallel 100)$$

对 $i\leftarrow 1,2,\cdots,m-1$，计算

$$K_{i+a}\leftarrow\varphi(K_{i+a-1})$$

$$S_{i+a}^*\leftarrow E(K_{i+a},S_{i+a-1})$$

$$(S_{i+a},M_i)\leftarrow\rho^{-1}(S_{i+a}^*,C_i)$$

根据 $|C_m|$ 分两种情况：

若 $|C_m|=n$，则

$$K_{m+a}^*\leftarrow\varphi(K_{m+a-1})$$

若 $|C_m|<n$，则

$$K_{m+a}^*\leftarrow\varphi(K_{m+a-1}\oplus(0^{k-2}\parallel 10))$$

$$S_{m+a}^*\leftarrow E(K_{m+a}^*,S_{m+a-1})$$

$$(S_{m+a},M_m)\leftarrow\rho^{-1}(S_{m+a}^*,C_m)$$

（4）验证标签。

用与加密算法相同的方式生成标签 $T'$。

如果 $T=T'$，则输出 $M_1 M_2 \cdots M_m$；否则，输出 $\perp$。

**3. COMET 的安全性分析**

COMET 每次调用底层分组密码，均需要对上一次使用的密钥进行更新，以获得此次加密的密钥，此特点使得该算法可以通过降低状态规模和提高轻量化来实现性能。Mustafa 提出此类方案的统一模型并基于弱密钥给出一般攻击。对于此类方案，多密钥分析和单密钥分析的界限不是很严格，而且分析可以独立于种子密钥进行，有时会导致多密钥下的实际攻击。对于 COMET-128，如果有 $\mu$ 个用户，可以用复杂度为 $O(2^{64}/\mu)$ 的在线查询和复杂度为 $O(2^{64})$ 的离线查询恢复其中至少一个用户的密钥[421]。

### 5.2.9　mixFeed

mixFeed（minimally xored Feedback）是 NIST 轻量级密码标准项目征集的候选算法。在结构上，mixFeed 与 COMET 非常相近，均为增加了密钥编排的 CFB 模式，并且每次生成

的密文分组与更新后的状态不同。mixFeed 与 COMET 的主要差异在于并未单独设计密钥更新函数,而是直接利用底层分组密码的密钥扩展算法,在每次调用分组密码加密数据的同时,将经过(额外增加一轮的)密钥扩展算法处理的轮密钥作为更新后的密钥,用于下次分组密码调用的初始密钥。基于此设计特点,mixFeed 可以灵活地用于任意迭代型分组密码,并且在调用分组密码以外仅需少量的异或运算。

mixFeed 规定采用 AES′128 作为底层分组密码。AES′128 与 AES-128 的差别仅在于最后一轮采用了列混合运算。mixFeed 的标签长度、分组长度和密钥长度均为 128 比特,临时值 N 为 120 比特。

**1. mixFeed 的加密算法**

mixFeed 的加密算法由初始化、处理关联数据、加密、生成标签 4 个部分组成,如图 5-12 所示。记临时值为 $N$,关联数据为 $A$,任意长度的明文为 $M$。加密过程如下:

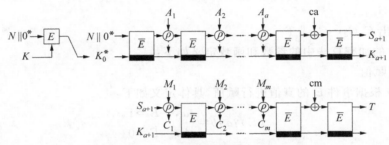

图 5-12　mixFeed 的加密算法的结构

(1) 初始化。

根据 $|A|$ 和 $|M|$ 的取值定义两个参数:

$ca \leftarrow (n \| A | \text{ and } |M| \leqslant n) ? 12 : 4 : 14 : 6$

$cm \leftarrow (n \| M |) ? 13 : 15$

若 $|A| = 0$ 且 $|M| = 0$,则直接跳至生成标签操作。

若 $|A| = 0$ 且 $|M| \neq 0$,则

$K_{a+1}^* \leftarrow E(K, N \| 0^7 1)$

$(K_{a+1}, S_{a+1}) \leftarrow \overline{E}(K_{a+1}^*, N \| 0^8)$

若 $|A| \neq 0$ 或 $|M| \neq 0$,则

$K_0^* \leftarrow E(K, N \| 0^8)$

$(K_0, S_0) \leftarrow \overline{E}(K_0^*, N \| 0^8)$

(2) 处理关联数据(如果 $|A| \neq 0$):

$A_1 A_2 \cdots A_a \leftarrow_n A$

对 $i \leftarrow 1, 2, \cdots, a$,计算

$(S_i^*, *) \leftarrow \rho(S_{i-1}, A_i)$

$(K_i, S_i) \leftarrow \overline{E}(K_{i-1}, S_i^*)$

$S_{a+1}^* \leftarrow S_a \oplus (0^{n-4} \| ca)$

$(K_{a+1}, S_{a+1}) \leftarrow \overline{E}(K_a, S_{a+1}^*)$

（3）加密（如果 $|M| \neq 0$）：

$M_1 M_2 \cdots M_m \leftarrow_n M$

对 $i \leftarrow 1, 2, \cdots, m$，计算

$\quad (S_{i+a+1}^*, C_i) \leftarrow \rho(S_{i+a}, M_i)$

$\quad (K_{i+a+1}, S_{i+a+1}) \leftarrow \bar{E}(K_{i+a}, S_{i+a+1}^*)$

$S_{m+a+2}^* \leftarrow S_{m+a+1} \oplus (0^{n-4} \parallel cm)$

$\quad (K_{m+a+2}, S_{m+a+2}) \leftarrow \bar{E}(K_{m+a+1}, S_{m+a+2}^*)$

（4）生成标签。

若 $|A| = 0$ 且 $|M| = 0$，则

$\quad\quad T \leftarrow E(K, N \parallel 0^6 10)$

若 $|A| \neq 0$ 或 $|M| \neq 0$，则

$\quad\quad T \leftarrow S_{m+a+2}$

最后，输出 $C_1 C_2 \cdots C_m \parallel T$。

mixFeed 的加密算法中的参数和函数定义如下：

（1）判断赋值。

$(E)?a:b$ 根据事件 $E$ 的真值进行赋值，具体定义如下：

$$(E)?a:b = \begin{cases} a, & E \Rightarrow 1 \\ b, & E \Rightarrow 0 \end{cases}$$

类似地，$(E_1 \text{ and } E_2)?a:b:c:d$ 根据事件 $E_1$ 和 $E_2$ 的真值进行赋值，具体定义如下：

$$(E_1 \text{ and } E_2)?a:b:c:d = \begin{cases} a, & E_1 \Rightarrow 1, E_2 \Rightarrow 1 \\ b, & E_1 \Rightarrow 1, E_2 \Rightarrow 0 \\ c, & E_1 \Rightarrow 0, E_2 \Rightarrow 1 \\ d, & E_1 \Rightarrow 0, E_2 \Rightarrow 0 \end{cases}$$

这里用 $E_i \Rightarrow 1$ 表示事件 $E_i$ 为真，用 $E_i = 0$ 表示事件 $E_i$ 为假。

（2）带密钥更新的分组密码 $\bar{E}$。

对于具有迭代型密钥扩展算法的分组密码 $E : \{0,1\}^k \times \{0,1\}^n \rightarrow \{0,1\}^n$，记其密钥扩展算法的轮变换为 $\mathrm{KS} : \{0,1\}^k \rightarrow \{0,1\}^k$。对于任意的密钥 $K \in \{0,1\}^k$ 和任意的输入分组 $X \in \{0,1\}^n$，有输出分组 $Y = E(K, X)$ 以及最后一轮的轮子密钥 $K^* = \mathrm{KS}^r(K)$，其中 $r$ 为迭代轮数。定义 $\bar{E} : \{0,1\}^k \times \{0,1\}^n \rightarrow \{0,1\}^k \times \{0,1\}^n$：

$\bar{E}(K, X) = (\mathrm{KS}(K^*), Y)$

（3）线性混合函数 $\rho$。

$\rho$ 是一个二元线性函数，对于输入的状态 $S \in \{0,1\}^n$ 和数据 $U \in \{0,1\}^{\leqslant n}$，输出更新后的状态 $S' \in \{0,1\}^n$ 和数据 $V \in \{0,1\}^{|U|}$。对于输入 $(S, U)$，函数 $\rho$ 具体定义如下：

$V \leftarrow U \oplus \mathrm{lsb}_{|U|}(S)$

$U^* \leftarrow \mathrm{msb}_{n/2}(\mathrm{Pad}_n(V)) \parallel \mathrm{lsb}_{n/2}(\mathrm{Pad}_n(U))$

$S' \leftarrow U^* \oplus S$

最后输出 $(S', V)$。

相应地，对于输入 $(S, U)$，函数 $\rho^{-1}$ 定义如下：

$$V \leftarrow U \oplus \mathrm{lsb}_{|U|}(S)$$

$$U^* \leftarrow \mathrm{msb}_{n/2}(\mathrm{Pad}_n(U)) \| \mathrm{lsb}_{n/2}(\mathrm{Pad}_n(V))$$

$$S' \leftarrow U^* \oplus S$$

最后输出 $(S', V)$。

需要注意的是,函数 $\rho^{-1}$ 并不是真正意义上的 $\rho$ 的逆函数,即 $\rho \circ \rho^{-1} \neq I$。

为了令函数 $\rho$ 的定义更加清晰,可以对 $|U|$ 的几种不同取值的情况分别化简:

当 $|U| \leqslant n/2$ 时:

$$V \leftarrow U \oplus \mathrm{lsb}_{|U|}(S)$$

$$S' \leftarrow \mathrm{Pad}_n(U) \oplus S$$

当 $n/2 < |U| < n$ 时:

$$V \leftarrow U \oplus \mathrm{lsb}_{|U|}(S)$$

$$S' \leftarrow \mathrm{Pad}_n(U) \oplus (\mathrm{msb}_{n-|U|}(S) \| 0^{|U|-n/2} \| \mathrm{lsb}_{n/2}(S))$$

当 $|U| = n$ 时:

$$V \leftarrow U \oplus S$$

$$S' \leftarrow U \oplus (0^{n/2} \| \mathrm{lsb}_{n/2}(S))$$

### 2. mixFeed 的解密算法

mixFeed 的解密算法由初始化、处理关联数据、解密、验证标签 4 个部分组成。记密钥为 $K$,临时值为 $N$,关联数据为 $A$,任意长度的密文为 $C$,标签为 $T$。解密过程如下:

(1) 初始化。

根据 $|A|$ 和 $|C|$ 的取值定义两个参数:

$$\mathrm{ca} \leftarrow (n \| A | \ \mathrm{and} \ |C| \leqslant n) ? 12 : 4 : 14 : 6$$

$$\mathrm{cm} \leftarrow (n \| C|) ? 13 : 15$$

若 $|A| = 0$ 且 $|C| = 0$,则直接跳至验证标签操作。

若 $|A| = 0$ 且 $|C| \neq 0$,则

$$K_{a+1}^* \leftarrow E(K, N \| 0^7 1)$$

$$(S_{a+1}, K_{a+1}) \leftarrow \bar{E}(K_{a+1}^*, N \| 0^8)$$

若 $|A| \neq 0$ 或 $|C| \neq 0$,则

$$K_0^* \leftarrow E(K, N \| 0^8)$$

$$(S_0, K_0) \leftarrow \bar{E}(K_0^*, N \| 0^8)$$

(2) 处理关联数据(如果 $|A| \neq 0$)(与加密算法相同)。

(3) 解密(如果 $|C| \neq 0$):

$$C_1 C_2 \cdots C_m \leftarrow {}_n C$$

$$K_a \leftarrow K_a^* \oplus (001 \| 0^{k-3})$$

对 $i \leftarrow 1, 2, \cdots, m$,计算

$$(S_{i+a+1}^*, M_i) \leftarrow \rho^{-1}(S_{i+a}, C_i)$$

$$(K_{i+a+1}, S_{i+a+1}) \leftarrow \bar{E}(K_{i+a}, S_{i+a+1}^*)$$

$$S_{m+a+2}^* \leftarrow S_{m+a+1} \oplus (0^{n-4} \| cm)$$

$$(K_{m+a+2}, S_{m+a+2}) \leftarrow \bar{E}(K_{m+a+1}, S_{m+a+2}^*)$$

（4）验证标签。

用与加密算法相同的方式生成标签 $T'$。

如果 $T = T'$，则输出 $M$；否则，输出 $\perp$。

3. mixFeed 的安全性分析

mixFeed 在处理每个消息的分组密码时都使用不同的密钥，可以用多密钥分析技术评估其单密钥安全性。Mustafa 分析了 AES 的密钥扩展算法的特点，指出 mixFeed 设计者的安全性声明过于乐观[421]。

## 5.3　基于置换的认证加密算法

在本节中，主要使用了如下符号与记号：

| | |
|---|---|
| $A$ | 关联数据。 |
| $M$ | 明文。 |
| $N$ | 临时值。 |
| $K$ | $k$ 比特的密钥。 |
| $C$ | 密文。 |
| $T$ | $t$ 比特的标签。 |
| $b$ | 置换的比特宽度。 |
| $r$ | 比率的比特长度。 |
| $c$ | 容量的比特长度，满足 $c = b - r$。 |
| $P$ | $b$ 比特的置换。 |
| $S$ | $b$ 比特的状态。 |
| $S_i$ | 第 $i$ 步（后）的状态。 |
| $\mathrm{Pad}_r$ | 填充函数。对于 $X \in \{0,1\}^*$ 且 $\lvert X \rvert \neq 0$，其定义如下： |

$$\mathrm{Pad}_r(X) = \begin{cases} X \parallel 10^{(-\lvert X \rvert - 1)\bmod r}, & \lvert X \rvert \bmod r \neq 0 \\ X, & \lvert X \rvert \bmod r = 0 \end{cases}$$

### 5.3.1　Ascon

Ascon 是 CAESAR 竞赛最终胜出的 7 个算法之一，它采用 MonkeyDuplex 结构，底层模块包括两个 320 比特的置换。它的设计目标是在保持速度和安全性的情况下，在硬件和软件方面实现低存储。Ascon 仅使用与、或、异或、非、比特移位等逻辑运算，从而有效降低了实现代价。Ascon 继承了 MonkeyDuplex 结构的特性，无须调用内部置换的逆变换。相对于其他采用海绵结构的算法，Ascon 通过初始化和末尾添加密钥，对状态恢复攻击表现得更为强壮，即，恢复出处理数据的秘密状态并不会直接导致恢复密钥攻击或通用伪造攻击。

Ascon 的置换比特宽度 $b = 320$，密钥长度 $k \leqslant 128$，临时值和标签的长度都为 $k$ 比特，$\omega_1$ 和 $\omega_2$ 分别是内部置换 $P_1$ 和 $P_2$ 的迭代轮数。在 Ascon 中，约定一个字（word）的长度为 64 比特。关于参数选取，设计者推荐 Ascon-128 取 $(k, r, \omega_1, \omega_2) = (128, 64, 12, 6)$，Ascon-128a 取 $(k, r, \omega_1, \omega_2) = (128, 128, 12, 8)$。

**1. Ascon 的加密算法**

Ascon 的加密算法由初始化、处理关联数据、加密、生成标签 4 个部分组成,如图 5-13 所示。记密钥为 $K$,临时值为 $N$,关联数据为 $A$,任意长度的明文为 $M$。加密过程如下:

(1) 初始化。

设定初始状态:

$$S_{-1} \leftarrow \mathrm{IV} \parallel K \parallel N$$
$$S_0 \leftarrow P_1(S_{-1}) \oplus (0^{320-k} \parallel K)$$

(2) 处理关联数据。

若关联数据 $A$ 为空串,则跳过处理关联数据的操作,否则执行以下步骤:

$$A_1 A_2 \cdots A_a \leftarrow_r A$$

对 $i \leftarrow 1, 2, \cdots, a-1$,计算

$$S_i \leftarrow P_2(S_{i-1} \oplus (A_i \parallel 0^c))$$
$$S_a^* \leftarrow P_2(S_{a-1} \oplus (\mathrm{Pad}_r(A_a) \parallel 0^c))$$
$$S_a \leftarrow S_a^* \oplus (0^{319} \parallel 1)$$

(3) 加密:

$$M_1 M_2 \cdots M_m \leftarrow_r M$$

对 $i \leftarrow 1, 2, \cdots, m-1$,计算

$$C_i \leftarrow \mathrm{msb}_r(S_{i+a-1}) \oplus M_i$$
$$S_{i+a} \leftarrow P_2(S_{i+a-1} \oplus (M_i \parallel 0^c))$$
$$C_m \leftarrow \mathrm{msb}_{|M_m|}(S_{m+a-1}) \oplus M_m$$
$$S_{m+a}^* \leftarrow S_{m+a-1} \oplus (\mathrm{Pad}_r(M_m) \parallel 0^c)$$

若 $|M_m| = r$,则

$$S_{m+a}^* \leftarrow P_2(S_{m+a}^*) \oplus 10^{319}$$

(4) 生成标签

$$S_{m+a} \leftarrow P_1(S_{m+a}^* \oplus (0^r \parallel K \parallel 0^{c-k}))$$
$$T \leftarrow \mathrm{lsb}_k(S_{m+a}) \oplus K$$

最后,输出 $C_1 C_2 \cdots C_m \parallel T$。

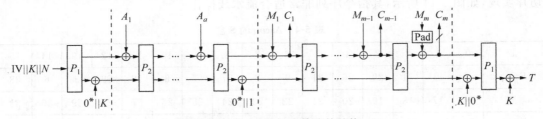

**图 5-13 Ascon 的加密算法的结构**

Ascon 的加密算法中的参数和函数定义如下:

(1) 初始值 IV。

$$\mathrm{IV} = k \parallel r \parallel \omega_1 \parallel \omega_2 \parallel 0^{288-2k} = \begin{cases} \mathtt{80400c0600000000}, & \text{Ascon-128} \\ \mathtt{80800c0800000000}, & \text{Ascon-128a} \end{cases}$$

（2）轮变换 $p$。

轮变换 $p$ 由子变换 $p_C$、$p_S$ 和 $p_L$ 组成：

$$p = p_L \circ p_S \circ p_C$$

Ascon 的两个内部置换 $P_1$ 和 $P_2$ 分别由轮变换 $p$ 经过 $\omega_1$ 和 $\omega_2$ 轮迭代得到。

在执行轮变换 $p$ 的过程中，320 比特的状态 $S$ 被划分成 5 个 64 比特：

$$S = x_0 \parallel x_1 \parallel x_2 \parallel x_3 \parallel x_4$$

$p_C$ 是常数加操作：

$$x_2 \leftarrow x_2 \oplus \mathrm{cst}_r$$

$P_1$ 使用轮常数 $\mathrm{cst}_r$，$P_2$ 使用轮常数 $\mathrm{cst}_{\omega_1 - \omega_2 + r}$，具体见表 5-3。

表 5-3　Ascon 的轮常数

| $\omega = 12$ | $\omega = 8$ | $\omega = 6$ | cst |
|---|---|---|---|
| 0 | | | 00000000000000000000f0 |
| 1 | | | 00000000000000000000e1 |
| 2 | | | 00000000000000000000d2 |
| 3 | | | 00000000000000000000c3 |
| 4 | 0 | | 00000000000000000000b4 |
| 5 | 1 | | 00000000000000000000a5 |
| 6 | 2 | 0 | 000000000000000000000096 |
| 7 | 3 | 1 | 000000000000000000000087 |
| 8 | 4 | 2 | 000000000000000000000078 |
| 9 | 5 | 3 | 000000000000000000000069 |
| 10 | 6 | 4 | 00000000000000000000005a |
| 11 | 7 | 5 | 00000000000000000000004b |

混淆层 $p_S$ 并行调用 64 个 5 比特 S 盒，S 盒的定义如表 5-4 所示。此 S 盒可以用比特切片实现，如图 5-14 所示，其指令序列非常适合流水线操作。

表 5-4　Ascon 的 S 盒

| $x$ | 0 | 1 | 2 | 3 | 4 | 5 | 6 | 7 | 8 | 9 | 10 | 11 | 12 | 13 | 14 | 15 |
|---|---|---|---|---|---|---|---|---|---|---|---|---|---|---|---|---|
| $S(x)$ | 4 | 11 | 31 | 20 | 26 | 21 | 9 | 2 | 27 | 5 | 8 | 18 | 29 | 3 | 6 | 28 |
| $x$ | 16 | 17 | 18 | 19 | 20 | 21 | 22 | 23 | 24 | 25 | 26 | 27 | 28 | 29 | 30 | 31 |
| $S(x)$ | 30 | 19 | 7 | 14 | 0 | 13 | 17 | 24 | 16 | 12 | 1 | 25 | 22 | 10 | 15 | 23 |

扩散层 $p_L$ 对 $x_i$ 分别应用线性函数 $\Sigma_i$：

$$x_i \leftarrow \Sigma_i(x_i), \quad 0 \leqslant i \leqslant 4$$

其中，函数 $\Sigma_i$ 定义如下：

$$\Sigma_0(x_0) = x_0 \oplus (x_0 \ggg 19) \oplus (x_0 \ggg 28)$$

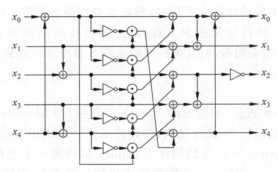

图 5-14　Ascon 的 S 盒

$$\Sigma_1(x_1) = x_1 \oplus (x_1 \ggg 61) \oplus (x_1 \ggg 39)$$
$$\Sigma_2(x_2) = x_2 \oplus (x_2 \ggg 1) \oplus (x_2 \ggg 6)$$
$$\Sigma_3(x_3) = x_3 \oplus (x_3 \ggg 10) \oplus (x_3 \ggg 17)$$
$$\Sigma_4(x_4) = x_4 \oplus (x_4 \ggg 7) \oplus (x_4 \ggg 41)$$

**2. Ascon 的解密算法**

Ascon 的解密算法由初始化、处理关联数据、解密和验证标签 4 个部分组成。记临时值为 $N$，关联数据为 $A$，密文为 $C$，标签为 $T$。解密过程如下：

（1）初始化（与加密算法相同）。

（2）处理关联数据（与加密算法相同）。

（3）解密：

$C_1 C_2 \cdots C_m \leftarrow_r C$

对 $i \leftarrow 1, 2, \cdots, m-1$，计算

$\quad M_i \leftarrow \mathrm{msb}_r(S_{i+a-1}) \oplus C_i$

$\quad S_{i+a} \leftarrow P_2(S_{i+a-1} \oplus (M_i \parallel 0^c))$

$M_m \leftarrow \mathrm{msb}_{|C_m|}(S_{m+a-1}) \oplus C_m$

$S_{m+a}^* \leftarrow S_{m+a-1} \oplus (\mathrm{Pad}_r(M_m) \parallel 0^c)$

若 $|C_m| = r$，则

$\quad S_{m+a}^* \leftarrow P_2(S_{m+a}^*) \oplus 10^{319}$

（4）验证标签

用与加密算法相同的方式生成标签 $T'$。

如果 $T = T'$，则输出 $M_1 M_2 \cdots M_m$；否则，输出 $\perp$。

**3. Ascon 的安全性分析**

Ascon 的结构安全性依赖于 MonkeyDuplex 结构，其安全性上界由状态的容量大小决定。Ascon 的设计者对它的安全性分析集中在底层置换，包括差分分析、线性分析、不可能差分分析等。2015 年，Ascon 的设计者指出，当初始化由 12 轮缩减为 6 轮时，Ascon-128 理论上存在密钥恢复攻击；当标签生成阶段缩减为 4 轮迭代时，Ascon-128 理论上存在伪造攻击。Ascon 的设计者给出了全 12 轮 Ascon 置换的零和区分器[422]。Li 等人延续了这一工作，对 7 轮初始化阶段和 5 轮加密阶段的简化版 Ascon 进行了分析并给出了相应的密钥恢

复攻击;对 6 轮的标签生成阶段建立了伪造,数据复杂度为 $2^{33[423]}$。Dobraunig 等人针对大状态模块设计了线性特征自动化搜索工具,对 Ⅰ 型特征的活跃 S 盒个数的分析结果与 Ascon 的设计者的分析结果相符,对 Ⅱ 型特征的活跃 S 盒搜索可达到 4 轮[405]。

### 5.3.2　Ketje

Ketje 采用 Keccak-$p$ 置换(缩减轮的 Keccak-$f$ 置换)和 MonkeyDuplex 结构。该算法的设计团队在 2011 年提出了 Duplex 结构,并设计了第一个采用该结构和置换的认证加密算法 SpongeWrap。MonkeyDuplex 结构作为 Duplex 结构的一个变种,其特性在于支持不同种类的调用;此外,MonkeyDuplex 结构的格式比特长度为 2,用以区分不同阶段。Ketje 的安全性依赖于临时值 $N$ 的唯一性。

Ketje 的置换比特宽度 $b \in \{200, 400, 800, 1600\}$,密钥长度 $k \leqslant 382$,临时值也为 $k$ 比特,比率 $r < 320$,每次截取的标签长度满足 $0 < \rho \leqslant b - 4$。Ketje 处理的消息与关联数据的总比特长度小于 $2^{90}$。关于参数选取,Ketje 的设计者给出了 4 组推荐[其中内部置换的迭代轮数取 $(\omega_1, \omega_2, \omega_3) = (12, 1, 6)$]:Ketje Jr 取 $(b, \rho) = (200, 16)$,Ketje Sr 取 $(b, \rho) = (400, 32)$,Ketje Minor 取 $(b, \rho) = (800, 128)$,Ketje Major 取 $(b, \rho) = (1600, 256)$。前三者适用于资源受限的轻量级需求,Ketje Major 适用于高性能应用需求。

#### 1. Ketje 的加密算法

Ketje 的加密算法由初始化、处理关联数据、加密、生成标签 4 个部分组成,如图 5-15 所示。记密钥为 $K$,临时值为 $N$,关联数据为 $A$,任意长度的明文为 $M$。加密过程如下:

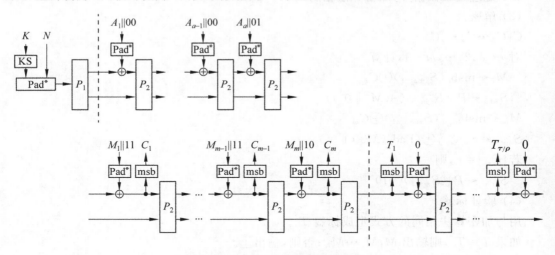

图 5-15　Ketje 的加密算法的结构

(1) 初始化:
$$K^* \leftarrow \mathrm{KS}(K, |K| + 16)$$
$$S_{-1} \leftarrow \mathrm{Pad}_b^*(K^* \parallel N)$$
$$S_0 \leftarrow P_1(S_{-1})$$

(2) 处理关联数据:
$$A_1 A_2 \cdots A_a \leftarrow_{r-4} A$$

对 $i \leftarrow 1, 2, \cdots, a-1$，计算

$\quad A_i^* \leftarrow \mathrm{Pad}_r^*(A_i \parallel 00)$

$\quad S_i \leftarrow P_2(S_{i-1} \oplus (A_i^* \parallel 0^c))$

$A_a^* \leftarrow \mathrm{Pad}_r^*(A_a \parallel 01)$

$S_a \leftarrow P_2(S_{a-1} \oplus (A_a^* \parallel 0^c))$

（3）加密：

$M_1 M_2 \cdots M_m \leftarrow_{r-4} M$

对 $i \leftarrow 1, 2, \cdots, m-1$，计算

$\quad C_i \leftarrow \mathrm{msb}_{|M_i|}(S_{i+a-1}) \oplus M_i$

$\quad M_i^* \leftarrow \mathrm{Pad}_r^*(M_i \parallel 11)$

$\quad S_{i+a} \leftarrow P_2(S_{i+a-1} \oplus (M_i^* \parallel 0^c))$

$C_m \leftarrow \mathrm{msb}_{|M_m|}(S_{m+a-1}) \oplus M_m$

$M_m^* \leftarrow \mathrm{Pad}_r^*(M_m \parallel 10)$

$S_{m+a} \leftarrow P_2(S_{m+a-1} \oplus (M_m^* \parallel 0^c))$

（4）生成标签：

$T_1 \leftarrow \mathrm{msb}_\rho(S_{m+a})$

对 $i \leftarrow 1, 2, \cdots, \lceil t/\rho \rceil - 1$，计算

$\quad S_{i+m+a} \leftarrow P_3(S_{i+m+a-1} \oplus (\mathrm{Pad}_r^*(0) \parallel 0^c))$

$\quad T_{i+1} \leftarrow \mathrm{msb}_\rho(S_{i+m+a})$

$T \leftarrow \mathrm{msb}_t(T_1 \parallel \cdots \parallel T_{\lceil t/\rho \rceil})$

最后，输出 $C_1 C_2 \cdots C_m \parallel T$。

Ketje 的加密算法中的参数和函数定义如下：

（1）填充函数 $\mathrm{Pad}^*$。

对于 $X \in \{0,1\}^*$ 且 $|X| \neq 0$，填充函数 $\mathrm{Pad}^*$ 定义如下。

$$\mathrm{Pad}_r^*(X) = X \parallel 10^{(-|X|-2) \bmod r} 1$$

（2）密钥包装函数 KS。

密钥包装函数用于以唯一的方式将密钥编码成输入串的前缀。对于密钥 $K, l$ 比特的密钥包装函数定义如下：

$$\mathrm{KS}(K, l) = [l/8]_8 \parallel \mathrm{Pad}_{l-8}(K)$$

其中，密钥 $K$ 的长度不大于 $l-9$ 比特，$l$ 是 8 的倍数并且不大于 2040。

（3）Keccak-$p$ 置换。

Keccak-$p$ 置换由它的宽度 $b$ 和底层置换的迭代轮数 $\omega$ 定义，记为 $p[b, \omega]$，其中 $b = 25 \times 2^i$ 且满足 $b \in \{200, 400, 800, 1600\}$。Keccak-$p$ 可以被描述为状态 $a$ 上的一个操作序列。这里 $a$ 是 GF[2] 上元素的三维矩阵，记为 $a[5, 5, w]$，其中 $w = 2^i$。

当宽度 $b$ 给定时，记底层置换为 $p$，轮数为 $\omega$ 的 Keccak-$p$ 置换记为 $p^w$。底层置换 $p$ 包含 5 步操作，定义如下：

$p = \iota \circ \chi \circ \pi \circ \rho \circ \theta$

$$\theta : a[x, y, z] \leftarrow a[x, y, z] + \sum_{y'=0}^{4} a[x-1, y', z] + \sum_{y'=0}^{4} a[x+1, y', z-1]$$

$$\rho : a[x,y,z] \leftarrow a[x,y,z-(t+1)(t+2)/2]$$

其中，$t$ 满足 $0 \leqslant t < 24$ 且 $\begin{bmatrix} 0 & 1 \\ 2 & 3 \end{bmatrix}^T \begin{bmatrix} 1 \\ 0 \end{bmatrix} = \begin{bmatrix} x \\ y \end{bmatrix}$ 或 $t = -1$（如果 $x=y=0$）。

$$\pi : a[x,y] \leftarrow a[x',y']$$

其中，$\begin{bmatrix} x \\ y \end{bmatrix} = \begin{bmatrix} 0 & 1 \\ 2 & 3 \end{bmatrix} \begin{bmatrix} x' \\ y' \end{bmatrix}$。

$$\chi : a[x] \leftarrow a[x] + (a[x+1]+1) a[x+2]$$

$$\iota : a \leftarrow a + \mathrm{RC}[i]$$

其中，$\mathrm{RC}[i][0,0,2^j-1] = \mathrm{rc}[j+7i]$，$0 \leqslant j \leqslant l$。

$$\mathrm{rc}[t] = (x^t \bmod x^8 + x^6 + x^5 + x^4 + 1) \bmod x$$

其中，轮序数 $i$ 取值为 $12+2l-\omega$ 到 $12+2l-1$。

（4）Ketje 的内部置换 $P_1$、$P_2$ 和 $P_3$。

Ketje 的内部置换 $P_1$、$P_2$ 和 $P_3$ 由 Keccak-$p$ 置换如下定义：

$$P_i = \pi \circ p^{\omega i} \circ \pi^{-1}, \quad i=1,2,3$$

其中，迭代轮数 $\omega_1=12$，$\omega_2=1$，$\omega_3=6$，$\pi$ 定义如上，$\pi^{-1}$ 是 $\pi$ 的逆。

**2. Ketje 的解密算法**

Ketje 的解密算法由初始化、处理关联数据、解密和验证标签 4 个部分组成。记临时值为 $N$，关联数据为 $A$，密文为 $C$，标签为 $T$。解密过程如下：

（1）初始化（与加密算法相同）。

（2）处理关联数据（与加密算法相同）。

（3）解密：

$C_1 C_2 \cdots C_m \leftarrow_{r-4} C$

对 $i \leftarrow 1,2,\cdots,m-1$，计算

$\quad M_i \leftarrow \mathrm{msb}_{|C_i|}(S_{i+a-1}) \oplus C_i$

$\quad M_i^* \leftarrow \mathrm{Pad}_r^*(M_i \parallel 11)$

$\quad S_{i+a} \leftarrow P_2(S_{i+a-1} \oplus (M_i^* \parallel 0^c))$

$M_m \leftarrow \mathrm{msb}_{|C_m|}(S_{m+a-1}) \oplus C_m$

$M_m^* \leftarrow \mathrm{Pad}_r^*(M_m \parallel 10)$

$S_{m+a} \leftarrow P_2(S_{m+a-1} \oplus (M_m^* \parallel 0^c))$

（4）验证标签

用与加密算法相同的方式生成标签 $T'$。

如果 $T=T'$，则输出 $M_1 M_2 \cdots M_m$；否则，输出 $\perp$。

**3. Ketje 的安全性分析**

Ketje 的结构安全性依赖于 MonkeyDuplex 结构，其安全性上界由状态容量大小决定。Ketje 的 Keccak-$p$ 置换的安全性分析来自对杂凑函数 Keccak 的 Keccak-$f$ 置换的安全性分析。Dong 等人借鉴对 Keccak 系列算法的分析结果，结合分别征服方法，提出了针对初始化缩减轮 Ketje Sr 的类立方攻击[424]。在 Huang 等人的研究[425] 基础上，Li 等人提出了一个新的 MILP 模型，并将其应用于 Keccak 系列算法，对 7 轮 Ketje Minor 进行了密钥恢复

攻击[426]。

## 5.3.3　NORX

NORX 是 CAESAR 竞赛的候选算法,采用并行化的 MonkeyDuplex 结构和专门设计的置换,在加密和解密阶段同时有多个 MonkeyDuplex 结构并行,适用于在多核处理器上快速实现。NORX 的设计者将该算法采用的结构称为并行 Duplex。NORX 的置换借鉴了流密码算法 ChaCha 和杂凑函数 BLAKE,将其中的整数加运算替换为 $a \oplus b \oplus (a \wedge b) \ll 1$,以简化安全性分析并提高硬件实现效率。

NORX 约定一个字的长度为 $w$ 比特,其中 $w \in \{32, 64\}$。置换比特宽度 $b = 16w$,密钥长度 $k = 4w$,临时值也为 $k = 4w$,比率 $r \leqslant 16w$,标签长度 $t \leqslant 4w$,内部置换的迭代轮数满足 $1 \leqslant \omega \leqslant 63$,NORX 的并行维度 $\Pi$ 满足 $0 \leqslant \Pi \leqslant 255$。根据参数 $(w, \omega, \Pi, t)$ 的取值,将对应的算法称为 NORX$w$-$\omega$-$\Pi$-$t$,其中 $t = k$。NORX 的设计者推荐了 5 组参数:$(64, 4, 1, 256)$、$(32, 4, 1, 128)$、$(64, 6, 1, 256)$、$(32, 6, 1, 128)$ 和 $(64, 4, 4, 256)$。关于内部置换 $P$ 的参数 $(w, b, r, c)$,NORX 的设计者给出了两组推荐:$(32, 512, 384, 128)$ 和 $(64, 1024, 768, 256)$。

### 1. NORX 的加密算法

NORX 的加密算法由初始化、处理关联数据、加密、处理尾部和生成标签 5 个部分组成,如图 5-16 所示。记密钥为 $K$,临时值为 $N$,关联数据为 $A$,任意长度的明文为 $M$,尾部为 $Z$。加密过程如下:

(1) 初始化:

$S_{-2} \leftarrow P^2([0]_w \| \cdots \| [15]_w)$

$S_{-1} \leftarrow P^\omega((N \| K \| S_{-2}[8w+1, 16w]) \oplus (0^{12w} \| w \| \omega \| \Pi \| t))$

$S_0 \leftarrow S_{-1} \oplus (0^{12w} \| K)$

(2) 处理关联数据:

$A_1 A_2 \cdots A_a \leftarrow_r A$

对 $i \leftarrow 1, 2, \cdots, a-1$,计算

　　　$S_i^* \leftarrow P^\omega(S_{i-1} \oplus (0^{15w} \| [01]_w))$

　　　$S_i \leftarrow S_i^* \oplus (A_i \| 0^c)$

$S_a^* \leftarrow P^\omega(S_{a-1} \oplus (0^{15w} \| [01]_w))$

$S_a \leftarrow S_a^* \oplus (\text{Pad}_r^*(A_a) \| 0^c)$

若 $|A_a| = r$,则

　　　$S_a^* \leftarrow P^\omega(S_a \oplus (0^{15w} \| [01]_w))$

　　　$S_a \leftarrow S_a^* \oplus (10^{r-2}1 \| 0^c)$

(3) 加密。

首先为每个并行的分支设定初始状态:

若 $\Pi = 1$,则令 $\overline{S_a} \leftarrow S_a$;否则执行以下步骤

对 $j \leftarrow 1, 2, \cdots, \Pi$,计算

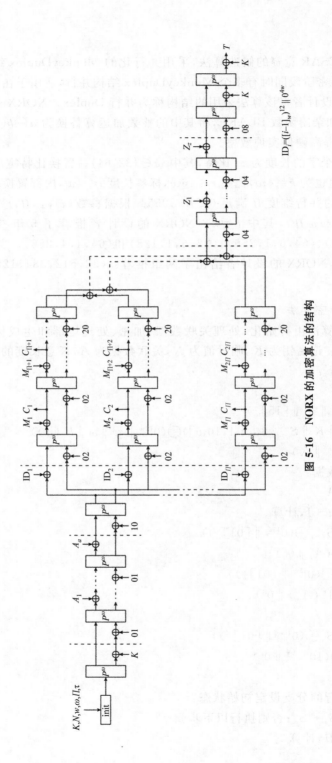

图 5-16　NORX 的加密算法的结构

$$S_{a+1}^* \leftarrow P^w(S_a \oplus (0^{15w} \parallel [10]_w))$$

$$\overline{S_j} \leftarrow S_{a+1}^* \oplus (([j-1]_w)^{12} \parallel 0^{4w})$$

然后划分明文：

$$M_1 M_2 \cdots M_m \leftarrow_r M$$

对 $i \leftarrow 1, 2, \cdots, m-1$，计算

$$j \leftarrow (i-1) \bmod \Pi + 1$$

$$\overline{S_j^*} \leftarrow P^w(\overline{S_j} \oplus (0^{15w} \parallel [02]_w))$$

$$\overline{S_j} \leftarrow \overline{S_j^*} \oplus (M_i \parallel 0^c)$$

$$C_i \leftarrow \mathrm{msb}_r(\overline{S_j})$$

$$j \leftarrow (m-1) \bmod \Pi + 1$$

$$\overline{S_j^*} \leftarrow P^w(\overline{S_j} \oplus (0^{15w} \parallel [02]_w))$$

$$\overline{S_j} \leftarrow \overline{S_j^*} \oplus (\mathrm{Pad}_r^*(M_m) \parallel 0^c)$$

$$C_m \leftarrow \mathrm{msb}_{|M_m|}(\overline{S_j})$$

若 $|M_m| = r$，则

$$j \leftarrow m \bmod \Pi + 1$$

$$\overline{S_j^*} \leftarrow P^w(\overline{S_j} \oplus (0^{15w} \parallel [02]_w))$$

$$\overline{S_j} \leftarrow \overline{S_j^*} \oplus (10^{r-2}1 \parallel 0^c)$$

加密完成后，将各分支的状态融合：

对 $j \leftarrow 1, 2, \cdots, \Pi$，计算

$$\overline{S_j^*} \leftarrow P^w(\overline{S_j} \oplus (0^{15w} \parallel [20]_w))$$

$$\widehat{S_0} \leftarrow \sum_{j=1}^{\Pi} \overline{S_j^*}$$

(4) 处理尾部：

$$Z_1 Z_2 \cdots Z_z \leftarrow_r Z$$

对 $i \leftarrow 1, 2, \cdots, z-1$，计算

$$\widehat{S_i^*} \leftarrow P^w(\widehat{S_{i-1}} \oplus (0^{15w} \parallel [04]_w))$$

$$\widehat{S_i} \leftarrow \widehat{S_i^*} \oplus (Z_i \parallel 0^c)$$

$$\widehat{S_z^*} \leftarrow P^w(\widehat{S_{z-1}} \oplus (0^{15w} \parallel [04]_w))$$

$$\widehat{S_z} \leftarrow \widehat{S_z^*} \oplus (\mathrm{Pad}_r^*(Z_z) \parallel 0^c)$$

若 $|Z_z| = r$，则

$$\widehat{S_z^*} \leftarrow P^w(\widehat{S_z} \oplus (0^{15w} \parallel [04]_w))$$

$$\widehat{S_z} \leftarrow \widehat{S_z^*} \oplus (10^{r-2}1 \parallel 0^c)$$

(5) 生成标签：

$$\widehat{S_{z+1}} \leftarrow P^w(\widehat{S_z} \oplus (0^{15w} \parallel [08]_w))$$

$$\widehat{S_{z+2}} \leftarrow P^w(\widehat{S_{z+1}} \oplus (0^{12w} \parallel K))$$

$$\widehat{S_{z+3}} \leftarrow \widehat{S_{z+2}} \oplus (0^{12w} \parallel K)$$

$$T \leftarrow \mathrm{lsb}_t(\widehat{S_{z+3}})$$

最后，输出 $C_1 C_2 \cdots C_m \parallel T$。

NORX 的加密算法中的参数和函数定义如下：

（1）填充函数 Pad*。

对于 $X \in \{0,1\}^{\leqslant r}$ 且 $|X| \neq 0$，填充函数 Pad* 定义如下：

$$\mathrm{Pad}_r^*(X) = \begin{cases} X \parallel 10^{r-2-|X|}1, & |X| < r \\ X, & |X| = r \end{cases}$$

NORX 限定输入的数据为整数个字节，因此划分后的得到 $M_m(A_a)$ 为整数个字节。对长度小于 $r$ 的 $M_m(A_a)$ 应用填充 $\mathrm{Pad}_r^*$ 时，不会发生填充后长度大于 $r$ 比特的情况。

（2）内部置换 $P^\omega$。

NORX 的内部置换 $P^\omega$ 由列变换 col 和对角线变换 diag 迭代 $\omega$ 轮实现，与 BLAKE 算法相似。当输入为 $S$（满足 $|S|=16w$）时，$P^\omega(S)$ 的操作描述如下：

对 $i \leftarrow 1, 2, \cdots, \omega$，计算 $S \leftarrow \mathrm{diag}(\mathrm{col}(S))$。

记 $s_0 s_1 \cdots s_{15} \leftarrow_w S$。列变换 col 定义如下：

$$(s_0, s_4, s_8, s_{12}) \leftarrow G(s_0, s_4, s_8, s_{12})$$
$$(s_1, s_5, s_9, s_{13}) \leftarrow G(s_1, s_5, s_9, s_{13})$$
$$(s_2, s_6, s_{10}, s_{14}) \leftarrow G(s_2, s_6, s_{10}, s_{14})$$
$$(s_3, s_7, s_{11}, s_{15}) \leftarrow G(s_3, s_7, s_{11}, s_{15})$$

对角线变换 diag 定义如下：

$$(s_0, s_5, s_{10}, s_{15}) \leftarrow G(s_0, s_5, s_{10}, s_{15})$$
$$(s_1, s_6, s_{11}, s_{12}) \leftarrow G(s_1, s_6, s_{11}, s_{12})$$
$$(s_2, s_7, s_8, s_{13}) \leftarrow G(s_2, s_7, s_8, s_{13})$$
$$(s_3, s_4, s_9, s_{14}) \leftarrow G(s_3, s_4, s_9, s_{14})$$

变换 col 和 diag 均调用了函数 $G$，函数 $G(a,b,c,d)$ 的操作描述如下：

$$a \leftarrow (a \oplus b) \oplus ((a \wedge b) \ll 1)$$
$$d \leftarrow (a \oplus d) \ggg r_0$$
$$c \leftarrow (c \oplus d) \oplus ((c \wedge d) \ll 1)$$
$$b \leftarrow (b \oplus c) \ggg r_1$$
$$a \leftarrow (a \oplus b) \oplus ((a \wedge b) \ll 1)$$
$$d \leftarrow (a \oplus d) \ggg r_2$$
$$c \leftarrow (c \oplus d) \oplus ((c \wedge d) \ll 1)$$
$$b \leftarrow (b \oplus c) \ggg r_3$$

最后输出 $(a, b, c, d)$。

其中，根据字的比特长度 $w$ 的选取，循环移位数 $(r_0, r_1, r_2, r_3)$ 取值不同。当 $w=32$ 时，取 $(r_0, r_1, r_2, r_3)=(8, 11, 16, 31)$；当 $w=64$ 时，取 $(r_0, r_1, r_2, r_3)=(8, 19, 40, 63)$。

## 2. NORX 的解密算法

NORX 的解密算法由初始化、处理关联数据、解密、处理尾部和验证标签 5 个部分组成。记临时值为 $N$，关联数据为 $A$，密文为 $C$，尾部为 $Z$，标签为 $T$。解密过程如下：

（1）初始化（与加密算法相同）。

（2）处理关联数据（与加密算法相同）。

（3）解密。

首先用与加密算法相同的方式为每个并行的分支设定初始状态。

然后填充并划分密文：

$C_1 C_2 \cdots C_m \leftarrow_r C$

对 $i \leftarrow 1, 2, \cdots, m-1$，计算

$\qquad j \leftarrow (i-1) \bmod \Pi + 1$

$\qquad \overline{S_j^*} \leftarrow P^\omega (\overline{S_j} \oplus (0^{15w} \parallel [02]_w))$

$\qquad M_i \leftarrow \mathrm{msb}_r(\overline{S_j}) \oplus C_i$

$\qquad \overline{S_j} \leftarrow \overline{S_j^*} \oplus (M_i \parallel 0^c)$

$j \leftarrow (m-1) \bmod \Pi + 1$

$\overline{S_j^*} \leftarrow P^\omega (\overline{S_j} \oplus (0^{15w} \parallel [02]_w))$

$M_m \leftarrow \mathrm{msb}_{|M_m|}(\overline{S_j}) \oplus C_m$

$\overline{S_j} \leftarrow \overline{S_j^*} \oplus (\mathrm{Pad}_r^*(M_m) \parallel 0^c)$

若 $|C_m| = r$，则

$\qquad j \leftarrow m \bmod \Pi + 1$

$\qquad \overline{S_j^*} \leftarrow P^\omega (\overline{S_j} \oplus (0^{15w} \parallel [02]_w))$

$\qquad \overline{S_j} \leftarrow \overline{S_j^*} \oplus (10^{r-2}1 \parallel 0^c)$

解密完成后，将各分支的状态融合（与加密算法相同）。

（4）处理尾部（与加密算法相同）。

（5）验证标签

用与加密算法相同的方式生成标签 $T'$。

如果 $T = T'$，则输出 $M_1 M_2 \cdots M_m$；否则，输出 $\perp$。

**3. NORX 的安全性分析**

NORX 的结构安全性依赖于 MonkeyDuplex 结构，当字的长度为 $w$ 比特时，NORX 的安全性等级约为 $4w$ 比特。NORX 的设计者对它的内部置换的安全性分析主要包括差分分析和代数分析。Huang 等人利用差分-线性分析方法给出了 NORX 内部置换的区分攻击，表明 NORX 的内部置换不是理想的[427]。Bagheri 等人分析了内部置换缩减为两轮的 NORX v2，给出了相应的恢复状态/密钥攻击[428]。Chaigneau 等人同样对 NORX v2 进行了分析，指出内部置换的某些特性导致算法存在全轮攻击[429]。

### 5.3.4　FIDES

FIDES 是一个面向硬件的轻量级认证加密算法，采用 MonkeyDuplex 结构和专门设计的内部置换。FIDES 仅需要 793GE 和 1001GE 就可分别提供 80 比特和 96 比特的安全性，远低于 Hummingbird-2 和 Garin-128a 的硬件实现面积。与一般 MonkeyDuplex 结构的算法不同，FIDES 使用非连续的比特位置进行吸收和榨取，以提高算法安全性。对于内部置

换中的 S 盒,FIDES 的设计者从差分分析和线性分析的角度选择了 5 比特的几乎 Bent 函数和 6 比特的 APN 函数。

FIDES 约定一个字的比特长度为 $w$,其中 $w\in\{5,6\}$。内部置换的比特宽度 $b=32w$,密钥长度 $k=16w$,临时值长度 $n=b-k$,比率 $r=2w$,标签长度为 $t$。关于参数选取,FIDES 的设计者推荐如下:FIDES-80 取 $(b,k,n,t,r)=(160,80,80,80,10)$;FIDES-96 取 $(b,k,n,t,r)=(192,96,96,96,12)$。

**1. FIDES 的加密算法**

FIDES 的加密算法由初始化、处理关联数据、加密和生成标签 4 个部分组成,如图 5-17 所示。记密钥为 $K$,临时值为 $N$,关联数据为 $A$,任意长度的明文为 $M$。加密过程如下:

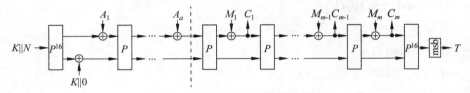

图 5-17　FIDES 的加密算法的结构

（1）初始化:
$$S_{-1}\leftarrow p^{16}(K\parallel N)$$
$$S_0\leftarrow S_{-1}\oplus(0^r\parallel K\parallel 0^{c-16w})$$

（2）处理关联数据:
$$A_1A_2\cdots A_a\leftarrow_r \mathrm{Pad}_r^*(A)$$
$$S_1\leftarrow S_0\oplus(0^{24w}\parallel A_{1,1}\parallel 0^w\parallel A_{1,2}\parallel 0^{5w})$$

对 $i\leftarrow 2,3,\cdots,a$,计算
$$S_i^*\leftarrow p(S_{i-1})$$
$$S_i\leftarrow S_i^*\oplus(0^{24w}\parallel A_{i,1}\parallel 0^w\parallel A_{i,2}\parallel 0^{5w})$$

（3）加密
$$M_1M_2\cdots M_m\leftarrow_r \mathrm{Pad}_r^*(M)$$
对 $i\leftarrow 1,2,\cdots,m$,计算
$$S_{i+a}^*\leftarrow p(S_{i+a-1})$$
$$S_{i+a}\leftarrow S_{i+a}^*\oplus(0^{24w}\parallel M_{i,1}\parallel 0^w\parallel M_{i,2}\parallel 0^{5w})$$
$$C_i\leftarrow S_{i+a,25}\parallel S_{i+a,27}$$
$$C_m\leftarrow \mathrm{msb}_{|M_m|}(C_m)$$

（4）生成标签
$$S_{m+a+1}\leftarrow p^{16}(S_{m+a})$$
$$T\leftarrow \mathrm{msb}_t(S_{m+a+1})$$

最后,输出 $C_1C_2\cdots C_m\parallel T$。

原算法未对 $M_m(A_a)$ 为 $r$ 比特的情况给出(保持密文与明文长度相同的)定义。

FIDES 的加密算法中的参数和函数定义如下:

（1）填充函数 Pad*。

对于 $X \in \{0,1\}^*$ 且 $|X| \neq 0$，填充函数 Pad* 定义如下：

$$\mathrm{Pad}_r^*(X) = X \parallel 10^{(-|X|-1) \bmod r}$$

（2）底层置换 $p^\omega$。

FIDES 的底层置换 $p^\omega$ 由轮变换 $p$ 迭代 $\omega$ 轮实现。轮变换 $p$ 的设计采用宽轨迹策略，结构类似于 AES，每轮包含 S 盒替换（SB）、行移位（SR）、列混淆（MC）和常数加（CA）4 个操作，即

$$p = \mathrm{CA} \cdot \mathrm{MC} \cdot \mathrm{SR} \cdot \mathrm{SB}$$

$32w$ 比特的状态可以写作一个 $4 \times 8$ 的矩阵，每个单元包含 $w$ 比特。

（1）SB。每个 $w$ 比特字分别经 S 盒作用。FIDES-80 选用 5 比特 S 盒，如表 5-5 所示；FIDES-96 选用 6 比特 S 盒，如表 5-6 所示。

表 5-5　FIDES 的 5 比特 S 盒

| $x$ | 0 | 1 | 2 | 3 | 4 | 5 | 6 | 7 | 8 | 9 | 10 | 11 | 12 | 13 | 14 | 15 |
|---|---|---|---|---|---|---|---|---|---|---|---|---|---|---|---|---|
| $S(x)$ | 1 | 0 | 25 | 26 | 17 | 29 | 21 | 27 | 20 | 5 | 4 | 23 | 14 | 18 | 2 | 28 |
| $x$ | 16 | 17 | 18 | 19 | 20 | 21 | 22 | 23 | 24 | 25 | 26 | 27 | 28 | 29 | 30 | 31 |
| $S(x)$ | 15 | 8 | 6 | 3 | 13 | 7 | 24 | 16 | 30 | 9 | 31 | 10 | 22 | 12 | 11 | 19 |

表 5-6　FIDES 的 6 比特 S 盒

| $x$ | 0 | 1 | 2 | 3 | 4 | 5 | 6 | 7 | 8 | 9 | 10 | 11 | 12 | 13 | 14 | 15 |
|---|---|---|---|---|---|---|---|---|---|---|---|---|---|---|---|---|
| $S(x)$ | 54 | 0 | 48 | 13 | 15 | 18 | 35 | 53 | 63 | 25 | 45 | 52 | 3 | 20 | 33 | 41 |
| $x$ | 16 | 17 | 18 | 19 | 20 | 21 | 22 | 23 | 24 | 25 | 26 | 27 | 28 | 29 | 30 | 31 |
| $S(x)$ | 8 | 10 | 57 | 37 | 59 | 36 | 34 | 2 | 26 | 50 | 58 | 24 | 60 | 19 | 14 | 42 |
| $x$ | 32 | 33 | 34 | 35 | 36 | 37 | 38 | 39 | 40 | 41 | 42 | 43 | 44 | 45 | 46 | 47 |
| $S(x)$ | 46 | 61 | 5 | 49 | 31 | 11 | 28 | 4 | 12 | 30 | 55 | 22 | 9 | 6 | 32 | 23 |
| $x$ | 48 | 49 | 50 | 51 | 52 | 53 | 54 | 55 | 56 | 57 | 58 | 59 | 60 | 61 | 62 | 63 |
| $S(x)$ | 27 | 39 | 21 | 17 | 16 | 29 | 62 | 1 | 40 | 47 | 51 | 56 | 7 | 43 | 38 | 44 |

（2）SR。分别将第 $i$ 行循环左移 $\nu_i$ 个字，其中 $(v_1, v_2, v_3, v_4) = (0,1,2,7)$。

（3）MC。状态矩阵左乘以下矩阵：

$$\begin{bmatrix} 0 & 1 & 1 & 1 \\ 1 & 0 & 1 & 1 \\ 1 & 1 & 0 & 1 \\ 1 & 1 & 1 & 0 \end{bmatrix}$$

（4）CA。对状态异或预先定义的常数值。

**2. FIDES 的解密算法**

FIDES 的解密算法由初始化、处理关联数据、解密和验证标签 5 个部分组成。记临时值为 $N$，关联数据为 $A$，密文为 $C$，标签为 $T$。解密过程如下：

（1）初始化（与加密算法相同）。

（2）处理关联数据（与加密算法相同）。

（3）解密：

$C_1 C_2 \cdots C_m \leftarrow_r \mathrm{Pad}_r(C)$

对 $i \leftarrow 1, 2, \cdots, m$，计算

$$S_{i+a}^* \leftarrow p(S_{i+a-1})$$

$$M_i \leftarrow (S_{i+a,25}^* \| S_{i+a,27}^*) \oplus C_i$$

$$S_{i+a} \leftarrow S_{i+a}^* \oplus (0^{24w} \| M_{i,1} \| 0^w \| M_{i,2} \| 0^{5w})$$

$M_m \leftarrow \mathrm{msb}_{|M_m|}(M_m)$

（4）验证标签。

用与加密算法相同的方式生成标签 $T'$。

如果 $T = T'$，则输出 $M_1 M_2 \cdots M_m$；否则，输出 $\perp$。

**3. FIDES 的安全性分析**

Dinur 和 Jean 采用猜测确定方法给出了 FIDES 的恢复状态攻击，并指出在恢复中间状态的基础上可以伪造任意消息[430]。该攻击针对 FIDES 两个版本的时间复杂度分别为 $2^{75}$ 和 $2^{90}$，数据复杂度可忽略。

### 5.3.5　APE

APE 是第一个支持临时值重用的基于置换的认证加密算法。APE 的设计受到 SpongeWrap 的启发，但与之不同的是，APE 从状态中榨取密文，而不是生成密钥流用于加密。最初 APE 被认为在密钥不变的情况下，重复临时值也不会对其安全性造成威胁；但随后有人指出，存在简单的攻击使得恢复明文攻击的复杂度仅与状态中的比率大小相关。APE 仅在加密方向具有在线性，而在解密方向需要逆向操作，并且需要调用置换的逆运算。此外，APE 在处理消息末尾时使用了密文偷换技术。

在 CAESAR 竞赛中，APE 的设计者提出了 SPN 结构的置换 PRIMATE-80 和 PRIMATE-120，并将 APE 作为 PRIMATE 算法族的成员。PRIMATE-80 取 $(b, r, c) = (200, 40, 160)$，PRIMATE-120 取 $(b, r, c) = (280, 40, 240)$。相应地，采用 PRIMATE-80 的 APE 称为 APE-80，采用 PRIMATE-120 的 APE 称为 APE-120。

APE 的密钥长度 $k = c$，临时值的长度 $n = c/2$，标签长度 $t = c$。APE 约定一个字的长度为 5 比特。

**1. APE 的加密算法**

APE 的加密算法由初始化、处理关联数据、加密和生成标签 4 个部分组成，如图 5-18 所示。记密钥为 $K$，临时值为 $N$，关联数据为 $A$，任意长度的明文为 $M$。加密过程如下：

（1）初始化：

$S_{-n/r} \leftarrow 0^r \| K$

$N_1 N_2 \cdots N_{n/r} \leftarrow_r N$

对 $i \leftarrow 1, 2, \cdots, n/r$，计算

$$S_{i-n/r} \leftarrow P(S_{i-n/r-1} \oplus (N_i \| 0^c))$$

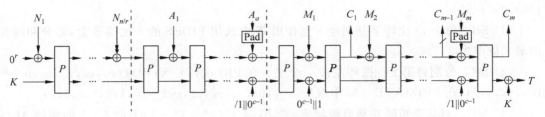

图 5-18   APE 的加密算法的结构

（2）处理关联数据：

$A_1 A_2 \cdots A_a \leftarrow_r A$

对 $i \leftarrow 1, 2, \cdots, a-1$，计算

$\quad S_i \leftarrow P(S_{i-1} \oplus (A_i \parallel 0^c))$

根据 $|A_a|$ 分两种情况：

若 $|A_a| = r$，则

$\quad S_a \leftarrow P(S_{a-1} \oplus (A_a \parallel 10^{c-1}))$

若 $|A_a| < r$，则

$\quad S_a \leftarrow P(S_{a-1} \oplus (\mathrm{Pad}_r(A_a) \parallel 0^c))$

（3）加密：

$S_{a+1} \leftarrow S_a \oplus (0^{b-1} \parallel 1)$

$M_1 M_2 \cdots M_m \leftarrow_r M$

对 $i \leftarrow 1, 2, \cdots, m-1$，计算

$\quad S_{i+a+1} \leftarrow P(S_{i+a} \oplus (M_i \parallel 0^c))$

$\quad C_i \leftarrow \mathrm{msb}_r(S_{i+a+1})$

$C_{m-1}^* \leftarrow \mathrm{msb}_{|M| \bmod r}(C_{m-1})$

根据 $|M_m|$ 分两种情况：

若 $|M_m| = r$，则

$\quad S_{m+a+1} \leftarrow P(S_{m+a} \oplus (M_m \parallel 10^{c-1}))$

若 $|M_m| < r$，则

$\quad S_{m+a+1} \leftarrow P(S_{m+a} \oplus (\mathrm{Pad}_r(M_m) \parallel 0^c))$

$C_m \leftarrow \mathrm{msb}_r(S_{m+a+1})$

（4）生成标签：

$T \leftarrow \mathrm{lsb}_c(S_{m+a+1}) \oplus K$

最后，输出 $C_1 \cdots C_{m-2} C_{m-1}^* C_m \parallel T$。

内部置换 $P$ 的设计参考了 FIDES，每轮包含 S 盒替换（SB）、行移位（SR）、列混淆（MC）和常数加（CA）4 个操作，即

$$p = \mathrm{CA} \circ \mathrm{MC} \circ \mathrm{SR} \circ \mathrm{SB}$$

PRIMATE-80 和 PRIMATE-120 的状态分别可以写作 $5 \times 8$ 的矩阵和 $7 \times 8$ 的矩阵，每个单元包含 5 比特。状态矩阵的第一行 $(a_{0,0}, a_{0,1}, a_{0,2}, a_{0,3}, a_{0,4}, a_{0,5}, a_{0,6}, a_{0,7})$ 取为比率，其他为容量。其中，$a_{i,j} = S_{8i+j+1}$，$0 \leqslant i \leqslant 4$（PRIMATE-80）或 $0 \leqslant i \leqslant 6$（PRIMATE-

120)，$0 \leqslant j \leqslant 7$。

（1）SB。每个 $w$ 比特字分别经 S 盒作用，S 盒选用 FIDES 的 5 比特 S 盒，差分和线性的最大概率为 $2^{-4}$。

（2）SR。分别将第 $i$ 行循环左移 $\nu_i$ 个字。在 PRIMATE-80 中取 $(\nu_1,\nu_2,\nu_3,\nu_4,\nu_5)=(0,1,2,4,7)$，在 PRIMATE-120 中取 $(\nu_1,\nu_2,\nu_3,\nu_4,\nu_5,\nu_6,\nu_7)=(0,1,2,3,4,5,7)$。

（3）MC。对状态矩阵左乘有限域 $F_{2^5} \cong F_2[x]/(x^5+x^2+1)$ 上的 $5 \times 5$ 的矩阵 $\boldsymbol{M}_{5 \times 5}$（PRIMATE-80）或 $7 \times 7$ 的矩阵 $\boldsymbol{M}_{7 \times 7}$（PRIMATE-120），$\boldsymbol{M}_{5 \times 5}$ 和 $\boldsymbol{M}_{7 \times 7}$ 具体如下：

$$\boldsymbol{M}_{5 \times 5}=\begin{bmatrix} 0 & 1 & 0 & 0 & 0 \\ 0 & 0 & 1 & 0 & 0 \\ 0 & 0 & 0 & 1 & 0 \\ 0 & 0 & 0 & 0 & 1 \\ 1 & 18 & 2 & 2 & 18 \end{bmatrix}, \quad \boldsymbol{M}_{7 \times 7}=\begin{bmatrix} 0 & 1 & 0 & 0 & 0 & 0 & 0 \\ 0 & 0 & 1 & 0 & 0 & 0 & 0 \\ 0 & 0 & 0 & 1 & 0 & 0 & 0 \\ 0 & 0 & 0 & 0 & 1 & 0 & 0 \\ 0 & 0 & 0 & 0 & 0 & 1 & 0 \\ 0 & 0 & 0 & 0 & 0 & 0 & 1 \\ 1 & 2 & 15 & 9 & 9 & 15 & 2 \end{bmatrix}$$

（4）CA。对每轮异或预先定义的常数值，常数值由 5 比特的 FibonacciLFSR 生成。

根据迭代的轮数和 LFSR 的初始值，APE 的设计者给出了 PRIMATE 的 4 个置换。APE 使用的 PRIMATE 置换的迭代轮数为 12，LFSR 的初始值为 1。

2. APE 的解密算法

APE 的解密算法由初始化、处理关联数据、解密和验证标签 4 个部分组成。记临时值为 $N$，关联数据为 $A$，密文为 $C$，标签为 $T$。解密过程如下：

（1）初始化（与加密算法相同）。

（2）处理关联数据（与加密算法相同）。

（3）解密：

$S_{a+1} \leftarrow S_a \oplus (0^{b-1} \parallel 1)$

$C_1 C_2 \cdots C_{m-1} C_m^* \leftarrow_r C$

$C_{m-1}^* \leftarrow \mathrm{msb}_{|C| \bmod r}(C_{m-1} C_m^*)$

$C_m \leftarrow \mathrm{lsb}_r(C_{m-1} C_m^*)$

$S_{m+a}^* \leftarrow P^{-1}(C_m \parallel (K \oplus T))$

$M_m \leftarrow \mathrm{msb}_{|C| \bmod r}(S_{m+a}^*) \oplus C_{m-1}^*$

若 $|C| \bmod r=0$，则

　　$S_{m+a}^* \leftarrow S_{m+a}^* \oplus (0^r \parallel 10^{c-1})$

$S_{m+a-1}^* \leftarrow P^{-1}(C_{m-1}^* \parallel \mathrm{lsb}_{b-|C_{m-1}|}(S_{m+a}^*))$

$M_{m-1} \leftarrow \mathrm{msb}_r(S_{m+a-1}^*) \oplus C_{m-2}$

对 $i \leftarrow m-2, m-3, \cdots, 1$，计算

$S_{i+a}^* \leftarrow P^{-1}(C_i \parallel \mathrm{lsb}_c(S_{i+a+1}^*))$

$M_i \leftarrow \mathrm{msb}_r(S_{i+a}^*) \oplus C_{i-1}$

（4）验证标签

如果 $S_{a+1}^* = S_{a+1}$，则输出 $M_1 M_2 \cdots M_m$；否则，输出 $\perp$。

3. APE 的安全性分析

APE 的设计者用可证明安全理论分析了 APE 的结构安全性,获得了与 Duplex 结构相似的结果,即其安全性由状态中的容量决定。相对于其他 Duplex 结构的算法,在临时值重用的情况下,APE 的设计者希望该算法仍能保持较强的安全性。但是 Rogaway 指出,APE 在临时值重用的情况下并不能达到其设计者所给出的安全强度,并给出了一个简单的攻击,说明针对 APE 的恢复明文攻击的复杂度仅为 $2^r$ 的常数倍[431]。Saha 等在临时值重用的情况下对 APE−80 进行了故障攻击,使用两次故障可以将密钥搜索空间从 $2^{160}$ 降到 $2^{25}$[432]。

### 5.3.6 Gimli

Gimli 是 NIST 轻量级密码标准项目征集的候选算法,基于置换和 Duplex 结构。它的设计目标是:在不同的应用环境中均具有较好的表现,包括轻量和非轻量的环境;具有跨平台应用的优势,可以用于高性能硬件、侧信道防护硬件、短消息、高安全层级等。

Gimli 的内部置换比特宽度 $b=384$,密钥长度 $k=256$,临时值、标签和比率长度均为 128 比特。

#### 1. Gimli 的加密算法

Gimli 的加密算法由初始化、处理关联数据、加密、生成标签四个部分组成。如图 5-19 所示。记密钥为 $K$,临时值为 $N$,关联数据为 $A$,任意长度的明文为 $M$。加密过程如下:

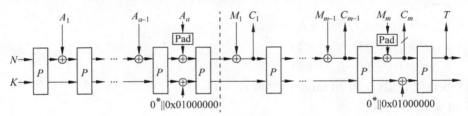

**图 5-19 Gimli 的加密算法的结构**

(1) 初始化。

设定初始状态:

$S_{-1} \leftarrow N \parallel K$

$S_0 \leftarrow P(S_{-1})$

(2) 处理关联数据:

$A_1 A_2 \cdots A_a \leftarrow_r A$

对 $i \leftarrow 1, 2, \cdots, a-1$,计算

$S_i \leftarrow P(S_{i-1} \oplus (A_i \parallel 0^c))$

$S_a^* \leftarrow S_{a-1} \oplus (0^{b-32} \parallel 0x01000000)$

$S_a \leftarrow P(S_a^* \oplus (\mathrm{Pad}_r(A_a) \parallel 0^c))$

(3) 加密:

$M_1 M_2 \cdots M_m \leftarrow_r M$

对 $i \leftarrow 1, 2, \cdots, m-1$,计算

$C_i \leftarrow \mathrm{msb}_r(S_{i+a-1}) \oplus M_i$

$$S_{i+a} \leftarrow P(S_{i+a-1} \oplus (M_i \parallel 0^c))$$

$$C_m \leftarrow \mathrm{msb}_{|M_m|}(S_{m+a-1}) \oplus M_m$$

$$S_{m+a}^* \leftarrow S_{m+a-1} \oplus (0^{b-32} \parallel 0x01000000)$$

$$S_{m+a} \leftarrow P(S_{m+a}^* \oplus (\mathrm{Pad}_r(M_m) \parallel 0^c))$$

（4）生成标签：

$$T \leftarrow \mathrm{msb}_t(S_{m+a})$$

最后，输出 $C_1 C_2 \cdots C_m \parallel T$。

该算法未定义填充规则，也未对最后一个分组的关联数据/明文的处理进行特别说明。

内部置换的状态大小为 384 比特，可视为 32 比特字的一个 $3 \times 4$ 矩阵，每列包含 96 比特，每行包含 128 比特。

内部置换包含 24 轮迭代变换。每轮包含 3 层操作：非线性层，即对每列应用 96 比特的 SP 盒；线性混合层，仅在偶数轮应用；常数加，仅在 4 的整数倍轮应用。对于任意的 384 比特状态 $S = (s_{i,j})_{3\times4}$，第 $\mathrm{rd}(\mathrm{rd}=1,2,\cdots,24)$ 轮的具体定义如下：

（1）非线性层（SP 盒）：

对 $j \leftarrow 0, 1, \cdots, 3$，计算

$$x \leftarrow s_{0,j} \lll 24$$

$$y \leftarrow s_{1,j} \lll 9$$

$$z \leftarrow s_{2,j}$$

$$s_{2,j} \leftarrow x \oplus (z \ll 1) \oplus ((y \wedge z) \ll 2)$$

$$s_{1,j} \leftarrow y \oplus x \oplus ((x \vee z) \ll 1)$$

$$s_{0,j} \leftarrow z \oplus y \oplus ((x \wedge y) \ll 3)$$

（2）线性混合层（仅当 $\mathrm{rd} \bmod 2 = 0$ 时）：

若 $\mathrm{rd} \bmod 4 = 0$，则

$$(s_{0,0}, s_{0,1}, s_{0,2}, s_{0,3}) \leftarrow (s_{0,1}, s_{0,0}, s_{0,3}, s_{0,2})$$

若 $\mathrm{rd} \bmod 4 = 2$，则

$$(s_{0,0}, s_{0,1}, s_{0,2}, s_{0,3}) \leftarrow (s_{0,2}, s_{0,3}, s_{0,0}, s_{0,1})$$

（3）常数加（仅当 $\mathrm{rd} \bmod 4 = 0$ 时）：

$$s_{0,0} \leftarrow s_{0,0} \oplus 0x9E377900 \oplus \mathrm{rd}$$

**2. Gimli 的解密算法**

Gimli 的解密算法由初始化、处理关联数据、解密、验证标签 4 个部分组成。记密钥为 $K$，临时值为 $N$，关联数据为 $A$，密文为 $C$。解密过程如下：

（1）初始化（与加密算法相同）。

（2）处理关联数据（与加密算法相同）。

（3）解密：

$$C_1 C_2 \cdots C_m \leftarrow_r C$$

对 $i \leftarrow 1, 2, \cdots, m-1$，计算

$$M_i \leftarrow \mathrm{msb}_r(S_{i+a-1}) \oplus C_i$$

$$S_{i+a} \leftarrow P(S_{i+a-1} \oplus (M_i \parallel 0^c))$$

$M_m \leftarrow \mathrm{msb}_{|C_m|}(S_{m+a-1}) \oplus C_m$

$S_{m+a}^* \leftarrow S_{m+a-1} \oplus (0^{b-32} \parallel 0\mathrm{x}01000000)$

$S_{m+a} \leftarrow P(S_{m+a}^* \oplus (\mathrm{Pad}_r(M_m) \parallel 0^c))$

（4）验证标签

用与加密算法相同的方式生成标签 $T'$。

如果 $T = T'$，则输出 $M_1 M_2 \cdots M_m$；否则，输出 $\perp$。

**3. Gimli 的安全性分析**

Gimli 的结构安全性依赖于 Duplex 结构。Gimli 的设计者的自评估集中于内部置换针对常见分析方法的安全性。对于 Gimli 的安全性目前没有公开的第三方评估。

### 5.3.7　ACE

ACE 是 NIST 轻量级密码标准项目征集的候选算法，采用 Duplex 结构，内部置换采用了不带密钥的缩减轮 Simeck 分组密码。ACE 的设计者同时提交了 WAGE 算法，它与 ACE 拥有相同的算法结构，差别在于 WAGE 的内部置换采用流密码设计思想，利用 Welch－Gong 置换（Welch-Gong Permutation，WGP）[433] 和 S 盒作为非线性组件，结合线性反馈移位寄存器以期获得良好的安全性和硬件实现性能。

ACE 的内部置换比特宽度 $b = 320$，密钥长度 $k = 128$，比率长度 $r = 64$，临时值和标签长度均为 128 比特。ACE 约定一个字的长度为 64 比特。

**1. ACE 的加密算法**

ACE 的加密算法由初始化、处理关联数据、加密、生成标签 4 个部分组成，如图 5-20 所示。

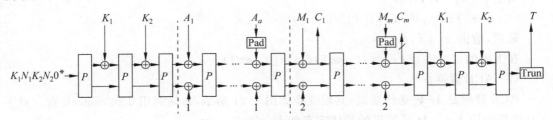

图 5-20　ACE 的加密算法的结构

记密钥为 $K$，临时值为 $N$，关联数据为 $A$，任意长度的明文为 $M$。加密过程如下：

（1）初始化。

设定初始状态：

$K_1 K_2 \leftarrow_r K, N_1 N_2 \leftarrow_r N$

$S_{-3} \leftarrow K_1 \parallel N_1 \parallel K_2 \parallel N_2 \parallel 0^r$

$S_{-2} \leftarrow P(S_{-3})$

对 $i \leftarrow 1, 2$，计算

$\qquad S_{i-2} \leftarrow P(S_{i-3} \oplus (K_i \parallel 0^c))$

（2）处理关联数据：

$A_1 A_2 \cdots A_a \leftarrow_r A$

对 $i \leftarrow 1,2,\cdots,a-1$，计算

$$S_i \leftarrow P(S_{i-1} \oplus (A_i \parallel 0^{c-2} \parallel 01))$$

$$S_a \leftarrow P(S_{a-1} \oplus (\mathrm{Pad}_r(A_a) \parallel 0^{c-2} \parallel 01))$$

（3）加密：

$$M_1 M_2 \cdots M_m \leftarrow_r M$$

对 $i \leftarrow 1,2,\cdots,m$，计算

$$C_i \leftarrow \mathrm{msb}_r(S_{i+a-1}) \oplus M_i$$

$$S_{i+a} \leftarrow P(S_{i+a-1} \oplus (M_i \parallel 0^{c-2} \parallel 10))$$

$$C_m \leftarrow \mathrm{msb}_{|M_m|}(S_{m+a-1}) \oplus M_m$$

$$S_{m+a} \leftarrow P(S_{m+a-1} \oplus (\mathrm{Pad}_r(M_m) \parallel 0^{c-2} \parallel 10))$$

（4）生成标签。

对 $i \leftarrow 1,2$，计算

$$S_{i+m+a} \leftarrow P(S_{i+m+a-1} \oplus (K_i \parallel 0^c))$$

$$S_{m+a+2,1} S_{m+a+2,2} S_{m+a+2,3} S_{m+a+2,4} S_{m+a+2,5} \leftarrow_r S_{m+a+2}$$

$$T \leftarrow S_{m+a+2,1} \parallel S_{m+a+2,3}$$

最后，输出 $C_1 C_2 \cdots C_m \parallel T$。

ACE 的加密算法中的参数和函数定义如下：

（1）Simeck 盒 SB-64。

采用不带密钥的缩减轮 Simeck 分组密码称为 Simeck 盒，其中分组长度为 64 比特。对于 64 比特的输入 $x$ 和 8 比特常数 $\mathrm{rc}=c_7 c_6 c_5 c_4 c_3 c_2 c_1 c_0$，SB-64 具体定义如下：

$$x_1 \parallel x_0 \leftarrow_{32} x$$

对于 $i \leftarrow 2,\cdots,9$，计算

$$x_i \leftarrow f(x_{i-1}) \oplus x_{i-2} \oplus (1^{31} \parallel c_{i-2})$$

最后，输出 $x_9 \parallel x_8$。

在上面的定义中，$f(x)=((x \lll 5) \,\&\, x) \oplus (x \lll 1)$。

（2）ACE 置换。

ACE 置换是 16 轮迭代变换，其轮变换如图 5-21 所示，每轮调用 3 次 Simeck 盒。对于 320 比特的输入 $s_0$，ACE 置换的具体定义如下：

$$(s_{0,1}, s_{0,2}, s_{0,3}, s_{0,4}, s_{0,5}) \leftarrow_{64} s_0$$

对于 $i \leftarrow 1,2,\cdots,16$，计算

$$s_{i,1}^* \leftarrow \mathrm{SB\text{-}64}(s_{i-1,1}, \mathrm{rc}_{i,0})$$

$$s_{i,3}^* \leftarrow \mathrm{SB\text{-}64}(s_{i-1,3}, \mathrm{rc}_{i,1})$$

$$s_{i,5}^* \leftarrow \mathrm{SB\text{-}64}(s_{i-1,5}, \mathrm{rc}_{i,2})$$

$$s_{i,2}^* \leftarrow s_{i-1,2} \oplus s_{i,3}^* \oplus (1^{56} \parallel \mathrm{sc}_{i,0})$$

$$s_{i,4}^* \leftarrow s_{i-1,4} \oplus s_{i,5}^* \oplus (1^{56} \parallel \mathrm{sc}_{i,1})$$

$$s_{i,5}^{**} \leftarrow s_{i,5}^* \oplus s_{i,1}^* \oplus (1^{56} \parallel \mathrm{sc}_{i,2})$$

$$(s_{i,1}, s_{i,2}, s_{i,3}, s_{i,4}, s_{i,5}) \leftarrow (s_{i,4}^*, s_{i,3}^*, s_{i,1}^*, s_{i,5}^{**}, s_{i,2}^*)$$

最后，输出 $(s_{16,1}, s_{16,2}, s_{16,3}, s_{16,4}, s_{16,5})$

在上面的定义中 $\mathrm{rc}_{i,j}$ 和 $\mathrm{sc}_{i,j}$（$i=1,2,\cdots,16$，$j=0,1,2$）均为 8 比特常数，具体如表 5-7

所示。

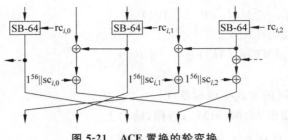

图 5-21　ACE 置换的轮变换

表 5-7　ACE 的常数 rc 和 sc

| $i$ | $(rc_{i,0}, rc_{i,1}, rc_{i,2})$ | $(sc_{i,0}, sc_{i,1}, sc_{i,2})$ |
| --- | --- | --- |
| 1 | (07,53,43) | (50,28,14) |
| 2 | (0A,5D,E4) | (5C,AE,57) |
| 3 | (9B,49,5E) | (91,48,24) |
| 4 | (E0,7F,CC) | (8D,C6,63) |
| 5 | (D1,BE,32) | (53,A9,54) |
| 6 | (1A,1D,4E) | (60,30,18) |
| 7 | (22,28,75) | (68,34,9A) |
| 8 | (F7,6C,25) | (E1,70,38) |
| 9 | (62,82,FD) | (F6,7B,BD) |
| 10 | (96,47,F9) | (9D,CE,67) |
| 11 | (71,6B,76) | (40,20,10) |
| 12 | (AA,88,A0) | (4F,27,13) |
| 13 | (2B,DC,B0) | (BE,5F,2F) |
| 14 | (E9,8B,09) | (5B,AD,D6) |
| 15 | (CF,59,1E) | (E9,74,BA) |
| 16 | (B7,C6,AD) | (7F,3F,1F) |

**2. ACE 的解密算法**

ACE 的解密算法由初始化、处理关联数据、解密、验证标签 4 个部分组成。记密钥为 $K$，临时值为 $N$，关联数据为 $A$，密文为 $C$，标签为 $T$。解密过程如下：

(1) 初始化（与加密算法相同）。

(2) 处理关联数据（与加密算法相同）。

(3) 解密：

$C_1 C_2 \cdots C_m \leftarrow_r C$

对 $i \leftarrow 1, 2, \cdots, m-1$，计算

$$M_i \leftarrow \mathrm{msb}_r(S_{i+a-1}) \oplus C_i$$
$$S_{i+a} \leftarrow P(S_{i+a-1} \oplus (M_i \parallel 0^{c-2} \parallel 10))$$
$$M_m \leftarrow \mathrm{msb}_{|C_m|}(S_{m+a-1}) \oplus C_m$$
$$S_{m+a} \leftarrow P(S_{m+a-1} \oplus (\mathrm{Pad}_r(M_m) \parallel 0^{c-2} \parallel 10))$$

（4）验证标签。

用与加密算法相同的方式生成标签 $T'$。

如果 $T = T'$，则输出 $M_1 M_2 \cdots M_m$；否则，输出 $\perp$。

**3. ACE 和 WAGE 的安全性分析**

ACE 和 WAGE 的结构安全性依赖于 Duplex 结构。ACE 和 WAGE 的设计者的自评估集中于内部置换针对常见分析方法的安全性。对于 ACE 和 WAGE 的安全性目前没有公开的第三方评估。

### 5.3.8　Beetle

Beetle 是 Chakraborti 等人于 2018 年提出的一种结构，设计者指出，选择 PHOTON 等轻量级杂凑函数的置换作为底层模块，用 Beetle 可以构造轻量级的认证加密算法。结合 PHOTON 的实例 PHOTON-Beetle 是 NIST 轻量级密码标准项目征集的候选算法。在 Duplex 的基础上，Beetle 在吸收和榨取中增加了一个简单的变换，使得密文分组与外部状态不同，从而提高了算法在应用中的安全性。

Beetle 的内部置换比特宽度 $b = 256$，密钥长度 $k = 128$，比率长度 $r = 128$ 或 32，临时值和标签长度均为 128 比特。

**1. Beetle 的加密算法**

加密算法由初始化、处理关联数据、加密、生成标签 4 个部分组成，如图 5-22 所示。记密钥为 $K$，临时值为 $N$，关联数据为 $A$，任意长度的明文为 $M$。加强过程如下：

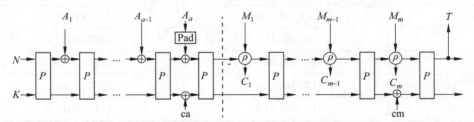

图 5-22　Beetle 的加密算法的结构

（1）初始化。

设定初始状态：

$$S_{-1} \leftarrow N \parallel K$$

若 $|A| = 0$ 且 $|M| = 0$，则

$$S_0 \leftarrow P(S_{-1} \oplus 1)$$

若 $|A| \neq 0$ 或 $|M| \neq 0$，则

$$S_0 \leftarrow P(S_{-1})$$

根据 $|A|$ 和 $|M|$ 的取值定义两个参数：

$\text{ca} \leftarrow (|M| \neq 0 \text{ and } |A| \bmod r = 0)?1:2:3:4$

$\text{cm} \leftarrow (|A| \neq 0 \text{ and } |M| \bmod r = 0)?1:2:5:6$

(2) 处理关联数据(如果 $|A| \neq 0$)：

$A_1 A_2 \cdots A_a \leftarrow_r A$

对 $i \leftarrow 1, 2, \cdots, a-1$，计算

$$S_i \leftarrow P(S_{i-1} \oplus (A_i \| 0^c))$$

$$S_a \leftarrow P(S_{a-1} \oplus (\text{Pad}_r(A_a) \| 0^c) \oplus \text{ca})$$

(3) 加密(如果 $|M| \neq 0$)：

$M_1 M_2 \cdots M_m \leftarrow_r M$

对 $i \leftarrow 1, 2, \cdots, m-1$，计算

$$S_{i+a-1,r} S_{i+a-1,c} \leftarrow S_{i+a-1}$$

$$(S^*_{i+a-1,r}, C_i) \leftarrow \rho(S_{i+a-1,r}, M_i)$$

$$S_{i+a} \leftarrow P(S^*_{i+a-1,r} \| S_{i+a-1,c})$$

$S_{m+a-1,r} S_{m+a-1,c} \leftarrow S_{m+a-1}$

$(S^*_{m+a-1,r}, C_m) \leftarrow \rho(S_{m+a-1,r}, M_m)$

$S_{m+a} \leftarrow P((S^*_{m+a-1,r} \| S_{m+a-1,c}) \oplus \text{cm})$

(4) 生成标签：

$T \leftarrow \text{msb}_r(S_{m+a})$

最后，输出 $C_1 C_2 \cdots C_m \| T$。

Beetle 的加密算法中的参数和函数定义如下：

(1) 线性混合函数 $\rho$。

一个二元线性函数，对于输入的状态 $S \in \{0,1\}^r$ 和数据 $U \in \{0,1\}^{\leqslant r}$，输出更新后的状态 $S' \in \{0,1\}^r$ 和数据 $V \in \{0,1\}^{|U|}$。对于输入 $(S, U)$，函数 $\rho$ 定义如下：

$S_1 \| S_2 \leftarrow_{r/2} S$

$V \leftarrow \text{msb}_{|U|}(S_2 \| (S_1 \ggg 1)) \oplus U$

$S' \leftarrow S \oplus \text{Pad}_r(U)$

最后输出 $(S', V)$。

相应地，对于输入 $(S, V)$，函数 $\rho^{-1}$ 定义如下：

$S_1 \| S_2 \leftarrow_{r/2} S$

$U \leftarrow \text{msb}_{|V|}(S_2 \| (S_1 \ggg 1)) \oplus V$

$S' \leftarrow S \oplus \text{Pad}_r(U)$

最后输出 $(S', U)$。

需要注意的是，函数 $\rho^{-1}$ 并不是真正意义上 $\rho$ 的逆函数，即 $\rho \circ \rho^{-1} \neq I$。

当 $U, V \in \{0,1\}^r$ 时，函数定义可以简化为

$$\rho(S, U) = (S \oplus U, (S_2 \| (S_1 \ggg 1)) \oplus U)$$

$$\rho^{-1}(S, V) = (S \oplus (S_2 \| (S_1 \ggg 1)) \oplus V, (S_2 \| (S_1 \ggg 1)) \oplus V)$$

(2) 判断赋值。

$(E_1 \text{ and } E_2)?a:b:c:d$ 根据事件 $E_1$ 和 $E_2$ 的真值进行赋值，具体定义如下：

$$
(E_1 \text{ and } E_2)?a:b:c:d = \begin{cases} a, & E_1 \Rightarrow 1 \text{ 且 } E_2 \Rightarrow 1 \\ b, & E_1 \Rightarrow 1 \text{ 且 } E_2 \Rightarrow 0 \\ c, & E_1 \Rightarrow 0 \text{ 且 } E_2 \Rightarrow 1 \\ d, & E_1 \Rightarrow 0 \text{ 且 } E_2 \Rightarrow 0 \end{cases}
$$

这里 $E_i \Rightarrow 1$ 表示事件 $E_i$ 为真，$E_i \Rightarrow 0$ 表示事件 $E_i$ 为假。

### 2. Beetle 的解密算法

Beetle 的解密算法由初始化、处理关联数据、解密、验证标签 4 个部分组成。记密钥为 $K$，临时值为 $N$，关联数据为 $A$，密文为 $C$，标签为 $T$。解密过程如下：

（1）初始化。

设定初始状态：

$S_{-1} \leftarrow N \parallel K$

若 $|A| = 0$ 且 $|C| = 0$，则

$\quad S_0 \leftarrow P(S_{-1} \oplus 1)$

若 $|A| \neq 0$ 或 $|C| \neq 0$，则

$\quad S_0 \leftarrow P(S_{-1})$

根据 $|A|$ 和 $|C|$ 的取值定义两个参数：

$\mathrm{ca} \leftarrow (|C| \neq 0 \text{ and } r \mid |A|)?1:2:3:4$

$\mathrm{cm} \leftarrow (|A| \neq 0 \text{ and } r \mid |C|)?1:2:5:6$

（2）处理关联数据（与加密算法相同）。

（3）解密（如果 $|C| \neq 0$）：

$C_1 C_2 \cdots C_m \leftarrow_r C$

对 $i \leftarrow 1, 2, \cdots, m-1$，计算

$\quad S_{i+a-1,r} S_{i+a-1,c} \leftarrow S_{i+a-1}$

$\quad (S^*_{i+a-1,r}, M_i) \leftarrow \rho^{-1}(S_{i+a-1,r}, C_i)$

$\quad S_{i+a} \leftarrow P(S^*_{i+a-1,r} \parallel S_{i+a-1,c})$

$S_{m+a-1,r} S_{m+a-1,c} \leftarrow S_{m+a-1}$

$(S^*_{m+a-1,r}, M_m) \leftarrow \rho^{-1}(S_{m+a-1,r}, C_m)$

$S_{m+a} \leftarrow P((S^*_{m+a-1,r} \parallel S_{m+a-1,c}) \oplus \mathrm{cm})$

（4）验证标签。

用与加密算法相同的方式生成标签 $T'$。

如果 $T = T'$，则输出 $M_1 M_2 \cdots M_m$；否则，输出 $\perp$。

### 3. Beetle 的安全性分析

借鉴 Jovanovic 等人对 Duplex 结构的机密性与完整性的安全性证明，设计者给出了 Beetle 作为认证加密算法的安全性证明，算法的安全界为 $\min\{c - \log_2 r, b/2, r\}$。这一结果弥补了文献[434]中的疏漏，与 Jovanovic 等人的修正结果大体一致，同时去除了对解密询问次数的限制，提高了算法完整性[396]。Beetle 的创新点在于函数 $\rho$，它使得生成的密文与更新后的状态不同。但需要注意的是，函数 $\rho$ 并不能掩藏状态。具体地说，已知一对明密文分组，即可计算对应的状态。

### 5.3.9 SCHWAEMM

SCHWAEMM 是 NIST 轻量级密码标准项目征集的候选算法，采用变体 Beetle 结构，对函数 $\rho$ 做了细微改动，并利用内部状态对外部状态进行比率白化。设计者指出，采用函数 $\rho$ 继承了 Beetle 相对于 Duplex 的完整性优势；比率白化的目的是保护外部状态不被攻击者获知，以抵御未知的可能攻击。SCHWAEMM 的置换为 SPARKLE 置换，借鉴了分组密码 SPARX 的长轨迹设计策略，并在混淆层使用基于 ARX 的 64 比特 S 盒。

SCHWAEMM 的内部置换比特宽度 $b$、比率 $r$、容量 $c$、密钥长度 $k$、标签长度 $t$ 以及置换的迭代轮数 $r_a$ 和 $r_b$ 如表 5-8 所示。

表 5-8　SCHWAEMMr 的参数

| SCHWAEMM 版本 | $b$ | $r$ | $c$ | $k$ | $t$ | $r_a$ | $r_b$ |
|---|---|---|---|---|---|---|---|
| SCHWAEMM192-192 | 384 | 192 | 192 | 192 | 192 | 11 | 7 |
| SCHWAEMM256-128 | 384 | 256 | 128 | 128 | 128 | 11 | 7 |
| SCHWAEMM128-128 | 256 | 128 | 128 | 128 | 128 | 10 | 7 |
| SCHWAEMM256-256 | 512 | 256 | 256 | 256 | 256 | 12 | 8 |

#### 1. SCHWAEMM 的加密算法

加密算法由初始化、处理关联数据、加密、生成标签 4 个部分组成，如图 5-23 所示。

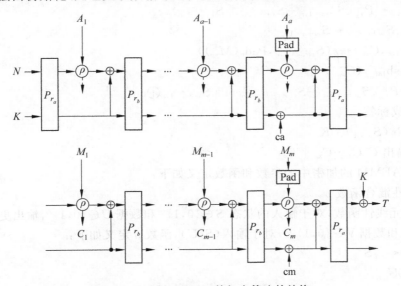

图 5-23　SCHWAEMM 的加密算法的结构

以 SCHWAEMM192-192 为例进行描述。记密钥为 $K$，临时值为 $N$，关联数据为 $A$，任意长度的明文为 $M$。加密过程如下：

（1）初始化。

设定初始状态：

$S_{-1} \leftarrow N \parallel K$

$S_0 \leftarrow P_{r_a}(S_{-1})$

根据 $|A|$ 和 $|M|$ 的取值定义两个参数：

$\mathrm{ca} \leftarrow (r \mid |A|)?0 \oplus (1 \ll 3):1 \oplus (1 \ll 3)$

$\mathrm{cm} \leftarrow (r \mid |M|)?2 \oplus (1 \ll 3):3 \oplus (1 \ll 3)$

（2）处理关联数据（如果 $|A| \neq 0$）：

$A_1 A_2 \cdots A_a \leftarrow_r A$

对 $i \leftarrow 1, 2, \cdots, a-1$，计算

$\qquad S_{i-1,r} S_{i-1,c} \leftarrow S_{i-1}$

$\qquad (S_{i-1,r}^*, *) \leftarrow \rho(S_{i-1,r}, A_i)$

$\qquad S_i \leftarrow P_{r_b}(S_{i-1,r}^* \oplus S_{i-1,c} \parallel S_{i-1,c})$

$S_{a-1,r} S_{a-1,c} \leftarrow S_{a-1}$

$(S_{a-1,r}^*, *) \leftarrow \rho(S_{a-1,r}, \mathrm{Pad}_r(A_a))$

$S_a \leftarrow P_{r_a}(S_{a-1,r}^* \oplus S_{a-1,c} \oplus \mathrm{ca} \parallel S_{a-1,c} \oplus \mathrm{ca})$

（3）加密（如果 $|M| \neq 0$）：

$M_1 M_2 \cdots M_m \leftarrow_r M$

对 $i \leftarrow 1, 2, \cdots, m-1$，计算

$\qquad S_{i+a-1,r} S_{i+a-1,c} \leftarrow S_{i+a-1}$

$\qquad (S_{i+a-1,r}^*, C_i) \leftarrow \rho(S_{i+a-1,r}, M_i)$

$\qquad S_{i+a} \leftarrow P_{r_b}(S_{i+a-1,r}^* \oplus S_{i+a-1,c} \parallel S_{i+a-1,c})$

$S_{m+a-1,r} S_{m+a-1,c} \leftarrow S_{m+a-1}$

$(S_{m+a-1,r}^*, C_m^*) \leftarrow \rho(S_{m+a-1,r}, \mathrm{Pad}_r(M_m))$

$C_m \leftarrow \mathrm{msb}_{|M_m|}(C_{mm}^*)$

$S_{m+a} \leftarrow P_{r_a}(S_{m+a-1,r}^* \oplus S_{m+a-1,c} \oplus \mathrm{cm} \parallel S_{m+a-1,c} \oplus \mathrm{cm})$

（4）生成标签：

$T \leftarrow \mathrm{msb}_t(S_{m+a}) \oplus K$

最后，输出 $C_1 C_2 \cdots C_m \parallel T$。

SCHWAEMM 的加密中的参数和函数定义如下：

（1）线性混合函数 $\rho$。

一个二元线性函数，对于输入的状态 $S \in \{0,1\}^r$ 和数据 $U \in \{0,1\}^r$，输出更新后的状态 $S' \in \{0,1\}^r$ 和数据 $V \in \{0,1\}^r$。对于输入 $(S, U)$，函数 $\rho$ 定义如下：

$S_1 \parallel S_2 \leftarrow_{r/2} S$

$V \leftarrow S \oplus U$

$S' \leftarrow (S_2 \parallel (S_1 \oplus S_2)) \oplus U$

最后输出 $(S', V)$。

相应地，对于输入 $(S, V)$，函数 $\rho^{-1}$ 定义如下：

$S_1 \parallel S_2 \leftarrow_{r/2} S$

$U \leftarrow S \oplus V$

$S' \leftarrow (S_2 \parallel (S_1 \oplus S_2)) \oplus V \oplus S$

最后输出$(S',U)$。

需要注意的是，函数$\rho^{-1}$并不是真正意义上的$\rho$的逆函数，即$\rho \circ \rho^{-1} \neq I$。

（2）SPARKLE 置换。

根据状态的大小，SPARKLE 置换族包含 SPARKLE256、SPARKLE384 和 SPARKLE512。此处以 SPARKLE384 为例介绍。

记$P_r$为包含$r$轮迭代的 SPARKLE 置换，采用 SPN 结构，由 ARX 盒$A$和线性扩散层$L$构成。其中，ARX 盒取代了通常 SPN 结构中 S 盒的位置。对于输入$(x_0,y_0,x_1,y_1,\cdots,x_5,y_5) \in \{\{0,1\}^{32}\}^{12}$，$P_r$的具体定义如下：

对于$i \leftarrow 0,1,\cdots,r-1$，计算

$$y_0 \leftarrow y_0 \oplus \mathrm{cn}_{i \bmod 8}$$
$$y_1 \leftarrow y_1 \oplus (i \bmod 2^{32})$$
$$(x_0,y_0) \leftarrow A_{\mathrm{cn0}}(x_0,y_0)$$
$$(x_1,y_1) \leftarrow A_{\mathrm{cn1}}(x_1,y_1)$$
$$(x_2,y_2) \leftarrow A_{\mathrm{cn2}}(x_2,y_2)$$
$$(x_3,y_3) \leftarrow A_{\mathrm{cn3}}(x_3,y_3)$$
$$(x_4,y_4) \leftarrow A_{\mathrm{cn4}}(x_4,y_4)$$
$$(x_5,y_5) \leftarrow A_{\mathrm{cn5}}(x_5,y_5)$$
$$(x_0,y_0,x_1,y_1,\cdots,x_5,y_5) \leftarrow L_6(x_0,y_0,x_1,y_1,\cdots,x_5,y_5)$$

输出$(x_0,y_0,x_1,y_1,\cdots,x_5,y_5)$。

其中，常数$(\mathrm{cn}_0,\mathrm{cn}_1,\cdots,\mathrm{cn}_7)$的十六进制表示如下：

| | | | |
|---|---|---|---|
| 0xB7E15162 | 0xBF715880 | 0x38B4DA56 | 0x324E7738 |
| 0xBB1185EB | 0x4F7C7B57 | 0xCFBFA1C8 | 0xC2B3293D |

（3）ARX 盒。

ARX 盒$A_{\mathrm{cn}}$是 64 比特变换，对于输入$(x,y) \in \{0,1\}^{32} \times \{0,1\}^{32}$，其具体定义如下：

$$x \leftarrow x + (y \ggg 31)$$
$$y \leftarrow y \oplus (x \ggg 24)$$
$$x \leftarrow x \oplus \mathrm{cn}$$
$$x \leftarrow x + (y \ggg 17)$$
$$y \leftarrow y \oplus (x \ggg 17)$$
$$x \leftarrow x \oplus \mathrm{cn}$$
$$x \leftarrow x + y$$
$$y \leftarrow y \oplus (x \ggg 31)$$
$$x \leftarrow x \oplus \mathrm{cn}$$
$$x \leftarrow x + (y \ggg 24)$$
$$y \leftarrow y \oplus (x \ggg 16)$$
$$x \leftarrow x \oplus \mathrm{cn}$$

输出$(x,y)$。

（4）线性扩散层。

SPARKLE 的线性扩散层 $L_{br}$ 源于 SPARK-128 的线性扩散层，其中 br 为分支数。此处以 br=6 为例。对于 $(x_0,y_0,x_1,y_1,\cdots,x_5,y_5)\in\{\{0,1\}^{32}\}^{12}$，$L_{br}$ 的具体定义如下：

$$(t_x,t_y)\leftarrow(x_0\oplus x_1\oplus x_2,y_0\oplus y_1\oplus y_2)$$

$$(t_x,t_y)\leftarrow((t_x\oplus(t_x\lll16))\lll16,(t_y\oplus(t_y\lll16))\lll16)$$

$$(y_3,y_4,y_5)\leftarrow(y_3\oplus y_0\oplus t_x,y_4\oplus y_1\oplus t_x,y_5\oplus y_2\oplus t_x)$$

$$(x_3,x_4,x_5)\leftarrow(x_3\oplus x_0\oplus t_y,x_4\oplus x_1\oplus t_y,x_5\oplus x_2\oplus t_y)$$

$$(x_0,x_1,x_2,x_3,x_4,x_5)\leftarrow(x_4,x_5,x_3,x_0,x_1,x_2)$$

$$(y_0,y_1,y_2,y_3,y_4,y_5)\leftarrow(y_4,y_5,y_3,y_0,y_1,y_2)$$

### 2. SCHWAEMM 的解密算法

SCHWAEMM 的解密算法由初始化、处理关联数据、解密、验证标签 4 个部分组成。记密钥为 $K$，临时值为 $N$，关联数据为 $A$，密文为 $C$，标签为 $T$。解密过程如下：

（1）初始化。

设定初始状态：

$S_{-1}\leftarrow N\parallel K$

$S_0\leftarrow P_{r_a}(S_{-1})$

根据 $|A|$ 和 $|C|$ 的取值定义两个参数：

$ca\leftarrow(r\ |\ |A|)?0\oplus(1\lll3):1\oplus(1\lll3)$

$cm\leftarrow(r\ |\ |C|)?2\oplus(1\lll3):3\oplus(1\lll3)$

（2）处理关联数据（与加密算法相同）。

（3）解密（如果 $|C|\neq0$）：

$C_1C_2\cdots C_m\leftarrow_r C$

对 $i\leftarrow1,2,\cdots,m-1$，计算

$\qquad S_{i+a-1,r}S_{i+a-1,c}\leftarrow S_{i+a-1}$

$\qquad(S^*_{i+a-1,r},M_i)\leftarrow\rho^{-1}(S_{i+a-1,r},C_i)$

$\qquad S_{i+a}\leftarrow P_{r_b}(S^*_{i+a-1,r}\oplus S_{i+a-1,c}\parallel S_{i+a-1,c})$

$S_{m+a-1,r}S_{m+a-1,c}\leftarrow S_{m+a-1}$

$(S^*_{m+a-1,r},M^*_m)\leftarrow\rho^{-1}(S_{m+a-1,r},\mathrm{Pad}_r(C_m))$

$S_{m+a}\leftarrow P_{r_a}(S^*_{m+a-1,r}\oplus S_{m+a-1,c}\oplus cm\parallel S_{m+a-1,c}\oplus cm)$

$M_m\leftarrow\mathrm{msb}_{|C_m|}(M^*_m)$

（4）验证标签。

用与加密算法相同的方式生成标签 $T'$。

如果 $T=T'$，则输出 $M_1M_2\cdots M_m$；否则，输出 $\perp$。

### 3. SCHWAEMM 的安全性分析

设计者认为 SCHWAEMM 的安全性与 Beetle 相当。额外增加的比率白化可以隐藏外部状态，虽然其作用难以说明，但设计者认为采用比率白化可以抵御未知的可能攻击。对于底层置换，设计者给出了一些常见分析方法的分析结果，包括扩散测试、差分分析、线性分析、飞去来器攻击、Yoyo 区分器、不可能差分分析、零相关线性分析、可分性和积分分析等，

并指出其选取的迭代轮数足够保证内部置换的安全性。

### 5.3.10 Xoodyak

Xoodyak 借鉴了全状态带密钥的 Duplex(Full-State Keyed Duplex,FSKD)结构[435],不区分外部状态与内部状态,而是根据状态大小对数据进行填充或截取。结合 Xoodyak 的参数取值,其整体结构仍表现为 MonkeyDuplex,仅在处理关联数据时以(几乎)全状态用于吸收。

Xoodyak 的置换比特宽度 $b=384$,密钥长度、临时值以及标签长度均为 128 比特,比率长度 $r$ 为 128+8(初始化阶段)或 192+8(加密/解密阶段)或 352+8(处理关联数据阶段),其中 8 比特用于填充。Xoodyak 约定基本的字符单位为字节,算法中所采用的标记(如'02')均为十六进制表示的字节。

**1. Xoodyak 的加密算法**

Xoodyak 的加密算法由初始化、处理关联数据、加密、生成标签 4 个部分组成,如图 5-24 所示。

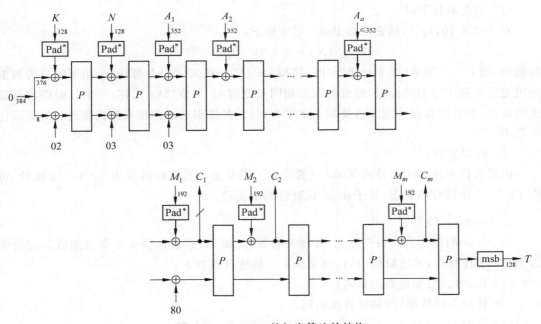

**图 5-24　Xoodyak 的加密算法的结构**

记密钥为 $K$,临时值为 $N$,关联数据为 $A$,任意长度的明文为 $M$。加密过程如下:

(1) 初始化:

$S_{-2} \leftarrow 0^{384}$

$S_{-1} \leftarrow P(S_{-2} \oplus (\mathrm{Pad}^*(K) \parallel \text{'02'}))$

$S_0 \leftarrow P(S_{-1} \oplus (\mathrm{Pad}^*(N) \parallel \text{'03'}))$

(2) 处理关联数据:

$A_1 A_2 \cdots A_a \leftarrow_{352} A$

$S_1 \leftarrow P(S_0 \oplus (\mathrm{Pad}^*(A_1) \parallel \text{'03'}))$

对 $i \leftarrow 2,3,\cdots,a$ ,计算

$$S_i \leftarrow P(S_{i-1} \oplus (\text{Pad}^*(A_i) \parallel \text{'00'}))$$

（3）加密：

$$M_1 M_2 \cdots M_m \leftarrow_{192} M$$

$$C_1 \leftarrow \text{msb}_{|M_1|}(S_a) \oplus M_1$$

$$S_{a+1} \leftarrow P(S_a \oplus (\text{Pad}^*(M_1) \parallel \text{'80'}))$$

对 $i \leftarrow 2,3,\cdots,m$ ,计算

$$C_i \leftarrow \text{msb}_{|M_i|}(S_{i+a-1}) \oplus M_i$$

$$S_{i+a} \leftarrow P(S_{i+a-1} \oplus (\text{Pad}^*(M_i) \parallel \text{'00'}))$$

（4）生成标签：

$$T \leftarrow \text{msb}_{128}(S_{m+a})$$

最后,输出 $C_1 C_2 \cdots C_m \parallel T$ 。

Xoodyak 的加密算法中的参数和函数定义如下：

（1）填充函数 $\text{Pad}^*$ 。

对于 $X \in \{0,1\}^{<l}$ ,填充函数 $\text{Pad}_l^*$ 定义如下：

$$\text{Pad}_l^*(X) = X \parallel \text{'10'} \parallel \text{'00'}^{l' - |X|_B - 1}$$

特别地,当 $l = 47$ 字节（即 376 比特）时,简写为 $\text{Pad}^*$ 。在 Xoodyak 算法中,用于吸收的数据经填充后连接 1 字节的标记,组成与状态相同长度的 48 字节（384 比特）的串。根据数据长度的设定,所有的数据均至少需要填充 2 字节,目的是抵御通过调整数据长度进行的异或伪造攻击。

（2）内部置换。

内部置换采用 384 比特的 Xoodoo 置换[436],其状态在运算时拆分为 $3 \times 4 \times 32$ 比特,可用 12 个 32 比特存储状态,易于在 32 位处理器上实现。

**2. Xoodyak 的解密算法**

Xoodyak 的解密算法由初始化、处理关联数据、解密、验证标签 4 个部分组成。记密钥为 $K$ ,临时值为 $N$ ,关联数据为 $A$ ,密文为 $C$ 。解密过程如下：

（1）初始化（与加密算法相同）。

（2）处理关联数据（与加密算法相同）。

（3）解密：

$$C_1 C_2 \cdots C_m \leftarrow_r C$$

$$M_1 \leftarrow \text{msb}_{|C_1|}(S_a) \oplus C_1$$

$$S_{a+1} \leftarrow P(S_a \oplus (\text{Pad}^*(M_1) \parallel \text{'80'}))$$

对 $i \leftarrow 2,3,\cdots,m$ ,计算

$$M_i \leftarrow \text{msb}_{|C_i|}(S_{i+a-1}) \oplus C_i$$

$$S_{i+a} \leftarrow P(S_{i+a-1} \oplus (\text{Pad}^*(M_i) \parallel \text{'00'}))$$

（4）验证标签。

用与加密算法相同的方式生成标签 $T'$ 。

如果 $T = T'$ ,则输出 $M$ ;否则,输出 $\perp$ 。

### 3. Xoodyak 的安全性分析

Xoodyak 的安全性声明源自 FSKD 的通用安全界。Xoodyak 的设计者声称：当对底层置换 Xoodoo 的询问次数远小于 $2^{128}$，且对 Xoodyak 的询问分组数远小于 $2^{64}$ 时，该算法是安全的；当限制攻击者无法获知外部状态，且临时值不重用时，可将对 Xoodyak 的询问分组数的上限提高至远小于 $2^{160}$。此外，Xoodyak 的设计者采取了一些措施使其能抵抗侧信道攻击，包括采用会话计数器限制攻击者进行差分能耗攻击以及提供了额外的密钥更新方法。

### 5.3.11 Subterranean

Subterranean 借鉴了 Keccak-p 和 Xoodoo 等算法以及 Duplex 结构的设计理念。Subterranean 并未采用类似于 Keccak 的三维状态，而是选用了类似于 belt-and-mill 中的 belt 的一维状态，牺牲了软件实现效率以换取硬件实现的轻量化。具体地，Subterranean 将 Duplex 的吸收与榨取操作对应的状态比特进行细化规定，并且用榨取数据两倍长度的状态相互异或以隐藏用于榨取的状态值。设计者将包含 Duplex 功能的模块称为 Subterranean duplex object，并在此基础上提出了 XOF 杂凑函数、deck 函数用于流密码和 MAC、SAE 认证加密。

Subterranean 的置换比特宽度 $b=257$，比率 $r=32$，密钥和临时值长度均为 128 比特。要求每次处理的总数据长度小于或等于 $2^{96}$ 比特。

#### 1. Subterranean 的加密算法

Subterranean 的加密算法由初始化、处理关联数据、加密、生成标签 4 个部分组成。记密钥为 $K$，临时值为 $N$，关联数据为 $A$，任意长度的明文为 $M$。加密过程如下：

（1）初始化。

首先，设定初始状态：

$S_0^* \leftarrow 0^b$

其次，吸收密钥、临时值：

$K_1 K_2 K_3 K_4 \leftarrow_r K$

对 $i \leftarrow 1, 2, \cdots, 4$，计算

$\qquad S_i^* \leftarrow \bar{P}(S_{i-1}^*, K_i)$

$N_1 N_2 N_3 N_4 \leftarrow_r N$

对 $i \leftarrow 1, 2, \cdots, 4$，计算

$\qquad S_{i+4}^* \leftarrow \bar{P}(S_{i+3}^*, N_i)$

再次，以吸收空串 $\varepsilon$ 进行 8 次迭代置换。

对 $i \leftarrow 1, 2, \cdots, 8$，计算

$\qquad S_{i+8}^* \leftarrow \bar{P}(S_{i+7}^*, \varepsilon)$

$S_0 \leftarrow S_{16}^*$

（2）处理关联数据

$A_1 A_2 \cdots A_a \leftarrow_r A$

对 $i \leftarrow 1, 2, \cdots, a$，计算

$\qquad S_i \leftarrow \bar{P}(S_{i-1}, A_i)$

（3）加密：

$M_1 M_2 \cdots M_m \xleftarrow{}_r M$

对 $i \leftarrow 1,2,\cdots,m-1$，计算

$\quad\quad C_i \leftarrow \mathrm{extract}(S_{i+a-1}) \oplus M_i$

$\quad\quad S_{i+a} \leftarrow \bar{P}(S_{i+a-1}, M_i)$

$C_m \leftarrow \mathrm{msb}_{|M_m|}(\mathrm{extract}(S_{m+a-1})) \oplus M_m$

$S_{m+a} \leftarrow \bar{P}(S_{m+a-1}, M_m)$

（4）生成标签。

对 $i \leftarrow 1,2,\cdots,8$，计算

$\quad\quad S_{i+m+a} \leftarrow \bar{P}(S_{i+m+a-1}, \varepsilon)$

对 $i \leftarrow 1,2,\cdots,4$，计算

$\quad\quad T_i \leftarrow \mathrm{extract}(S_{i+m+a+7})$

$\quad\quad S_{i+m+a+8} \leftarrow \bar{P}(S_{i+m+a+7}, \varepsilon)$

$T \leftarrow T_1 T_2 T_3 T_4$

最后，输出 $C_1 C_2 \cdots C_m \parallel T$。

Subterranean 的加密算法中的参数和函数定义如下：

（1）底层置换。

Subterranean 的底层置换仅包含一轮，也可称作 Subterranean 轮变换。置换 $P$ 的大小为 257 比特，由非线性函数 $\chi$、非对称变换 $\iota$、混合变换 $\theta$、比特换位 $\pi$ 复合而成，定义如下：

$$P = \pi \circ \theta \circ \iota \circ \chi$$

具体地，对于状态 $S = (s_0, s_1, \cdots, s_{256}) \in \{0,1\}^{257}$，以及所有 $i = 0,1,\cdots,256$，依次执行以下 4 个步骤：

$$\chi : s_i \leftarrow s_i + (s_{i+1}+1)s_{i+2}$$
$$\iota : s_i \leftarrow s_i + \delta_i$$
$$\theta : s_i \leftarrow s_i + s_{i+3} + s_{i+8}$$
$$\pi : s_i \leftarrow s_{12i}$$

其中，加法和乘法为有限域 GF(2) 上的运算；$\delta_i$ 为 Kronecker delta，即

$$\delta_i = \begin{cases} 1, & i=0 \\ 0, & \text{其他} \end{cases}$$

（2）更新及吸收函数 $\bar{P}$。

更新及吸收函数 $\bar{P}$ 包含调用一轮底层置换和将数据吸收进状态的操作。输入包括 257 比特状态 $S$ 和长度小于或等于 32 比特的数据 $X$。$\bar{P}$ 函数首先利用置换 $P$ 对状态进行一次更新，并将输入数据填充至 33 比特，然后将填充后的数据逐比特异或进状态的不同位置。$\bar{P}$ 的具体定义如下：

$(s_0, s_1, \cdots, s_{256}) \leftarrow P(S)$

$(x_0, x_1, \cdots, x_{32}) \leftarrow \mathrm{Pad}_{33}(X)$

对 $i \leftarrow 0,1,\cdots,32$，计算

$\quad\quad s^{*}_{12^4 i \bmod 257} \leftarrow s_{12^4 i \bmod 257} \oplus x_i$

输出 $S^* \leftarrow (s_0^*, s_1^*, \cdots, s_{256}^*)$

（3）榨取函数 extract。

榨取函数 extract 从 257 比特的状态 $S$ 中挑选 32 对比特位置 $(s_i, s_j)$，每对分别相加得到 32 比特的输出。extract 的具体定义如下：

$(s_0, s_1, \cdots, s_{256}) \leftarrow S$

对 $i \leftarrow 0, \cdots, 31$，计算

$$y_i^* \leftarrow s_{12^{4i} \bmod 257} \oplus s_{-12^{4i} \bmod 257}$$

输出 $Y^* \leftarrow (y_0^*, y_1^*, \cdots, y_{31}^*)$。

**2. Subterranean 的解密算法**

Subterranean 的解密算法由初始化、处理关联数据、解密、验证标签 4 个部分组成。记密钥为 $K$，临时值为 $N$，关联数据为 $A$，密文为 $C$。解密过程如下：

（1）初始化（与加密算法相同）。

（2）处理关联数据（与加密算法相同）。

（3）解密：

$C_1 C_2 \cdots C_m \leftarrow_r C$

对 $i \leftarrow 1, 2, \cdots, m-1$，计算

$$M_i \leftarrow \text{extract}(S_{i+a-1}) \oplus C_i$$

$$S_{i+a} \leftarrow \bar{P}(S_{i+a-1}, M_i)$$

$M_m \leftarrow \text{msb}_{|C_m|}(\text{extract}(S_{m+a-1})) \oplus C_m$

$S_{m+a} \leftarrow \bar{P}(S_{m+a-1}, M_m)$

（4）验证标签。

用与加密算法相同的方式生成标签 $T'$。

如果 $T = T'$，则输出 $M$；否则，输出 $\perp$。

**3. Subterranean 的安全性分析**

Subterranean 的设计者并未对其底层置换或 SAE 方案给出详细的安全性分析，仅简单地说明 Subterranean 置换的安全性依赖于内部状态，并声称：当数据分组数小于或等于 $2^{96}$ 时，Subterranean-SAE 可以提供 128 比特的安全性。文献[437]在临时值重用的情况下给出了 Subterranean-SAE 的全状态恢复攻击，攻击的数据复杂度为 $2^{13}$；在临时值不重用的情况下给出了时间复杂度为 $2^{33}$ 的区分攻击。该文献进一步指出，如果空轮降低为 4 次迭代，则 Subterranean-SAE 存在密钥恢复攻击，攻击的时间复杂度为 $2^{122}$，数据复杂度为 $2^{69.5}$。

### 5.3.12　Minalpher

Minalpher 的设计目标是具有强壮的安全性，当临时值重用时仍可达到逐个分组的加密安全，当临时值重用且未经验证明文输出时仍可认证安全。借鉴基于置换 Even-Mansour 结构的可调分组密码构造方法[438]，设计者提出了可调 Even-Mansour 结构，在置换的前后分别异或由密钥和计数器生成的掩码，并以此为底层模块，采用 Enc-then-MAC 方式设计了 Minalpher。可调分组密码的分组长度 $n = 256$，密钥 $K$ 为 $n/2$ 比特，临时值 $N$ 为 $n/2 - \theta$ 比特，标签长度 $t$ 小于或等于 $n$。

## 1. Minalpher 的加密算法

Minalpher 的加密算法由初始化、处理关联数据、加密、生成标签 4 个部分组成,如图 5-25 所示。

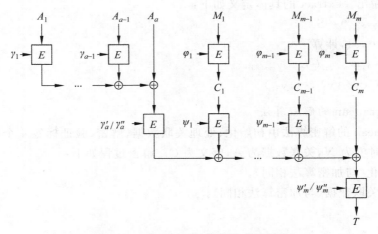

**图 5-25　Minalpher 的加密算法的结构**

记密钥为 $K$,临时值为 $N$,关联数据为 $A$,任意长度的明文为 $M$。加密过程如下:

(1) 初始化。

设定初始状态:

$$S_0 \leftarrow 0^{128}$$

(2) 处理关联数据(若 $|A| \neq 0$):

$$A_1 A_2 \cdots A_a \leftarrow_n A$$

对 $i \leftarrow 1, 2, \cdots, a-1$,计算

$$S_i \leftarrow S_{i-1} \oplus E(K, \text{flag}_{\text{ad}}, 0^{n/2-\theta}, i, 0, A_i)$$

根据 $|A_a|$ 分两种情况:

若 $|A_a| = n$,则

$$S_a \leftarrow E(K, \text{flag}_{\text{ad}}, 0^{n/2-\theta}, a-1, 1, A_a \oplus S_{a-1})$$

若 $|A_a| < n$,则

$$S_a \leftarrow E(K, \text{flag}_{\text{ad}}, 0^{n/2-\theta}, a-1, 2, \text{Pad}_n(A_a) \oplus S_{a-1})$$

(3) 加密

$$M_1 M_2 \cdots M_m \leftarrow_n \text{Pad}_n^*(M)$$

对 $i \leftarrow 1, 2, \cdots, m$,计算

$$C_i \leftarrow E(K, \text{flag}_m, N, 2i-1, 0, M_i)$$

(4) 生成标签。

对 $i \leftarrow 1, 2, \cdots, m-1$,计算

$$S_{i+a} \leftarrow S_{i+a-1} \oplus E(K, \text{flag}_m, N, 2i, 0, C_i)$$

$$S_{m+a} \leftarrow E(K, \text{flag}_m, N, 2m-1, 1, S_{m+a-1} \oplus C_m)$$

$$T \leftarrow S_{m+a}[n-t+1, n]$$

最后,输出 $C_1 C_2 \cdots C_m \parallel T$。

Minalpher 的加密算法中的参数和函数定义如下:

(1) 填充函数 Pad*。

对于 $X \in \{0,1\}^*$ 且 $|X| \neq 0$,填充函数 Pad* 定义如下:

$$\text{Pad}_r^*(X) = X \parallel 10^{(-|X|-1) \bmod r}$$

(2) 可调 Even-Mansour。

可调 Even-Mansour 是 Minalpher 的基本模块,采用一个 $n$ 比特置换 $P(n \bmod 2 = 0)$,包含加密算法 $E$ 和解密算法 $D$。

加密算法 $E$ 以密钥 $K \in \{0,1\}^{n/2}$、调柄 $(\text{flag}, N, i, j)$、消息 $M \in \{0,1\}^n$ 为输入,输出 $C \in \{0,1\}^n$。其中,$\text{flag} \in \{0,1\}^\theta$,$N \in \{0,1\}^{n/2-\theta}$,$i$ 和 $j$ 是满足 $(i,j) \neq (0,0)$ 的整数。$E$ 定义如下:

$$E(K, \text{flag}, N, i, j, M) = y^i (y+1)^j L \oplus P(M \oplus y^i (y+1)^j L)$$

其中,$L = (K \parallel \text{flag} \parallel N) \oplus P(K \parallel \text{flag} \parallel N)$。

解密算法 $D$ 以密钥 $K \in \{0,1\}^{n/2}$、调柄 $(\text{flag}, N, i, j)$、密文 $C \in \{0,1\}^n$ 为输入,输出 $M \in \{0,1\}^n$。$D$ 定义如下:

$$D(K, \text{flag}, N, i, j, C) = y^i (y+1)^j L \oplus P^{-1}(C \oplus y^i (y+1)^j L)$$

注意,处理关联数据和明密文所使用的 flag 是不同的,即 $\text{flag}_{\text{ad}} \neq \text{flag}_m$。

(3) Minalpher-P。

Minalpher-P 是一个迭代型置换,256 比特输入 $X_0 = X[0]X[1]\cdots X[63]$,其中 $X[i]$ 是 4 比特,被排列成两个 $4 \times 8$ 的矩阵:

$$\boldsymbol{A} = \begin{bmatrix} X[0] & X[1] & \cdots & X[7] \\ X[16] & X[17] & \cdots & X[23] \\ X[32] & X[33] & \cdots & X[39] \\ X[48] & X[49] & \cdots & X[55] \end{bmatrix}, \quad \boldsymbol{B} = \begin{bmatrix} X[8] & X[9] & \cdots & X[15] \\ X[24] & X[25] & \cdots & X[31] \\ X[40] & X[41] & \cdots & X[47] \\ X[56] & X[57] & \cdots & X[63] \end{bmatrix}$$

然后进行 18 轮迭代运算,每轮变换包含字替换(SB)、字换位(SH)、扩散层(SL)和常数加(RC),最后一轮只进行字替换和字换位两个操作。

(1) 字替换。由 64 个相同的 S 盒并置而成,如表 5-9 所示,对状态中的每个 4 比特做非线性变换。

表 5-9　Minalpher 的 S 盒

| $x$ | 0 | 1 | 2 | 3 | 4 | 5 | 6 | 7 | 8 | 9 | A | B | C | D | E | F |
|---|---|---|---|---|---|---|---|---|---|---|---|---|---|---|---|---|
| $S(x)$ | B | 3 | 4 | 1 | 2 | 8 | C | F | 5 | D | E | 0 | 6 | 9 | A | 7 |

(2) 字换位。首先对 $\boldsymbol{A}$ 和 $\boldsymbol{B}$ 的每行分别做换位变换,其次交换 $\boldsymbol{A}$ 和 $\boldsymbol{B}$。

$\boldsymbol{A}$ 的 4 行的换位变换依次为 $\text{SR}_1$、$\text{SR}_2$、$\text{SR}_1^{-1}$ 和 $\text{SR}_2^{-1}$,$\boldsymbol{B}$ 的 4 行的换位变换依次为 $\text{SR}_1^{-1}$、$\text{SR}_2^{-1}$、$\text{SR}_1$ 和 $\text{SR}_2$,具体定义如表 5-10 所示。

表 5-10　换位变换

| $i$ | 0 | 1 | 2 | 3 | 4 | 5 | 6 | 7 |
|---|---|---|---|---|---|---|---|---|
| $\text{SR}_1(i)$ | 6 | 7 | 1 | 0 | 2 | 3 | 4 | 5 |
| $\text{SR}_2(i)$ | 4 | 5 | 0 | 1 | 7 | 6 | 2 | 3 |

| $i$ | 0 | 1 | 2 | 3 | 4 | 5 | 6 | 7 |
|---|---|---|---|---|---|---|---|---|
| $SR_1^{-1}(i)$ | 3 | 2 | 4 | 5 | 6 | 7 | 0 | 1 |
| $SR_2^{-1}(i)$ | 2 | 3 | 6 | 7 | 0 | 1 | 5 | 4 |

（3）扩散层。首先 **A** 保持不变,用 $A \oplus B$ 更新 **B**;然后对 **A** 和 **B** 的每列进行列变换,即对每列左乘如下矩阵:

$$\begin{bmatrix} 1 & 1 & 0 & 1 \\ 1 & 1 & 1 & 0 \\ 0 & 1 & 1 & 1 \\ 1 & 0 & 1 & 1 \end{bmatrix}$$

**2. Minalpher 的解密算法**

Minalpher 的解密算法由初始化、处理关联数据、验证标签和解密 4 个部分组成。记临时值为 $N$,关联数据为 $A$,密文为 $C$,标签为 $T$。解密过程如下:

（1）初始化(与加密算法相同)。

（2）处理关联数据(与加密算法相同)。

（3）验证标签。

若 $|C| \bmod n = 0$,则执行以下操作:

$$C_1 \cdots C_{m-1} C_m \leftarrow_n C$$

否则,输出⊥。

用与加密算法相同的方式生成标签 $T'$。

如果 $T = T'$,则执行解密;否则,输出⊥。

（4）解密。

对 $i \leftarrow 1, 2, \cdots, m$,计算

$$M_i \leftarrow D(K, \mathrm{flag}_m, N, 2i-1, 0, C_i)$$

检验 $M_1 M_2 \cdots M_m$ 是否符合填充规则。

若符合填充规则,则输出去除填充后的消息 $M$;否则,输出⊥。

**3. Minalpher 的安全性分析**

Minalpher 的安全性目标是在临时值重用和未经验证明文输出的情况下仍能提供全分组长度的安全性,相对于 AES-GCM 和 AES-OCB 的完整性提高了一倍。Guo 等人分析了可调 Even-Mansour 在多密钥环境下的安全性,并将其应用于分析 Minalpher[439]。在无须重复使用临时值的情况下,对每个密钥询问 $(2^{2n/3})$ 次并消耗复杂度为 $O(2^{2n/3})$ 的存储空间即可恢复出至多 $O(2^{2n/3})$ 个相互独立的掩码。Chakraborti 等人研究了 Minalpher 针对故障差分攻击的安全性,指出:引入两个故障可以将中间密钥的空间从 $2^{256}$ 缩减到 $2^{16}$,引入 3 个故障可以将中间密钥的空间进一步缩减到 $2^8$[440]。基于混合整数规划的不可能差分搜索工具,Sasaki 和 Todo 将 Minalpher 置换的不可能差分从 6.5 轮扩展到 7.5 轮[194]。

### 5.3.13   Elephant

Elephant 采用先加密后认证的方式,结合了 CTR 模式和 Wegman-Carter-Shoup MAC

的变种。该算法的实际结构与 Minalpher 有一些相似之处,采用掩码与置换相结合的方式构造可调的带密钥置换作为底层模块,其中掩码采用线性反馈移位寄存器生成。该算法整体具有可并行性,底层模块可以采用状态较小(如 160 比特)的置换。设计者结合 Spongent 和 Keccak 给出了 Elephant 的 3 个实例:Dumbo(Elephant-Spongent-$\pi[160]$)、Jumbo(Elephant-Spongent-$\pi[176]$)和 Delirium(Elephant-Keccak-$f[200]$)。

### 1. Elephant 的加密算法

Elephant 的加密算法由初始化、加密、认证 3 个部分组成,如图 5-26 所示。该算法基于 $n$ 比特置换 $P$,密钥长度 $k \leqslant n$,临时值长度为 96 比特,标签长度 $t \leqslant n$。记密钥为 $K$,临时值为 $N$,关联数据为 $A$,任意长度的明文为 $M$。加密过程如下:

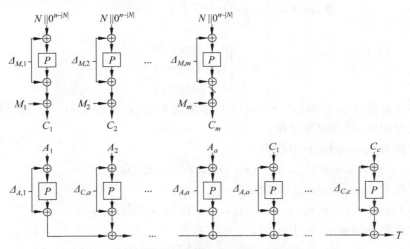

图 5-26 Elephant 的加密算法的结构

(1) 初始化:

$\Delta_0 \leftarrow P(K \parallel 0^{n-k})$

(2) 加密

$M_1 M_2 \cdots M_m \leftarrow_n M$

对 $i \leftarrow 1, 2, \cdots, m-1$,计算

$\quad Z_{M,i} \leftarrow P(N \parallel 0^{n-|N|} \oplus \Delta_{M,i}) \oplus \Delta_{M,i}$

$\quad C_i \leftarrow Z_{M,i} \oplus M_i$

$Z_{M,m} \leftarrow P(N \parallel 0^{n-|N|} \oplus \Delta_{M,m}) \oplus \Delta_{M,m}$

$C_m \leftarrow \mathrm{msb}_{|M_m|}(Z_{M,m}) \oplus M_m$

(3) 认证:

$S_0 \leftarrow 0^n$

$A_1 A_2 \cdots A_a \leftarrow_n N \parallel A \parallel 1$

对 $i \leftarrow 1, 2, \cdots, a-1$,计算

$\quad Z_{A,i} \leftarrow P(A_i \oplus \Delta_{A,i}) \oplus \Delta_{A,i}$

$\quad S_i \leftarrow S_{i-1} \oplus Z_{A,i}$

$Z_{A,a} \leftarrow P((A_a \parallel 0^{n-|A_a|}) \oplus \Delta_{A,a}) \oplus \Delta_{A,a}$

$$S_a \leftarrow S_{a-1} \oplus Z_{A,a}$$

$$C_1 C_2 \cdots C_c \leftarrow_n C \parallel 1$$

对 $i \leftarrow 1, 2, \cdots, c-1$，计算

$$Z_{C,i} \leftarrow P(C_i \oplus \Delta_{C,i}) \oplus \Delta_{C,i}$$

$$S_{i+a} \leftarrow S_{i+a-1} \oplus Z_{C,i}$$

$$Z_{C,c} \leftarrow P((C_c \parallel 0^{n-|C_c|}) \oplus \Delta_{C,c}) \oplus \Delta_{C,c}$$

$$S_{c+a} \leftarrow S_{c+a-1} \oplus Z_{C,c}$$

$$T \leftarrow S_{c+a}$$

掩码生成函数结合线性反馈移位寄存器生成，定义如下：

$$\Delta_{\text{flag},b} = \Delta(K, a, b) = \varphi_2^{b-1} \circ \varphi_1^a \circ P(K \parallel 0^{n-k})$$

其中，

$$a = \begin{cases} 0, & \text{flag} = M \\ 1, & \text{flag} = C \\ 2, & \text{flag} = A \end{cases}$$

线性反馈移位寄存器 $\varphi_1 : \{0,1\}^n \rightarrow \{0,1\}^n$ 以字节为单位，$\varphi_2 = \varphi_1 \oplus \text{id}$。$\varphi_1$ 的具体定义与底层置换的选取相关，id 为恒等变换。

底层置换为 Spongent-$\pi[160]$ 时，

$$(x_0, x_1, \cdots, x_{19}) \mapsto (x_1, x_2, \cdots, x_{19}, x_0 \lll 3 \oplus x_3 \lll 7 \oplus x_{13} \ggg 7)$$

底层置换为 Spongent-$\pi[176]$ 时，

$$(x_0, x_1, \cdots, x_{21}) \mapsto (x_1, x_2, \cdots, x_{20}, x_0 \lll 1 \oplus x_3 \lll 7 \oplus x_{19} \ggg 7)$$

底层置换为 Spongent-$\pi[160]$ 时，

$$(x_0, x_1, \cdots, x_{24}) \mapsto (x_1, x_2, \cdots, x_{24}, x_0 \lll 1 \oplus x_2 \lll 1 \oplus x_{13} \lll 1)$$

**2. Elephant 的解密算法**

Elephant 的解密算法由初始化、解密、验证 3 个部分组成。记密钥为 $K$，临时值为 $N$，关联数据为 $A$，密文为 $C$。解密过程如下：

（1）初始化（与加密算法相同）。

（2）解密：

$$C_1 C_2 \cdots C_m \leftarrow_n C$$

对 $i \leftarrow 1, 2, \cdots, m-1$，计算

$$Z_{M,i} \leftarrow P(N \parallel 0^{n-|N|} \oplus \Delta_{M,i}) \oplus \Delta_{M,i}$$

$$M_i \leftarrow Z_{M,i} \oplus C_i$$

$$Z_{M,m} \leftarrow P(N \parallel 0^{n-|N|} \oplus \Delta_{M,m}) \oplus \Delta_{M,m}$$

$$M_m \leftarrow \text{msb}_{|C_m|}(Z_{M,m}) \oplus C_m$$

（3）验证。

用与加密算法相同的方式生成标签 $T'$。

如果 $T = T'$，则输出 $M$；否则，输出 $\perp$。

**3. Elephant 的安全性分析**

Elephant 的设计者将其底层模块视为带掩码的 Even-Mansour（Masked Even-

Mansour,MEM)结构的一种特例,论证了该模块与可调伪随机置换不可区分;基于可调伪随机置换,证明了 Elephant 在临时值不重用的情况下是安全的。

## 5.4　基于分组密码的认证加密算法

### 5.4.1　ASC-1

分组密码工作模式平均处理每个消息分组需要调用一次底层分组密码,ASC-1 试图结合流密码框架和缩减轮 AES 构造更为高效的认证加密算法。ASC-1 选用了 4 轮 AES 结合输入数据不断迭代进行状态更新,同时抽取部分状态泄露作为密钥流。与 LEX 不同的是,ASC-1 使用 CFB 的形式生成标签。ASC-1 的安全性依赖于轮密钥的相互独立性。

1. ASC-1 的加密算法

ASC-1 的加密算法由初始化、加密、生成标签 3 个部分组成,如图 5-27 所示。

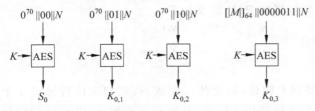

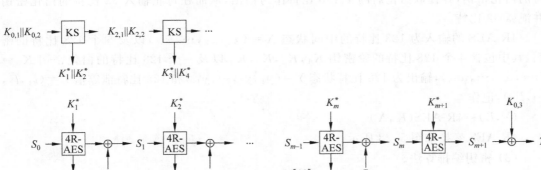

图 5-27　ASC-1 的加密算法的结构

ASC-1 的密钥 $K$ 为 128 比特,临时值 $N$ 为 56 比特,标签 $T$ 为 128 比特,分组密码的分组长度 $n=128$。记密钥为 $K$,临时值为 $N$,任意长度的明文为 $M$。加密过程如下:

(1) 初始化:

$$S_0 \leftarrow \text{AES}(K, 0^{70} \parallel 00 \parallel N)$$
$$K_{0,1} \leftarrow \text{AES}(K, 0^{70} \parallel 01 \parallel N)$$
$$K_{0,2} \leftarrow \text{AES}(K, 0^{70} \parallel 10 \parallel N)$$
$$K_{0,3} \leftarrow \text{AES}(K, \lceil |M| \rceil_{64} \parallel 00000011 \parallel N)$$

(2) 加密:

$$M_1 M_2 \cdots M_m^* \leftarrow_{128} M$$

对 $i \leftarrow 0, 1, \cdots, \lceil m/2 \rceil$,计算

$$(K^*_{2i+1}, K^*_{2i+2}, K_{2i+2,1}, K_{2i+2,2}) \leftarrow \mathrm{KS}(K_{2i,1}, K_{2i,2})$$

$$M_m \leftarrow \mathrm{Pad}^*_n(M^*_m)$$

对 $i \leftarrow 1, 2, \cdots, m$，计算

$$(S^*_i, L_i) \leftarrow 4\mathrm{R\text{-}AES}(K^*_i, S_{i-1})$$

$$C_i \leftarrow M_i \oplus L_i$$

$$S_i \leftarrow S^*_i \oplus C_i$$

$$C^*_m \leftarrow \mathrm{msb}_{|M^*_m|}(C_m)$$

（3）生成标签：

$$(S^*_{m+1}, L_{m+1}) \leftarrow 4\mathrm{R\text{-}AES}(K^*_{m+1}, S_m)$$

$$T \leftarrow S^*_{m+1} \oplus K_{0,3}$$

最后，输出 $C_1 C_2 \cdots C^*_m \parallel T$。

ASC-1 的加密算法中的参数和函数定义如下：

（1）填充函数 $\mathrm{Pad}^*$。

对于 $X \in \{0,1\}^{\leqslant r}$ 且 $|X| \neq 0$，填充函数 $\mathrm{Pad}^*$ 定义如下：

$$\mathrm{Pad}^*_r(X) = \begin{cases} X \parallel 0^{r-|X|}, & |X| < r \\ X, & |X| = r \end{cases}$$

（2）4R-AES 变换。

4R-AES 变换在 4 轮 AES 的基础上构建，每轮执行完成后，在指定位置异或 4 个 8 比特的白化密钥，并提取白化后的 4 个 8 比特作为输出，从而在每轮输入 32 比特的白化密钥并泄露 32 比特。

4R-AES 的输入为 128 比特的中间状态 $X = (x_1, x_2, \cdots, x_{16})$ 以及 5 个 128 比特的密钥，其中包含 4 个 128 比特的轮密钥 $K_1, K_2, K_3, K_4$ 以及一个 128 比特的白化密钥 $K_0 = (w_1, w_2, \cdots, w_{16})$，输出为 128 比特状态 $Y = (y_1, y_2, \cdots, y_{16})$ 和 128 比特泄露值 $L = (l_1, l_2, \cdots, l_{16})$，记作

$$(Y, L) \leftarrow 4\mathrm{R\text{-}AES}(K, X)$$

4R-AES 变换如图 5-28 所示。

（3）密钥编排算法。

ASC-1 算法首先由带密钥的 AES 加密包含临时值的数据获得初始状态以及 3 个密钥 $K_{0,1}, K_{0,2}, K_{0,3}$。然后，对 $i \leftarrow 0, 1, \cdots, \lceil m/2 \rceil$，利用 AES-256 的密钥扩展算法将 2 个 128 比特密钥 $(K_{2i,1}, K_{2i,2})$ 扩展为 14 个 128 比特轮密钥 $K_1, K_2, \cdots, K_{14}$，则 $(K^*_{2i+1,0}, K^*_{2i+1,1}, K^*_{2i+1,2}, K^*_{2i+1,3}, K^*_{2i+1,4}, K^*_{2i+2,0}, K^*_{2i+2,1}, K^*_{2i+2,2}, K^*_{2i+2,3}, K^*_{2i+2,4}, K_{2i+2,1}, K_{2i+2,2}) = (K_{11}, K_2, K_3, K_4, K_5, K_1, K_7, K_8, K_9, K_{10}, K_{13}, K_{14})$。其中，$K^*_{2i+1} = (K^*_{2i+1,0}, K^*_{2i+1,1}, K^*_{2i+1,2}, K^*_{2i+1,3}, K^*_{2i+1,4})$ 为第 $2i+1$ 次调用 4R-AES 变换的密钥，$K^*_{2i+1,0}$ 为白化密钥，$K^*_{2i+1,1}, K^*_{2i+1,2}, K^*_{2i+1,3}, K^*_{2i+1,4}$ 为轮密钥；$K^*_{2i+2} = (K^*_{2i+2,0}, K^*_{2i+2,1}, K^*_{2i+2,2}, K^*_{2i+2,3}, K^*_{2i+2,4})$ 为第 $2i+2$ 次调用 4R-AES 变换的密钥，$K^*_{2i+2,0}$ 为白化密钥，$K^*_{2i+2,1}, K^*_{2i+2,2}, K^*_{2i+2,3}, K^*_{2i+2,4}$ 为轮密钥；$(K_{2i+2,1}, K_{2i+2,2})$ 则作为下一次密钥扩展的初始密钥。上述过程可以简写为

$$\mathrm{KS}(K_{2i,1}, K_{2i,2}) = (K^*_{2i+1}, K^*_{2i+2}, K_{2i+2,1}, K_{2i+2,2})$$

**2. ASC-1 的解密算法**

ASC-1 的解密算法由初始化、解密和验证标签 3 个部分组成。记临时值为 $N$，密文为

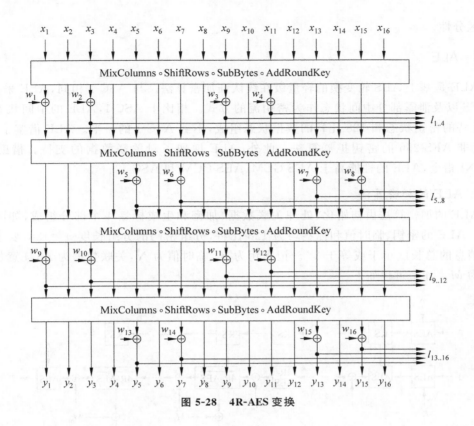

图 5-28　4R-AES 变换

$C$,标签为 $T$。解密过程如下：

（1）初始化（与加密算法相同）。

（2）解密：

$C_1 C_2 \cdots C_m^* \leftarrow_{128} C$

对 $i \leftarrow 0, 1, \cdots, \lceil m/2 \rceil$,计算

$\qquad (K_{2i+1}^*, K_{2i+2}^*, K_{2i+2,1}, K_{2i+2,2}) \leftarrow \mathrm{KS}(K_{2i,1} \parallel K_{2i,2})$

填充最后一个分组：

$C_m \leftarrow \mathrm{Pad}_r^* (C_m^*)$

对 $i \leftarrow 1, 2, \cdots, m$,计算

$\qquad (S_i^*, L_i) \leftarrow 4\mathrm{R\text{-}AES}(K_i^*, S_{i-1})$

$\qquad M_i \leftarrow C_i \oplus L_i$

$\qquad S_i \leftarrow S_i^* \oplus C_i$

$M_m^* \leftarrow \mathrm{msb}_{|C_m^*|}(M_m)$

（3）验证标签。

用与加密算法相同的方式生成标签 $T'$。

如果 $T = T'$,则输出 $M_1 M_2 \cdots M_m^*$；否则,输出 $\perp$。

3. ASC-1 的安全性分析

ASC-1 的安全性论证依赖于轮密钥的相互独立和随机性以及分组密码与随机置换的

不可区分性。

## 5.4.2 ALE

ALE 是基于 AES 轮变换的轻量级在线认证加密算法。与 ASC-1 相同,ALE 采用了 4 轮 AES 以及泄露部分中间状态作为密钥流的方式。相比于 ASC-1,ALE 的中间状态仅由 128 比特的密钥状态和 128 比特的数据状态组成,不到 ASC-1 的一半。ALE 借鉴了 AES-128 而非 AES-256 的密钥扩展算法。此外,ALE 增加了对关联数据的支持。借助 Intel AES-NI 指令,ALE 的性能高于 AES-GCM、AES-CCM 和 ASC-1。

### 1. ALE 的加密算法

ALE 的加密算法由初始化、处理关联数据、加密和生成标签 4 个部分组成,如图 5-29 所示。ALE 的密钥、临时值和标签均为 128 比特,分组密码的分组长度 $n=128$,要求每次处理消息的总长度小于或等于 $2^{48}$。记密钥为 $K$,临时值为 $N$,关联数据为 $A$,任意长度的明文为 $M$。加密过程如下:

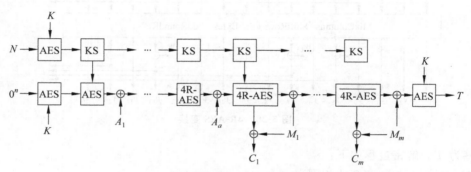

**图 5-29　ALE 的加密算法**

(1) 初始化:

$(K',K_{-1})\leftarrow\text{AES}(K,N)$

$(K'',S_{-1})\leftarrow\text{AES}(K,0^n)$

$(K_0,S_0)\leftarrow\text{AES}(K_{-1},S_{-1})$

$K_1\leftarrow\text{KS}(K_0,x^{10})$

(2) 处理关联数据:

$A_1A_2\cdots A_a\leftarrow_n\text{Pad}_n^*(A)$

根据 $a$ 的值分两种情况:

若 $a=1$,则

　　$S_a\leftarrow S_0\oplus A_1$

若 $a\geqslant 2$,则执行以下步骤

　　$S_1\leftarrow S_0\oplus A_1$

　　对 $i\leftarrow 2,3,\cdots,a$,计算

　　　　$(K_i^*,S_i^*)\leftarrow\text{4R-AES}(K_{i-1},S_{i-1})$

　　　　$S_i\leftarrow S_i^*\oplus A_i$

$$K_i \leftarrow \text{KS}(K_i^*, x^4)$$

（3）加密：

$$M_1 M_2 \cdots M_m \leftarrow_n M$$

对 $i \leftarrow 1, 2, \cdots, m-1$，计算

$$(K_{i+a}^*, S_{i+a}^*, L_i) \leftarrow \overline{\text{4R-AES}}(K_{i+a-1}, S_{i+a-1})$$

$$C_i \leftarrow L_i \oplus M_i$$

$$K_{i+a} \leftarrow \text{KS}(K_{i+a}^*, x^4)$$

$$S_{i+a} \leftarrow S_{i+a}^* \oplus M_i$$

$$(K_{m+a}^*, S_{m+a}^*, L_m) \leftarrow \overline{\text{4R-AES}}(K_{m+a-1}, S_{m+a-1})$$

$$C_m \leftarrow \text{msb}_{|M_m|}(L_m) \oplus M_m$$

$$K_{m+a} \leftarrow \text{KS}(K_{m+a}^*, x^4)$$

根据 $|M_m|$ 的值分两种情况：

若 $|M_m| \leqslant n/2 - 1$，则

$$S_{m+a} \leftarrow S_{m+a}^* \oplus \text{Pad}_n^*(M_m)$$

若 $|M_m| > n/2 - 1$，则

$$M_m^* M_{m+1}^* \leftarrow_n \text{Pad}_n^*(M_m)$$

$$S_{m+a} \leftarrow S_{m+a}^* \oplus M_m^*$$

$$(K_{m+a+1}^*, S_{m+a+1}^*, L_{m+1}) \leftarrow \overline{\text{4R-AES}}(K_{m+a}, S_{m+a})$$

$$K_{m+a+1} \leftarrow \text{KS}(K_{m+a+1}^*, x^4)$$

$$S_{m+a} \leftarrow S_{m+a+1}^* \oplus M_{m+1}^*$$

（4）生成标签：

$$T \leftarrow \text{AES}(K, S_{m+a})$$

最后，输出 $C_1 C_2 \cdots C_m \parallel T$。

ALE 的加密算法中的参数和函数定义如下：

（1）填充函数 $\text{Pad}^*$。

对于 $X \in \{0,1\}^*$ 且 $|X| \neq 0$，填充函数 $\text{Pad}^*$ 定义如下：

$$\text{Pad}_n^*(X) = X \parallel 10^{n-(|X|+1+n/2 \bmod n)} \parallel [|X|]_{n/2}$$

（2）4R-AES 变换。

ALE 的底层模块主要沿用 AES-128，以便应用 AES-NI 指令实现，其中包括 AES 的轮函数及密钥扩展算法。特别地，ALE 的状态包含 128 比特的数据状态 $X$ 和 128 比特的密钥状态 $K$，在调用 AES 轮函数以密钥 $K$ 对数据 $X$ 进行更新，以获得新的数据状态 $Y$ 的同时，将经过密钥扩展算法处理所得的密钥 $K'$ 作为新的密钥状态存储下来。

将 4 轮 AES 算法记为 4R-AES，数据状态 $X$ 在密钥 $K$ 下经过 4 轮 AES 作用得到数据状态 $Y$ 以及更新后的密钥 $K'$ 的过程记为

$$(K', Y) \leftarrow \text{4R-AES}(K, X)$$

类似地，数据状态 $X$ 在密钥 $K$ 下经过全轮 AES 作用得到数据状态 $Y$ 以及更新后的密钥 $K'$ 的过程记为

$$(K', Y) \leftarrow \text{AES}(K, X)$$

（3）带状态泄露的 4R-AES 变换。

为了生成密钥流，在加密阶段选择 AES 的中间状态的部分字节进行泄露。每轮从 16 字节的数据状态中选取 4 字节进行泄露，经过 4 轮 AES 后共泄露 16 字节。记第 $i$ 轮加密后的数据状态为 $S_i$，令 $S_{i,1}S_{i,2}\cdots S_{i,16} \leftarrow_8 S_i$，则第 $i$ 轮的泄露 $L_i$ 可以表示为

$$L_i \begin{cases} S_{i,1}S_{i,3}S_{i,9}S_{i,11}, & i \text{ 是奇数} \\ S_{i,2}S_{i,4}S_{i,10}S_{i,12}, & i \text{ 是偶数} \end{cases}$$

令 $L \leftarrow L_1 L_2 L_3 L_4$，带状态泄露的 4R-AES 记为 $\overline{\text{4R-AES}}$：

$$(K', Y, L) \leftarrow \overline{\text{4R-AES}}(K, X)$$

（4）密钥编排算法 KS。

密钥编排算法 KS 用于对密钥状态进行更新，其构造与 AES 的一轮密钥扩展算法相同，仅将字节轮常数替换为指定数值。将使用数值 $x$ 作为字节轮常数的一轮 AES 密钥扩展算法记作 $\text{KS}(\cdot, x)$，则

$$K' \leftarrow \text{KS}(K, x)$$

其中，数值 $x$ 选自有限域 $\text{GF}(2^8)$。

### 2. ALE 的解密算法

ALE 的解密算法由初始化、处理关联数据、解密和验证标签 4 个部分组成。记临时值为 $N$，关联数据为 $A$，密文为 $C$，标签为 $T$。解密过程如下：

（1）初始化（与加密算法相同）。

（2）处理关联数据（与加密算法相同）。

（3）解密：

$C_1 C_2 \cdots C_m \leftarrow_n C$

对 $i \leftarrow 1, 2, \cdots, m-1$，计算

$\qquad (K^*_{i+a}, S^*_{i+a}, L_i) \leftarrow \overline{\text{4R-AES}}(K_{i+a-1}, S_{i+a-1})$

$\qquad M_i \leftarrow L_i \oplus C_i$

$\qquad K_{i+a} \leftarrow \text{KS}(K^*_{i+a}, x^4)$

$\qquad S_{i+a} \leftarrow S^*_{i+a} \oplus M_i$

$(K^*_{m+a}, S^*_{m+a}, L_m) \leftarrow \overline{\text{4R-AES}}(K_{m+a-1}, S_{m+a-1})$

$M_m \leftarrow \text{msb}_{|C_m|}(L_m) \oplus C_m$

$K_{m+a} \leftarrow \text{KS}(K^*_{m+a}, x^4)$

根据 $|M_m|$ 的值分两种情况：

若 $|M_m| \leqslant n/2 - 1$，则

$\qquad S_{m+a} \leftarrow S^*_{m+a} \oplus \text{Pad}^*_n(M_m)$

若 $|M_m| > n/2 - 1$，则

$\qquad M^*_m M^*_{m+1} \leftarrow_n \text{Pad}^*_n(M_m)$

$\qquad S_{m+a} \leftarrow S^*_{m+a} \oplus M^*_m$

$\qquad (K^*_{m+a+1}, S^*_{m+a+1}, L_{m+1}) \leftarrow \overline{\text{4R-AES}}(K_{m+a}, S_{m+a})$

$\qquad K_{m+a+1} \leftarrow \text{KS}(K^*_{m+a+1}, x^4)$

$\qquad S_{m+a} \leftarrow S^*_{m+a+1} \oplus M^*_{m+1}$

（4）验证标签。

用与加密算法相同的方式生成标签 $T'$。

如果 $T = T'$，则输出 $M_1 M_2 \cdots M_m^*$；否则，输出 $\perp$。

### 3. ALE 的安全性分析

文献[441]通过构造适当的明文寻找碰撞，可以用 $2^{102}$ 次 ALE 认证加密的数据复杂度及时间复杂度伪造一对密文和标签；进一步地，利用 $2^{120}$ 次伪造尝试将这一攻击扩展为恢复状态和通用伪造攻击。吴生宝等人利用 ALE 中泄露的中间状态值，提出泄露状态伪造攻击，将 ALE 的伪造成功率提升至 $2^{-97}$[442]。

## 5.4.3　AEGIS

AEGIS 是 CAESAR 竞赛最终胜出的 7 个算法之一，采用了 AES 轮函数作为底层模块，并以泄露部分状态的方式生成密钥流。AEGIS 的设计目标是高性能和强安全。为实现高效性，AEGIS 采用 Intel AES-NI 指令，每步并行调用若干 AES 轮函数，调用的个数与处理器的并行状态相关。AEGIS-128 使用 5 个 AES 轮函数，AEGIS-256 使用 6 个 AES 轮函数。为保证强安全性，AEGIS 在初始化阶段需要至少 10 步，以保证初始向量的差分是随机的，并且要求在密钥不变的情况下临时值不可重复使用；在加密过程中，同样对 AES 轮函数调用次数的最小值也有要求，以保证密文的安全性。

AEGIS 的密钥 $K$ 为 128 或者 256 比特，对应的算法记为 AEGIS-128 和 AEGIS-256，临时值 $N$ 和密钥 $K$ 等长，分组密码的分组长度 $n = 128$，标签 $T$ 的长度满足 $64 \leqslant t \leqslant 128$，推荐选取 $t = 128$。

### 1. AEGIS-128 的加密算法

AEGIS-128 加密算法由初始化、处理关联数据、加密、生成标签 4 个部分组成。AEGIS 需要 256 比特的常数值 cst，取自模 256 的斐波那契数列，其值为

$$\text{cst} = 000101020305080D0D1522375990E97973B528DD$$

记密钥为 $K$，临时值为 $N$，关联数据为 $A$，任意长度的明文为 $M$。加密过程如下：

（1）初始化。

设定初始状态：

$\text{cst}_1 \text{cst}_2 \leftarrow_{128} \text{cst}$

$(S_{-9,0}, S_{-9,1}, S_{-9,2}, S_{-9,3}, S_{-9,4}) \leftarrow (K \oplus N, \text{cst}_2, \text{cst}_1, K \oplus \text{cst}_1, K \oplus \text{cst}_2)$

对 $i \leftarrow -4, -3, \cdots, 0$，令

$\quad M_{2i-1} \leftarrow K$

$\quad M_{2i} \leftarrow K \oplus N$

对 $i \leftarrow -9, -8, \cdots, 0$，计算

$\quad S_{i+1} \leftarrow \text{R128}(S_i, M_i)$

（2）处理关联数据（如果 $|A| \neq 0$）：

$A_1 A_2 \cdots A_a^* \leftarrow_{128} A$

$A_a \leftarrow_{128} \text{Pad}_{128}^* (A_a^*)$

对 $i \leftarrow 1, 2, \cdots, a$，计算

$$S_{i+1} \leftarrow \text{R128}(S_i, A_i)$$

（3）加密（如果 $|M| \neq 0$）：

$$M_1 M_2 \cdots M_m^* \leftarrow_{128} M$$

$$M_m \leftarrow \text{Pad}_{128}^*(M_m^*)$$

对 $i \leftarrow 1, 2, \cdots, m$，计算

$$C_i \leftarrow M_i \oplus S_{i+a,1} \oplus S_{i+a,4} \oplus (S_{i+a,2} \& S_{i+a,3})$$

$$S_{i+a+1} \leftarrow \text{R128}(S_{i+a}, M_i)$$

$$C_m^* \leftarrow \text{msb}_{|M_m^*|}(C_m)$$

（4）生成标签：

$$\text{tmp} \leftarrow [|A|]_{64} \| [|M|]_{64}$$

$$\text{tmp} \leftarrow \text{tmp} \oplus S_{m+a+1,3}$$

对 $i \leftarrow 1, 2, \cdots, 7$，计算

$$S_{i+m+a+1} \leftarrow \text{R128}(S_{i+m+a}, \text{tmp})$$

$$T^* \leftarrow \bigoplus_{i=0}^{4} S_{m+a+8,i}$$

$$T \leftarrow \text{msb}_t(T^*)$$

最后，输出 $C_1 C_2 \cdots C_m^* \| T$。

AEGIS 的加密算法中的参数和函数定义如下：

（1）填充函数 $\text{Pad}^*$。

对于 $X \in \{0,1\}^{\leqslant r}$ 且 $|X| \neq 0$，填充函数 $\text{Pad}^*$ 定义如下：

$$\text{Pad}_r^*(X) = \begin{cases} X \| 0^{r-|X|}, & |X| < r \\ X, & |X| = r \end{cases}$$

（2）R-AES 变换。

AES 的加密轮函数 R-AES 是 AEGIS 中的基本函数。R-AES 以一个 128 比特的轮密钥 $K$ 和一个 128 比特的状态 $X$ 为输入，输出一个 128 比特的状态 $Y$，记作 $Y \leftarrow \text{R-AES}(K, X)$。

R-AES 可以用 AES 指令 _m128_aesenc_si128(K, X) 实现，其中 K 和 X 为两个 128 比特的整数_m128i。

（3）轮变换 R128。

轮变换 R128 是 AEGIS-128 算法中的状态更新函数，如图 5-30 所示。R128 以 128 比特消息分组 $M_i$ 对 640 比特状态 $S_i$ 进行更新，获得 640 比特新状态 $S_{i+1}$，记作 $S_{i+1} \leftarrow \text{R128}(S_i, M_i)$。

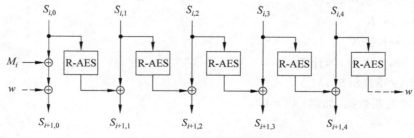

图 5-30　AEGIS 的轮变换 R128

具体定义如下：

$S_{i+1,0} \leftarrow \text{R-AES}(S_{i,4}, S_{i,0} \oplus M_i)$

$S_{i+1,1} \leftarrow \text{R-AES}(S_{i,0}, S_{i,1})$

$S_{i+1,2} \leftarrow \text{R-AES}(S_{i,1}, S_{i,2})$

$S_{i+1,3} \leftarrow \text{R-AES}(S_{i,2}, S_{i,3})$

$S_{i+1,4} \leftarrow \text{R-AES}(S_{i,3}, S_{i,4})$

## 2. AEGIS-128 的解密算法

AEGIS-128 解密算法由初始化、处理关联数据、解密和验证标签 4 个部分组成。记临时值为 $N$，关联数据为 $A$，密文为 $C$，标签为 $T$。解密过程如下：

（1）初始化（与加密算法相同）。

（2）处理关联数据（与加密算法相同）。

（3）解密：

$C_1 C_2 \cdots C_m^* \leftarrow_{128} C$

$C_m \leftarrow \text{Pad}_{128}^*(C_m^*)$

对 $i \leftarrow 1, 2, \cdots, m$，计算

　　　$M_i \leftarrow C_i \oplus S_{i+a,1} \oplus S_{i+a,4} \oplus (S_{i+a,2} \& S_{i+a,3})$

　　　$S_{i+a+1} \leftarrow \text{R128}(S_{i+a}, M_i)$

$M_m^* \leftarrow \text{msb}_{|C_m^*|}(M_m)$

（4）验证标签

用与加密算法相同的方式生成标签 $T'$，其中 $|M| = |C|$。

如果 $T = T'$，则输出 $M_1 M_2 \cdots M_m^*$；否则，输出 $\perp$。

## 3. AEGIS-256 的加密算法

AEGIS-256 的加密算法由初始化、处理关联数据、加密、生成标签 4 个部分组成。记密钥为 $K$，临时值为 $N$，关联数据为 $A$，任意长度的明文为 $M$。加密过程如下：

（1）初始化。

设定初始状态：

$\text{cst}_1 \text{cst}_2 \leftarrow_{128} \text{cst}$

$N_1 N_2 \leftarrow_{128} N$

$K_1 K_2 \leftarrow_{128} K$

$(S_{-15,0}, S_{-15,1}, S_{-15,2}, S_{-15,3}, S_{-15,4}, S_{-15,5}) \leftarrow (K_1 \oplus N_1, K_2 \oplus N_2, \text{cst}_2, \text{cst}_1, K_1 \oplus \text{cst}_1, K_2 \oplus \text{cst}_2)$

对 $i \leftarrow -4, -3, \cdots, -1$，令

　　　$M_{4i+1} \leftarrow K_1$

　　　$M_{4i+2} \leftarrow K_2$

　　　$M_{4i+3} \leftarrow K_1 \oplus N_1$

　　　$M_{4i+4} \leftarrow K_2 \oplus N_2$

对 $i \leftarrow -15, -14, \cdots, 0$，计算

　　　$S_{i+1} \leftarrow \text{R256}(S_i, M_i)$

（2）处理关联数据：

$A_1 A_2 \cdots A_a^* \leftarrow_{128} A$

$A_a \leftarrow_{128} \mathrm{Pad}_{128}^*(A_a^*)$

对 $i \leftarrow 1, 2, \cdots, a$，计算

$$S_{i+1} \leftarrow \mathrm{R256}(S_i, A_i)$$

（3）加密：

$M_1 M_2 \cdots M_m^* \leftarrow_{128} M$

$M_m \leftarrow \mathrm{Pad}_{128}^*(M_m^*)$

对 $i \leftarrow 1, 2, \cdots, m$，计算

$$C_i \leftarrow M_i \oplus S_{i+a,1} \oplus S_{i+a,4} \oplus S_{i+a,5} \oplus (S_{i+a,2} \,\&\, S_{i+a,3})$$
$$S_{i+a+1} \leftarrow \mathrm{R256}(S_{i+a}, M_i)$$

$C_m^* \leftarrow \mathrm{msb}_{|M_m^*|}(C_m)$

（4）生成标签：

$\mathrm{tmp} \leftarrow [|A|]_{64} \,\|\, [|M|]_{64}$

$\mathrm{tmp} \leftarrow S_{m+a+1,3} \oplus \mathrm{tmp}$

对 $i \leftarrow 1, 2, \cdots, 7$，计算

$$S_{i+m+a+1} \leftarrow \mathrm{R256}(S_{i+m+a}, \mathrm{tmp})$$

$T^* \leftarrow \bigoplus_{i=0}^{5} S_{m+a+8,i}$

$T \leftarrow \mathrm{msb}_t(T^*)$

最后，输出 $C_1 C_2 \cdots C_m^* \,\|\, T$。

其中，轮变换 R256 是 AEGIS-256 算法中的状态更新函数。R256 以 128 比特的消息分组 $M_i$ 对 768 比特的状态 $S_i$ 进行更新，获得 768 比特的新状态 $S_{i+1}$，记作

$$S_{i+1} \leftarrow \mathrm{R256}(S_i, M_i)$$

具体定义如下：

$$S_{i+1,0} \leftarrow \text{R-AES}(S_{i,5}, S_{i,0} \oplus M_i)$$
$$S_{i+1,1} \leftarrow \text{R-AES}(S_{i,0}, S_{i,1})$$
$$S_{i+1,2} \leftarrow \text{R-AES}(S_{i,1}, S_{i,2})$$
$$S_{i+1,3} \leftarrow \text{R-AES}(S_{i,2}, S_{i,3})$$
$$S_{i+1,4} \leftarrow \text{R-AES}(S_{i,3}, S_{i,4})$$
$$S_{i+1,5} \leftarrow \text{R-AES}(S_{i,4}, S_{i,5})$$

### 4. AEGIS-256 的解密算法

AEGIS-256 的解密算法由初始化、处理关联数据、解密和验证标签 4 个部分组成。记临时值为 $N$，关联数据为 $A$，密文为 $C$，标签为 $T$。解密过程如下：

（1）初始化（与加密算法相同）。

（2）处理关联数据（与加密算法相同）。

（3）解密：

$C_1 C_2 \cdots C_m^* \leftarrow_{128} C$

$C_m \leftarrow \mathrm{Pad}_{128}^*(C_m^*)$

对 $i \leftarrow 1, 2, \cdots, m$，计算

$$M_i \leftarrow C_i \oplus S_{i+a,1} \oplus S_{i+a,4} \oplus S_{i+a,5} \oplus (S_{i+a,2} \& S_{i+a,3})$$

$$S_{i+a+1} \leftarrow \mathrm{R256}(S_{i+a}, M_i)$$

$M_m^* \leftarrow \mathrm{msb}_{|C_m^*|}(M_m)$

（4）验证标签。

用与加密算法相同的方式生成标签 $T'$，其中 $|M| = |C|$。

如果 $T = T'$，则输出 $M_1 M_2 \cdots M_m^*$；否则，输出 $\perp$。

### 5. AEGIS 的安全性分析

AEGIS 的设计者声称，在密钥以安全的方式生成、密钥和临时值对不重复使用、验证失败时解密所得明文不输出这 3 个条件都满足的情况下，伪造攻击的成功率为 $2^{-t}$，并且若伪造失败，则恢复状态或恢复密钥的速度不会快于穷搜密钥的速度。文献[443]以密钥流中的线性偏差为分析对象，在 AEGIS-256 的密钥流中找到了偏差为 $2^{-89}$ 的一个线性掩码，构造区分器以 $2^{188}$ 次加密复杂度恢复部分明文信息；对 AEGIS-128 则可以 $2^{140}$ 的数据复杂度在第 $i$ 轮和第 $i+2$ 轮的密文之间找到相关性。Dey 等人在临时值重用的情况下对 AEGIS 进行差分故障分析，指出可以 384 和 512 个单比特故障分别恢复 AEGIS-128 和 AEGIS-256 的状态[444]。

## 5.4.4　Saturnin

Saturnin 是 NIST 轻量级密码标准项目征集的候选算法，其设计目标是在后量子环境下保持安全性，为此，设计者采取了两项简单措施：①将密钥长度翻倍以抵御 Grover 算法的威胁，即选用 256 比特的密钥以提供 128 比特的安全性；②采用临时值以抵御 Simon 算法威胁，即对不同的消息采用不同的临时值。Saturnin 的整体框架是 Encrypt-then-MAC，结合了 CTR 加密模式和 MAC 算法 Cascade，底层分组密码的设计借鉴了 3D AES。

### 1. Saturnin 的加密算法

Saturnin 的加密算法由加密、认证两个部分组成，如图 5-31 所示。其中分组密码 $E$ 的分组长度 $n$ 和密钥长度 $k$ 均为 256，临时值 $N$ 长度 $\eta \leqslant 160$，标签长度 $t \leqslant n$。

记密钥为 $K$，临时值为 $N$，关联数据为 $A$，任意长度的明文为 $M$。加密过程如下：

（1）加密：

$N \leftarrow \mathrm{Pad}_{161}(N)$

$M_1 M_2 \cdots M_m \leftarrow_n M$

对 $i \leftarrow 1, 2, \cdots, m-1$，计算

$$C_i \leftarrow E(K, 1, N \| [i]_{95}) \oplus M_i$$

$C_m \leftarrow \mathrm{msb}_{|M_m|}(E(K, 1, N \| [m]_{95})) \oplus M_m$

（2）认证：

$\kappa_0 \leftarrow (N \| 0^{95}) \oplus E(K, 2, N \| 0^{95})$

$A_1 A_2 \cdots A_a \leftarrow_{256} A$

对 $i \leftarrow 1, 2, \cdots, a-1$，计算

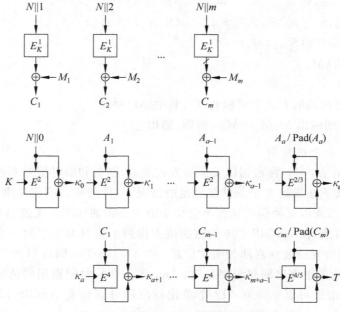

图 5-31　Saturnin 的加密算法的结构

$$\kappa_i \leftarrow A_i \bigoplus E(\kappa_{i-1}, 2, A_i)$$

根据 $|A_a|$ 的值分两种情况：

若 $|A_a|=256$，则

$$\kappa_a \leftarrow A_a \bigoplus E(\kappa_{a-1}, 2, A_a)$$

若 $|A_a|<256$，则

$$\kappa_a \leftarrow \mathrm{Pad}_{256}(A_a) \bigoplus E(\kappa_{a-1}, 3, \mathrm{Pad}_{256}(A_a))$$

对 $i \leftarrow 1, 2, \cdots, m-1$，计算

$$\kappa_{i+a} \leftarrow C_i \bigoplus E(\kappa_{i+a-1}, 4, C_i)$$

根据 $|C_m|$ 的值分两种情况：

若 $|C_m|=256$，则

$$\kappa_{m+a} \leftarrow C_m \bigoplus E(\kappa_{m+a-1}, 4, C_m)$$

若 $|C_m|<256$，则

$$\kappa_{m+a} \leftarrow \mathrm{Pad}_{256}(C_m) \bigoplus E(\kappa_{m+a-1}, 5, \mathrm{Pad}_{256}(C_m))$$

$$T \leftarrow \kappa_{m+a}$$

最后，输出 $C_1 C_2 \cdots C_m \parallel T$。

分组密码算法 Saturnin 采用 SPN 结构，奇偶轮的操作不同，迭代轮数要求为偶数且不小于 20 轮。每轮包含 S 盒替换层（SB）、半字节置换（SR）、线性层（MC）、逆半字节置换（$\mathrm{SR}^{-1}$）、子密钥加 5 个步骤。以半字节为单位，分组密码的中间状态可视为一个 $4 \times 4 \times 4$ 的立方体。若以每个半字节在立方体中的坐标进行描述，则对于 $x, y, z \in \{0, 1, 2, 3\}$，$(x, y, z)$ 对应于中间状态的第 $y+4x+16z$ 个半字节。

输入包含 256 比特密钥 $K$、4 比特的参数 $D$ 以及 256 比特数据 $X$；输出 256 比特数据 $Y$。记为

$$Y = E(K, D, X)$$

（1）替换层。对所有偶数序的半字节应用 4 比特 S 盒 $\sigma_0$，对所有奇数序的半字节应用 4 比特 S 盒 $\sigma_1$。S 盒 $\sigma_0$ 和 $\sigma_1$ 定义如表 5-11 所示。

表 5-11　Saturnin 的 S 盒

| $x$ | 0 | 1 | 2 | 3 | 4 | 5 | 6 | 7 | 8 | 9 | A | B | C | D | E | F |
|---|---|---|---|---|---|---|---|---|---|---|---|---|---|---|---|---|
| $\sigma_0(x)$ | 0 | 6 | E | 1 | F | 4 | 7 | D | 9 | 8 | C | 5 | 2 | A | 3 | B |
| $\sigma_1(x)$ | 0 | 9 | D | 2 | F | 1 | B | 7 | 6 | 4 | 5 | 3 | C | 8 | A | E |

（2）半字节置换 SR。仅当轮数 $r$ 为奇数时执行。

当 $r \bmod 4 = 1$ 时，对任意 $(x, y, z)$ $(x, y, z \in \{0, 1, 2, 3\})$，作如下变换：

$$(x, y, z) \rightarrow (x + y \bmod 4, y, z)$$

当 $r \bmod 4 = 3$ 时，对任意 $(x, y, z)$ $(x, y, z \in \{0, 1, 2, 3\})$，作如下变换：

$$(x, y, z) \rightarrow (x, y, z + y \bmod 4)$$

（3）线性层。对中间状态的每一列（即 $x, z$ 取定）作如下变换：

$$
\begin{bmatrix} a \\ b \\ c \\ d \end{bmatrix} \rightarrow
\begin{bmatrix}
\alpha^2(a) \oplus \alpha^2(b) \oplus \alpha(b) \oplus c \oplus d \\
a \oplus \alpha(b) \oplus b \oplus \alpha^2(c) \oplus c \oplus \alpha^2(d) \oplus \alpha(d) \oplus d \\
a \oplus b \oplus \alpha^2(c) \oplus \alpha^2(d) \oplus \alpha(d) \\
\alpha^2(a) \oplus a \oplus \alpha^2(b) \oplus \alpha(b) \oplus b \oplus c \oplus \alpha(d) \oplus d
\end{bmatrix}
$$

其中，$a, b, c, d \in \{0, 1\}^4$，$\alpha$ 为 4 比特的矩阵乘法，定义如下：

$$
\begin{bmatrix} x_0 \\ x_1 \\ x_2 \\ x_3 \end{bmatrix} \rightarrow
\begin{bmatrix} 0 & 1 & 0 & 0 \\ 0 & 0 & 1 & 0 \\ 0 & 0 & 0 & 1 \\ 1 & 1 & 0 & 0 \end{bmatrix}
\begin{bmatrix} x_0 \\ x_1 \\ x_2 \\ x_3 \end{bmatrix}
$$

（4）逆半字节置换 $\mathrm{SR}^{-1}$。它是半字节置换 SR 的逆运算。

（5）子密钥加。仅当轮数 $r$ 为奇数时执行，包括轮常数加和轮密钥加两种操作。

① 轮常数加。将 $\mathrm{RC}_0$ 的第 $i$ 个比特加到中间状态的第 $4i$ 个半字节的第 0 位，将 $\mathrm{RC}_1$ 的第 $i$ 个比特加到中间状态的第 $4i+2$ 个半字节的第 0 位。其中，$i = 0, 1, \cdots, 15$。

$\mathrm{RC}_0$ 和 $\mathrm{RC}_1$ 是两个 16 比特的轮常数，利用两个 16 级 LFSR 生成。这两个 LFSR 的初始状态均为 $1^7 \| [r]_5 \| [D]_4$，反馈多项式分别为 $f(x) = x^{16} + x^5 + x^3 + x^2 + 1$ 和 $f(x) = x^{16} + x^6 + x^4 + x + 1$。

② 轮密钥加。当 $r \bmod 4 = 1$ 时，将 256 比特主密钥 $K$ 与中间状态异或；当 $r \bmod 4 = 3$ 时，将 $K \ggg 80$ 与中间状态异或。

**2. Saturnin 的解密算法**

Saturnin 的解密算法由解密、认证两个部分组成。记密钥为 $K$，临时值为 $N$，关联数据为 $A$，密文为 $C$。解密过程如下：

（1）加密：

$N \leftarrow \mathrm{Pad}_{161}(N)$

$C_1 C_2 \cdots C_m \leftarrow_n C$

对 $i \leftarrow 1, 2, \cdots, m-1$,计算

$$M_i \leftarrow E(K, 1, N \parallel [i]_{95}) \oplus C_i$$

$$M_m \leftarrow \mathrm{msb}_{|C_m|}(E(K, 1, N \parallel [m]_{95})) \oplus C_m$$

（2）认证。

用与加密算法相同的方式生成标签 $T'$。

如果 $T = T'$,则输出 $M$;否则,输出 $\perp$。

### 3. Saturnin 的安全性分析

Saturnin 的设计者分别对该算法的分组密码和认证加密模式进行了分析。评估了 Saturnin 分组密码对差分分析、线性分析、代数攻击、不可能差分攻击、中间相遇攻击等的安全性,最长的攻击轮数为 7.5 轮。Saturnin 认证加密算法的安全性则直接归约为 CTR 和 Cascade 的安全性。关于量子环境下的安全性,Saturnin 的设计者主要强调了目前利用量子计算进行碰撞搜索的加速情况,指出,Saturnin 采用双倍的密钥长度并限定攻击者的询问次数,可以抵御现有的几种量子攻击。

## 5.4.5　Pyjamask

Pyjamask 是 NIST 轻量级密码标准项目征集的候选算法,是专门设计的底层分组密码算法,其设计目标是抵抗侧信道攻击,易于掩码防护,尽可能降低密码部件的非线性门数。Pyjamask 本质上是基于分组密码的 OCB 认证加密工作模式,密钥长度为 128 比特,底层分组密码的分组长度 $n$ 为 128 或 96,临时值的长度取 $\eta = 96(n=128$ 时)或 $64(n=96$ 时),标签长度等于分组长度。

### 1. Pyjamask 算法描述

分组密码 Pyjamask 的密钥长度为 128 比特,分组长度 $n = 128$ 或 96,分别记为 Pyjamask-128 和 Pyjamask-96。Pyjamask 的整体结构为 SP 结构,迭代轮数为 14,轮变换由轮密钥加（AR）、S 盒替换（SB）和行变换（MR）组成。128 比特状态被表示为 $4 \times 32$ 的二维阵列,96 比特状态被表示为 $3 \times 32$ 的二维阵列。

（1）轮密钥加。将轮密钥逐比特异或到密码状态。

（2）S 盒替换。对 Pyjamask-128 的每一列的 4 个比特做 $S_4$ 替换;对 Pyjamask-96 的每一列的 3 个比特做 $S_3$ 替换。Pyjamask 的 S 盒如表 5-12 所示。

表 5-12　Pyjamask 的 S 盒

| $x$ | 0 | 1 | 2 | 3 | 4 | 5 | 6 | 7 | 8 | 9 | A | B | C | D | E | F |
|-----|---|---|---|---|---|---|---|---|---|---|---|---|---|---|---|---|
| $S_4(x)$ | 2 | D | 3 | 9 | 7 | B | A | 6 | E | 0 | F | 4 | 8 | 5 | 1 | C |
| $S_3(x)$ | 1 | 3 | 6 | 5 | 2 | 4 | 7 | 0 | | | | | | | | |

（3）行变换 MR。

对 Pyjamask-128 状态的每行 $\boldsymbol{R}_i$($i \in \{0, 1, 2, 3\}$)左乘 $32 \times 32$ 的矩阵 $\boldsymbol{M}_i$,得到 $\boldsymbol{M}_i \cdot \boldsymbol{R}_i$。其中,$\boldsymbol{M}_i$ 定义如下:

$$\boldsymbol{M}_0 = \mathrm{cir}([1,1,0,1,0,0,0,0,1,0,0,0,0,1,0,0,0,0,1,1,0,0,0,0,1,1,1,0,0,0,1,0])$$

$$\boldsymbol{M}_1 = \mathrm{cir}([0,1,0,0,0,0,1,0,0,0,0,0,0,0,1,1,1,0,1,0,0,0,0,0,1,0,1,1,0,0,0,1,1])$$

$\boldsymbol{M}_2 = \mathrm{cir}([0,0,0,0,0,0,0,0,0,1,0,1,0,0,1,1,1,1,0,0,1,1,0,1,0,0,1,0,0,1,0,1,1])$

$\boldsymbol{M}_3 = \mathrm{cir}([0,1,1,0,0,1,0,0,0,0,0,0,1,0,0,1,0,1,0,1,0,0,1,0,1,0,0,0,1,0,0,1])$

对于向量 $\boldsymbol{V} \in \{0,1\}^{32}$，$\mathrm{cir}(\boldsymbol{V})$ 表示由 $\boldsymbol{V}$ 定义的 $32 \times 32$ 的矩阵，其第 $j$ 行是 $\boldsymbol{V}$ 循环右移 $j$ 位得到的。

对 Pyjamask-96，取 $i \in \{0,1,2\}$。

**2. Pyjamask 的密钥扩展算法**

Pyjamask-96 和 Pyjamask-128 采用相同的密钥扩展算法，区别仅在于轮密钥的长度。128 比特状态被表示为 $4 \times 32$ 的二维阵列，初始状态为 128 比特密钥，然后进行状态更新并提取轮密钥。状态更新函数包含列变换（MC）、行变换（MR）和常数加（AC）。

(1) 列变换。

对密钥状态的每列 $\boldsymbol{C}_i$（$i \in \{0,1,\cdots,31\}$）左乘 $4 \times 4$ 的矩阵 Mix，得到 $\mathrm{Mix} \cdot \boldsymbol{C}_i$。其中 Mix 定义如下：

$$\mathrm{Mix} = \begin{bmatrix} 0 & 1 & 1 & 1 \\ 1 & 0 & 1 & 1 \\ 1 & 1 & 0 & 1 \\ 1 & 1 & 1 & 0 \end{bmatrix}$$

(2) 行变换。

对密钥状态的第一行 $\boldsymbol{R}_0$ 右乘 $32 \times 32$ 的矩阵 $\boldsymbol{M}_k$，得到 $\boldsymbol{R}_0 \cdot \boldsymbol{M}_k$。其中 $\boldsymbol{M}_k$ 定义如下：

$\boldsymbol{M}_k = \mathrm{cir}([1,0,1,0,1,0,0,1,1,1,0,0,1,1,1,0,1,1,0,0,0,0,0,0,1,0,0,0,1,1,1,0])$

对状态的其余行进行循环移位操作：

$$\boldsymbol{R}_1 \lll 8$$
$$\boldsymbol{R}_2 \lll 15$$
$$\boldsymbol{R}_3 \lll 18$$

(3) 常数加。

对于第 $i$（$i \in \{0,1,\cdots,13\}$）轮，轮常数定义如下：

$$\mathrm{cnt}_i = 00100100001111110110101010000 \,\|\, [i]_4$$

在执行常数加操作时，常数 $\mathrm{cnt}_i$ 被划分为 4 个部分，并分别与密钥状态的不同部分异或。对于 128 比特的密钥状态 SK，具体定义如下：

$\mathrm{cnt}_{i,0}\,\mathrm{cnt}_{i,1}\,\mathrm{cnt}_{i,2}\,\mathrm{cnt}_{i,3} \xleftarrow{}_8 \mathrm{cnt}_i$

$\mathrm{SK}^* \leftarrow \mathrm{SK} \oplus ((0^{24} \,\|\, \mathrm{cnt}_{i,3}) \,\|\, (0^{16} \,\|\, \mathrm{cnt}_{i,2} \,\|\, 0^8) \,\|\, (0^8 \,\|\, \mathrm{cnt}_{i,1} \,\|\, 0^{16}) \,\|\, (\mathrm{cnt}_{i,0} \,\|\, 0^{24}))$

最后输出 $SK^*$。

**3. Pyjamask 的安全性分析**

Pyjamask 的设计者对其安全性的分析集中于底层分组密码，评估了分组密码算法 Pyjamask 对差分分析、代数分析、不变子空间等分析方法的安全性。目前对于 Pyjamask 没有第三方的分析结果。

## 5.5 基于流密码的认证加密算法

### 5.5.1 ACORN

ACORN 是 CAESAR 竞赛的 7 个优胜算法之一。ACORN 采用基于比特的流密码,使用非线性的方式进行状态更新,并令每一比特状态都可能影响整个状态,以抵御相关攻击和代数攻击等分析方法。截至 2016 年,ACORN 经历了 3 个版本。相较于 ACORN v1,ACORN v2 延长了初始化过程的步数,并增加了密钥在初始化过程中的使用,用以增强算法在临时值重用环境下抵抗恢复密钥攻击的安全性;ACORN v3 则将反馈函数中的一个布尔函数移动到密钥流生成函数中,用以提高在猜测确定攻击下的安全性。ACORN 在每个步骤中处理一个消息比特,适合轻量级硬件实现,在硬件实现时控制电路也可以极大简化。并且,该算法不需要使用关联数据和明密文的长度信息,可以降低硬件实现代价。另一方面,ACORN 的操作中有 32 步可以并行实现,也适合高速硬件和软件实现。

#### 1. ACORN-128 的加密算法

ACORN-128 的加密算法由初始化、处理关联数据、加密、生成标签 4 个部分组成。ACORN-128 的密钥长度为 128 比特,临时值 $N$ 为 128 比特,状态大小为 293 比特,标签 $T$ 的长度 $t$ 满足 $64 \leqslant t \leqslant 128$,要求总数据量小于或等于 $2^{64}$ 比特。

记密钥为 $K$,临时值为 $N$,关联数据为 $A(a$ 比特),任意长度的明文为 $M(m$ 比特)。加密过程如下:

(1)初始化。

首先,分别设定 4 个基本参数:$S_i$,$d_i$,$ca_i$,$cb_i$。

$$S_{-1792} \leftarrow 0^n$$

用密钥 $K$ 和临时值 $N$ 构成 $d_i(i = -1792, -1791, \cdots, -1)$:

$$d_{-1792+i} \leftarrow \begin{cases} K_i, & i = 0,1,\cdots,127 \\ N_{i-128}, & i = 128,255 \\ K_{i \bmod 128} \oplus 1, & i = 256 \\ K_{i \bmod 128}, & i = 257,258,\cdots,1791 \end{cases}$$

$$ca_{-1792+i} \leftarrow 1, \quad i = 0,1,\cdots,1791$$

$$cb_{-1792+i} \leftarrow 1, \quad i = 0,1,\cdots,1791$$

然后,利用状态更新函数迭代 1792 次,对状态 $S_i$ 进行更新。

对 $i \leftarrow -1792, -1791, \cdots, -1$,计算

$$S_{i+1} = \text{StateUpdate}(S_i, d_i, ca_i, cb_i)$$

(2)处理关联数据。

首先,用关联数据 $A$ 构成 $d_i(i = 0,1,\cdots,a+255)$

$$d_i \leftarrow \begin{cases} a_i, & i = 0,1,\cdots,a-1 \\ 1, & i = a \\ 0, & i = a+1,a+2,\cdots,a+255 \end{cases}$$

设定控制比特:

$$ca_i \leftarrow \begin{cases} 1, & i=0,1,\cdots,a+127 \\ 0, & i=a+128,a+129,\cdots,a+255 \end{cases}$$

$$cb_i=1, \quad i=0,1,\cdots,a+255$$

然后,利用状态更新函数迭代 $a+256$ 次,对状态 $S_i$ 进行更新。

对 $i \leftarrow 0,1,\cdots,a+255$,计算

$$S_{i+1}=\text{StateUpdate}(S_i,d_i,ca_i,cb_i)$$

注意,当关联数据为空时,仍需进行 256 次状态更新。

(3) 加密。

首先,用明文 $M$ 构成 $d_i$:

$$d_i \leftarrow \begin{cases} m_{i-a-256}, & i=a+256,a+257,\cdots,a+m+255 \\ 1, & i=a+m+256 \\ 0, & i=a+m+257,a+m+258,\cdots,a+m+511 \end{cases}$$

设定控制比特:

$$ca_i \leftarrow \begin{cases} 1, & i=a+256,a+257,\cdots,a+m+383 \\ 0, & i=a+m+384,a+m+385,\cdots,a+m+511 \end{cases}$$

$$cb_i=0, \quad i=a+256,a+257,\cdots,a+m+511$$

然后,利用状态更新函数迭代 $m+256$ 次,对状态 $S_i$ 进行更新。

对 $i \leftarrow a+256,a+257,\cdots,a+m+511$,计算

$$S_{i+1}=\text{StateUpdate}(S_i,d_i,ca_i,cb_i)$$

$$c_{i-a-256}=m_{i-a-256} \oplus \text{KSG}(S_i)$$

注意,当明文为空时,仍需进行 256 次状态更新。

(4) 生成标签。

首先,将 $d_i$ 设定为 0:

$$d_i=0, \quad i=a+m+512,a+m+513,\cdots,a+m+1279$$

设定控制比特:

$$ca_i=1, \quad i=a+m+512,a+m+513,\cdots,a+m+1279$$

$$cb_i=1, \quad i=a+m+512,a+m+513,\cdots,a+m+1279$$

然后,利用状态更新函数迭代 768 次,对状态 $S_i$ 进行更新。

对 $i \leftarrow a+m+512,a+m+513,\cdots,a+m+1279$,计算

$$S_{i+1}=\text{StateUpdate}(S_i,d_i,ca_i,cb_i)$$

$$ks_i=\text{KSG}(S_i)$$

截取最后 $t$ 个密钥流比特作为标签:

$$T \leftarrow ks_{a+m+1279-t+1} ks_{a+m+1279-t+2} \cdots ks_{a+m+1279}$$

最后,输出 $C \| T$。

ACORN-128 的加密算法中的参数和函数定义如下:

(1) 布尔函数 maj 和 ch。

该算法中使用的两个布尔函数定义如下:

$$\text{maj}(x,y,z)=(x \& y) \oplus (x \& z) \oplus (y \& z)$$

$$\text{ch}(x,y,z)=(x \& y) \oplus ((\sim x) \& z)$$

（2）密钥流生成函数 KSG。

KSG 用于由状态生成密钥流比特，每步计算一比特密钥 $\mathrm{ks}_i = \mathrm{KSG}(S_i)$。定义如下：

$$\mathrm{ks}_i = S_{i,12} \oplus S_{i,154} \oplus \mathrm{maj}(S_{i,235} \oplus S_{i,61} \oplus S_{i,193}) \oplus \mathrm{ch}(S_{i,230} \oplus S_{i,111} \oplus S_{i,66})$$

（3）比特反馈函数 FBK。

FBK 用于计算反馈比特，每步计算一个反馈比特 $f_i = \mathrm{FBK}(S_i, \mathrm{ca}_i, \mathrm{cb}_i)$。定义如下：

$$f_i = S_{i,0} \oplus (\sim S_{i,107}) \oplus \mathrm{maj}(S_{i,244} \oplus S_{i,23} \oplus S_{i,160}) \oplus (\mathrm{ca}_i \,\&\, S_{i,196}) \oplus (\mathrm{cb}_i \,\&\, \mathrm{ks}_i)$$

（4）状态更新函数 StateUpdate。

StateUpdate 用于更新状态，定义如下：

$$S_{i+1} = \mathrm{StateUpdate}(S_i, d_i, \mathrm{ca}_i, \mathrm{cb}_i)$$

StateUpdate 分 4 步执行，其中利用了密钥流生成函数 KSG 与比特反馈函数 FBK：

① 使用 LFSR 进行更新：

$$S_{i,289} = S_{i,289} \oplus S_{i,235} \oplus S_{i,230}$$
$$S_{i,230} = S_{i,230} \oplus S_{i,196} \oplus S_{i,193}$$
$$S_{i,193} = S_{i,193} \oplus S_{i,160} \oplus S_{i,154}$$
$$S_{i,154} = S_{i,154} \oplus S_{i,111} \oplus S_{i,107}$$
$$S_{i,107} = S_{i,107} \oplus S_{i,66} \oplus S_{i,61}$$
$$S_{i,61} = S_{i,61} \oplus S_{i,23} \oplus S_{i,0}$$

② 生成密钥流比特：

$$\mathrm{ks}_i = \mathrm{KSG}(S_i)$$

③ 生成非线性反馈比特：

$$f_i = \mathrm{FBK}(S_i, \mathrm{ca}_i, \mathrm{cb}_i)$$

④ 根据反馈比特对 293 位比特寄存器进行移位。

对于 $j \leftarrow 0, 1, \cdots, 291$，计算

$$S_{i+1,j} = S_{i,j+1}$$
$$S_{i+1,292} = f_i \oplus d_i$$

2. ACORN-128 的解密算法

ACORN-128 的解密算法由初始化、处理关联数据、解密、验证标签 4 个部分组成。记密钥为 $K$，临时值为 $N$，关联数据为 $A$，密文为 $C$（长度为 $m$ 比特），标签为 $T$。解密过程如下：

（1）初始化（与加密算法相同）。

（2）处理关联数据（与加密算法相同）。

（3）解密。

首先，设定 $d_i$：

$$d_i \leftarrow \begin{cases} c_{i-a-256}, & i = a+256, a+257, \cdots, a+m+255 \\ 1, & i = a+m+256 \\ 0, & i = a+m+257, a+m+258, \cdots, a+m+511 \end{cases}$$

设定控制比特：

$$\mathrm{ca}_i \leftarrow \begin{cases} 1, & i = a+256, a+257, \cdots, a+m+383 \\ 0, & i = a+m+384, a+m+385, \cdots, a+m+511 \end{cases}$$

$$\mathrm{cb}_i = 0, \quad i = a+256, a+257, \cdots, a+m+511$$

然后,利用状态更新函数迭代 $m+256$ 次,对状态 $S_i$ 进行更新。

对 $i \leftarrow a+256, a+257, \cdots, a+m+255$,计算

$$S_{i+1} = \overline{\mathrm{StateUpdate}}(S_i, d_i, \mathrm{ca}_i, \mathrm{cb}_i)$$

$$m_{i-a-256} = c_{i-a-256} \oplus \mathrm{ks}_i$$

对 $i \leftarrow a+m+256, a+m+257, \cdots, a+m+511$,计算

$$S_{i+1} = \mathrm{StateUpdate}(S_i, d_i, \mathrm{ca}_i, \mathrm{cb}_i)$$

注意,当密文为空时,仍需进行 256 次状态更新。

（4）验证标签。

用与加密方向相同的算法生成标签 $T'$。

如果 $T = T'$,则输出 $M$;否则,输出 $\perp$。

在上面的解密中,状态更新函数 $\overline{\mathrm{StateUpdate}}$ 与 $\mathrm{StateUpdate}$ 仅在最后一步不同, $\mathrm{StateUpdate}$ 的最后一步为 $S_{i+1,292} = f_i \oplus d_i$;而 $\overline{\mathrm{StateUpdate}}$ 的最后一步为 $S_{i+1,292} = f_i \oplus d_i \oplus \mathrm{ks}_i$。

### 3. ACORN 的安全性分析

ACORN 的设计者简单评估了该算法针对差分分析、立方攻击等分析方法的安全性以及它的认证安全性。Salam 等人给出了初始化缩减为 477 轮 ACORN 的立方攻击,攻击复杂度为 $2^{35}$[445]。Todo 等人利用可分性将 ACORN 的立方攻击推进到 704 轮,攻击复杂度为 $2^{122}$[446]。通过在特定位置引入一次故障,Dey 等人恢复了 ACORN 的密钥[447]。

### 5.5.2 Hummingbird-2

Hummingbird-2 是发布于 RFIDSec2011 的一个轻量级认证加密算法,主要面向低端微处理器和资源受限的轻量级设备。该算法基于 S 盒、异或、模加、移位等运算,密钥长度为 128 比特,临时值 $N$ 为 64 比特,标签 $T$ 的长度 $t$ 满足 $64 \leqslant t \leqslant 128$。

### 1. Hummingbird-2 的加密算法

Hummingbird-2 的加密算法由初始化、加密、处理关联数据、生成标签 4 个部分组成。其中状态 $S$ 由 8 个 16 比特的子状态 $S_1, S_2, \cdots, S_8$ 组成, $S^{(i)}$ 为第 $i$ 步（后）的状态,模加运算的模数为 65 536。

记密钥为 $K$,临时值为 $N$,关联数据为 $A$,任意长度的明文为 $M$。加密过程如下:

（1）初始化:

$$K_1 K_2 \cdots K_8 \leftarrow_{16} K$$

用临时值填充初始状态:

$$N_1 N_2 \cdots N_4 \leftarrow_{16} N$$

$$S^{(0)} \leftarrow (N_1, N_2, N_3, N_4, N_1, N_2, N_3, N_4)$$

对 $i \leftarrow 0, 1, \cdots, 3$,计算

$$t_1 \leftarrow \mathrm{WD16}(S_1^{(i)} \boxplus [i]_{16}, K_1, K_2, K_3, K_4)$$

$$t_2 \leftarrow \mathrm{WD16}(S_2^{(i)} \boxplus t_1, K_5, K_6, K_7, K_8)$$

$$t_3 \leftarrow \mathrm{WD16}(S_3^{(i)} \boxplus t_2, K_1, K_2, K_3, K_4)$$

$$t_4 \leftarrow \mathrm{WD16}(S_4^{(i)} \boxplus t_3, K_5, K_6, K_7, K_8)$$

$$S_1^{(i+1)} \leftarrow (S_1^{(i)} \boxplus t_4) \lll 3$$

$$S_2^{(i+1)} \leftarrow (S_2^{(i)} \boxplus t_1) \ggg 1$$

$$S_3^{(i+1)} \leftarrow (S_3^{(i)} \boxplus t_2) \lll 8$$

$$S_4^{(i+1)} \leftarrow (S_4^{(i)} \boxplus t_3) \ggg 1$$

$$S_5^{(i+1)} \leftarrow S_5^{(i)} \oplus S_1^{(i+1)}$$

$$S_6^{(i+1)} \leftarrow S_6^{(i)} \oplus S_2^{(i+1)}$$

$$S_7^{(i+1)} \leftarrow S_7^{(i)} \oplus S_3^{(i+1)}$$

$$S_8^{(i+1)} \leftarrow S_8^{(i)} \oplus S_4^{(i+1)}$$

其中，$t_1, t_2, t_3, t_4$ 均为 16 比特的中间变量。

经过初始化后，可以得到状态 $S^{(4)}$。

（2）加密。

根据消息长度分两种情况：

若 $1 \leqslant |M| \leqslant 15$，则

$$(Z, S^{(5)}) \leftarrow E(K, 0^{16}, S^{(4)})$$

$$C \leftarrow M \oplus \mathrm{msb}_{|M|}(Z)$$

$$(Z^*, S^{(6)}) \leftarrow E(K, \mathrm{Pad}_{16}(M), S^{(5)})$$

若 $|M| \geqslant 16$，则

$$M_1 M_2 \cdots M_m^* \leftarrow_{16} M$$

$$M_m \leftarrow \mathrm{Pad}_{16}(M_m^*)$$

对 $i \leftarrow 1, 2, \cdots, m$，计算

$$(C_i, S^{(i+5)}) \leftarrow E(K, M_i, S^{(i+4)})$$

状态更新完成后，对末尾的密文进行截取：

$$C_m^* \leftarrow \mathrm{msb}_{|M_m^*|}(C_m)$$

（3）处理关联数据：

$$A_1 A_2 \cdots A_a^* \leftarrow_{16} A$$

$$A_a \leftarrow \mathrm{Pad}_{16}(A_a^*)$$

对 $i \leftarrow 1, 2, \cdots, a$，计算

$$t_1 \leftarrow \mathrm{WD16}(S_1^{(i+m+4)} \boxplus A_i, K_1, K_2, K_3, K_4)$$

$$t_2 \leftarrow \mathrm{WD16}(S_2^{(i+m+4)} \boxplus t_1, K_5 \oplus S_5^{(i+m+4)}, K_6 \oplus S_6^{(i+m+4)}, K_7 \oplus S_7^{(i+m+4)}, K_8 \oplus S_8^{(i+m+4)})$$

$$t_3 \leftarrow \mathrm{WD16}(S_3^{(i+m+4)} \boxplus t_2, K_1 \oplus S_5^{(i+m+4)}, K_2 \oplus S_6^{(i+m+4)}, K_3 \oplus S_7^{(i+m+4)}, K_4 \oplus S_8^{(i+m+4)})$$

$$S_1^{(i+m+5)} \leftarrow S_1^{(i+m+4)} \boxplus t_3$$

$$S_2^{(i+m+5)} \leftarrow S_2^{(i+m+4)} \boxplus t_1$$

$$S_3^{(i+m+5)} \leftarrow S_3^{(i+m+4)} \boxplus t_2$$

$$S_4^{(i+m+5)} \leftarrow S_4^{(i+m+4)} \boxplus S_1^{(i+m+4)} \boxplus t_3 \boxplus t_1$$

$$S_5^{(i+m+5)} \leftarrow S_5^{(i+m+4)} \oplus (S_1^{(i+m+4)} \boxplus t_3)$$

$$S_6^{(i+m+5)} \leftarrow S_6^{(i+m+4)} \oplus (S_2^{(i+m+4)} \boxplus t_1)$$

$$S_7^{(i+m+5)} \leftarrow S_7^{(i+m+4)} \oplus (S_3^{(i+m+4)} \boxplus t_2)$$

$$S_8^{(i+m+5)} \leftarrow S_8^{(i+m+4)} \oplus (S_4^{(i+m+4)} \boxplus S_1^{(i+m+4)} \boxplus t_3 \boxplus t_1)$$

将这一更新过程记作 $E(S^{(i+m+4)}, A_i)$。

（4）生成标签。

依次执行下列更新过程：

$$E(S^{(a+m+4)}, N_1 \boxplus S_1^{(a+m+4)} \boxplus S_3^{(a+m+4)} \boxplus \lceil t/16 \rceil)$$

$$E(S^{(a+m+5)}, N_2 \boxplus S_1^{(a+m+5)} \boxplus S_3^{(a+m+5)})$$

$$E(S^{(a+m+6)}, N_3 \boxplus S_1^{(a+m+6)} \boxplus S_3^{(a+m+6)})$$

计算

$$T_1 \leftarrow E(S^{(a+m+7)}, N_4 \boxplus S_1^{(a+m+7)} \boxplus S_3^{(a+m+7)})$$

对 $i \leftarrow 2, 3, \cdots, \lceil t/8 \rceil$，计算

$$T_i \leftarrow E(S^{(i+a+m+6)}, S_1^{(i+a+m+6)} \boxplus S_3^{(i+a+m+6)})$$

最后，输出 $C_1 C_2 \cdots C_m^* \parallel T_1 T_2 \cdots T_{\lceil t/8 \rceil}$。

Hummingbird-2 的加密算法中的参数和函数定义如下：

（1）Sbox 函数。

Sbox 函数表示 4 个 S 盒组成的函数，定义如下：

$$\mathrm{Sbox}(x) = \mathrm{S1}(x_1) \parallel \mathrm{S2}(x_2) \parallel \mathrm{S3}(x_3) \parallel \mathrm{S4}(x_4)$$

其中，S1、S2、S3 和 S4 是 4 个 4 比特 S 盒，具体如表 5-13 所示。

表 5-13　Hummingbird-2 的 S 盒

| $x$ | 0 | 1 | 2 | 3 | 4 | 5 | 6 | 7 | 8 | 9 | 10 | 11 | 12 | 13 | 14 | 15 |
|---|---|---|---|---|---|---|---|---|---|---|---|---|---|---|---|---|
| S1($x$) | 7 | 12 | 14 | 9 | 2 | 1 | 5 | 15 | 11 | 6 | 13 | 0 | 4 | 8 | 10 | 3 |
| S2($x$) | 4 | 10 | 1 | 6 | 8 | 15 | 7 | 12 | 3 | 0 | 14 | 13 | 5 | 9 | 11 | 2 |
| S3($x$) | 2 | 15 | 12 | 1 | 5 | 6 | 10 | 13 | 14 | 8 | 3 | 4 | 0 | 11 | 9 | 7 |
| S4($x$) | 15 | 4 | 5 | 8 | 9 | 7 | 2 | 1 | 10 | 3 | 0 | 14 | 6 | 12 | 13 | 11 |

（2）16 比特带密钥置换 WD16。

WD16($x$) 由置换 $f(x)$ 经过 4 次迭代构成，使用到 4 个 4 比特子密钥 $a, b, c, d$。其中，$f(x)$ 由 Sbox($x$) 和线性变换 $L(x)$ 组成，定义如下：

$$L(x) = x \oplus (x \lll 6) \oplus (x \lll 10)$$

$$f(x) = L(\mathrm{Sbox}(x))$$

$$\mathrm{WD16}(x, a, b, c, d) = f(f(f(f(x \oplus a) \oplus b) \oplus c) \oplus d)$$

（3）加密函数 $E$ 与解密函数 $D$。

加密函数 $E$ 由加密和更新状态两部分组成，输入包含明文分组 $M$（16 比特）、状态 $S$（由 8 个 16 比特的子状态 $S_1, S_2, \cdots, S_8$ 组成）和密钥 $K$（由 8 个 16 比特的子密钥 $K_1, K_2, \cdots, K_8$ 组成），输出包含密文分组 $C$ 和更新后的状态 $S^*$。

计算步骤如下：

$$t_1 \leftarrow \mathrm{WD16}(S_1 \boxplus M, K_1, K_2, K_3, K_4)$$

$$t_2 \leftarrow \mathrm{WD}16(S_2 \boxplus t_1, K_5 \oplus S_5, K_6 \oplus S_6, K_7 \oplus S_7, K_8 \oplus S_8)$$

$$t_3 \leftarrow \mathrm{WD}16(S_3 \boxplus t_2, K_1 \oplus S_5, K_2 \oplus S_6, K_3 \oplus S_7, K_4 \oplus S_8)$$

$$C \leftarrow \mathrm{WD}16(S_4 \boxplus t_3, K_5, K_6, K_7, K_8) \boxplus S_1$$

生成密文后,再更新状态:

$$S_1^* \leftarrow S_1 \boxplus t_3$$

$$S_2^* \leftarrow S_2 \boxplus t_1$$

$$S_3^* \leftarrow S_3 \boxplus t_2$$

$$S_4^* \leftarrow S_4 \boxplus S_1 \boxplus t_3 \boxplus t_1$$

$$S_5^* \leftarrow S_5 \oplus (S_1 \boxplus t_3)$$

$$S_6^* \leftarrow S_6 \oplus (S_2 \boxplus t_1)$$

$$S_7^* \leftarrow S_7 \oplus (S_3 \boxplus t_2)$$

$$S_8^* \leftarrow S_8 \oplus (S_4 \boxplus S_1 \boxplus t_3 \boxplus t_1)$$

上述过程可以描述为 $(C, S^*) \leftarrow E(K, M, S)$。

相应地,解密函数 $D$ 由解密和更新状态两部分组成,输入包含密文分组 $C$(16 比特)、状态 $S$(由 8 个 16 比特的子状态 $S_1, S_2, \cdots, S_8$ 组成)和密钥 $K$(由 8 个 16 比特的子密钥 $K_1$, $K_2, \cdots, K_8$ 组成),输出包含明文分组 $M$ 和更新后的状态 $S^*$。解密函数 $D$ 的更新状态的方式与加密函数相同。

解密函数的计算步骤如下:

$$t_3 \leftarrow \mathrm{WD}16^{-1}(S_1 \boxplus C, K_5, K_6, K_7, K_8) \boxplus S_4$$

$$t_2 \leftarrow \mathrm{WD}16^{-1}(t_3, K_1 \oplus S_5, K_2 \oplus S_6, K_3 \oplus S_7, K_4 \oplus S_8) \boxplus S_3$$

$$t_1 \leftarrow \mathrm{WD}16^{-1}(t_2, K_5 \oplus S_5, K_6 \oplus S_6, K_7 \oplus S_7, K_8 \oplus S_8) \boxplus S_2$$

$$M \leftarrow \mathrm{WD}16^{-1}(t_1, K_1, K_2, K_3, K_4) \boxplus S_1$$

整个解密函数可以描述为 $(M, S^*) \leftarrow D(K, C, S)$。

**2. Hummingbird-2 的解密算法**

Hummingbird-2 的解密算法由初始化、解密、处理关联数据、验证标签 4 个部分组成。记状态 $S$ 由 8 个 16 比特的子状态 $S_1, S_2, \cdots, S_8$ 组成。记密钥为 $K$,临时值为 $N$,关联数据为 $A$,密文为 $C$。解密过程如下:

(1) 初始化(与加密算法相同)。

(2) 解密。

根据密文长度 $|C|$ 分两种情况:

若 $1 \leqslant |C| \leqslant 15$,则

$$(Z, S^{(5)}) \leftarrow E(K, 0^{16}, S^{(4)})$$

$$M \leftarrow C \oplus \mathrm{msb}_{|C|}(Z)$$

$$(Z^*, S^{(6)}) \leftarrow E(K, \mathrm{Pad}_{16}(M), S^{(5)})$$

若 $|C| \geqslant 16$,则

$$C_1 C_2 \cdots C_m^* \leftarrow_{16} C$$

$$C_m \leftarrow \mathrm{Pad}_{16}(C_m^*)$$

对 $i \leftarrow 1, 2, \cdots, m$,计算

$$(M_i,S^{(i+5)})\leftarrow D(K,C_i,S^{(i+4)})$$

状态更新完成后,对末尾的明文进行截取:

$$M_m^*\leftarrow\mathrm{msb}_{|C_m^*|}(M_m)$$

(3) 处理关联数据(与加密算法相同)。

(4) 验证标签。

用与加密算法相同的方式生成标签 $T'$。

如果 $T=T'$,则输出 $M$;否则,输出 $\perp$。

**3. Hummingbird-2 的安全性分析**

利用轮函数 WD16 与密钥的关系,文献[448]给出了 Hummingbird-2 的相关密钥且临时值可选环境下的恢复密钥攻击。利用 24 对相关密钥可以恢复出 128 比特原始密钥,时间复杂度与数据复杂度均为 $2^{32.6}$。Chai 等人利用两对相关密钥降低密钥搜索空间并寻找差分序列,进而以 $2^{48.14}$ 的时间复杂度恢复了密钥[449]。

### 5.5.3 Helix

Helix 的设计目标是实现高效的软硬件实现性能,尤其适用于 32 比特处理器。Helix 的状态由 5 个 32 比特字组成,其轮函数则仅由 32 比特字的异或、模加、循环移位经过多次组合迭代构成。Helix 的密钥长度 $k\leqslant256$,临时值和标签的长度都为 128 比特,处理的消息总长度小于或等于 $2^{64}$ 字节。

**1. Helix 的加密算法**

Helix 的加密算法由初始化、加密、生成标签 3 个部分组成。在 Helix 中,有以下约定:$S$ 为 160 比特的状态,包含 5 个 32 比特的子状态;密钥长度小于或等于 256 比特,临时值 $N$ 为 128 比特;模加运算的模数为 $2^{32}$。

记密钥为 $K$,临时值为 $N$,明文为 $M$。加密过程如下:

(1) 初始化:

$$K_0K_1\cdots K_7\leftarrow KM(K)$$

$$N_0N_1N_2N_3\leftarrow_{32}N$$

设定初始状态:

$$S_{-7,i}\leftarrow K_{i+3}\oplus N_i(i\leftarrow0,1,\cdots,3)$$

$$S_{-7,4}\leftarrow K_7$$

对 $i\leftarrow-7,-6,\cdots,0$,计算

$$S_{i+1}\leftarrow R(S_i,K_i,0^{32})$$

生成轮子密钥:

$$K'\leftarrow KeyMixing(K)$$

(2) 加密

$$M_1M_2\cdots M_m^*\leftarrow_{32}M$$

$$M_m\leftarrow Pad_{32}(M_m^*)$$

对 $i\leftarrow1,2,\cdots,m$,计算

$$(X_{i,0},X_{i,1})\leftarrow KG(K',N,|K|_B,i)$$

$$S_{i+1} \leftarrow R(S_i, X_i, M_i)$$

$$C_i \leftarrow M_i \oplus S_{i,0}$$

$$C_m^* \leftarrow \text{msb}_{|M_{\tilde{m}}|}(C_m)$$

（3）生成标签。

更新状态，计算

$$S_{m+1,0}^* \leftarrow S_{m+1,0}^* \oplus 0\text{x}912D94F1$$

$$S_{m+1}^* \leftarrow S_{m+1,0}^* \parallel S_{m+1,1} S_{m+1,2} S_{m+1,3} S_{m+1,4}$$

对 $i \leftarrow 1, 2, \cdots, 8$，计算

$$S_{m+i+1}^* \leftarrow R(S_{m+i}^*, 0^{64}, |M|_B \bmod 4)$$

取 4 轮的密钥流作为标签。

对 $i \leftarrow 1, 2, \cdots, 4$，计算

$$S_{m+i+9}^* \leftarrow R(S_{m+i+8}^*, 0^{64}, |M|_B \bmod 4)$$

$$T \leftarrow S_{m+10,0}^* S_{m+11,0}^* S_{m+12,0}^* S_{m+13,0}^*$$

最后，输出 $C_1 C_2 \cdots C_m^* \parallel T$。

Helix 的加密算法中的参数和函数定义如下：

（1）轮变换 $R$。

轮变换 $R$ 的输入包含 5 个 32 比特的中间子状态 $S_i = (S_{i,0}, S_{i,1}, \cdots, S_{i,4})$、两个 32 比特密钥 $X_i = (X_{i,0}, X_{i,1})$ 和一个 32 比特明文 $M_i$，输出为 5 个 32 比特的中间子状态 $S_{i+1} = (S_{i+1,0}, S_{i+1,1}, \cdots, S_{i+1,4})$，记作 $R(S_i, X_i, M_i) = S_{i+1}$。

具体定义如下：

$$(S_{i,0}^{(0)}, S_{i,1}^{(0)}, \cdots, S_{i,4}^{(0)}) \leftarrow (S_{i,0}, S_{i,1}, \cdots, S_{i,4})$$

$$(S_{i,0}^{(1)}, S_{i,1}^{(1)}, \cdots, S_{i,4}^{(1)}) \leftarrow (S_{i,0}^{(0)} \boxplus S_{i,3}^{(0)}, S_{i,1}^{(0)} \boxplus S_{i,4}^{(0)}, S_{i,2}^{(0)}, S_{i,3}^{(0)} \lll 15, S_{i,3}^{(0)} \lll 25)$$

$$(S_{i,0}^{(2)}, S_{i,1}^{(2)}, \cdots, S_{i,4}^{(2)}) \leftarrow (S_{i,0}^{(1)} \lll 9, S_{i,1}^{(1)} \lll 10, S_{i,2}^{(1)} \oplus S_{i,0}^{(1)}, S_{i,3}^{(1)} \oplus S_{i,1}^{(1)}, S_{i,4}^{(1)})$$

$$(S_{i,0}^{(3)}, S_{i,1}^{(3)}, \cdots, S_{i,4}^{(3)}) \leftarrow (S_{i,0}^{(2)} \oplus (X_{i,0} \boxplus S_{i,3}^{(2)}), S_{i,1}^{(2)}, S_{i,2}^{(2)} \lll 17, S_{i,3}^{(2)} \lll 30, S_{i,4}^{(2)} \boxplus S_{i,2}^{(2)})$$

$$(S_{i,0}^{(4)}, S_{i,1}^{(4)}, \cdots, S_{i,4}^{(4)}) \leftarrow (S_{i,0}^{(3)} \lll 20, S_{i,1}^{(3)} \oplus S_{i,4}^{(3)}, S_{i,2}^{(3)} \boxplus S_{i,0}^{(3)}, S_{i,3}^{(3)}, S_{i,4}^{(3)} \lll 13)$$

$$(S_{i,0}^{(5)}, S_{i,1}^{(5)}, \cdots, S_{i,4}^{(5)}) \leftarrow (S_{i,0}^{(4)}, S_{i,1}^{(4)} \lll 11, S_{i,2}^{(4)} \lll 5, S_{i,3}^{(4)} \boxplus S_{i,1}^{(4)}, S_{i,4}^{(4)} \oplus S_{i,2}^{(4)})$$

$$(S_{i,0}^{(6)}, S_{i,1}^{(6)}, \cdots, S_{i,4}^{(6)}) \leftarrow (S_{i,0}^{(5)} \boxplus (M_i \oplus S_{i,3}^{(5)}), S_{i,1}^{(5)} \boxplus S_{i,4}^{(5)}, S_{i,2}^{(5)}, S_{i,3}^{(5)} \lll 15, S_{i,4}^{(5)} \lll 25)$$

$$(S_{i,0}^{(7)}, S_{i,1}^{(7)}, \cdots, S_{i,4}^{(7)}) \leftarrow (S_{i,0}^{(6)} \lll 9, S_{i,1}^{(6)} \lll 10, S_{i,2}^{(6)} \oplus S_{i,0}^{(6)}, S_{i,3}^{(6)} \oplus S_{i,1}^{(6)}, S_{i,4}^{(6)} \boxplus S_{i,2}^{(6)})$$

$$(S_{i,0}^{(8)}, S_{i,1}^{(8)}, \cdots, S_{i,4}^{(8)}) \leftarrow (S_{i,0}^{(7)} \oplus (X_{i,1} \boxplus S_{i,3}^{(7)}), S_{i,1}^{(7)} \oplus S_{i,4}^{(7)}, S_{i,2}^{(7)} \lll 17, S_{i,3}^{(7)} \lll 30, S_{i,4}^{(7)} \lll 13)$$

$$(S_{i,0}^{(9)}, S_{i,1}^{(9)}, \cdots, S_{i,4}^{(9)}) \leftarrow (S_{i,0}^{(8)} \lll 20, S_{i,1}^{(8)} \lll 11, S_{i,2}^{(8)} \boxplus S_{i,0}^{(8)}, S_{i,3}^{(8)} \boxplus S_{i,1}^{(8)}, S_{i,4}^{(8)})$$

$$(S_{i+1,0}, S_{i+1,1}, \cdots, S_{i+1,4}) \leftarrow (S_{i,0}^{(9)}, S_{i,1}^{(9)}, S_{i,2}^{(9)} \lll 5, S_{i,3}^{(9)}, S_{i,4}^{(9)} \oplus S_{i,2}^{(9)})$$

（2）密钥混合函数 KM。

KM 将变长的输入密钥 $K$ 转变成固定长度的工作密钥 $K'$。具体过程如下：

调用轮函数 $R$：

$$K^* \leftarrow R(K \parallel 0^{128-|K|} \parallel [|K|_B + 64]_{32}, 0^{64}, 0^{32})$$

截取 $K^*$ 的前 256 比特并划分为 8 个 32 比特字：

$$K_{32}, K_{33}, \cdots, K_{39} \leftarrow_{32} K^* [0..255]$$

对 $i \leftarrow 7, 6, \cdots, 0$，计算

$$(K_{4i}, K_{4i+1}, \cdots, K_{4i+3}) \leftarrow R((K_{4i+4}, K_{4i+5}, \cdots, K_{4i+7}) \parallel [|K|_B + 64]_{32}, 0^{64}, 0^{32})$$

$$\oplus (K_{4i+8}, K_{4i+9}, \cdots, K_{4i+11})$$

$$K' \leftarrow K_0 K_1 \cdots K_7$$

将上述密钥混合过程记为 $K_0 K_1 \cdots K_7 \leftarrow KM(K)$。

(3) 轮子密钥生成函数 KG。

轮子密钥由工作密钥 $K' = K_0 K_1 \cdots K_7$、临时值 $N = N_0 N_1 \cdots N_3$、输入密钥长度 $|K|$ 和轮数 $i$ 得到。具体过程如下：

扩展临时值。对 $k \leftarrow 4, 5, \cdots, 7$，计算

$$N_k \leftarrow (k \bmod 4) - N_{k-4} \pmod{2^{32}}$$

生成轮子密钥。对 $i \leftarrow 1, 2, 3, \cdots$，计算

$$X_{i,0} \leftarrow K_{i \bmod 8}$$

$$X_{i,1} \leftarrow K_{(i+4) \bmod 8} + N_{i \bmod 8} + X_i^* + i + 8$$

其中

$$X_i^* \leftarrow \begin{cases} \lfloor (i+8)/2^{31} \rfloor, & i \bmod 4 = 3 \\ 4 \cdot |K|_B, & i \bmod 4 = 1 \\ 0, & \text{其他} \end{cases}$$

将由 $K'$、$N$、$|K|_B$ 和 $i$ 生成第 $i$ 轮子密钥的过程记为 $(X_{i,0}, X_{i,1}) \leftarrow KG(K', N, |K|_B, i)$。

**2. Helix 的解密算法**

Helix 的解密算法由初始化、解密和验证标签 3 个部分组成。记临时值为 $N$，任意长度的密文为 $C$，标签为 $T$。加密过程如下：

(1) 初始化(与加密算法相同)。

(2) 解密：

$$C_1 C_2 \cdots C_m^* \leftarrow_{32} C$$

$$C_m \leftarrow \text{Pad}_{32}(C_m^*)$$

对 $i \leftarrow 1, 2, \cdots, m$，计算

$$M_i \leftarrow C_i \oplus S_{i,0}$$

$$S_{i+1} \leftarrow R(S_i, X_i, M_i)$$

$$M_m^* \leftarrow \text{msb}_{|C_m^*|}(M_m)$$

(3) 验证标签。

用与加密算法相同的方式生成标签 $T'$。

如果 $T = T'$，则输出 $M_1 M_2 \cdots M_m^*$；否则，输出 $\perp$。

**3. Helix 的安全性分析**

Muller 利用差分分析给出 Helix 的两个攻击[450]。Muller 给出的第一个攻击是假设临时值可以重用情况下的适应性选择明文攻击。对此，Paul 等人提出了求解加法差分方程的优化算法，降低了攻击的数据复杂度，同时指出该攻击可以扩展为选择明文攻击[451,452]。Muller 给出的第二个攻击是在一定假设下的区分攻击。对此，石振青等人指出 Helix 的密钥流不满足攻击的假设条件，并在更贴近实际应用的模型下给出了 Helix 的区分攻击和密钥恢复攻击[453]。

### 5.5.4　TinyJAMBU

TinyJAMBU 是 NIST 轻量级密码标准项目征集的候选算法,采用基于 NFSR 的带密钥置换。在结构上,TinyJAMBU 将状态划分为 3 块或 4 块,用不同部分的状态异或明文分组和生成密钥流。TinyJAMBU 的状态大小仅为 JAMBU 的 2/3,消息分组大小仅为 JAMBU 的 1/2。当临时值重用时,TinyJAMBU 比 JAMBU 具有更好的认证安全性。

**1. TinyJAMBU 的加密算法**

TinyJAMBU 的加密算法由初始化、处理关联数据、加密、生成标签 4 个部分组成。TinyJAMBU 的密钥长度 $k$ 可取 128、192 或 256,临时值 $N$ 为 96 比特,标签 $T$ 为 64 比特,状态 $S$ 为 128 比特,每次处理数据的比特长度 $n$ 为 32 比特。

记密钥为 $K$,临时值为 $N$,关联数据为 $A$,任意长度的明文为 $M$。加密过程如下:

(1) 初始化。

首先,设定初始状态,并利用置换更新状态

$$S_{-4} \leftarrow 0^{128}$$

$$S_{-3} \leftarrow P_{1024}(S_{-4})$$

然后,逐步嵌入临时值:

$$N_1 N_2 N_3 \leftarrow_{32} N$$

对 $i \leftarrow -2, -1, \cdots, 0$,计算

$$S_{i-1}^* \leftarrow P_{384}(S_{i-1} \oplus (0^{36} \parallel [1]_3 \parallel 0^{89}))$$

$$S_i \leftarrow S_{i-1}^* \oplus (0^{96} \parallel N_{i+3})$$

(2) 处理关联数据

$$A_1 A_2 \cdots A_a \leftarrow_{32} A$$

对 $i \leftarrow 1, 2, \cdots, a-1$,计算

$$S_{i-1}^* \leftarrow P_{384}(S_{i-1} \oplus (0^{36} \parallel [3]_3 \parallel 0^{89}))$$

$$S_i \leftarrow S_{i-1}^* \oplus (0^{96} \parallel A_i)$$

$$S_{a-1}^* \leftarrow P_{384}(S_{a-1} \oplus (0^{36} \parallel [3]_3 \parallel 0^{89}))$$

$$S_a^* \leftarrow S_{a-1}^* \oplus (0^{96} \parallel A_a \parallel 0^{32-|A_a|})$$

根据 $|A_a|$ 的值分两种情况:

若 $|A_a| = n$,则

$$S_a \leftarrow S_a^*$$

若 $|A_a| < n$,则

$$S_a \leftarrow S_a^* \oplus (0^{32} \parallel [|A_a|/8]_2 \parallel 0^{94})$$

(3) 加密:

$$M_1 M_2 \cdots M_m \leftarrow_{32} M$$

对 $i \leftarrow 1, 2, \cdots, m-1$,计算

$$S_{i+a-1}^* \leftarrow P_{1024}(S_{i+a-1} \oplus (0^{36} \parallel [5]_3 \parallel 0^{89}))$$

$$S_{i+a} \leftarrow S_{i+a-1}^* \oplus (0^{96} \parallel M_i)$$

$$C_i \leftarrow S_{i+a}[64..95] \oplus M_i$$

$$S^*_{m+a-1} \leftarrow P_{1024}(S_{m+a-1} \oplus (0^{36} \parallel [5]_3 \parallel 0^{89}))$$

$$S^*_{m+a} \leftarrow S^*_{m+a-1} \oplus (0^{96} \parallel M_m \parallel 0^{32-|M_m|})$$

$$C_m \leftarrow S_{m+a}[64..64+|M_m|-1] \oplus M_m$$

根据 $|M_m|$ 的值分两种情况：

若 $|M_m|=n$，则

$$S_{m+a} \leftarrow S^*_{m+a}$$

若 $|M_m|<n$，则

$$S_{m+a} \leftarrow S^*_{m+a} \oplus (0^{32} \parallel [\lceil|M_m|/8\rceil]_2 \parallel 0^{94})$$

（4）生成标签：

$$S_{m+a+1} \leftarrow P_{1024}(S_{m+a} \oplus (0^{36} \parallel [7]_3 \parallel 0^{89}))$$

$$T_1 \leftarrow S_{m+a+1}[64..95]$$

$$S_{m+a+2} \leftarrow P_{384}(S_{m+a+1} \oplus (0^{36} \parallel [7]_3 \parallel 0^{89}))$$

$$T_2 \leftarrow S_{m+a+2}[64..95]$$

最后，输出 $C_1 C_2 \cdots C_m \parallel T_1 T_2$。

在上面的加密过程中，$P_r$ 可视为用状态更新函数 StateUpdate 迭代 $r$ 轮得到的置换。状态更新函数 $s_{i+1}=\text{StateUpdate}(s_i, k_i)$ 分两步执行，其中 $s_i$ 为置换 $P_r$ 中第 $i$ 轮迭代后的状态，$k_i$ 为密钥 $K$ 的第 $i$ 个比特：

使用 NFSR 进行更新：

$$s_{i+1,127} \leftarrow s_{i,0} \oplus s_{i,47} \oplus (\sim(s_{i,70} \& s_{i,85})) \oplus s_{i,91} \oplus k_{i \bmod k}$$

对 128 位比特寄存器进行移位：

对于 $j \leftarrow 0, 1, \cdots, 126$，计算

$$s_{i+1,j} \leftarrow s_{i,j+1}$$

### 2. TinyJAMBU 的解密算法

TinyJAMBU 的解密算法由初始化、处理关联数据、解密、验证标签 4 个部分组成。记密钥为 $K$，临时值为 $N$，关联数据为 $A$，密文为 $C$，标签为 $T$。解密过程如下：

（1）初始化（与加密算法相同）。

（2）处理关联数据（与加密算法相同）。

（3）解密：

$$C_1 C_2 \cdots C_m \leftarrow_{32} C$$

对 $i \leftarrow 1, 2, \cdots, m-1$，计算

$$S^*_{i+a-1} \leftarrow P_{1024}(S_{i+a-1} \oplus (0^{36} \parallel [5]_3 \parallel 0^{89}))$$

$$M_i \leftarrow S^*_{i+a-1}[64..95] \oplus C_i$$

$$S_{i+a} \leftarrow S^*_{i+a-1} \oplus (0^{96} \parallel M_i)$$

$$S^*_{m+a-1} \leftarrow P_{1024}(S_{m+a-1} \oplus (0^{36} \parallel [5]_3 \parallel 0^{89}))$$

$$M^*_m \leftarrow S^*_{m+a-1}[64..95] \oplus (C_m \parallel 0^{32-|C_m|})$$

$$S^*_{m+a} \leftarrow S^*_{m+a-1} \oplus (0^{96} \parallel M^*_m \parallel 0^{32-|C_m|})$$

根据 $|C_m|$ 的值分两种情况：

若 $|C_m|=n$，则

$$S_{m+a} \leftarrow S_{m+a}^*$$

若 $|C_m| < n$，则

$$S_{m+a} \leftarrow S_{m+a}^* \oplus (0^{32} \parallel [|C_m|/8]_2 \parallel 0^{94})$$

（4）验证标签。

用与加密算法相同的方式生成标签 $T'$。

如果 $T = T'$，则输出 $M$；否则，输出 $\perp$。

### 3. TinyJAMBU 的安全性分析

假设底层置换为理想的带密钥置换，借鉴海绵结构与 SAEB 模式的证明思路，TinyJAMBU 的设计者证明了该算法的机密性与完整性。结果显示 TinyJAMBU 的完整性优于具有相同分组大小和比率并且采用 Duplex 结构的其他算法。由于在 TinyJAMBU 的完整性证明中描述状态发生多碰撞的参数具有重要影响，因此，TinyJAMBU 的设计者特别分析了临时值是否重用等不同条件下的碰撞情况。

# 参 考 文 献

[1]  Wheeler D J, Needham R M. TEA, a tiny encryption algorithm[C]//International Workshop on Fast Software Encryption. Springer, Berlin, Heidelberg, 1994: 363-366.

[2]  3GPP TS 35.202 v 3.1.1. Specification of the 3GPP confidentiality and integrity algorithms, Document 2: KASUMI specification. http://www.3gpp.org/tb/other/algorithms.htm.

[3]  Lim C H, Korkishko T. mCrypton—a lightweight block cipher for security of low-cost RFID tags and sensors[C]//International Workshop on Information Security Applications. Springer, Berlin, Heidelberg, 2005: 243-258.

[4]  Hong D, Sung J, Hong S, et al. HIGHT: A new block cipher suitable for low-resource device[C]// International Workshop on Cryptographic Hardware and Embedded Systems. Springer, Berlin, Heidelberg, 2006: 46-59.

[5]  Standaert F X, Piret G, Gershenfeld N, et al. SEA: A scalable encryption algorithm for small embedded applications [C]//International Conference on Smart Card Research and Advanced Applications. Springer, Berlin, Heidelberg, 2006: 222-236.

[6]  Shirai T, Shibutani K, Akishita T, et al. The 128-bit Blockcipher CLEFIA (Extended Abstract). FSE 2007. LNCS, vol. 4593[J]. 2007: 181-195.

[7]  Leander G, Paar C, Poschmann A, et al. New lightweight DES variants[C]//International Workshop on Fast Software Encryption. Springer, Berlin, Heidelberg, 2007: 196-210.

[8]  Bogdanov A, Knudsen L R, Leander G, et al. PRESENT: An ultra-lightweight block cipher[C]// International Workshop on Cryptographic Hardware and Embedded Systems. Springer, Berlin, Heidelberg, 2007: 450-466.

[9]  Izadi M, Sadeghiyan B, Sadeghian S S, et al. MIBS: a new lightweight block cipher [C]// International Conference on Cryptology and Network Security. Springer, Berlin, Heidelberg, 2009: 334-348.

[10]  De Canniere C, Dunkelman O, Knežević M. KATAN and KTANTAN—a family of small and efficient hardware-oriented block ciphers[C]//International Workshop on Cryptographic Hardware and Embedded Systems. Springer, Berlin, Heidelberg, 2009: 272-288.

[11]  Ojha S K, Kumar N, Jain K. TWIS—a lightweight block cipher[C]//International Conference on Information Systems Security. Springer, Berlin, Heidelberg, 2009: 280-291.

[12]  Knudsen L, Leander G, Poschmann A, et al. PRINTcipher: a block cipher for IC-printing[C]// International Workshop on Cryptographic Hardware and Embedded Systems. Springer, Berlin, Heidelberg, 2010: 16-32.

[13]  Yap H, Khoo K, Poschmann A, et al. EPCBC a block cipher suitable for electronic product code encryption[C]//International Conference on Cryptology and Network Security. Springer, Berlin, Heidelberg, 2011: 76-97.

[14]  Gong Z, Nikova S, Law Y W. KLEIN: a new family of lightweight block ciphers[C]//International Workshop on Radio Frequency Identification: Security and Privacy Issues. Springer, Berlin, Heidelberg, 2011: 1-18.

[15]  Wu W, Zhang L. LBlock: a lightweight block cipher [C]//International Conference on Applied Cryptography and Network Security. Springer, Berlin, Heidelberg, 2011: 327-344.

[16] Guo J, Peyrin T, Poschmann A, et al. The LED block cipher[C]//International Workshop on Cryptographic Hardware and Embedded Systems. Springer, Berlin, Heidelberg, 2011: 326-341.

[17] Shibutani K, Isobe T, Hiwatari H, et al. Piccolo: an ultra-lightweight block cipher[C]// International Workshop on Cryptographic Hardware and Embedded Systems. Springer, Berlin, Heidelberg, 2011: 342-357.

[18] Borghoff J, Canteaut A, Güneysu T, et al. PRINCE—a low-latency block cipher for pervasive computing applications[C]//International Conference on the Theory and Application of Cryptology and Information Security. Springer, Berlin, Heidelberg, 2012: 208-225.

[19] Suzaki T, Minematsu K, Morioka S, et al. $\textnormal{\textsc{TWINE}}$: A Lightweight Block Cipher for Multiple Platforms[C]//International Conference on Selected Areas in Cryptography. Springer, Berlin, Heidelberg, 2012: 339-354.

[20] Karakoç F, Demirci H, Harmancı A E. ITUbee: a software oriented lightweight block cipher[C]// International Workshop on Lightweight Cryptography for Security and Privacy. Springer, Berlin, Heidelberg, 2013: 16-27.

[21] Beaulieu R, Shors D, Smith J, et al. The SIMON and SPECK lightweight block ciphers[C]// Proceedings of the 52nd Annual Design Automation Conference. 2015: 1-6.

[22] Hong D, Lee J K, Kim D C, et al. LEA: A 128-bit block cipher for fast encryption on common processors[C]//International Workshop on Information Security Applications. Springer, Cham, 2013: 3-27.

[23] Albrecht M R, Driessen B, Kavun E B, et al. Block ciphers-focus on the linear layer (feat. PRIDE) [C]//Annual Cryptology Conference. Springer, Berlin, Heidelberg, 2014: 57-76.

[24] Kolay S, Mukhopadhyay D. Khudra: a new lightweight block cipher for FPGAs[C]//International Conference on Security, Privacy, and Applied Cryptography Engineering. Springer, Cham, 2014: 126-145.

[25] Grosso V, Leurent G, Standaert F X, et al. LS-designs: Bitslice encryption for efficient masked software implementations[C]//International Workshop on Fast Software Encryption. Springer, Berlin, Heidelberg, 2014: 18-37.

[26] Zhang W, Bao Z, Lin D, et al. RECTANGLE: a bit-slice lightweight block cipher suitable for multiple platforms[J]. Science China Information Sciences, 2015, 58(12): 1-15.

[27] Banik S, Bogdanov A, Isobe T, et al. Midori: A block cipher for low energy[C]//International Conference on the Theory and Application of Cryptology and Information Security. Springer, Berlin, Heidelberg, 2015: 411-436.

[28] Yang G, Zhu B, Suder V, et al. The simeck family of lightweight block ciphers[C]//International Workshop on Cryptographic Hardware and Embedded Systems. Springer, Berlin, Heidelberg, 2015: 307-329.

[29] Berger T P, Francq J, Minier M, et al. Extended generalized Feistel networks using matrix representation to propose a new lightweight block cipher: Lilliput[J]. IEEE Transactions on Computers, 2015, 65(7): 2074-2089.

[30] Baysal A, Şahin S. Roadrunner: A small and fast bitslice block cipher for low cost 8-bit processors [C]//Lightweight Cryptography for Security and Privacy. Springer, Cham, 2015: 58-76.

[31] Beierle C, Jean J, Kölbl S, et al. The SKINNY family of block ciphers and its low-latency variant MANTIS[C]//Annual International Cryptology Conference. Springer, Berlin, Heidelberg, 2016: 123-153.

[32] Dinu D, Perrin L, Udovenko A, et al. Design strategies for ARX with provable bounds: Sparxand LAX[C]//International Conference on the Theory and Application of Cryptology and Information Security. Springer, Berlin, Heidelberg, 2016: 484-513.

[33] Journault A, Standaert F X, Varici K. Improving the security and efficiency of block ciphers based on LS-designs[J]. Designs, Codes and Cryptography, 2017, 82(1-2): 495-509.

[34] Avanzi R. The QARMA block cipher family. Almost MDS matrices over rings with zero divisors, nearly symmetric even-mansour constructions with non-involutory central rounds, and search heuristics for low-latency s-boxes[J]. IACR Transactions on Symmetric Cryptology, 2017: 4-44.

[35] Banik S, Pandey S K, Peyrin T, et al. GIFT: a small present[C]//International Conference on Cryptographic Hardware and Embedded Systems. Springer, Cham, 2017: 321-345.

[36] Koo B, Roh D, Kim H, et al. CHAM: a family of lightweight block ciphers for resource-constrained devices[C]//International Conference on Information Security and Cryptology. Springer, Cham, 2017: 3-25.

[37] Beierle C, Leander G, Moradi A, et al. CRAFT: lightweight tweakable block cipher with efficient protection against DFA attacks[J]. IACR Transactions on Symmetric Cryptology, 2019, 2019(1): 5-45.

[38] 吴文玲, 张蕾, 郑雅菲, 等. 分组密码 uBlock[J]. 密码学报, 2019, 6(6): 690-703.

[39] Rivest R L. The RC4 Encryption Algorithm[J]. RSA Data Security, 1992, 12: 2-9.

[40] Briceno M. A pedagogical implementation of A5/1[J]. http://www. scard. org, 1995.

[41] Ekdahl P, Johansson T. A new version of the stream cipher SNOW[C]//International Workshop on Selected Areas in Cryptography. Springer, Berlin, Heidelberg, 2002: 47-61.

[42] Kitsos P, Sklavos N, Papadomanolakis K, et al. Hardware implementation of Bluetooth security[J]. IEEE Pervasive Computing, 2003, 2(1): 21-29.

[43] De Canniere C. Trivium: A stream cipher construction inspired by block cipher design principles [C]//International Conference on Information Security. Springer, Berlin, Heidelberg, 2006: 171-186.

[44] 3GPP TS 35.216 v 7.0.0. Specification of the 3GPP confidentiality and integrity algorithms, UEA2 & UIA2. Document 2: SNOW 3G Specification [EB/OL]. http://www. 3gpp. org/tb/other/ algorithms.htm.

[45] Babbage S, Dodd M. The stream cipher MICKEY 2.0[J]. ECRYPT Stream Cipher, 2006.

[46] Hell M, Johansson T, Meier W. Grain: a stream cipher for constrained environments [J]. International Journal of Wireless and Mobile Computing, 2007, 2(1): 86-93.

[47] Watanabe D, Ideguchi K, Kitahara J, et al. Enocoro-80: A hardware oriented stream cipher[C]// 2008 Third International Conference on Availability, Reliability and Security. IEEE, 2008: 1294-1300.

[48] Arnault F, Berger T, Lauradoux C. F-FCSR stream ciphers[M]//New Stream Cipher Designs. Springer, Berlin, Heidelberg, 2008: 170-178.

[49] Bernstein D J. The Salsa20 family of stream ciphers[M]//New Stream Cipher Designs. Springer, Berlin, Heidelberg, 2008: 84-97.

[50] Bernstein D J. ChaCha, a variant of Salsa20[C]//Workshop record of SASC. 2008, 8: 3-5.

[51] 3GPP TS 35.222 v 1.0.1. Specification of the 3GPP Confidentiality and Integrity Algorithms 128-EEA3 & 128EIA3. Document 2: ZUC Specification [EB/OL]. http://www. 3gpp. org/tb/other/ algorithms.htm.

[52] David M, Ranasinghe D C, Larsen T. A2U2: a stream cipher for printed electronics RFID tags [C]//2011 IEEE International Conference on RFID. IEEE, 2011: 176-183.

[53] Armknecht F, Mikhalev V. On lightweight stream ciphers with shorter internal states [C]// International Workshop on Fast Software Encryption. Springer, Berlin, Heidelberg, 2015: 451-470.

[54] Mikhalev V, Armknecht F, Müller C. On ciphers that continuously access the non-volatile key[J]. IACR Transactions on Symmetric Cryptology, 2016: 52-79.

[55] Hamann M, Krause M, Meier W. LIZARD-a lightweight stream cipher for power-constrained devices[J]. IACR Transactions on Symmetric Cryptology, 2017: 45-79.

[56] International Organization for Standardization. ISO/IEC 9797-1: 2011, Information technology—Security techniques—Message Authentication Codes (MACs)—Part I: Mechanisms using a block cipher. 2011.

[57] Iwata T, Kurosawa K. OMAC: One-Key CBC MAC[C]. fast software encryption, 2003: 129-153.

[58] Zhang L, Wu W, Zhang L, et al. CBCR: CBC MAC with rotating transformations[J]. Science in China Series F: Information Sciences, 2011, 54(11): 2247-2255.

[59] Zhang L, Wu W, Wang P, et al. TrCBC: Another look at CBC-MAC[J]. Information Processing Letters, 2012, 112(7): 302-307.

[60] Black J, Rogaway P. A Block-Cipher Mode of Operation for Parallelizable Message Authentication [C]. International Cryptology Conference, 2002: 384-397.

[61] Yasuda K. A new variant of PMAC: beyond the birthday bound[C]. International Cryptology Conference, 2011: 596-609.

[62] 3GPP TS 35. 201, V9. 0. 0 (2009-12) Specification of the 3GPP confidentiality and integrity algorithm: Document 1: f8 and f9 specifications. 2009. http://www.3gpp.org.

[63] Zhang L, Wu W, Sui H, et al. 3kf9: enhancing 3GPP-MAC beyond the birthday bound[C]. International Conference on the Theory and Application of Cryptology and Information Security, 2012: 296-312.

[64] Luykx A, Preneel B, Tischhauser E, et al. A MAC Mode for Lightweight Block Ciphers[C]. Fast Software Encryption, 2016: 43-59.

[65] Bellare M, Canetti R, Krawczyk H, et al. Keying Hash Functions for Message Authentication[C]. International Cryptology Conference, 1996: 1-15.

[66] Aan J H, Bellare M. Constructing VIL-MACs from FIL-MACs: Message authentication under weakened assumptions[J]. Lecture Notes in Computer Science, 1999: 252-269.

[67] Preneel B, van Oorschot P C. MDx-MAC and building fast MACs from hash functions[C]//Annual International Cryptology Conference. Springer, Berlin, Heidelberg, 1995: 1-14.

[68] Black J, Halevi S, Krawczyk H, et al. UMAC: Fast and Secure Message Authentication[C]. international cryptology conference, 1999: 216-233.

[69] Boesgaard M, Christensen T, Zenner E, et al. Badger—a fast and provably secure MAC[J]. Applied Cryptography and Network Security, 2005: 176-191.

[70] Bernstein D J. The Poly1305-AES message—authentication code[J]. Fast Software Encryption, 2005: 32-49.

[71] McGrew D, Viega J. The Galois/Counter Mode of Operation (GCM). National Institute of Standards and Technology. 2005. http://csrc.nist.gov/CryptoToolkit/modes/proposedmodes/

[72] Mouha N, Mennink B, Van Herrewege A, et al. Chaskey: An Efficient MAC Algorithm for 32-bit Microcontrollers[C]. Selected Areas in Cryptography, 2014: 306-323.

［73］ Aumasson J, Bernstein D J. SipHash: A Fast Short-Input PRF[C]. International Conference on Cryptology in India, 2012: 489-508.

［74］ Rogaway P, Bellare M, Black J, et al. OCB: A block-cipher mode of operation for efficient authenticated encryption[J]. ACM Transactions on Information and System Security, 2003, 6(3): 365-403.

［75］ Wu H, Huang T. JAMBU Lightweight Authenticated Encryption Mode and AES-JAMBU (v2.1) [J]. Submission to the CAESAR competition. 2016 [EB/OL]. https://competitions. cr. yp. to/round3/jambuv21.pdf.

［76］ Iwata T, Minematsu K, Guo J, et al. CLOC and SILC[J]. Submission to the CAESAR Competition. 2016[EB/OL]. https://competitions.cr.yp.to/round3/clocsilcv3.pdf.

［77］ Andreeva E, Bogdanov A, Datta N, et al. COLM (v1)[J]. Submission to the CAESAR Competition. 2016. https://competitions.cr.yp.to/round3/colmv1.pdf

［78］ Minematsu K. AES-OTR v3. 1[J]. Submission to the CAESAR Competition. 2016 [EB/OL]. https://competitions.cr.yp.to/round3/aesotrv31.pdf

［79］ Banik S, Chakraborti A, Iwata T, et al. GIFT-COFB (v1.0). Submission to the NIST Lightweight Crypto Standardization Process. 2019 [EB/OL]. https://csrc. nist. gov/CSRC/media/Projects/lightweight-cryptography/documents/round-2/spec-doc-rnd2/gift-cofb-spec-round2.pdf

［80］ Banik S, Bogdanov A, Luykx A, et al. SUNDAE: Small Universal Deterministic Authenticated Encryption for the Internet of Things[J]. IACR Transactions on Symmetric Cryptology, 2018(3): 1-35.

［81］ Gueron S, Jha A, Nandi M, et al. COMET: COunter Mode Encryption with authentication Tag[J]. Submission to the NIST Lightweight Crypto Standardization Process. 2019. https://csrc.nist.gov/CSRC/media/Projects/lightweight-cryptography/documents/round-2/spec-doc-rnd2/comet-spec-round2.pdf.

［82］ Chakraborty B, Nandi M. mixFeed[J]. Submission to the NIST Lightweight Crypto Standardization Process. 2019. https://csrc. nist. gov/CSRC/media/Projects/lightweight-cryptography/documents/round-2/spec-doc-rnd2/mixFeed-spec-round2.pdf.

［83］ Dobraunig C, Eichlseder M, Mendel F, et al. Ascon v1.2[J]. Submission to the NIST Lightweight Crypto Standardization Process. 2019. https://csrc. nist. gov/CSRC/media/Projects/lightweight-cryptography/documents/round-2/spec-doc-rnd2/ascon-spec-round2.pdf.

［84］ Bertoni G, Daemen J, Peeters M, et al. Keyje v2[J]. Submission to the CAESAR Competition. 2016. https://competitions.cr.yp.to/round3/ketjev2.pdf.

［85］ Aumasson J, Jovanovic P, Neves S, et al. NORX v3.0[J]. Submission to the CAESAR Competition. 2016. https://competitions.cr.yp.to/round3/norxv30.pdf

［86］ Bilgin B, Bogdanov A, Kneževic M, et al. FIDES: Lightweight Authenticated Cipher with Side-Channel Resistance for Constrained Hardware[J]. Cryptographic Hardware and Embedded Systems, 2013: 142-158.

［87］ Andreeva E, Bilgin B, Bogdanov A, et al. APE: Authenticated Permutation-Based Encryption for Lightweight Cryptography[C]. Fast Software Encryption, 2014: 168-186.

［88］ Bernstein D, Kölbl S, Lucks S, et al. Gimli [J]. Submission to the NIST Lightweight CryptoStandardization Process. 2019. https://csrc. nist. gov/CSRC/media/Projects/lightweight-cryptography/documents/round-2/spec-doc-rnd2/gimli-spec-round2.pdf.

［89］ Aagaard M, AlTawy R, Gong G. ACE: An Authenticated Encryption and Hash Algorithm[J].

Submission to the NIST Lightweight Crypto Standardization Process. 2019. https://csrc.nist.gov/ CSRC/media/Projects/lightweight-cryptography/documents/round-2/spec-doc-rnd2/ace-spec-round2. pdf.

[90] Chakraborti A, Datta N, Nandi M, et al. Beetle Family of Lightweight and Secure Authenticated Encryption Ciphers[C]. Cryptographic Hardware and Embedded Systems, 2018, 2018(2): 218-241.

[91] Beierle C, Biryukov A, Santos L, et al. Schwaemm and Esch: Lightweight Authenticated Encryption and Hashing using the Sparkle Permutation Family [J]. Submission to the NIST Lightweight Crypto Standardization Process. 2019. https://csrc.nist.gov/CSRC/media/Projects/ lightweight-cryptography/documents/round-2/spec-doc-rnd2/sparkle-spec-round2.pdf.

[92] Daemen J, Massolino P, Rotella Y, et al. The Subterranean 2.0 Cipher Suite[J]. Submission to the NIST Lightweight Crypto Standardization Process. 2019. https://csrc.nist.gov/CSRC/media/ Projects/lightweight-cryptography/documents/round-2/spec-doc-rnd2/subterranean-spec-round2. pdf.

[93] Daemen J, Hoffert S, Peeters M, et al. Xoodyak, A Lightweight Cryptographic Scheme [J]. Submission to the NIST Lightweight Crypto Standardization Process. 2019. https://csrc.nist.gov/ CSRC/media/Projects/lightweight-cryptography/documents/round-2/spec-doc-rnd2/Xoodyak-spec-round2.pdf.

[94] Sasaki Y, Todo Y, Aoki K, et al. Minalpher v1.1[J]. Submission to the CAESAR Competition. 2015. https://competitions.cr.yp.to/round2/minalpherv11.pdf.

[95] Beyne T, Chen Y, Dobraunig C, et al. Elephant v1.1[J]. Submission to the NIST Lightweight Crypto Standardization Process. 2019. https://csrc.nist.gov/CSRC/media/Projects/lightweight-cryptography/documents/round-2/spec-doc-rnd2/elephant-spec-round2.pdf.

[96] Jakimoski G, Khajuria S. ASC-1: an authenticated encryption stream cipher[C]. International Conference on Selected Areas in Cryptography, 2011: 356-372.

[97] Bogdanov A, Mendel F, Regazzoni F, et al. ALE: AES-Based Lightweight Authenticated Encryption[C]. Fast Software Encryption, 2013: 447-466.

[98] Wu H, Preneel B. AEGIS: A Fast Authenticated Encryption Algorithm[C]. Selected Areas in Cryptography, 2013: 185-201.

[99] Canteaut A, Duval S, Leurent G, et al. Saturnin: a suite of lightweight symmetric algorithms for post-quantum security (v1.1)[J]. Submission to the NIST Lightweight Crypto Standardization Process. 2019. https://csrc.nist.gov/CSRC/media/Projects/lightweight-cryptography/documents/ round-2/spec-doc-rnd2/saturnin-spec-round2.pdf.

[100] Goudarzi D, Jean J, Kölbl S, et al. Pyjamask v1.0[J]. Submission to the NIST Lightweight Crypto Standardization process. 2019. https://csrc.nist.gov/Projects/lightweight-cryptography/round-2-candidates.

[101] Wu H. ACORN: A Lightweight Authenticated Cipher (v3)[J]. Submission to theCAESAR Competition. 2016. https://competitions.cr.yp.to/round3/acornv3.pdf.

[102] Engels D W, Saarinen M O, Schweitzer P, et al. The hummingbird-2 lightweight authenticated encryption algorithm[C]. International Conference on Rfid, 2011: 19-31.

[103] Ferguson N, Whiting D, Schneier B, et al. Helix: Fast Encryption and Authentication in a Single Cryptographic Primitive[C]. Fast Software Encryption, 2003: 330-346.

[104] Wu H, Huang T. TinyJAMBU: A Family of Lightweight Authenticated Encryption Algorithms [J]. Submission to the NIST Lightweight Crypto Standardization Process. 2019. https://csrc.nist.

gov/CSRC/media/Projects/lightweight-cryptography/documents/round-2/spec-doc-rnd2/TinyJAMBU-spec-round2.pdf.

[105] 吴文玲，冯登国，张文涛. 分组密码的设计与分析[M]. 北京：清华大学出版社，2009.

[106] Suzaki T，Minematsu K. Improving the generalized Feistel[C]//International Workshop on Fast Software Encryption. Springer，Berlin，Heidelberg，2010：19-39.

[107] Yanagihara S，Iwata T. On permutation layer of type 1，source-heavy，and target-heavy generalized feistel structures[C]//International Conference on Cryptology and Network Security. Springer，Berlin，Heidelberg，2011：98-117.

[108] Shibutani K. On the diffusion of generalized feistel structures regarding differential and linear cryptanalysis[C]//International Workshop on Selected Areas in Cryptography. Springer，Berlin，Heidelberg，2010：211-228.

[109] Zhang H，Wu W. Structural evaluation for generalized Feistel structures and applications to LBlock and TWINE [C]//International Conference on Cryptology in India. Springer，Cham，2015：218-237.

[110] Biham E. A fast new DES implementation in software[C]//International Workshop on Fast Software Encryption. Springer，Berlin，Heidelberg，1997：260-272.

[111] Gupta K C，Ray I G. On constructions of circulant MDS matrices for lightweight cryptography [C]//International Conference on Information Security Practice and Experience. Springer，Cham，2014：564-576.

[112] Sajadieh M，Dakhilalian M，Mala H，et al. On construction of involutory MDS matrices from Vandermonde Matrices in GF (2 q)[J]. Designs，Codes and Cryptography，2012，64(3)：287-308.

[113] Sim S M，Khoo K，Oggier F，et al. Lightweight MDS involution matrices[C]//International Workshop on Fast Software Encryption. Springer，Berlin，Heidelberg，2015：471-493.

[114] Saarinen M J O. Cryptographic analysis of all 4×4-bit S-boxes[C]//International Workshop on Selected Areas in Cryptography. Springer，Berlin，Heidelberg，2011：118-133.

[115] Brinkmann M，Leander G. On the classification of APN functions up to dimension five[J]. Designs，Codes and Cryptography，2008，49(1)：273-288.

[116] Canteaut A，Roué J. On the behaviors of affine equivalent S-Boxes regarding differential and linear attacks[C]//Annual International Conference on the Theory and Applications of Cryptographic Techniques. Springer，Berlin，Heidelberg，2015：45-74.

[117] Zhang W，Bao Z，Rijmen V，et al. A New Classification of 4-bit Optimal S-boxes and Its Application to PRESENT，RECTANGLE and SPONGENT[C]//International Workshop on Fast Software Encryption. Springer，Berlin，Heidelberg，2015：494-515.

[118] Carlet C，Goubin L，Prouff E，et al. Higher-order masking schemes for S-Boxes[C]//International Workshop on Fast Software Encryption. Springer，Berlin，Heidelberg，2012：366-384.

[119] Li Y，Wang M. Constructing S-Boxes for lightweight cryptography with Feistel structure[C]//International Workshop on Cryptographic Hardware and Embedded Systems. Springer，Berlin，Heidelberg，2014：127-146.

[120] Canteaut A，Duval S，Leurent G. Construction of lightweight S-Boxes using Feistel and MISTY structures[C]//International Conference on Selected Areas in Cryptography. Springer，Cham，2015：373-393.

[121] Biryukov A，Perrin L. On reverse-engineering S-boxes with hidden design criteria or structure [C]//Annual Cryptology Conference. Springer，Berlin，Heidelberg，2015：116-140.

[122] Sajadieh M, Dakhilalian M, Mala H, et al. Recursive diffusion layers for block ciphers and hash functions[C]//International Workshop on Fast Software Encryption. Springer, Berlin, Heidelberg, 2012: 385-401.

[123] Wu S, Wang M, Wu W. Recursive diffusion layers for (lightweight) block ciphers and hash functions[C]//International Conference on Selected Areas in Cryptography. Springer, Berlin, Heidelberg, 2012: 355-371.

[124] Augot D, Finiasz M. Direct construction of recursive MDS diffusion layers using shortened BCH codes[C]//International Workshop on Fast Software Encryption. Springer, Berlin, Heidelberg, 2014: 3-17.

[125] Li S, Sun S, Shi D, et al. Lightweight Iterative MDS Matrices: How Small Can We Go? [J]. IACR Transactions on Symmetric Cryptology, 2019: 147-170.

[126] Li S, Sun S, Li C, et al. Constructing low-latency involutory MDS matrices with lightweight circuits[J]. IACR Transactions on Symmetric Cryptology, 2019: 84-117.

[127] Guo Z, Liu R, Wu W, et al. Direct Construction of Lightweight Rotational-XOR MDS Diffusion Layers[J]. IACR Cryptology ePrint Archive, 2016: 1036.

[128] Li C, Wang Q. Design of lightweight linear diffusion layers from near-MDS matrices[J]. IACR Transactions on Symmetric Cryptology, 2017: 129-155.

[129] Guo Z, Wu W, Gao S. Constructing lightweight optimal diffusion primitives with feistel structure [C]//International Conference on Selected Areas in Cryptography. Springer, Cham, 2015: 352-372.

[130] Augot D, Fouque P A, Karpman P. Diffusion matrices from algebraic-geometry codes with efficient SIMD implementation[C]//International Conference on Selected Areas in Cryptography. Springer, Cham, 2014: 243-260.

[131] Kölbl S, Leander G, Tiessen T. Observations on the SIMON block cipher family[C]//Annual Cryptology Conference. Springer, Berlin, Heidelberg, 2015: 161-185.

[132] Kondo K, Sasaki Y, Todo Y, et al. On the design rationale of SIMON block cipher: Integral attacks and impossible differential attacks against SIMON variants[J]. IEICE Transactions on Fundamentals of Electronics, Communications and Computer Sciences, 2018, 101(1): 88-98.

[133] Biryukov A, Roy A, Velichkov V. Differential analysis of block ciphers SIMON and SPECK[C]//International Workshop on Fast Software Encryption. Springer, Berlin, Heidelberg, 2014: 546-570.

[134] Abdelraheem M A, Alizadeh J, Alkhzaimi H A, et al. Improved linear cryptanalysis of reduced-round SIMON-32 and SIMON-48[C]//International Conference on Cryptology in India. Springer, Cham, 2015: 153-179.

[135] Abed F, List E, Lucks S, et al. Differential cryptanalysis of round-reduced Simon and Speck[C]//International Workshop on Fast Software Encryption. Springer, Berlin, Heidelberg, 2014: 525-545.

[136] Chen H, Wang X. Improved linear hull attack on round-reduced Simon with dynamic key-guessing techniques [C]//International Conference on Fast Software Encryption. Springer, Berlin, Heidelberg, 2016: 428-449.

[137] Zhang H, Wu W. Structural evaluation for Simon-like designs against integral attack [C]//International Conference on Information Security Practice and Experience. Springer, Cham, 2016: 194-208.

［138］ Todo Y，Morii M. Bit-based division property and application to Simon family［C］//International Conference on Fast Software Encryption. Springer，Berlin，Heidelberg，2016：357-377.

［139］ Xiang Z，Zhang W，Bao Z，et al. Applying MILP method to searching integral distinguishers based on division property for 6 lightweight block ciphers［C］//International Conference on the Theory and Application of Cryptology and Information Security. Springer，Berlin，Heidelberg，2016：648-678.

［140］ Wang S P，Hu B，Guan J，et al. MILP-aided method of searching division property using three subsets and applications［C］//International Conference on the Theory and Application of Cryptology and Information Security. Springer，Cham，2019：398-427.

［141］ Yu X L，Wu W L，Shi Z Q，et al. Zero-correlation linear cryptanalysis of reduced-round SIMON ［J］. Journal of Computer Science and Technology，2015，30(6)：1358-1369.

［142］ Sun L，Fu K，Wang M. Improved zero-correlation cryptanalysis on SIMON［C］//International Conference on Information Security and Cryptology. Springer，Cham，2015：125-143.

［143］ Kölbl S，Roy A. A brief comparison of Simon and Simeck［C］//International Workshop on Lightweight Cryptography for Security and Privacy. Springer，Cham，2016：69-88.

［144］ Qin L，Chen H，Wang X. Linear hull attack on round-reduced simeck with dynamic key-guessing techniques［C］//Australasian Conference on Information Security and Privacy. Springer，Cham，2016：409-424.

［145］ Dunkelman O，Keller N，Shamir A. A practical-time related-key attack on the KASUMI cryptosystem used in GSM and 3G telephony［C］//Annual Cryptology Conference. Springer，Berlin，Heidelberg，2010：393-410.

［146］ Biham E，Dunkelman O，Keller N. A related-key rectangle attack on the full KASUMI［C］//International Conference on the Theory and Application of Cryptology and Information Security. Springer，Berlin，Heidelberg，2005：443-461.

［147］ Sugio N，Igarashi Y，Kaneko T，et al. New integral characteristics of KASUMI derived by division property［C］//International Workshop on Information Security Applications. Springer，Cham，2016：267-279.

［148］ Jia K，Li L，Rechberger C，et al. Improved cryptanalysis of the block cipher KASUMI［C］//International Conference on Selected Areas in Cryptography. Springer，Berlin，Heidelberg，2012：222-233.

［149］ Biryukov A，Nikolić I. Search for related-key differential characteristics in DES-like ciphers［C］//International Workshop on Fast Software Encryption. Springer，Berlin，Heidelberg，2011：18-34.

［150］ Sun S，Hu L，Qiao K，et al. Improvement on the method for automatic differential analysis and its application to two lightweight block ciphers DESL and LBlock-s［C］//International Workshop on Security. Springer，Cham，2015：97-111.

［151］ Ma X，Hu L，Sun S，et al. Tighter security bound of MIBS block cipher against differential attack ［C］//International Conference on Network and System Security. Springer，Cham，2015：518-525.

［152］ Wu S，Wang M. Automatic search of truncated impossible differentials for word-oriented block ciphers［C］//International Conference on Cryptology in India. Springer，Berlin，Heidelberg，2012：283-302.

［153］ Qiao K，Hu L，Sun S，et al. Related-key rectangle cryptanalysis of reduced-round block cipher MIBS［C］//2015 9th International Conference on Application of Information and Communication Technologies (AICT). IEEE，2015：216-220.

[154]　于晓丽，吴文玲，李艳俊. 低轮 MIBS 分组密码的积分分析[J]. 计算机研究与发展，2013，50 (10)：2117.

[155]　Soleimany H. Self-similarity cryptanalysis of the block cipher ITUbee[J]. IET Information Security，2014，9(3)：179-184.

[156]　Canteaut A，Lambooij E，Neves S，et al. Refined probability of differential characteristics including dependency between multiple rounds[J]. IACR Transactions on Symmetric Cryptology，2017：203-227.

[157]　Yang Q，Hu L，Sun S，et al. Extension of meet-in-the-middle technique for truncated differential and its application to RoadRunneR[C]//International Conference on Network and System Security. Springer，Cham，2016：398-411.

[158]　Eskandari Z，Kidmose A B，Kölbl S，et al. Finding integral distinguishers with ease[C]// International Conference on Selected Areas in Cryptography. Springer，Cham，2018：115-138.

[159]　Nakahara J，Sepehrdad P，Zhang B，et al. Linear (hull) and algebraic cryptanalysis of the block cipher PRESENT[C]//International Conference on Cryptology and Network Security. Springer，Berlin，Heidelberg，2009：58-75.

[160]　Cho J Y. Linear cryptanalysis of reduced-round PRESENT[C]//Cryptographers' Track at the RSA Conference. Springer，Berlin，Heidelberg，2010：302-317.

[161]　Abdelraheem M A. Estimating the probabilities of low-weight differential and linear approximations on PRESENT-like ciphers[C]//International Conference on Information Security and Cryptology. Springer，Berlin，Heidelberg，2012：368-382.

[162]　Ohkuma K. Weak keys of reduced-round PRESENT for linear cryptanalysis[C]//International Workshop on Selected Areas in Cryptography. Springer，Berlin，Heidelberg，2009：249-265.

[163]　Blondeau C，Nyberg K. New links between differential and linear cryptanalysis[C]//Annual International Conference on the Theory and Applications of Cryptographic Techniques. Springer，Berlin，Heidelberg，2013：388-404.

[164]　Sun S，Hu L，Wang P，et al. Automatic security evaluation and (related-key) differential characteristic search：application to SIMON，PRESENT，LBlock，DES (L) and other bit-oriented block ciphers[C]//International Conference on the Theory and Application of Cryptology and Information Security. Springer，Berlin，Heidelberg，2014：158-178.

[165]　Blondeau C，Peyrin T，Wang L. Known-key distinguisher on full PRESENT[C]//Annual Cryptology Conference. Springer，Berlin，Heidelberg，2015：455-474.

[166]　Park J H. Security analysis of mCrypton proper to low-cost ubiquitous computing devices and applications[J]. International Journal of Communication Systems，2009，22(8)：959-969.

[167]　Hao Y，Bai D，Li L. A meet-in-the-middle attack on round-reduced mCrypton using the differential enumeration technique[C]//International Conference on Network and System Security. Springer，Cham，2015：166-183.

[168]　Li R，Jin C. Improved meet-in-the-middle attacks on Crypton and mCrypton[J]. IET Information Security，2016，11(2)：97-103.

[169]　Song J，Lee K，Lee H. Biclique cryptanalysis on the full crypton-256 and mCrypton-128[J]. Journal of Applied Mathematics，2014.

[170]　Jeong K，Kang H C，Lee C，et al. Weakness of lightweight block ciphers mCrypton and LED against biclique cryptanalysis[J]. Peer-to-Peer Networking and Applications，2015，8(4)：716-732.

[171]　Leander G，Abdelraheem M A，AlKhzaimi H，et al. A cryptanalysis of PRINTcipher：the invariant

subspace attack[C]//Annual Cryptology Conference. Springer, Berlin, Heidelberg, 2011: 206-221.

[172] Bulygin S, Walter M, Buchmann J. Full analysis of PRINTcipher with respect to invariant subspace attack: efficient key recovery and countermeasures[J]. Designs, codes and cryptography, 2014, 73 (3): 997-1022.

[173] Ågren M, Johansson T. Linear cryptanalysis of PRINTcipher-trails and samples everywhere[C]// International Conference on Cryptology in India. Springer, Berlin, Heidelberg, 2011: 114-133.

[174] Karakoç F, Demirci H, Harmancı A E. Combined differential and linear cryptanalysis of reduced-round PRINTcipher[C]//International Workshop on Selected Areas in Cryptography. Springer, Berlin, Heidelberg, 2011: 169-184.

[175] Bulygin S, Buchmann J. Algebraic cryptanalysis of the round-reduced and side channel analysis of the full PRINTCipher-48 [C]//International Conference on Cryptology and Network Security. Springer, Berlin, Heidelberg, 2011: 54-75.

[176] Bulygin S. More on linear hulls of PRESENT-like ciphers and a cryptanalysis of full-round EPCBC-96[R]. 2013.

[177] Sun S, Hu L, Song L, et al. Automatic security evaluation of block ciphers with S-bP structures against related-key differential attacks[C]//International Conference on Information Security and Cryptology. Springer, Cham, 2013: 39-51.

[178] Yang P, Wu C, Zhang W. Automatic Security Analysis of EPCBC against Differential Attacks[J]. Procedia Computer Science, 2017, 107: 176-182.

[179] Walter M, Bulygin S, Buchmann J. Optimizing guessing strategies for algebraic cryptanalysis with applications to EPCBC[C]//International Conference on Information Security and Cryptology. Springer, Berlin, Heidelberg, 2012: 175-197.

[180] Aumasson J P, Naya-Plasencia M, Saarinen M J O. Practical attack on 8 rounds of the lightweight block cipher KLEIN[C]//International Conference on Cryptology in India. Springer, Berlin, Heidelberg, 2011: 134-145.

[181] Yu X, Wu W, Li Y, et al. Cryptanalysis of reduced-round KLEIN block cipher[C]//International Conference on Information Security and Cryptology. Springer, Berlin, Heidelberg, 2011: 237-250.

[182] Ahmadian Z, Salmasizadeh M, Aref M R. Biclique cryptanalysis of the full-round KLEIN block cipher[J]. IET Information Security, 2015, 9(5): 294-301.

[183] Lallemand V, Naya-Plasencia M. Cryptanalysis of KLEIN[C]//International Workshop on Fast Software Encryption. Springer, Berlin, Heidelberg, 2014: 451-470.

[184] Mendel F, Rijmen V, Toz D, et al. Differential analysis of the LED block cipher[C]//International Conference on the Theory and Application of Cryptology and Information Security. Springer, Berlin, Heidelberg, 2012: 190-207.

[185] Isobe T, Shibutani K. Security analysis of the lightweight block ciphers XTEA, LED and Piccolo [C]//Australasian Conference on Information Security and Privacy. Springer, Berlin, Heidelberg, 2012: 71-86.

[186] Nikolić I, Wang L, Wu S. Cryptanalysis of Round-Reduced $ $ \mathtt {LED} $ $ [C]// International Workshop on Fast Software Encryption. Springer, Berlin, Heidelberg, 2013: 112-129.

[187] Dinur I, Dunkelman O, Keller N, et al. Key recovery attacks on 3-round Even-Mansour, 8-step LED-128, and full AES 2 [C]//International Conference on the Theory and Application of Cryptology and Information Security. Springer, Berlin, Heidelberg, 2013: 337-356.

[188] Dinur I，Dunkelman O，Keller N，et al. Improved linear sieving techniques with applications to step-reduced LED-64[C]//International Workshop on Fast Software Encryption. Springer，Berlin，Heidelberg，2014：390-410.

[189] Leander G，Minaud B，Rønjom S. A generic approach to invariant subspace attacks：Cryptanalysis of Robin，iSCREAM and Zorro [C]//Annual International Conference on the Theory and Applications of Cryptographic Techniques. Springer，Berlin，Heidelberg，2015：254-283.

[190] 单进勇，胡磊，宋凌，等. 19 轮 RECTANGLE-80 的相关密钥差分分析[J]. 密码学报，2015，2 (1)：54-65.

[191] 马楚焱，刘国强，李超. 对 PICO 和 RECTANGLE 的零相关线性分析[J]. 密码学报，2017，4(5)：413-422.

[192] Sun L，Wang M. Toward a further understanding of bit-based division property[J]. Science China Information Sciences，2017，60(12)：128101.

[193] Chen Z，Chen H，Wang X. Cryptanalysis of Midori128 using impossible differential techniques [C]//International Conference on Information Security Practice and Experience. Springer，Cham，2016：1-12.

[194] Sasaki Y，Todo Y. New impossible differential search tool from design and cryptanalysis aspects [C]//Annual International Conference on the Theory and Applications of Cryptographic Techniques. Springer，Cham，2017：185-215.

[195] Lin L，Wu W. Meet-in-the-middle attacks on reduced-round Midori64[J]. IACR Transactions on Symmetric Cryptology，2017：215-239.

[196] Guo J，Jean J，Nikolic I，et al. Invariant subspace attack against Midori64 and the resistance criteria for S-box designs[J]. IACR Transactions on Symmetric Cryptology，2016：33-56.

[197] Todo Y，Leander G，Sasaki Y. Nonlinear Invariant Attack：Practical Attack on Full SCREAM，i SCREAM，and Midori64[J]. Journal of Cryptology，2019，32(4)：1383-1422.

[198] Beyne T. Block cipher invariants as eigenvectors of correlation matrices [C]//International Conference on the Theory and Application of Cryptology and Information Security. Springer，Cham，2018：3-31.

[199] Wei Y，Ye T，Wu W，et al. Generalized nonlinear invariant attack and a new design criterion for round constants[J]. IACR Transactions on Symmetric Cryptology，2018：62-79.

[200] Jean J，Nikolić I，Peyrin T. Tweaks and keys for block ciphers：the TWEAKEY framework[C]//International Conference on the Theory and Application of Cryptology and Information Security. Springer，Berlin，Heidelberg，2014：274-288.

[201] Tolba M，Abdelkhalek A，Youssef A M. Impossible differential cryptanalysis of reduced-round SKINNY[C]//International Conference on Cryptology in Africa. Springer，Cham，2017：117-134.

[202] Liu G，Ghosh M，Song L. Security analysis of SKINNY under related-tweakey settings[J]. IACR Transactions on Symmetric Cryptology，2017：37-72.

[203] Ankele R，Banik S，Chakraborti A，et al. Related-key impossible-differential attack on reduced-round S kinny [C]//International Conference on Applied Cryptography and Network Security. Springer，Cham，2017：208-228.

[204] Zheng Y，Wu W. Biclique attack of block cipher SKINNY [C]//International Conference on Information Security and Cryptology. Springer，Cham，2016：3-17.

[205] Shi D，Sun S，Derbez P，et al. Programming the demirci-selçuk meet-in-the-middle attack with constraints [C]//International Conference on the Theory and Application of Cryptology and

Information Security. Springer, Cham, 2018: 3-34.

[206] Sadeghi S, Mohammadi T, Bagheri N. Cryptanalysis of reduced round SKINNY block cipher[J]. IACR Transactions on Symmetric Cryptology, 2018: 124-162.

[207] Ankele R, Dobraunig C E, Guo J, et al. Zero-correlation attacks on tweakable block ciphers with linear tweakey expansion[R]. 2019.

[208] Song L, Qin X, Hu L. Boomerang connectivity table revisited. application to SKINNY and AES[J]. IACR Transactions on Symmetric Cryptology, 2019: 118-141.

[209] Zhang W, Cao M, Guo J, et al. Improved security evaluation of SPN block ciphers and its applications in the single-key attack on SKINNY[J]. IACR Transactions on Symmetric Cryptology, 2019: 171-191.

[210] Hadipour H, Sadeghi S, Niknam M M, et al. Comprehensive security analysis of CRAFT[J]. IACR Transactions on Symmetric Cryptology, 2019: 290-317.

[211] ElSheikh M, Youssef A M. Related-key differential cryptanalysis of full round CRAFT[C]// International Conference on Security, Privacy, and Applied Cryptography Engineering. Springer, Cham, 2019: 50-66.

[212] Boura C, Naya-Plasencia M, Suder V. Scrutinizing and improving impossible differential attacks: applications to CLEFIA, Camellia, LBlock and Simon[C]//International Conference on the Theory and Application of Cryptology and Information Security. Springer, Berlin, Heidelberg, 2014: 179-199.

[213] Tang X, Sun B, Li R, et al. Impossible differential cryptanalysis of 13-round CLEFIA-128[J]. Journal of Systems and Software, 2011, 84(7): 1191-1196.

[214] Tsunoo Y, Tsujihara E, Shigeri M, et al. Impossible differential cryptanalysis of CLEFIA[C]// International Workshop on Fast Software Encryption. Springer, Berlin, Heidelberg, 2008: 398-411.

[215] Mala H, Dakhilalian M, Shakiba M. Impossible differential attacks on 13-round CLEFIA-128[J]. Journal of Computer Science and Technology, 2011, 26(4): 744-750.

[216] Blondeau C. Improbable differential from impossible differential: on the validity of the model[C]// International Conference on Cryptology in India. Springer, Cham, 2013: 149-160.

[217] Tezcan C, Selçuk A A. Improved improbable differential attacks on ISO standard CLEFIA: Expansion technique revisited[J]. Information Processing Letters, 2016, 116(2): 136-143.

[218] Li Y, Wu W, Zhang L. Improved integral attacks on reduced-round CLEFIA block cipher[C]// International Workshop on Information Security Applications. Springer, Berlin, Heidelberg, 2011: 28-39.

[219] Sasaki Y, Wang L. Meet-in-the-middle technique for integral attacks against feistel ciphers[C]// International Conference on Selected Areas in Cryptography. Springer, Berlin, Heidelberg, 2012: 234-251.

[220] Sun L, Wang W, Wang M. Automatic search of bit-based division property for ARX ciphers and word-based division property[C]//International Conference on the Theory and Application of Cryptology and Information Security. Springer, Cham, 2017: 128-157.

[221] Bogdanov A, Geng H, Wang M, et al. Zero-correlation linear cryptanalysis with FFT and improved attacks on ISO standards Camellia and CLEFIA[C]//International Conference on Selected Areas in Cryptography. Springer, Berlin, Heidelberg, 2013: 306-323.

[222] Yi W, Chen S. Improved Integral and Zero-correlation Linear Cryptanalysis of Reduced-round

CLEFIA Block Cipher[J]. IACR Cryptology ePrint Archive, 2016: 149.

[223] Li L, Jia K, Wang X, et al. Meet-in-the-middle technique for truncated differential and its applications to CLEFIA and camellia[C]//International Workshop on Fast Software Encryption. Springer, Berlin, Heidelberg, 2015: 48-70.

[224] Liu Y, Gu D, Liu Z, et al. Impossible differential attacks on reduced-round LBlock[C]// International Conference on Information Security Practice and Experience. Springer, Berlin, Heidelberg, 2012: 97-108.

[225] Karakoç F, Demirci H, Harmancı A E. Impossible differential cryptanalysis of reduced-round LBlock[C]//IFIP International Workshop on Information Security Theory and Practice. Springer, Berlin, Heidelberg, 2012: 179-188.

[226] Sasaki Y, Wang L. Comprehensive study of integral analysis on 22-round LBlock[C]//International Conference on Information Security and Cryptology. Springer, Berlin, Heidelberg, 2012: 156-169.

[227] Soleimany H, Nyberg K. Zero-correlation linear cryptanalysis of reduced-round LBlock[J]. Designs, codes and cryptography, 2014, 73(2): 683-698.

[228] Xu H, Jia P, Huang G, et al. Multidimensional zero-correlation linear cryptanalysis on 23-round LBlock-s[C]//International Conference on Information and Communications Security. Springer, Cham, 2015: 97-108.

[229] Chen J, Miyaji A. Differential cryptanalysis and boomerang cryptanalysis of LBlock[C]// International Conference on Availability, Reliability, and Security. Springer, Berlin, Heidelberg, 2013: 1-15.

[230] Liu S, Gong Z, Wang L. Improved related-key differential attacks on reduced-round LBlock[C]// International Conference on Information and Communications Security. Springer, Berlin, Heidelberg, 2012: 58-69.

[231] Wen L, Wang M Q, Zhao J Y. Related-key impossible differential attack on reduced-round LBlock [J]. Journal of Computer Science and Technology, 2014, 29(1): 165-176.

[232] Minier M, Naya-Plasencia M. A related key impossible differential attack against 22 rounds of the lightweight block cipher LBlock[J]. Information Processing Letters, 2012, 112(16): 624-629.

[233] Lin L, Wu W, Wang Y, et al. General model of the single-key meet-in-the-middle distinguisher on the word-oriented block cipher [C]//International Conference on Information Security and Cryptology. Springer, Cham, 2013: 203-223.

[234] Han G, Zhang W. Improved biclique cryptanalysis of the lightweight block cipher piccolo[J]. Security and Communication Networks, 2017, 2017.

[235] Wang Y, Wu W, Yu X. Biclique cryptanalysis of reduced-round piccolo block cipher[C]// International Conference on Information Security Practice and Experience. Springer, Berlin, Heidelberg, 2012: 337-352.

[236] Minier M. On the security of Piccolo lightweight block cipher against related-key impossible differentials[C]//International Conference on Cryptology in India. Springer, Cham, 2013: 308-318.

[237] Fu L, Jin C, Li X. Multidimensional zero-correlation linear cryptanalysis of lightweight block cipher Piccolo-128[J]. Security and Communication Networks, 2016, 9(17): 4520-4535.

[238] Wang Y, Wu W. New Observations on Piccolo Block Cipher[C]//Cryptographers' Track at the RSA Conference. Springer, Cham, 2016: 378-393.

[239] Zheng X, Jia K. Impossible differential attack on reduced-round TWINE[C]//International Conference on Information Security and Cryptology. Springer, Cham, 2013: 123-143.

[240] Wang Y, Wu W. Improved multidimensional zero-correlation linear cryptanalysis and applications to LBlock and TWINE [C]//Australasian Conference on Information Security and Privacy. Springer, Cham, 2014: 1-16.

[241] Biryukov A, Derbez P, Perrin L. Differential analysis and meet-in-the-middle attack against round-reduced TWINE[C]//International Workshop on Fast Software Encryption. Springer, Berlin, Heidelberg, 2015: 3-27.

[242] Kosuge H, Iwai K, Tanaka H, et al. Search Algorithm of Precise Integral Distinguisher of Byte-Based Block Cipher[C]//International Conference on Information Systems Security. Springer, Cham, 2015: 303-323.

[243] Sasaki Y, Todo Y. New differential bounds and division property of Lilliput: block cipher with extended generalized feistel network [C]//International Conference on Selected Areas in Cryptography. Springer, Cham, 2016: 264-283.

[244] Sasaki Y, Todo Y. Tight bounds of differentially and linearly active S-boxes and division property of Lilliput[J]. IEEE Transactions on Computers, 2017, 67(5): 717-732.

[245] Su B, Wu W, Zhang L, et al. Full-round differential attack on TWIS block cipher [C]// International Workshop on Information Security Applications. Springer, Berlin, Heidelberg, 2010: 234-242.

[246] Biryukov A, Velichkov V, Le Corre Y. Automatic search for the best trails in ARX: application to block cipher speck[C]//International Conference on Fast Software Encryption. Springer, Berlin, Heidelberg, 2016: 289-310.

[247] Abed F, List E, Lucks S, et al. Differential cryptanalysis of round-reduced Simon and Speck[C]// International Workshop on Fast Software Encryption. Springer, Berlin, Heidelberg, 2014: 525-545.

[248] Dinur I. Improved differential cryptanalysis of round-reduced speck[C]//International Conference on Selected Areas in Cryptography. Springer, Cham, 2014: 147-164.

[249] Yao Y, Zhang B, Wu W. Automatic search for linear trails of the SPECK family[C]//International Conference on Information Security. Springer, Cham, 2015: 158-176.

[250] Liu Y, Fu K, Wang W, et al. Linear cryptanalysis of reduced-round SPECK[J]. Information Processing Letters, 2016, 116(3): 259-266.

[251] Gohr A. Improving attacks on round-reduced speck32/64 using deep learning [C]//Annual International Cryptology Conference. Springer, Cham, 2019: 150-179.

[252] Song L, Huang Z, Yang Q. Automatic differential analysis of ARX block ciphers with application to SPECK and LEA[C]//Australasian Conference on Information Security and Privacy. Springer, Cham, 2016: 379-394.

[253] Koo B, Hong D, Kwon D. Related-key attack on the full HIGHT[C]//International Conference on Information Security and Cryptology. Springer, Berlin, Heidelberg, 2010: 49-67.

[254] Lu J. Cryptanalysis of reduced versions of the HIGHT block cipher from CHES 2006 [C]// International Conference on Information Security and Cryptology. Springer, Berlin, Heidelberg, 2007: 11-26.

[255] Özen O, Varıcı K, Tezcan C, et al. Lightweight block ciphers revisited: Cryptanalysis of reduced round PRESENT and HIGHT[C]//Australasian Conference on Information Security and Privacy. Springer, Berlin, Heidelberg, 2009: 90-107.

[256] Chen J, Wang M, Preneel B. Impossible differential cryptanalysis of the lightweight block ciphers

TEA，XTEA and HIGHT［C］//International Conference on Cryptology in Africa. Springer，Berlin，Heidelberg，2012：117-137.

［257］ Zhang P，Sun B，Li C. Saturation attack on the block cipher HIGHT［C］//International Conference on Cryptology and Network Security. Springer，Berlin，Heidelberg，2009：76-86.

［258］ Sasaki Y，Wang L. Bitwise partial-sum on HIGHT：a new tool for integral analysis against ARX designs［C］//International Conference on Information Security and Cryptology. Springer，Cham，2013：189-202.

［259］ Funabiki Y，Todo Y，Isobe T，et al. Improved integral attack on HIGHT［J］. IEICE Transactions on Fundamentals of Electronics，Communications and Computer Sciences，2019，102（9）：1259-1271.

［260］ Hong D，Koo B，Kwon D. Biclique attack on the full HIGHT［C］//International Conference on Information Security and Cryptology. Springer，Berlin，Heidelberg，2011：365-374.

［261］ Ankele R，List E. Differential cryptanalysis of round-reduced Sparx-64/128［C］//International Conference on Applied Cryptography and Network Security. Springer，Cham，2018：459-475.

［262］ Abdelkhalek A，Tolba M，Youssef A M. Impossible differential attack on reduced round SPARX-64/128［C］//International Conference on Cryptology in Africa. Springer，Cham，2017：135-146.

［263］ Tolba M，Abdelkhalek A，Youssef A M. Multidimensional zero-correlation linear cryptanalysis of reduced round SPARX-128［C］//International Conference on Selected Areas in Cryptography. Springer，Cham，2017：423-441.

［264］ Kelsey J，Schneier B，Wagner D. Key-schedule cryptanalysis of idea，g-des，gost，safer，and triple-des［C］//Annual international cryptology conference. Springer，Berlin，Heidelberg，1996：237-251.

［265］ Kelsey J，Schneier B，Wagner D. Related-key cryptanalysis of 3-way，biham-des，cast，des-x，newdes，rc2，and tea［C］//International Conference on Information and Communications Security. Springer，Berlin，Heidelberg，1997：233-246.

［266］ Hong S，Hong D，Ko Y，et al. Differential Cryptanalysis of TEA and XTEA［C］//International Conference on Information Security and Cryptology. Springer，Berlin，Heidelberg，2003：402-417.

［267］ Sasaki Y，Wang L，Sakai Y，et al. Three-subset meet-in-the-middle attack on reduced XTEA［C］//International Conference on Cryptology in Africa. Springer，Berlin，Heidelberg，2012：138-154.

［268］ Bogdanov A，Wang M. Zero correlation linear cryptanalysis with reduced data complexity［C］//International Workshop on Fast Software Encryption. Springer，Berlin，Heidelberg，2012：29-48.

［269］ Lee E，Hong D，Chang D，et al. A weak key class of XTEA for a related-key rectangle attack ［C］//International Conference on Cryptology in Vietnam. Springer，Berlin，Heidelberg，2006：286-297.

［270］ Bogdanov A，Rechberger C. A 3-subset meet-in-the-middle attack：cryptanalysis of the lightweight block cipher KTANTAN［C］//International Workshop on Selected Areas in Cryptography. Springer，Berlin，Heidelberg，2010：229-240.

［271］ Ågren M. Some instant-and practical-time related-key attacks on KTANTAN32/48/64［C］//International Workshop on Selected Areas in Cryptography. Springer，Berlin，Heidelberg，2011：213-229.

［272］ Isobe T，Sasaki Y，Chen J. Related-key boomerang attacks on KATAN32/48/64［C］//Australasian Conference on Information Security and Privacy. Springer，Berlin，Heidelberg，2013：268-285.

［273］ Zhu B，Gong G. Multidimensional meet-in-the-middle attack and its applications to KATAN32/48/64［J］. Cryptography and Communications，2014，6（4）：313-333.

[274] Kilian J, Rogaway P. How to protect DES against exhaustive key search (an analysis of DESX)[J]. Journal of Cryptology, 2001, 14(1): 17-35.

[275] Boura C, Canteaut A, Knudsen L R, et al. Reflection ciphers [J]. Designs, Codes and Cryptography, 2017, 82(1-2): 3-25.

[276] Soleimany H, Blondeau C, Yu X, et al. Reflection cryptanalysis of PRINCE-like ciphers[J]. Journal of Cryptology, 2015, 28(3): 718-744.

[277] Canteaut A, Fuhr T, Gilbert H, et al. Multiple differential cryptanalysis of round-reduced PRINCE [C]//International Workshop on Fast Software Encryption. Springer, Berlin, Heidelberg, 2014: 591-610.

[278] Li X, Li B, Wu W, et al. First Multidimensional Cryptanalysis on Reduced-Round PRINCEcore [C]//Information Security and Cryptology--ICISC 2013: 16th International Conference, Seoul, Korea, November 27-29, 2013, Revised Selected Papers. Springer, 2014, 8565: 158.

[279] Dinur I. Cryptanalytic time-memory-data tradeoffs for FX-constructions with applications to PRINCE and PRIDE[C]//Annual International Conference on the Theory and Applications of Cryptographic Techniques. Springer, Berlin, Heidelberg, 2015: 231-253.

[280] Yang Q, Hu L, Sun S, et al. Improved differential analysis of block cipher PRIDE[C]// International Conference on Information Security Practice and Experience. Springer, Cham, 2015: 209-219.

[281] Tezcan C, Okan G O, Şenol A, et al. Differential attacks on lightweight block ciphers PRESENT, PRIDE, and RECTANGLE revisited[C]//International Workshop on Lightweight Cryptography for Security and Privacy. Springer, Cham, 2016: 18-32.

[282] Dai Y, Chen S. Cryptanalysis of full PRIDE block cipher[J]. Science China Information Sciences, 2017, 60(5): 1-12.

[283] Li R, Jin C. Meet-in-the-middle attacks on reduced-round QARMA-64/128[J]. The Computer Journal, 2018, 61(8): 1158-1165.

[284] Li M, Hu K, Wang M. Related-tweak statistical saturation cryptanalysis and its application on QARMA[J]. IACR Transactions on Symmetric Cryptology, 2019: 236-263.

[285] Rueppel R A. Analysis and Design of Stream Ciphers [M]. Springer Science & Business Media, 2012.

[286] Berbain C, Billet O, Canteaut A, et al. Sosemanuk, a fast software-oriented stream cipher[M]// New stream cipher designs. Springer, Berlin, Heidelberg, 2008: 98-118.

[287] Boesgaard M, Vesterager M, Pedersen T, et al. Rabbit: A new high-performance stream cipher [C]//International Workshop on Fast Software Encryption. Springer, Berlin, Heidelberg, 2003: 307-329.

[288] Luo Y, Chai Q, Gong G, et al. A lightweight stream cipher WG-7 for RFID encryption and authentication[C]//2010 IEEE Global Telecommunications Conference GLOBECOM 2010. IEEE, 2010: 1-6.

[289] Hamann M, Krause M. On stream ciphers with provable beyond-the-birthday-bound security against time-memory-data tradeoff attacks[J]. Cryptography and Communications, 2018, 10(5): 959-1012.

[290] Banik S. Some results on Sprout[C]//International Conference on Cryptology in India. Springer, Cham, 2015: 124-139.

[291] Lallemand V, Naya-Plasencia M. Cryptanalysis of full Sprout[C]//Annual Cryptology Conference.

Springer, Berlin, Heidelberg, 2015: 663-682.

[292] Zhang B, Gong X. Another tradeoff attack on sprout-like stream ciphers[C]//International Conference on the Theory and Application of Cryptology and Information Security. Springer, Berlin, Heidelberg, 2015: 561-585.

[293] Esgin M F, Kara O. Practical cryptanalysis of full Sprout with TMD tradeoff attacks[C]// International Conference on Selected Areas in Cryptography. Springer, Cham, 2015: 67-85.

[294] Ghafari V A, Hu H, Xie C. Fruit: ultralightweight stream cipher with shorter internal state. eSTREAM[J]. ECRYPT Stream Cipher Project, 2016.

[295] Hamann M, Krause M, Meier W, et al. Design and analysis of small-state grain-like stream ciphers [J]. Cryptography and Communications, 2018, 10(5): 803-834.

[296] Armknecht F, Hamann M, Mikhalev V. Lightweight authentication protocols on ultra-constrained RFIDs-myths and facts[C]//International Workshop on Radio Frequency Identification: Security and Privacy Issues. Springer, Cham, 2015: 1-18.

[297] Biryukov A, Perrin L P. State of the art in lightweight symmetric cryptography[J]. IACR Cryptology ePrint Archive, 2017: 511.

[298] Biryukov A, Shamir A. Cryptanalytic time/memory/data tradeoffs for stream ciphers[C]// International Conference on the Theory and Application of Cryptology and Information Security. Springer, Berlin, Heidelberg, 2000: 1-13.

[299] Biryukov A, Shamir A. Cryptanalytic Time/Memory/Data Tradeoffs for Stream Ciphers[M]// ASIACRYPT 2000. LNCS. Springer, Heidelberg: 1-13.

[300] Golić J D. Cryptanalysis of alleged A5 stream cipher[C]//International Conference on the Theory and Applications of Cryptographic Techniques. Springer, Berlin, Heidelberg, 1997: 239-255.

[301] Biham E, Dunkelman O. Cryptanalysis of the A5/1 GSM stream cipher[C]//International Conference on Cryptology in India. Springer, Berlin, Heidelberg, 2000: 43-51.

[302] Biryukov A, Shamir A, Wagner D. Real Time Cryptanalysis of A5/1 on a PC[C]//International Workshop on Fast Software Encryption. Springer, Berlin, Heidelberg, 2000: 1-18.

[303] Barkan E, Biham E, Keller N. Instant ciphertext-only cryptanalysis of GSM encrypted communication[C]//Annual international cryptology conference. Springer, Berlin, Heidelberg, 2003: 600-616.

[304] Ekdahl P, Johansson T. Another attack on A5/1[J]. IEEE Transactions on Information Theory, 2003, 49(1): 284-289.

[305] Maximov A, Johansson T, Babbage S. An improved correlation attack on A5/1[C]//International Workshop on Selected Areas in Cryptography. Springer, Berlin, Heidelberg, 2004: 1-18.

[306] Gendrullis T, Novotn y M, Rupp A. A real-world attack breaking A5/1 within hours[C]// International Workshop on Cryptographic Hardware and Embedded Systems. Springer, Berlin, Heidelberg, 2008: 266-282.

[307] Shah J, Mahalanobis A. A new guess-and-determine attack on the A5/1 stream cipher[J]. arXiv preprint arXiv: 1204.4535, 2012.

[308] Lu J, Li Z, Henricksen M. Time-memory trade-off attack on the GSM A5/1 stream cipher using commodity GPGPU[C]//International Conference on Applied Cryptography and Network Security. Springer, Cham, 2015: 350-369.

[309] Hermelin M, Nyberg K. Correlation properties of the Bluetooth combiner[C]//International Conference on Information Security and Cryptology. Springer, Berlin, Heidelberg, 1999: 17-29.

[310] Fluhrer S, Lucks S. Analysis of the E 0 encryption system[C]//International Workshop on Selected Areas in Cryptography. Springer, Berlin, Heidelberg, 2001: 38-48.

[311] Lu Y, Vaudenay S. Faster correlation attack on Bluetooth keystream generator E0[C]//Annual International Cryptology Conference. Springer, Berlin, Heidelberg, 2004: 407-425.

[312] Lu Y, Vaudenay S. Cryptanalysis of Bluetooth keystream generator two-level E0[C]//International Conference on the Theory and Application of Cryptology and Information Security. Springer, Berlin, Heidelberg, 2004: 483-499.

[313] Lu Y, Meier W, Vaudenay S. The conditional correlation attack: A practical attack on bluetooth encryption[C]//Annual International Cryptology Conference. Springer, Berlin, Heidelberg, 2005: 97-117.

[314] Zhang B, Xu C, Feng D. Real time cryptanalysis of Bluetooth encryption with condition masking [C]//Annual Cryptology Conference. Springer, Berlin, Heidelberg, 2013: 165-182.

[315] Zhang B, Xu C, Feng D. Practical cryptanalysis of Bluetooth encryption with condition masking[J]. Journal of Cryptology, 2018, 31(2): 394-433.

[316] Nyberg K, Wallén J. Improved linear distinguishers for SNOW 2.0[C]//International Workshop on Fast Software Encryption. Springer, Berlin, Heidelberg, 2006: 144-162.

[317] Zhang B, Xu C, Meier W. Fast correlation attacks over extension fields, large-unit linear approximation and cryptanalysis of SNOW 2.0[C]//Annual Cryptology Conference. Springer, Berlin, Heidelberg, 2015: 643-662.

[318] Biryukov A, Priemuth-Schmid D, Zhang B. Differential resynchronization attacks on reduced round SNOW 3G[C]//International Conference on E-Business and Telecommunications. Springer, Berlin, Heidelberg, 2010: 147-157.

[319] Yang J, Johansson T, Maximov A. Vectorized linear approximations for attacks on SNOW 3G[J]. IACR Transactions on Symmetric Cryptology, 2019: 249-271.

[320] Chai Q, Fan X, Gong G. An Ultra-Efficient Key Recovery Attack on the Lightweight Stream Cipher A2U2[J]. IACR Cryptology ePrint Archive, 2011: 247.

[321] Abdelraheem M A, Borghoff J, Zenner E, et al. Cryptanalysis of the light-weight cipher A2U2 [C]//IMA International Conference on Cryptography and Coding. Springer, Berlin, Heidelberg, 2011: 375-390.

[322] Shi Z, Feng X, Feng D, et al. A Real-Time Key Recovery Attack on the Lightweight Stream Cipher A2U2[C]//International Conference on Cryptology and Network Security. Springer, Berlin, Heidelberg, 2012: 12-22.

[323] Küçük Ö. Slide resynchronization attack on the initialization of grain 1.0[EB/OL]. http://www. ecrypt.eu.org/stream/papersdir/2006/044.ps.

[324] Ding L, Jin C, Guan J. Slide attack on standard stream cipher Enocoro-80 in the related-key chosen IV setting[J]. Pervasive and Mobile Computing, 2015, 24: 224-230.

[325] Hell M, Johansson T. Breaking the stream ciphers F-FCSR-H and F-FCSR-16 in real time[J]. Journal of Cryptology, 2011, 24(3): 427-445.

[326] Song H, Fan X, Wu C, et al. On the probability distribution of the carry cells of stream ciphers F-FCSR-H v2 and F-FCSR-H v3 [C]//International Conference on Information Security and Cryptology. Springer, Berlin, Heidelberg, 2011: 160-178.

[327] Banik S, Maitra S, Sarkar S. Improved differential fault attack on MICKEY 2.0[J]. Journal of Cryptographic Engineering, 2015, 5(1): 13-29.

[328] Dinur I, Shamir A. Cube attacks on tweakable black box polynomials[C]//Annual International Conference on the Theory and Applications of Cryptographic Techniques. Springer, Berlin, Heidelberg, 2009: 278-299.

[329] Aumasson J P, Dinur I, Meier W, et al. Cube testers and key recovery attacks on reduced-round MD6 and Trivium[C]//International Workshop on Fast Software Encryption. Springer, Berlin, Heidelberg, 2009: 1-22.

[330] Liu M. Degree evaluation of NFSR-based cryptosystems[C]//Annual International Cryptology Conference. Springer, Cham, 2017: 227-249.

[331] Aumasson J P, Fischer S, Khazaei S, et al. New features of Latin dances: analysis of Salsa, ChaCha, and Rumba[C]//International Workshop on Fast Software Encryption. Springer, Berlin, Heidelberg, 2008: 470-488.

[332] Shi Z, Zhang B, Feng D, et al. Improved key recovery attacks on reduced-round Salsa20 and ChaCha[C]//International Conference on Information Security and Cryptology. Springer, Berlin, Heidelberg, 2012: 337-351.

[333] Golić J D. Linear statistical weakness of alleged RC4 keystream generator[C]//International Conference on the Theory and Applications of Cryptographic Techniques. Springer, Berlin, Heidelberg, 1997: 226-238.

[334] Mantin I. Predicting and distinguishing attacks on RC4 keystream generator[C]//Annual International Conference on the Theory and Applications of Cryptographic Techniques. Springer, Berlin, Heidelberg, 2005: 491-506.

[335] Maximov A, Khovratovich D. New state recovery attack on RC4[C]//Annual International Cryptology Conference. Springer, Berlin, Heidelberg, 2008: 297-316.

[336] Gupta S S, Maitra S, Paul G, et al. (Non-) random sequences from (non-) random permutations—analysis of RC4 stream cipher[J]. Journal of Cryptology, 2014, 27(1): 67-108.

[337] Hamann M, Krause M, Meier W, et al. Time-memory-data tradeoff attacks against small-state stream ciphers[J]. IACR Cryptology ePrint Archive, 2017: 384.

[338] Banik S, Barooti K, Isobe T. Cryptanalysis of Plantlet[J]. IACR Transactions on Symmetric Cryptology, 2019: 103-120.

[339] Banik S, Isobe T, Cui T, et al. Some cryptanalytic results on Lizard[J]. IACR Transactions on Symmetric Cryptology, 2017: 82-98.

[340] Maitra S, Sinha N, Siddhanti A, et al. A TMDTO attack against lizard[J]. IEEE Transactions on Computers, 2017, 67(5): 733-739.

[341] Bellare M, Kilian J, Rogaway P. The security of the cipher block chaining message authentication code[J]. Journal of Computer and System Sciences, 2000, 61(3): 362-399.

[342] Iwata T, Kurosawa K. Stronger Security Bounds for OMAC, TMAC, and XCBC[J]. International Conference on Cryptology in India, 2003: 402-415.

[343] Mitchell C. On the security of XCBC, TMAC, and OMAC[R]. Technical Report RHUL-MA-2003-4. 2003.

[344] Iwata T, Kurosawa K. On the Security of Two New OMAC Variants. Comments to NIST. 2003.

[345] Okeya K, Iwata T. Side channel attacks on message authentication codes[C]. Security of ad hoc and Sensor Networks, 2005, 47(8): 205-217.

[346] Nandi M. Fast and Secure CBC-Type MAC Algorithms[C]. Fast Software Encryption, 2009: 375-393.

[347] Gaži P, Pietrzak K, Tessaro S. The exact PRF security of truncation: Tight bounds for keyed sponges and truncated CBC[C]//Annual Cryptology Conference. Springer, Berlin, Heidelberg, 2015: 368-387.

[348] Rogaway P. Efficient Instantiations of Tweakable Blockciphers and Refinements to Modes OCB and PMAC[C]. International Conference on the Theory and Application of Cryptology and Information Security, 2004: 16-31.

[349] Lee C, Kim J, Sung J, et al. Forgery and key recovery attacks on PMAC and mitchell's TMAC variant[C]. Australasian Conference on Information Security and Privacy, 2006: 421-431.

[350] Hong D, Kang J, Preneel B, et al. A Concrete Security Analysis for 3GPP-MAC[C]. Fast Software Encryption, 2003: 154-169.

[351] Iwata T, Kohno T. New Security Proofs for the 3GPP Confidentiality and Integrity Algorithms[C]. Fast Software Encryption, 2004: 427-445.

[352] Iwata T, Kurosawa K. How to enhance the security of the 3GPP confidentiality and integrity algorithms[J]. Fast Software Encryption, 2005: 268-283.

[353] Datta N, Dutta A, Nandi M, et al. Single Key Variant of PMAC_Plus[J]. IACR Transactions on Symmetric Cryptology. 2017(4): 268-305.

[354] Leurent G, Nandi M, Sibleyras F. Generic attacks against beyond-birthday-bound MACs[C]//Annual International Cryptology Conference. Springer, Cham, 2018: 306-336.

[355] Naito Y. Blockcipher-Based MACs: Beyond the Birthday Bound Without Message Length[C]. International Conference on the Theory and Application of Cryptology and Information Security, 2017, 118(30): 446-470.

[356] Iwata T, Minematsu K. Stronger Security Variants of GCM-SIV[J]. IACR Transactions on Symmetric Cryptology. 2016(1): 134-157.

[357] Bernstein D J. How to Stretch Random Functions: The Security of Protected Counter Sums[J]. Journal of Cryptology, 1999, 12(3): 185-192.

[358] Wang X, Yu H, Wang W, et al. Cryptanalysis on hmac/nmac-md5 and md5-mac[C]//Annual International Conference on the Theory and Applications of Cryptographic Techniques. Springer, Berlin, Heidelberg, 2009: 121-133.

[359] Bellare M. New Proofs for NMAC and HMAC: Security without Collision Resistance[J]. Journal of Cryptology, 2015, 28(4): 844-878.

[360] Dodis Y, Ristenpart T, Steinberger J P, et al. To Hash or Not to Hash Again? InDifferentiability Results for $ $ H^2 $ $ and HMAC[C]. International Cryptology Conference, 2012: 348-366.

[361] Gaži P, Pietrzak K, Rybar M, et al. The Exact PRF-Security of NMAC and HMAC[C]. International Cryptology Conference, 2014: 113-130.

[362] Peyrin T, Sasaki Y, Wang L, et al. Generic related-key attacks for HMAC[C]. International Conference on the Theory and Application of Cryptology and Information Security, 2012: 580-597.

[363] Peyrin T, Wang L. Generic Universal Forgery Attack on Iterative Hash-Based MACs[C]. Theory and Application of Cryptographic Techniques, 2014: 147-164.

[364] Guo J, Peyrin T, Sasaki Y, et al. Updates on Generic Attacks against HMAC and NMAC[C]. International Cryptology Conference, 2014: 131-148.

[365] Dinur I, Leurent G. Improved Generic Attacks Against Hash-based MACs and HAIFA[J]. Algorithmica, 2017, 79(4): 1161-1195.

[366] Sasaki Y, Wang L. Generic internal state recovery on strengthened HMAC: $n$-bit secure HMAC

requires key in all blocks[J]. IEICE Transactions on Fundamentals of Electronics, Communications and Computer Sciences, 2016, 99(1): 22-30.

[367] Chang D, Sanadhya S K, Sharma N, et al. New HMAC Message Patches: Secret Patch and CrOw Patch[C]. International Conference on Information Systems Security, 2015: 285-302.

[368] Krawczyk H. Cryptographic extraction and key derivation: the HKDF scheme[C]. International Cryptology Conference, 2010: 631-648.

[369] Dutta A, Nandi M, Paul G, et al. One-Key Compression Function Based MAC with Security Beyond Birthday Bound[C]. Australasian Conference on Information Security and Privacy, 2016: 343-358.

[370] Halevi S, Krawczyk H. MMH: Software Message Authentication in the Gbit/Second Rates[J]. Fast Software Encryption, 1997: 172-189.

[371] Krovetz T. Message authentication on 64-bit architectures[C]. International Conference on Selected Areas in Cryptography, 2006: 327-341.

[372] Lemire D, Kaser O. Faster 64-bit universal hashing using carry-less multiplications[J]. Journal of Cryptographic Engineering, 2016, 6(3): 171-185.

[373] Procter G, Cid C. On Weak Keys and Forgery Attacks Against Polynomial-Based MAC Schemes [C]. Fast Software Encryption, 2013: 287-304.

[374] Mcgrew D, Viega J. The security and performance of the galois/counter mode (GCM) of operation [J]. International Conference on Cryptology in India, 2004: 343-355.

[375] Iwata T, Ohashi K, Minematsu K, et al. Breaking and Repairing GCM Security Proofs[C]. International Cryptology Conference, 2012: 31-49.

[376] Saarinen M O. Cycling attacks on GCM, GHASH and other polynomial MACs and hashes[C]. Fast Software Encryption, 2012: 216-225.

[377] Ferguson N. Authentication Weaknesses in GCM. Public Comments to NIST. 2005. http://csrc.nist.gov/groups/ST/toolkit/BCM/comments.html

[378] Joux A. Authentication Failures in NIST version of GCM. Public Comments to NIST. 2006. http://csrc.nist.gov/groups/ST/toolkit/BCM/comments.html

[379] Handschuh H, Preneel B. Key-Recovery Attacks on Universal Hash Function Based MAC Algorithms[C]. International Cryptology Conference, 2008: 144-161.

[380] Abdelraheem M A, Beelen P, Bogdanov A, et al. Twisted Polynomials and Forgery Attacks on GCM[C]. Theory and Application of Cryptographic Techniques, 2015: 762-786.

[381] Leurent G. Improved Differential-Linear Cryptanalysis of 7-Round Chaskey with Partitioning[C]. International Cryptology Conference, 2016: 344-371.

[382] Liu Y, Wang Q, Rijmen V, et al. Automatic Search of Linear Trails in ARX with Applications to SPECK and Chaskey[C]. Applied Cryptography and Network Security, 2016: 485-499.

[383] Bellare M, Kohno T, Namprempre C, et al. Authenticated encryption in SSH: provably fixing the SSH binary packet protocol[C]. Computer and Communications Security, 2002: 1-11.

[384] Krawczyk H. The Order of Encryption and Authentication for Protecting Communications (or: How Secure Is SSL?)[J]. International Cryptology Conference, 2001: 310-331.

[385] Bellare M, Namprempre C. Authenticated Encryption: Relations among Notions and Analysis of the Generic Composition Paradigm[J]. International Conference on the Theory and Application of Cryptology and Information Security, 2000: 531-545.

[386] Rogaway P. Authenticated-encryption with associated-data[C]. Computer and Communications

Security，2002：98-107.

［387］ Rogaway P. Efficient Instantiations of Tweakable Blockciphers and Refinements to Modes OCB and PMAC[C]. International Conference on the Theory and Application of Cryptology and Information Security，2004：16-31.

［388］ National Institute of Standards and Technology（NIST）. NIST Special Publication 800-38C. Recommendation for Block Cipher Modes of Operation：the CCM Mode for Authentication and Confidentiality. 2004.

［389］ Bellare M，Rogaway P，Wagner D，et al. The EAX mode of operation[C]. Fast Software Encryption，2004：389-407.

［390］ International Organization for Standardization. ISO/IEC 19772：2009，Information Technology-Security Techniques-Authenticated Encryption Mechanisms. 2009.

［391］ Krovetz T，Rogaway P. The Software Performance of Authenticated-Encryption Modes[C]. Fast Software Encryption，2011：306-327.

［392］ Liskov M，Rivest R L，Wagner D，et al. Tweakable Block Ciphers[J]. Journal of Cryptology，2011，24(3)：588-613.

［393］ Rogaway P，Shrimpton T. The SIV Mode of Operation for Deterministic Authenticated-Encryption (Key Wrap) and Misuse-Resistant Nonce-Based Authenticated-Encryption[J]. https://www.cise. ufl.edu/～teshrim/siv.pdf. 2007.

［394］ Bertoni G，Daemen J，Peeters M，et al. Duplexing the sponge：single-pass authenticated encryption and other applications[C]. International Conference on Selected Areas in Cryptography，2011：320-337.

［395］ Daemen J，Bertoni G，Peeters M，et al. Permutation-based encryption，authentication and authenticated encryption[C]. Directions in Authenticated Ciphers，2012. https://hyperelliptic.org/ DIAC/slides/PermutationDIAC2012.pdf

［396］ Jovanovic P，Luykx A，Mennink B，et al. Beyond Conventional Security in Sponge-based Authenticated Encryption Modes[J]. Journal of Cryptology，2019，32(3)：895-940.

［397］ CAESAR：Competition for Authenticated Encryption：Security，Applicability，and Robustness [EB/OL]. http://competitions.cr.yp.to/index.html，2014.

［398］ 吴文玲. 认证加密算法研究进展[J]. 密码学报，2018，5(1)：70-82.

［399］ Shi D，Sun S，Sasaki Y，et al. Correlation of Quadratic Boolean Functions：Cryptanalysis of All Versions of Full \mathsf MORUS.[C]. International Cryptology Conference，2019：180-209.

［400］ National Institute of Standards and Technology（NIST）. Lightweight Cryptography[EB/OL]. https://csrc.nist.gov/Projects/Lightweight-Cryptography.

［401］ Andreeva E，Bogdanov A，Luykx A，et al. How to Securely Release Unverified Plaintext in Authenticated Encryption［C］. International Conference on the Theory and Application of Cryptology and Information Security，2014：105-125.

［402］ Zhang J，Wu W. Security of Online AE Schemes in RUP Setting[C]. Cryptology and Network Security，2016：319-334.

［403］ Hoang V T，Reyhanitabar R，Rogaway P，et al. Online Authenticated-Encryption and its Nonce-Reuse Misuse-Resistance[C]. International Cryptology Conference，2015：493-517.

［404］ Wang L，Guo J，Zhang G，et al. How to Build Fully Secure Tweakable Blockciphers from Classical Blockciphers［C］. International Conference on the Theory and Application of Cryptology and Information Security，2016：455-483.

[405] Dobraunig C，Eichlseder M，Mendel F，et al. Heuristic Tool for Linear Cryptanalysis with Applications to CAESAR Candidates[C]. International Cryptology Conference，2015：490-509.

[406] Dobraunig C，Eichlseder M，Korak T，et al. Statistical Fault Attacks on Nonce-Based Authenticated Encryption Schemes[C]. International Conference on the Theory and Application of Cryptology and Information Security，2016：369-395.

[407] Huang T，Tjuawinata I，Wu H，et al. Differential-Linear Cryptanalysis of ICEPOLE[C]. Fast Software Encryption，2015：243-263.

[408] Ferguson N. Collision attacks on OCB. Comments to NIST. 2002. https://csrc.nist.gov/csrc/media/projects/block-cipher-techniques/documents/bcm/comments/general-comments/papers/ferguson.pdf

[409] Sun Z，Wang P，Zhang L，et al. Collision Attacks on Variant of OCB Mode and Its Series[C]. International Conference on Information Security and Cryptology，2012：216-224.

[410] Poettering B. Cryptanalysis of OCB2：Attacks on Authenticity and Confidentiality[C]//Advances in Cryptology-CRYPTO 2019：39th Annual International Cryptology Conference，Santa Barbara，CA，USA，August 18-22，2019，Proceedings，Part I. Springer，2019，11692：3.

[411] Peyrin T，Sim S M，Wang L，et al. Cryptanalysis of JAMBU[C]. fast software encryption，2015：264-281.

[412] 田玉丹，韦永壮. 认证加密模型 JAMBU 的新分析[J]. 网络与信息安全学报. 2007,3(7)：56-61.

[413] Roy D B，Chakraborti A，Chang D，et al. Fault Based Almost Universal Forgeries on CLOC and SILC[J]. Space，2016：66-86.

[414] Bay A，Ersoy O，Karakoc F，et al. Universal Forgery and Key Recovery Attacks on ELmD Authenticated Encryption Algorithm[C]. International Conference on the Theory and Application of Cryptology and Information Security，2016：354-368.

[415] Zhang J，Wu W，Zheng Y，et al. Collision Attacks on CAESAR Second-Round Candidate：ELmD [C]. International Conference on Information Security，2016：122-136.

[416] Lu J. On the Security of the COPA and Marble Authenticated Encryption Algorithms against (Almost) Universal Forgery Attack.[J]. IACR Cryptology ePrint Archive，2015：79.

[417] Al Mahri H Q，Simpson L，Bartlett H，et al. Tweaking Generic OTR to Avoid Forgery Attacks [M]. Applications and Techniques in Information Security. ATIS 2016. Communications in Computer and Information Science，vol 651. Springer，Singapore，2016.

[418] Bost R，Sanders O. Trick or Tweak：On the (In)security of OTR's Tweaks[C]. International Conference on the Theory and Application of Cryptology and Information Security，2016：333-353.

[419] Dobraunig C，Eichlseder M，Mendel F，et al. Related-Key Forgeries for Prøst-OTR[C]. Fast Software Encryption，2015：282-296.

[420] Chakraborti A，Iwata T，Minematsu K，et al. Blockcipher-Based Authenticated Encryption：How Small Can We Go? [J]. Journal of Cryptology，2019：1-39.

[421] Khairallah M. Weak Keys in the Rekeying Paradigm：Application to COMET and mixFeed[J]. IACR Transactions on Symmetric Cryptology，2019：272-289.

[422] Dobraunig C，Eichlseder M，Mendel F，et al. Cryptanalysis of Ascon[C]. The Cryptographers' Track at the RSA Conference，2015：371-387.

[423] Li Y，Zhang G，Wang W，et al. Cryptanalysis of round-reduced ASCON[J]. Science in China Series F：Information Sciences，2017，60(3)：103-111.

[424] Dong X，Li Z，Wang X，et al. Cube-like Attack on Round-Reduced Initialization of Ketje Sr.[J].

IACR，2017，1：63-75.

[425] Huang S，Wang X，Xu G，et al. Conditional Cube Attack on Reduced-Round Keccak Sponge Function[C]. Theory and Application of Cryptographic Techniques，2017：259-288.

[426] Li Z，Bi W，Dong X，et al. Improved Conditional Cube Attacks on Keccak Keyed Modes with MILP Method[C]. International Conference on the Theory and Application of Cryptology and Information Security，2017：99-127.

[427] Huang T，Wu H. Distinguishing attack on NORX permutation[J]. IACR Transactions on Symmetric Cryptology，2018：57-73.

[428] Bagheri N，Huang T，Jia K，et al. Cryptanalysis of Reduced NORX[C]. Fast Software Encryption，2016：554-574.

[429] Chaigneau C，Fuhr T，Gilbert H，et al. Cryptanalysis of NORX v2.0[J]. Journal of Cryptology，2019，32(4)：1423-1447.

[430] Dinur I，Jean J. Cryptanalysis of FIDES[C]. Fast Software Encryption，2014：224-240.

[431] Rogaway P. Let's not call it MR (A Drunken-Monkey Contestant，and a Complaint about APE)[J]. 2014. https://web.cs.ucdavis.edu/~rogaway/beer.pdf.

[432] Saha D，Kuila S，Chowdhury D R，et al. EscApe：Diagonal Fault Analysis of APE[C]. International Conference on Cryptology in India，2014：197-216.

[433] Nawaz Y，Gong G. WG：A family of stream ciphers with designed randomness properties[J]. Information Sciences，2008，178(7)：1903-1916.

[434] Jovanovic P，Luykx A，Mennink B，et al. Beyond $2c = 2$ Security in Sponge-Based Authenticated Encryption Modes？[C]. International Conference on the Theory and Application of Cryptology and Information Security，2014：85-104.

[435] Daemen J，Mennink B，Van Assche G，et al. Full-State Keyed Duplex with Built-In Multi-user Support[C]. International Conference on the Theory and Application of CRYptology and Information Security，2017：606-637.

[436] Daemen J，Hoffert S，Assche G V，et al. The design of Xoodoo and Xoofff[J]. IACR Transactions on Symmetric Cryptology，2018，2018：1-38.

[437] Liu F，Isobe T，Meier W. Cube-Based Cryptanalysis of Subterranean-SAE[J]. IACR Transactions on Symmetric Cryptology，2019：192-222.

[438] Kurosawa K. Power of a Public Random Permutation and Its Application to Authenticated Encryption[J]. IEEE Transactions on Information Theory，2010，56(10)：5366-5374.

[439] Guo Z，Wu W，Liu R，et al. Multi-key Analysis of Tweakable Even-Mansour with Applications to Minalpher and OPP[J]. IACR Transactions on Symmetric Cryptology，2016，2：201-223.

[440] Chakraborti A，Nandi M. Differential Fault Analysis on Minalpher[J]. DIAC，2015，6：107-119.

[441] Khovratovich D，Rechberger C. The LOCAL Attack：Cryptanalysis of the Authenticated Encryption Scheme ALE[C]. Selected Areas in Cryptography，2013：174-184.

[442] Wu S，Wu H，Huang T，et al. Leaked-State-Forgery Attack against the Authenticated Encryption Algorithm ALE[C]. International Cryptology Conference，2013：377-404.

[443] Minaud B. Linear Biases in AEGIS Keystream[C]. selected areas in cryptography，2014：290-305.

[444] Dey P，Rohit R，Sarkar S，et al. Differential Fault Analysis on Tiaoxin and AEGIS Family of Ciphers[C]. International Symposium on Security in Computing and Communication，2016：74-86.

[445] Salam I，Bartlett H，Dawson E，et al. Investigating cube attacks on the authenticated encryption stream cipher ACORN[J]. Science & Engineering Faculty，2016，8：38-44.

［446］ Todo Y，Isobe T，Hao Y，et al. Cube attacks on non-blackbox polynomials based on division property[J]. IEEE Transactions on Computers，2018，67(12)：1720-1736.

［447］ Dey P，Rohit R，Adhikari A，et al. Full key recovery of ACORN with a single fault[C]. Workshop on Information Security Applications，2016：57-64.

［448］ Zhang K，Ding L，Guan J，et al. Cryptanalysis of Hummingbird-2[J]. IACR Cryptology ePrint Archive，2012：207.

［449］ Chai Q，Gong G. A Cryptanalysis of HummingBird-2：The Differential Sequence Analysis[J]. IACR Cryptology ePrint Archive，2012：233.

［450］ Muller F. Differential Attacks against the Helix Stream Cipher[C]. Fast Software Encryption，2004：94-108.

［451］ Paul S，Preneel B. Solving Systems of Differential Equations of Addition and Cryptanalysis of the Helix Cipher[J]. Lecture Notes in Computer Science，2005：75-88.

［452］ Paul S，Preneel B. Near optimal algorithms for solving differential equations of addition with batch queries[C]//International conference on cryptology in India. Springer，Berlin，Heidelberg，2005：90-103.

［453］ Shi Z，Zhang B，Feng D. Cryptanalysis of Helix and Phelix revisited[C]//Australasian Conference on Information Security and Privacy. Springer，Berlin，Heidelberg，2013：27-40.

# 图 书 资 源 支 持

感谢您一直以来对清华版图书的支持和爱护。为了配合本书的使用，本书提供配套的资源，有需求的读者请扫描下方的"书圈"微信公众号二维码，在图书专区下载，也可以拨打电话或发送电子邮件咨询。

如果您在使用本书的过程中遇到了什么问题，或者有相关图书出版计划，也请您发邮件告诉我们，以便我们更好地为您服务。

**我们的联系方式：**

地　　址：北京市海淀区双清路学研大厦 A 座 714

邮　　编：100084

电　　话：010-83470236　010-83470237

客服邮箱：2301891038@qq.com

QQ：2301891038（请写明您的单位和姓名）

资源下载：关注公众号"书圈"下载配套资源。

资源下载、样书申请

书 圈

获取最新书目

观看课程直播